高职高专"十二五"规划教材

机 械 制 造 工 程

主　编　郭彩芬　赵宏平

副主编　杜　洁　万长东　姬玉媛

参　编　张胜红　谢蒙蒙

主　审　陈富林　陶亦亦

机 械 工 业 出 版 社

本书是根据高职高专机械制造类专业的培养目标、教学计划及机械制造工程教学大纲组织编写的。全书内容紧紧围绕并服务于制造与装配工艺这条主线,强调学生实践能力和动手能力的培养;同时力求在传统工艺的基础上对新的工艺方法和先进制造理念的介绍。本书内容广博,既包含常用切削刀具、数控机床、工件质量管理、数控加工工艺、减速器装配工艺规程等方面的知识,又包含工艺过程的智能成本管理、精密加工与纳米加工等先进制造技术及制造业信息化方面的内容。

本书为高职高专院校机械工程类(机械设计与制造、机械制造与自动化、数控技术、模具设计与制造、汽车运用等)专业教材,也可作为中等专业院校、职工大学和成人教育相关专业的试用教材及工程技术人员的参考书。

本教材配有电子课件和习题解答,可登录机械工业出版社教材服务网www.cmpedu.com 下载,或发送电子邮件至 cmpgaozhi@sina.com 索取。咨询电话:010-88379375。

图书在版编目(CIP)数据

机械制造工程/郭彩芬,赵宏平主编. —北京:
机械工业出版社,2014.9
高职高专"十二五"规划教材
ISBN 978 - 7 - 111 - 47620 - 7

Ⅰ.①机… Ⅱ.①郭…②赵… Ⅲ.①机械制造工艺
- 高等职业教育 - 教材 Ⅳ.①TH16

中国版本图书馆 CIP 数据核字(2014)第 183505 号

机械工业出版社(北京市百万庄大街 22 号 邮政编码 100037)
策划编辑:王海峰 责任编辑:王海峰
版式设计:霍永明 责任校对:李锦莉 刘秀丽
封面设计:马精明 责任印制:刘 岚
北京京丰印刷厂印刷
2014 年 9 月第 1 版·第 1 次印刷
184mm×260mm·25 印张·616 千字
0 001—3 000 册
标准书号:ISBN 978 - 7 - 111 - 47620 - 7
定价:48.00 元

前 言

为了适应科学技术的迅猛发展，配合高职高专院校的课程建设和人才培养工作，我们组织编写了本教材。该教材将原来机械工程类学生要学习的四门必修课（"金属切削原理与刀具""金属切削机床""机械制造工艺学"和"机床夹具设计"）的教学内容进行了有机的整合，按照机械制造工艺系统组成的顺序展开，体系新颖，结构合理。

教材编写过程中力求贯彻以下理念：

1）注重教材的实用性，体现工程应用能力的培养主线。如编入了切削用量选择举例、工件定位与夹紧方案实例分析、典型加工工艺与典型零件加工和装配工艺规程制订等实践性较强的内容，注重理论联系实际，突出应用特色。

2）反映新技术、新方法、新工艺、新材料等在机械制造领域的应用，突出教材的先进性。如编入了超硬刀具材料、干切削技术、数控机床、工艺过程的智能成本管理与控制、数控加工工艺和精密加工和纳米加工等内容，使学生把握机械加工工艺学科发展的前沿知识和技术，适应企业对新知识和新技术的需求。

3）更好地体现工学结合。在机械加工方法、金属切削刀具、数控机床主传动系统、工件的定位夹紧方式和典型零件加工等知识点，加入足够的实例分析内容，使学生了解机械产品实际加工过程中各种基础知识的运用情况，培养学生知识综合应用能力和职业素养。

4）适应教学要求，加强习题、思考题的布置和练习，培养学生的思考能力，掌握每章内容的要点和知识点。

本教材由苏州市职业大学郭彩芬教授负责组织编写。本书由郭彩芬、赵宏平任主编，苏州市职业大学杜洁、万长东和唐山工业职业技术学院姬玉媛副教授任副主编，苏州奥杰汽车技术有限公司张胜红高级工程师、苏州汽车客运集团汽车修理厂谢蒙蒙工程师任参编，由南京航空航天大学陈富林教授和苏州市职业大学陶亦亦教授任主审。

由于编者水平所限，书中错误和不妥之处在所难免，欢迎广大读者批评指正，联系邮箱：guocf@jssvc.edu.cn，联系人：郭彩芬。

编 者

目　录

前言
绪论 ……………………………………… 1
0.1 机械制造工程及其在国民经济中
　　的作用 ………………………………… 1
0.2 机械制造工程的现状与发展 ………… 1
0.3 本课程的学习内容及方法 …………… 3

第1章　机械制造工艺基础 ……………… 4
1.1 机械制造过程 ………………………… 4
1.2 获得预定精度的加工方法 …………… 8
1.3 生产纲领与生产类型 ………………… 10
1.4 机械加工方法 ………………………… 12
1.5 机械制造工艺系统 …………………… 16
习题 …………………………………………… 20

第2章　工艺系统中的工具 ……………… 21
2.1 工件的加工表面、切削运动与
　　切削参数 ……………………………… 21
2.2 刀具几何参数 ………………………… 31
2.3 刀具材料 ……………………………… 37
2.4 常用切削刀具 ………………………… 44
2.5 金属切削过程的基本规律 …………… 70
2.6 砂轮及磨削加工原理 ………………… 81
习题 …………………………………………… 86

第3章　工艺系统中的机床 ……………… 88
3.1 机床的分类与型号 …………………… 88
3.2 机床设备的组成与传动系统 ………… 91
3.3 CA6140A 卧式车床 …………………… 97
3.4 其他机床 ……………………………… 112
3.5 数控机床 ……………………………… 120
习题 …………………………………………… 139

第4章　工艺系统中的夹具 ……………… 141
4.1 夹具的功用、组成与分类 …………… 141
4.2 定位的概念、原理与类型 …………… 143
4.3 定位元件 ……………………………… 149
4.4 工件在夹具中的加工误差与夹具

误差 …………………………………… 163
4.5 夹紧装置（夹紧机构） ……………… 167
4.6 工件定位与夹紧方案实例分析 …… 190
4.7 典型机床夹具 ………………………… 195
4.8 专用夹具设计 ………………………… 209
习题 …………………………………………… 223

第5章　工艺系统中的工件 ……………… 230
5.1 工件的工艺性分析、审查与工件
　　的结构工艺性 ………………………… 230
5.2 工件材料的可加工性 ………………… 237
5.3 机械加工质量 ………………………… 240
5.4 工件质量管理 ………………………… 252
5.5 全面质量管理与 ISO 9000 …………… 266
习题 …………………………………………… 268

第6章　机械加工工艺规程设计 ………… 270
6.1 概述 …………………………………… 270
6.2 零件的工艺分析 ……………………… 271
6.3 机械加工工艺过程卡片的制订 …… 282
6.4 机械加工工序卡片的制订 …………… 297
6.5 典型加工工艺与典型零件加工 …… 309
6.6 数控加工工艺 ………………………… 330
6.7 工艺过程的智能成本管理与控制 …… 339
习题 …………………………………………… 342

第7章　机械装配工艺 …………………… 348
7.1 机械装配工艺基础 …………………… 348
7.2 装配工艺方案选择 …………………… 355
7.3 编制装配工艺规程 …………………… 364
7.4 人机工效学的应用 …………………… 372
习题 …………………………………………… 373

第8章　精密加工和纳米加工 …………… 376
8.1 精密加工和超精密加工 ……………… 376
8.2 纳米加工 ……………………………… 389
习题 …………………………………………… 393

参考文献 ………………………………… 394

0.1　机械制造工程及其在国民经济中的作用

　　机械制造工程领域各技术主体，从金属切削原理到工艺系统的构建以及典型零件加工，最后到先进制造技术，都涉及将有关资源（物料、能量、资金、人力资源、信息等）按照社会的需求，经济合理地转化为新的、有更高实用价值的产品和技术服务的行为方法和过程。与其他制造技术一样，机械制造工程的内涵也是随着社会的发展而深化和扩展的。最初的机械制造活动是采用简单工具进行手工制造。随着社会生产力的发展，机械制造活动成为采用机器作为工具的机器制造，并出现了机械化流水线、自动线制造。今天又出现了数控制造、柔性制造、集成制造、智能制造等先进制造技术。

　　制造工程相关技术是社会谋求发展的一个永恒主题，是各国常抓不懈的关键技术。机械制造业为各行各业提供先进的技术装备，是制造行业中的排头兵。机械制造是拉动国民经济快速增长、促进工业由大变强的发动机；是推进社会主义新农村建设、加强农业基础地位的物质保障；是支持现代服务业顺利发展的物质条件；是加快农业劳动力转移、统筹城乡发展和促进就业的重要途径；是提高人民消费水平、建设小康社会的重要物质基础；是实现国防和军事现代化的基本条件；是创新、设想、科学技术物化的基础和手段；也是加速发展科教、文化、卫生事业的重要物质支撑。

0.2　机械制造工程的现状与发展

0.2.1　机械制造工程的现状

　　2010 年，世界制造业迎来新的王者。

　　当年世界制造业总产出达到 10 万亿美元。其中，中国占世界制造业产出的 19.8%，略高于美国的 19.4%。此前，制造业世界第一的"宝座"由美国从 1895 年一直保持到 2009年。

　　但是，与发达国家相比，我国在机械制造工程领域仍存在着较大的差距。集中表现为制造技术的落后——在设计方法和手段、制造工艺、制造过程自动化技术及管理技术诸方面都明显落后于工业发达国家。由此制约了我国机械工业的进一步发展，造成全员劳动生产率低，机械产品质量差，可靠性低，产品缺乏竞争能力。

　　但即使面临日益严峻的国际竞争，中国制造在全球的优势依旧相当突出——是全球制造业高、中、低端产业链条相对比较完善的少数国家，并且有中国快速发展带来的雄厚实力做坚强后盾。关键在于能否坚持"创新引领"的方针，在高端制造领域强势崛起，使中国从制造大国蜕变为制造强国。

0.2.2　机械制造工程的发展

机械制造工程领域的技术发展日新月异，其与信息技术、计算机技术、微电子技术、光伏技术、材料技术、控制技术、传感技术、现代管理技术的交叉、融合与发展，逐步形成了先进制造技术的框架。制造工程不仅仅是一门技术，一门科学，还是一种艺术、一种文化。

先进制造工程广泛融合了各种高新技术，正朝着信息化、极限化、绿色化的方向发展。它的发展以及由它生产的产品将体现出以下特点：

1）极端化。在极端条件或极端环境下，制造出极大或极小的极端尺寸、极快或极慢的极端速度、极强或极弱的极端功能的产品。如超高速切削、超精密制造、微纳制造、巨系统制造、强场制造、微机电系统产品等。

2）集成化。利用系统集成、协同技术，将多种学科、技术进行渗透、融通、集成和整合，其科技含量高，涉及的领域广，拥有的功能多。如集驱动、传感、控制、执行等功能于一体的机敏结构系统、机电一体化产品、生物芯片等。

3）数字化。数字技术具有精确稳定，易复制，处理方便等优点；数字化是将信息化与工业化融合，用计算机信息技术改造传统技术和产业的先进手段；数字制造已成为推动21世纪制造业向前发展的强大动力。

4）高效化。效率优先是社会生存的法则，先进制造技术也追求在单位时间内具有较高的效率。如产品设计制造中施行的并行工程、敏捷制造、快速成形技术、高速机床等。

5）自动化。它在运行过程中，不需要人们过多地参与，能根据预先设定好的程序，自动地完成预定的任务。如半自动机床、自动机床、自动生产线等。

6）柔性化。其自身适应性强，变换灵活，能迅速满足外界变化的要求。如柔性夹具、柔性机床、柔性制造系统。

7）智能化。又称傻瓜式，具有一定的"思维"能力，在场境、条件、参数变化时，能模仿人脑功能，自我分析、判断、学习，并能协调和处理发生的问题，自动适应变化，自律运动，因此它对操作人员的要求较低。如智能导航仪、智能机器人等。

8）小型化。在实现同样功能条件下，小型化的产品一般具有精度高、重量轻、材料省、能耗低、节省资源、占有空间小、隐蔽性强、携带运输方便等优点。如微机电系统、纳米卫星等。

9）模块化。它综合了功能分割技术、接口技术和可重构技术，科学地将系列产品划分成模块，再选用相应的模块，迅速地重构成能满足用户不同需求的产品。模块化能较好解决多品种、低成本、短周期之间的矛盾；也是在"小批量、多品种"要求下，组织集约型生产的有效途径。

10）网络化。利用信息网络技术平台，进行异地信息联网，实现资源共享。充分调动各自的积极因素，优势互补，并行作业，远程调控，发挥个体在群体中的协同作用。

11）个性化。社会市场正从大众化市场向小众化市场发展，因此产品也必须根据不同的市场和用户需求，敏捷地生产出贴合用户要求、富有个性化的产品，满足用户对产品求新求异的心理。

12）人性化。人性化的产品应是技术和艺术、文化的高度完美统一，实现人机和谐，它使用安全、卫生、可靠、舒适、得心应手，能满足人们日益增长的生活、消费和审美情趣的要求。

13）绿色环保化。产品具有绿色、环保、清洁、节能和可持续发展的理念，它在生产、使用阶段，以及生命周期后的处理，都突出低污染、低消耗、减量化、再利用、再循环等特点。如资源循环型制造、再制造技术等。

0.3　本课程的学习内容及方法

机械制造工程主要是研究采用机械制造的手段生产产品的制造原理、制造方法和制造过程的工程技术。本课程紧紧围绕机械加工技术，介绍了机械制造工艺基础概念；从机械加工工艺系统入手，深入分析组成机械加工工艺系统的工具（刀具等）、机床、夹具和工件等系统要素；根据企业工艺工作的实际情况，围绕设计机械加工工艺规程、机械装配工艺规程的核心内容，阐明了相关的实用知识和技能；最后介绍了精密加工、纳米加工等先进制造技术。

通过对本课程的学习，要求：

1）了解企业的生产过程及机械制造方法。

2）掌握机械加工工艺系统及组成系统要素的工具（刀具等）、机床、夹具和工件等相关方面知识，并能运用这些知识，分析、处理和解决一般技术问题。

3）掌握机械制造工艺规程的基础知识，能够设计中等复杂程度零件的机械加工工艺规程和机械产品的装配工艺规程。

4）掌握零件定位/夹紧的基本原理和方法，能够进行车削、钻削、铣削等加工工序的专用夹具总装配图设计和夹具体零件设计。

5）拓宽机械制造工程知识空间，吸收先进制造技术知识。

机械制造工程是实践性、实用性、综合性、经验性、专业性、工程性很强的领域。因此在注意掌握基本概念和基本方法的同时，要注重联系实际，注重积累实际经验和知识；做到学、想、练、做结合；在学习机械制造专业知识、专业技能和职业素质中，不断提升分析、处理、解决实际问题的能力。

第
1
章

机械制造工艺基础

机械制造技术是一个永恒的主题，是各种创新思想物化的基础和手段，是国家综合实力的体现。工艺技术是制造技术的重要组成部分，是制造技术的核心、灵魂和关键，是生产中最具活力的因素。因此，应该重视学习和掌握工艺技术。

1.1 机械制造过程

机械制造技术是企业采用机械制造手段，生产产品的技术。了解企业的产品形式过程和生产过程，有助于熟悉企业，有助于全面了解机械制造技术在生产过程中的作用和地位；能帮助人们迅速进入工作角色，清楚生产过程内容和重点，互相主动配合、协调工作，出色完成生产任务。

1.1.1 生产过程

在制造机械产品时，将原材料或半成品转变为成品的全过程称为产品的生产过程，如图1-1所示。它包括以下过程：

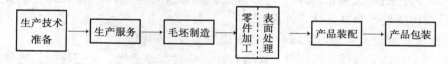

图 1-1　产品的生产过程

1）生产技术准备。这个阶段主要完成产品投入生产前的各项生产和技术准备工作。如产品设计、工艺设计和专用工艺装备的设计制造。

2）生产服务。包括原材料、半成品、工具的供应、运输、保管等。

3）毛坯制造。如铸造、锻造和冲压等。

4）零件加工/表面处理。如车、铣、刨、磨、焊接、铆接、各种热处理方式等。

5）产品装配。如部装、调试、总装等。

6）产品包装。一般地说就是给生产的产品装箱、装盒、装袋、包裹、捆扎的工作。

1.1.2 工艺过程

机械制造企业是主要用机械制造工艺手段生产产品的企业。机械制造工艺工作是企业产品制造过程中的中心工作，整个生产过程中始终贯穿着工艺活动。

机械加工工艺过程是用机械加工方法来改变生产对象的形状、尺寸、相对位置和性质等，使其成为成品或半成品的过程。一个零件、一件产品往往要经过不同的工艺阶段（毛坯准备、粗加工、半精加工、精加工、光整加工、机械装配、包装储运），使用不同工艺方法和设备，经过若干位工人的通力协作才能制成。图1-2所示为产品零部件的加工工艺路线。

图1-2 产品零部件的加工工艺路线

1. 工序

（1）工序的定义 工艺过程是所需工序有序的集合。工序是组成工艺过程的基本单位，每道工序对应一种特定的工艺方法。工艺过程与工序之间的关系也可用下式表达

$$工艺过程 = \sum_{i=1}^{n} \overrightarrow{工序_i}$$

其中，工艺过程是由 n 道工序集合组成，各工序的先后次序必须按照该工艺过程规定的顺序排列，上式"工序$_i$"上面的"——→"符号，就是强调工序间的有序性。

工序，是一个（或一组）工人，在一个工作地，对同一个（或同时对几个）工件（或部件）所连续完成的那一部分工艺过程（生产活动）。

在工艺过程中，如何判别是否属于同一个工序，主要是考察这部分工艺过程是否满足"三同"和"一个连续"。

所谓"三同"，就是指：①同一个（或同一组）工人：指同一技术等级的工人；②同一工作地点：指同一台机床（同一精度等级的同类型机床）、同一个钳工台或同一个装配地点；③同一个工件（劳动对象）：同一零件代号的工件（或部件）。

所谓"一个连续"，就是指同样的加工必须是连续进行，中间没有插入另一个工件的加工；如果其中有中断，则不能作为一个工序。

同一零件，同样的加工内容，可以有不同的工序安排。工序安排与工序数目的确定，与零件的数量、技术要求、现有加工条件、经验和习惯等有关。单件小批生产时常采用连续加工，工序数目较少；大批量生产时会安排成不连续加工，工序数目较多；采用数控机床加工时，工序数目也会安排得少些。例如，图1-3所示的阶梯轴，当单件小批生产时，其加工工艺及工序划分见表1-1；中批生产时，其工序划分见表1-2。

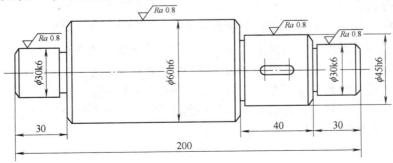

图1-3 阶梯轴简图

表 1-1　阶梯轴加工工艺过程（单件小批生产）

工序号	工序内容	工作地点（设备）	工序号	工序内容	工作地点（设备）
1	车端面、钻中心孔、车外圆、切槽、倒角	车床	3	磨外圆	外圆磨床
2	铣键槽、去毛刺	铣床			

表 1-2　阶梯轴加工工艺过程（中批生产）

工序号	工序内容	工作地点（设备）	工序号	工序内容	工作地点（设备）
1	车端面、钻中心孔	车端面钻中心孔机床	4	去毛刺	钳工台
2	车外圆、切槽、倒角	车床	5	磨外圆	外圆磨床
3	铣键槽	铣床			

由此可见，操作工人、工作地（设备）是否变动，对该工件的作业（生产活动）是否连续，是区分工序的主要依据。

由此可知，在工艺过程中，采用一种方法，就需安排一道工序。企业为此要留出一定的作业空间，配备一种加工设备，安排一个（或一组）工人去操作。只有一一确定了工件加工工序，才能估算出各工序所需要的时间（工时），估算出产品的生产周期等。因此，工序不仅是组成工艺过程的基本单位，也是生产计划的基本单元。正确地划分工序，是合理安排工艺路线的重要条件，也是配置设备、定置设备位置、划分作业区、配备工人、制定劳动定额、计算劳动量、测算成本、编制生产作业计划、安排质量控制点的重要依据。

（2）工序的分类　在机械加工工艺过程中，按工序的性质，工序可分为：

1）工艺工序。它是工人利用劳动工具改变劳动对象的物理和化学性质，使之成为产品的工序。根据相关的过程参数对最终产品影响程度的大小，可分为一般工序、重要工序和关键工序。关键工序是那些对产品质量起决定性作用的，直接明显影响最终产品质量的工序。根据工艺工序对劳动对象作用的主次程度，又可分为主体工序（如冲压、车削、铣削）和辅助工序（如去毛刺、除锈）。

2）检验工序。对原材料、半成品和成品等进行质量控制（检验/评估）的工序。检验工序不仅能区分出合格件与不合格件，实现"不合格的原材料不投产，不合格的工件不转工序，不合格的产品不出厂"，将不合格品隔离在生产线之外，还能收集生产线的质量信息，为测定和分析工序能力，监督工艺过程，改进工艺质量提供可信依据。

3）运输工序。在工艺工序之间、工艺工序和检验工序之间，搬运输送原材料、半成品和成品的工序。把原材料、半成品制造成产品，一般不可能用一道工艺工序就能完成。因此，运输工序是实现工艺流程，联系前后工序的纽带，能使前工序的"使用价值"在后工序中得到体现，是保障工艺过程顺利连续完成的必要手段。

2. 安装与工位

（1）安装　有些工件在某道工序加工时，需要经过几次不同安装。所谓安装，是工件经一次装夹后所完成的那一部分工序。

　　一般说来，工件在同一安装中完成的若干加工表面之间的位置精度，相对于用多次安装获得相同表面的位置精度要高些。在加工中心上，工件只要一次安装，就能完成多个表面加工，因此它能加工出较高位置精度要求的工件。

　　（2）工位　为了完成一定的工序内容，工件一次装夹后，工件或装配单元与夹具或设备的可动部分，一起相对于夹具或设备的固定部分，所占据的每一个位置，称为工位。也就是说，机械加工的某道工序中，工位就是借助于转位、移位工作台或转位夹具，使工件在机床上占据的每个位置。如多轴车床、多工位机床上，工件在机床上需要经过好几个工作位置进行加工，它的每一个位置都是一个工位。图1-4是多工位加工的实例。工件装夹在转位工作台上，分别在1、2、3、4 四个工位上完成装卸工件、钻孔、扩孔、铰孔工作。一般说来，工位多，相应安装次数就少，生产率就高。

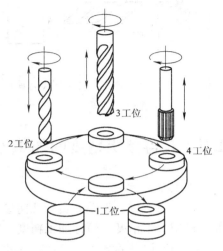

图1-4　四工位加工
1 工位—装卸工件　2 工位—钻孔
3 工位—扩孔　4 工位—铰孔

3. 工步与工作行程

　　（1）工步　在一道工序中，往往需要使用不同的刀具和选用不同的切削用量，对不同的表面进行加工。为了便于对较复杂的工序进行研究，便于在相邻工序间通过合并和分解，重新组成工序，就需要将工序细分为工步。

　　工步是在加工表面（或装配时的连接表面）和加工（或装配）工具不变的情况下，所连续完成的那一部分工序。

　　构成工步的任何一个因素（加工表面、切削刀具）改变后，便成为另一个新的工步。如果工步中须停机重新调整切削用量，它就破坏了"所连续完成的那一部分工序"，因此就分成了两个工步。

　　若用几把刀具同时分别加工几个表面，这种工步称为复合工步。在图1-5所示复合工步中，将六把铣刀组合起来，对工件的矩形导轨表面同时进行铣削加工。采用复合工步，使多个加工表面的切削用基本时间重叠在一起，缩短了作业时间，提高了生产效率，如图1-6和图1-7所示。

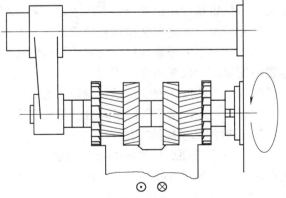

图1-5　采用组合铣刀的复合工步

　　（2）工作行程（走刀）　工作行程，也称走刀，它是切削工具以加工进给速度，相对工件所完成一次进给运动的工步部分。当工件表面的加工余量较大，不可能一次工作行程就能完成，这时就要分几次工作行程（走刀）。工作行程的次数也称行程次数。

　　刀具以非加工进给速度相对工件所完成一次进给运动的工步部分，称作"空行程"。空行程能检查刀具相对工件的运动轨迹。

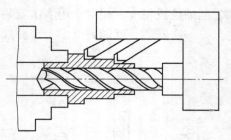
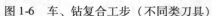

图 1-6　车、钻复合工步（不同类刀具）

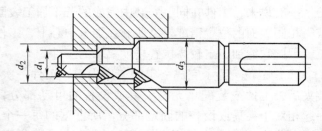

图 1-7　镗孔复合工步（同类刀具）

1.2　获得预定精度的加工方法

1. 加工精度

机械加工后，零件的实际几何参数值（尺寸、形状和位置）与设计理想值的符合程度，称为机械加工精度，简称加工精度。它们之间的不符合程度称为加工误差。加工精度在数值上通过加工误差的大小来表示。两者的概念是相关联的，即精度越高，误差越小。反之，精度越低，误差就越大。

零件的加工精度包括三个方面：

（1）尺寸精度　限制加工表面与其基准面间的尺寸误差不超过一定范围。尺寸精度用标准公差等级表示，分为 IT01、IT0、IT1 ~ IT18 共 20 个等级。

（2）形状精度　限制加工表面宏观几何形状误差，如圆度、圆柱度、平面度、直线度等。形状精度用形状公差等级表示。各项形状公差，除圆度、圆柱度分为 13 个精度等级外，其余均分为 12 个精度等级。其中 1 级最高，12 级最低。

（3）位置精度　限制加工表面与其基准面间的相互位置误差，如平行度、垂直度、同轴度等。位置精度用位置公差等级表示。各项目的位置公差也分为 12 个精度等级。

尺寸精度、几何形状精度和位置精度相互之间是有联系的。形状误差应控制在尺寸公差内，位置公差也要限制在尺寸公差内。即精密零件或零件重要表面，其形状精度要求应高于位置精度要求，位置精度要求应高于尺寸精度要求。一定的尺寸精度必须对应相应的几何形状精度和位置精度，而一定的位置精度必须有相应的几何形状精度。零件加工精度是根据设计要求、工艺经济指标等因素综合分析而确定的。

2. 获得加工精度的方法

（1）获得表面形状精度的加工方法　工件上常见的表面有平面、回转表面、螺纹、齿轮轮齿成形面等。机械加工中，这些表面形状主要依靠刀具和工件作相对的成形运动获得，其方法可归纳为以下四种：

1）轨迹法。这种方法是依靠刀具与工件的相对运动轨迹来获得工件形状的。这时刀具的切削刃与被加工表面间为点接触。当该点按给定的规律运动时，便形成了所需的发生线。如图 1-8 所示。

2）成形法。成形法是指刀具与工件表面之间为线接触，切削刃的形状与形成工件表面的发生线完全相同。如图 1-9 所示。

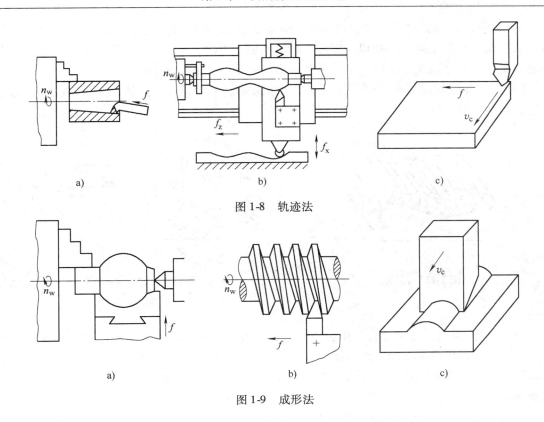

图 1-8　轨迹法

图 1-9　成形法

3）展成法。展成法是指对各种齿形表面进行加工时，刀具的切削刃与工件表面之间为线接触，但切削刃形状不同于齿形表面形状，刀具与工件之间作展成运动（或称啮合运动），齿形表面的母线是切削刃各瞬时位置的包络线。如图 1-10 所示。

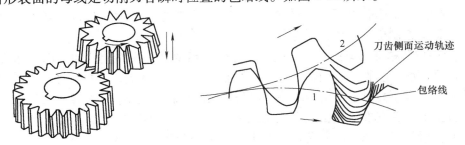

图 1-10　展成法
1—被切齿轮　2—插齿刀

4）相切法。相切法是指利用刀具边旋转边作轨迹运动对工件进行加工的方法。相切法中，刀具的各个切削刃的运动轨迹共同形成了曲面的发生线。如图 1-11 所示。

（2）获得尺寸精度的方法

1）试切法。试切法是通过"试切→测量加工尺寸→调整刀具位置→试切"的反复动作来获得距离尺寸精度的加工方法。由于这种方法是通过多次试切来获得工件的距离尺寸精度，所以加工前工件相对于刀具的位置可不必确定。这种方法多用于单件小批生产。

2）调整法。调整法是一种加工前按规定的尺寸调整好刀具与工件相对位置及进给行程，从而保证在加工时自动获得所需加工精度的加工方法。该方法在加工时不再试切，生产率高，其加工精度取决于机床、刀具的精度和调整误差，适用于成批生产。

3）定尺寸刀具法。利用刀具的相应尺寸来保证加工面的尺寸。如用钻头钻孔、拉刀拉孔等。如图 1-12 所示。

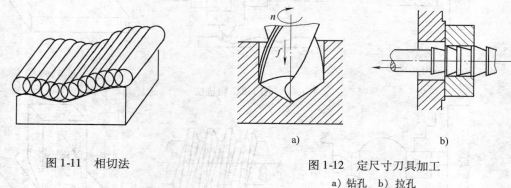

图 1-11　相切法

图 1-12　定尺寸刀具加工
a）钻孔　b）拉孔

4）主动测量法。在加工过程中，边加工边测量加工尺寸，并将所测结果与设计要求的尺寸比较后，或使机床继续工作，或使机床停止工作，这就是主动测量法。目前，主动测量中的数值可以用数字显示。主动测量法把测量装置加入到工艺系统中，成为其第 5 个因素。主动测量法质量稳定，生产率高，有发展前景。

5）自动控制法。这种方法是把测量、进给装置和控制系统组成一个自动加工系统，加工过程依靠系统自动完成。初期的自动控制法是利用主动测量和机械或液压等控制系统完成的。目前已采用按加工要求预先编排的程序，由控制系统发出指令进行工作的程序控制机床（简称程控机床）或由控制系统发出数字信息指令进行工作的数字控制机床（简称数控机床），以及能适应加工过程中加工条件的变化，自动调整加工用量，按规定条件实现加工过程最佳化的适应控制机床进行自动控制加工。

（3）获得位置精度的方法　加工面的相互位置精度是指零件上的加工面之间或其相对于基准面的平行度、垂直度、同轴度等。零件上位置精度要求高时，应在图样上规定出公差值的大小；当要求不高时，应由相应的尺寸公差加以限制。获得位置精度的方法有两种：一是根据工件上的有关基准，找出工件在加工（或装配）时的正确位置，即用找正法来保证工件的相互位置精度；二是用夹具装夹工件，工件的位置精度由夹具保证。

1.3　生产纲领与生产类型

坚持以需定产是企业生产管理原则之一。企业根据市场经济的客观需求和发展规律，根据企业生产技术条件，来安排生产计划。企业的生产计划，具体规定了计划期内应生产产品的品种、质量、数量、产值、出产期限、生产能力的利用程度等。它不仅规定了企业内部各车间的生产任务和生产进度，还规定了和其他企业之间的生产协作任务。因此，生产计划是企业年度综合计划的主体，是编制其他各项计划的主要依据，是企业的纲领性生产文件。

1.3.1 生产纲领

在计划期内应当生产的产品产量和进度的生产计划，称作生产纲领。为便于年度结算，对生产计划期限确定为一年。年度生产计划也称作年生产纲领。

年生产纲领中确定了某产品的年出产量后，接着就要根据年生产纲领去组织生产，确定组成该产品各零件的年投产数量。

生产过程是很复杂的过程，它还有一定的不确定因素，如产生废次品的风险等。为了争取主动，确保生产纲领的完成，在确定零件的年投产数量时，要留有余地——考虑装配过程中可能发生的意外和产品售后服务的需求（用户维修该产品所需预备的零件），适当增加备品零件数量；同时还要考虑生产过程中产生废次品的概率。因此，零件的年投产数量 N 应为

$$N = Qk(1 + i_1)(1 + i_2)$$

式中　N——零件的年投产数量（件/年）；

Q——产品的年产量（台/年）；

k——每台产品中该零件的数量（件/台）；

i_1——备品率；

i_2——废品率。

在实际安排生产确定零件投产数量时，还需要考虑零件现有库存量等其他影响因素。

1.3.2 生产类型

生产类型是企业根据产品的性质、结构、工艺特点，产品品种的多少，品种变化的程度，同种产品的产量等，对企业及其生产环节（车间、工段、班组、工作地）进行的分类。

生产类型对企业的生产组织、工艺过程及合理选择工艺方法、设备和工艺装备等，均有很大影响。同一种产品，由于生产量不同，可能有完全不同的工艺过程。生产类型划分见表1-3。

表 1-3　生产类型划分

生产类型		按专业化程度划分	按年产量划分			
			产品的年产量/（台/年）	同类零件的年产量/（件/年）		
		工作地每月担负的工序数		重型零件（>2000kg）	中型零件（>100~2000kg）	轻型零件（≤100kg）
单件生产		不作规定	1~10	≤5	≤10	≤100
成批生产	小批生产	>20~40	>10~150	>5~100	>10~200	>100~500
	中批生产	>10~20	>150~500	>100~300	>200~500	>500~5000
	大批生产	>1~10	>500~5000	>300~1000	>500~5000	>5000~50000
大量（连续）生产		1	>5000	>1000	>5000	>50000

注：表中生产类型的产品年产量，应根据各企业产品具体情况而定。

通过划分生产类型，能掌握不同生产规模、不同生产条件下的生产组织管理和工艺特点，如专业化程度、生产方法、设备条件、人员要求等。不同的生产类型有不同的工艺特征。表1-4列出了单件、批量、大量（连续）生产类型的工艺特征。

表1-4　各种生产类型的工艺特征

工艺特征	生产类型		
	单件生产	批量生产	大量（连续）生产
生产对象	变换频繁，品种繁多，很少重复	重复、轮番生产，品种较多，产品数量不等	固定不变，品种少，产量大
生产条件	很不稳定，工作地专业化程度很低，担负的工序很多；采用工艺专业化的生产组织形式，在制品移动路线长而复杂，生产过程连续性很低，定额与计划粗略	较稳定，工作地担负较多工序，部分专业化；一批更换到另一批时，设备和工装需要调整；劳动定额和计划编制不十分精确和细致	稳定，工作地完成一道或几道工序，专业化程度高，工序划分细，单工序的劳动量少；劳动定额和计划编制很准确，节奏生产
毛坯成形	型材用锯床、热切割下料；木模手工砂型铸造；自由锻造；焊条电弧焊；旋压等冷作。毛坯精度低，加工余量大	锯、剪等方式型材下料；砂型机器铸造；模锻、冲压；专机弧焊、钎焊；粉末冶金压制	型材剪切下料；机器造型生产线；压铸；热模锻生产线；多工位冲压、冲压生产线；压焊、弧焊自动线。毛坯精度高，加工余量少
机械加工设备及布置	通用工艺设备，普通机床、数控机床、加工中心；按机群方式排列	通用和专用机床，高效数控机床，成组加工；多品种小批量生产采用柔性制造系统；按工件类别分工段排列	组合机床刚性自动线；多品种大量生产采用柔性自动线；按工艺路线布置成流水线或自动线
工艺装备与尺寸精度保证	采用万能夹具、组合夹具及少量专用夹具；采用通用刀具、量具；按划线找正装夹，试切法	广泛采用可调夹具、专用夹具；较多采用专用刀具和量具；定程调整法，小部分采用试切、找正	广泛采用高效专用夹具；广泛采用高效专用刀具、量具和自动检测装置；调整法自动化加工
热处理设备	周期式热处理炉，如密封箱式多用炉；用于中小件的盐浴炉；用于细长件的井式炉	真空热处理炉；密封箱式多用炉；感应热处理设备	连续式渗碳炉，多用炉生产线；网带炉、铸链炉、棍棒式炉、滚筒式炉；感应热处理设备
装配方式	以修配法和调整法为主；固定式装配或固定式流水装配	以互换法为主，调整法、修配法为辅；流水装配或固定式流水装配	互换法装配；流水装配线、自动装配或自动装配线
涂装	喷涂室；搓涂、刷漆	混流涂装生产线；喷漆室	静电喷涂、电泳喷涂等涂装生产线
物流设备	叉车、行车、手推车	叉车、各种运输机	各种运输机、搬动机器人、自动化立体仓库
工人技术水平	高，工人要掌握广泛的知识和技能	中等，工人要掌握较广泛的知识、技能，操作熟练程度较低	低，工人的操作简易，技术熟练，但需要技术水平高、熟练程度高的调整工
工艺文件	简单，工艺过程卡	中等，工艺过程卡、工序卡	详细，工序卡、调整卡、操作指导卡、检验卡
生产成本	较高	中	低
生产效率	低，用数控机床则较高	中	高
典型产品实例	重型机床、重型机器、大型内燃机、汽轮机、大型锅炉、机修配件	机床、机车车辆、工程机械、起重机、液压件、水泵、阀门、风机、中小锅炉	汽车、拖拉机、摩托车、自行车、内燃机、手表、电气开关、滚动轴承

1.4　机械加工方法

　　机械制造工艺是各种机械制造方法和过程的总称。因此，掌握机械制造技术的一个重要方面就是必须熟悉机械制造方法。熟悉了各种制造方法，在工艺设计时，才有可能列出更多种机械制造方法的方案，在更广范围内进行选优；在遇到工艺难题时，才有可能较快提出试用其他机械制造方法的建议。

在传统的机械加工方法中，把改变生产对象的形状、尺寸、相对位置和性质的机械加工方法——毛坯件成形方法、机械加工方法、材料改性与处理方法，归结为去除加工、结合加工、变形加工和改性加工四大类。

1.4.1　去除加工

去除加工，又称分离加工、分离成形，它是从工件表面去除（分离）部分材料而成形。去除加工使工件的质量（重量）由大变小，外形、体积都随之发生变化。这种加工方法将工件上多余的材料，像做"减法"一样去除掉。因此，损耗原材料是去除加工的固有弱点。但是它加工精度高、较稳定、容易控制，一直受到机械制造企业的推崇。

去除加工的加工方法很多。切削加工，特种加工中的电火花加工、电子束加工、离子束加工、等离子加工、激光加工、超声加工、电解加工、化学铣削、电解磨削、加热机械切割、振动切削、超声研磨、超声电火花加工、高压水切割、爆炸索切割等，都属于去除加工。各种去除加工方法的特点和适用范围见表1-5。

表1-5　各种去除加工方法的特点和适用范围

去除加工方式		特　点	加工范围	机床设备
切削加工	刃具切削 车削	工件旋转作主运动、刀具作进给运动	内、外圆车削；平面加工；钻、扩、铰孔；螺纹加工；各种成形面加工；滚花、滚压等	车床、车削中心
	铣削	铣刀旋转作主运动，工件或铣刀作进给运动。铣削加工是多刃断续切削，冲击大，但生产率高	各种平面、球面、成形面、凸轮、圆弧面、各种沟槽、切断、模具的特殊形面等	铣床、加工中心、组合机床
	刨削	刨刀在水平方向上的往复直线运动为主运动，工作台或刀架作间歇进给运动	各种平面、斜面、导轨面等狭长工件的加工	牛头刨床、龙门刨床
	插削	插刀在垂直方向上，相对工件作往复直线运动	内孔键槽、异形孔、不通孔、台阶孔；齿轮加工	插床
	钻削	钻头旋转为主运动，进给运动可由钻头或工件或两者共同完成	钻孔、扩孔、铰孔；套、攻螺纹等	钻床
	镗削	镗刀旋转作主运动，工件（或刀具）作进给运动	孔的精加工，镗槽、镗螺纹	镗床、加工中心、组合机床
	拉削	拉刀相对工件作直线移动，加工余量由拉刀上直径逐齿递增的刀齿依次切除，通常一次成形，效率高，用于大批量生产	平面拉削、拉孔、拉槽、拉花键、拉齿轮等	拉床
	锯切	带锯齿的刀具将工件或材料切出窄槽或进行分割（下料）	棒料或板料的槽加工或下料	锯床
	磨削加工（淬硬表面的精加工） 砂轮磨削	高速旋转的砂轮作主运动，砂轮和工件（或工作台）作进给运动	各种平面、外圆、内孔、形面、螺纹、齿轮等的精加工	磨床
	砂带磨削	布满磨粒的带状柔软纱布贴合于工件表面的高效磨削工艺	各种平面、外圆、形面的精加工	砂带磨床

（续）

去除加工方式			特　点	加工范围	机床设备
切削加工	磨削加工（淬硬表面的精加工）	珩磨	用油石或珩磨轮对精加工表面进行光整加工	各种平面、外圆、齿轮的光整加工	珩磨机
切削加工	磨削加工（淬硬表面的精加工）	研磨	在一定压力下，有一定刚性的涂敷或压嵌游离磨粒的软质研具，与工件相对滑动而进行的光整加工	各种平面、外圆、孔、锥面、成形面、齿形等的光整加工	研磨机或手工研磨
切削加工	磨削加工（淬硬表面的精加工）	超精加工	用安装在振动头上的细粒度油石，以振频 5 ~ 50Hz，振幅 1 ~ 6mm，沿加工面切向振动，并施以一定压力对微小余量表面进行的光整加工	各种平面、外圆、孔、锥面、成形面等的光整加工	超精加工机床
切削加工	钳加工		划线、刮削、研磨、机械装配等手工操作，经济实用，是机械设备不可全部替代的基本技术		
切削加工	其他去除加工		包括气体火焰切割、气体放电切割等，主要用于切割金属和各种非金属材料		
特种加工	是直接利用电能、热能、声能、光能和电化学能，有时也结合机械能对工件进行加工的方法。主要包括电火花加工、电子束加工、电化学加工、化学加工等方法 特种加工方法适合于难加工材料、异形面的加工，易于实现自动控制，但大多数方法加工效率较低				

1.4.2 结合加工

结合加工，是利用物理和化学方法，像做“加法”一样累加成形，将相同材料或不同材料结合在一起的累加成形制造方法。结合加工过程中，工件外形体积由小变大。

根据结合机理，结合加工的加工类型有：

1）两种相同或不同材料通过物理或化学方法连接在一起的连接（接合）加工，如焊接、铆接、胶接（粘结）、快速成形制造等。

2）在工件表面覆盖一层材料的附着（沉积）加工，如电镀、电铸、喷镀、涂装、搪瓷等。另外，“晶体生长”也属于结合加工，它主要是半导体制造技术的工艺方法。

各种结合加工方法的特点和适用范围见表 1-6。

表 1-6　各种结合加工方法的特点和适用范围

结合加工类型		加工特点	适用范围
焊接、铆接与胶接	焊接	焊接是通过加热或加压，或两者并用，使两金属工件产生原子间结合的工艺方法。如焊条电弧焊、埋弧焊、等离子弧焊、点焊、氧乙炔焊等。焊接时可以填充或不填充材料	金属件或塑料件的固定、不可拆的连接
焊接、铆接与胶接	铆接	铆接是用铆钉将连接件连成一体，形成的不可拆连接。适用于严重冲击或振动载荷的金属结构（如桥梁、飞机机翼）连接。有冷铆和热铆两种方式	板材或型材金属结构件的连接
焊接、铆接与胶接	胶接	胶接是利用有机或无机胶粘剂，在结合面上产生的机械结合力、物理吸附力和化学键结合力，使两个胶接件连接起来的方法。胶接不易变形，接头应力分布均匀，密封性、绝缘性、耐蚀性都很好	适用于同种或异种材料的连接

（续）

结合加工类型		加工特点	适用范围
附着结合加工	涂覆	在工件基体表面附着覆盖一层材料的加工。常见的方法有涂覆、电镀、化学镀、刷镀、气相沉积、热浸涂、热喷涂、涂装等	零件表面保护层的加工与处理
	电铸	电铸是电镀的特殊应用，是利用金属的电解沉积原理来精确复制某些复杂的或特殊形状制品的工艺方法。原模为阴极，电铸材料为阳极，统一放入与阳极材料相同的金属盐溶液中，通以直流电进行加工	制造精密复杂件、复制品、薄壁零件、模具零件等
快速成形制造		是一种基于离散堆积思想的数字化成形技术。先由 CAD 软件设计所需的三维曲面或实体模型；并按工艺要求分层，把三维信息变成二维截面信息，经处理产生数控代码；在计算机控制下，进行有序的二维薄片层的制造与叠加成形。主要方法有选择性液体固化、选择性层片粘结、实体磨削固化等	特种性能金属材料关键件的加工、铸件加工、隐形牙畸正领域、生物材料快速制造等

1.4.3 变形加工

变形加工是利用力、热、分子运动等手段，使工件材料产生变形，改变其形状、尺寸和性能。它是使工件外形产生变化，但体积不变的"等量"加工。变形加工是典型的"少无切屑加工"，包括聚集成形和转移成形。

1. 聚集成形

聚集成形是把分散的原材料通过相应的手段聚集而获得所需要的形状。这种成形常伴随着改变化学成分。聚集成形有利于材料的循环利用，它在加工过程中材料不损失或损失很少。聚集成形主要有铸造、粉末冶金、非金属材料（塑料、橡胶、玻璃、复合材料）成形等。

2. 转移成形

转移成形是利用固态材料本身的质点相对位移，通过相应的工艺手段获得所需形状的工艺方法。这种成形方法的特点是材料损失少，有改性效果。在原材料和能源日益短缺的时期，转移成形是一种节省能量和材料的加工方法。转移成形方法主要有压力加工（包括锻造、轧制、冲压、挤压、旋压、拉拔等）、冷作（又称钣金，包括变形、收缩、整形等）、表面喷砂粗化与光整（包括作表面预处理的表面喷砂粗化、作表面强化处理的滚光、挤光等）、缠绕和编织（如弹簧缠绕加工、筛网编织等）等。铸-轧连续成形是聚集成形与转移成形的结合，连续流出的钢液→凝结成高温的连续钢料→利用钢料余热连续热轧/冷轧成型材。铸-轧连续成形是节约能源、节省空间、减少运量的现代加工方法。

1.4.4 改性加工

改性加工是工件外形不变，工件体积不变，但其力学、物理或化学特性（形态、化学成分、组织结构、应力状态等）发生改变的加工方法。改性加工有整体改性加工和表面改性加工，一般常采用表面改性加工。机械产品的主要失效形式是断裂、磨损和腐蚀，它们都是从零件的表面开始的。零件的力学性能、物理或化学特性在很大程度上取决于零件材料表面或亚表面的性能。因此，对零件表面的改性加工，可以在降低成本的同时，获得高性能的零件。

机械制造方法中的改性加工主要有热处理（包括整体热处理、表面热处理、化学热处理）、化学转化膜（包括发蓝膜、磷化膜、草酸盐膜、铝阳极氧化膜等）、表面强化（包括喷丸强化、挤压强化、离子注入等）等。工件在磁力夹具上卸下后，进行的"退磁"，也是属于"改性加工"。

1.5 机械制造工艺系统

从上面介绍的机械制造企业的生产过程和机械制造方法中可知，机械制造工程所涉及的技术范围十分广泛、包含内容十分丰富，已经显现出它的综合性特征，也即机械制造工程又一重要特征，就是它的系统性。

机械制造系统是在特定的环境下，依托物料流、能量流、信息流和资金流，由"人"、"机"、"料"、"法"、"环"、"测"、"运"、"管"等软件硬件要素组成的，采用机械制造工艺，制造能增益的、社会需求的产品的有机整体。

根据机械制造系统的结构、功能和层次，机械制造系统可分解为产品研发分系统、产品生产分系统和产品销售分系统。对产品生产分系统进行进一步分解，就可得到机械制造工艺子系统、生产服务保障子系统等。

机械制造工艺子系统的目标是：在规定的时限内，在保证数量、降低成本和满足安全环保要求的前提下，制造出合乎质量要求的零部件或产品。机械制造工艺子系统通常又可以分解为信息分子系统、能量分子系统和物质分子系统。

机械制造工艺子系统的信息分子系统，是指制造用的图样、工艺文件、技术标准、工艺定额等各种有关的控制信息，和在工艺过程中获取的质量信息等各种反馈信息所构成的系统。

机械制造工艺子系统的能量分子系统，是指使机械制造工艺子系统正常运作的各种动力和能量（如电力、压缩空气等）所构成的系统。

机械制造工艺子系统的物质分子系统，对不同的工序（制造方法），它们的系统目标、要素、结构也是不同的。例如，热处理物质分子系统与机械切削加工物质分子系统的系统目标、系统要素和系统结构等，存在较大差别。
机械切削加工物质分子系统，是指在机械切削加工中由工具（刀具）、机床、夹具和工件这四种要素所组成的统一体。为了便于叙述，将该系统称为"机械加工工艺系统"，如图1-13所示。

在图1-13中，"工具"是指各种刀具、磨具、模具、检具，如车刀、铣刀、钻头、砂轮等；"机床"是指加工设备，如车床、铣床、钻床、镗床、磨床等，也包括钳工台等钳工设备；"夹具"是指机床夹具，如车床上的自定心卡盘、铣床上的机用虎钳等；"工件"是指被加工对象，它也是系统的中心要

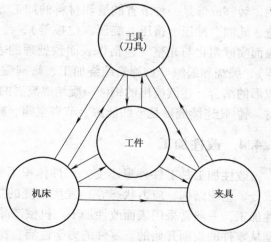

图1-13　机械加工工艺系统

素。机械制造工艺系统的质量和效能，是工具（刀具）、机床、夹具和工件之间相互影响、相互作用的结果，最终由被加工工件直接体现出来。

图 1-14 所示的输出轴，它是动力输出装置中的主要零件，既承担半个联轴器的作用，又要将动力转送出去。孔 φ80mm 与动力源电动机主轴配合，起定心作用，并由 10 个 φ20mm 孔中安装的弹性销，将动力传至该轴；再由 φ55mm 上的平键将动力转矩输出到与之配合的小带轮上。其中 B、C 为支承轴颈。

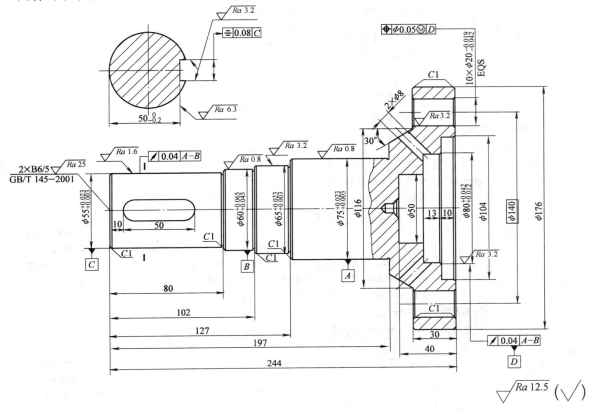

图 1-14 输出轴

表 1-7 列出了输出轴加工的工艺过程。

表 1-7 输出轴加工的工艺过程

工艺阶段	序号	工序名称	机械加工工艺系统					注
			工 件		刀 具	夹 具	机 床	
			工序目标	工序内容				
毛坯准备	10	模锻	工件毛坯	下料、加热、锻造、切边、冲连皮		（模具）等	锻压机	根据生产批量，毛坯选用 45 钢模锻件
	20	热处理	毛坯正火	按正火热处理规范进行				

（续）

工艺阶段	序号	工序名称	机械加工工艺系统						注
			工件		刀具	夹具	机床		
			工序目标	工序内容					
粗加工	30	车	粗车大端	夹小端车大端，粗车大端外圆、车大端各内孔，留加工余量	端面车刀、强力外圆车刀、内孔车刀，中心钻	自定心卡盘、顶尖	卧式车床		夹小车大，先面后孔，基准优先
			粗车小端	夹大端车小端，车小端端面，钻中心孔					
				一夹一顶，粗车各外圆，留加工余量					
	40	热处理	调质 T235	按调质热处理规范进行					
半精加工	50	车	修整中心孔，精车小端各外圆	修整中心孔，一夹一顶，精车各外圆，留磨加工余量	中心钻，端面、外圆、内孔精车刀，倒角车刀	自定心卡盘、顶尖	卧式车床		基准优先，基准统一，注意及时倒角
				车 30° 斜面至图样要求					
			精车大端外圆及内孔	夹小端车大端，精车 $\phi176$mm 外圆、$\phi50$mm 内孔和 $\phi104$mm 内孔至图样尺寸，$\phi80$mm 留余量					
				钻中心孔					
				车 $\phi80$mm 至图样要求					基准重合
	60	钻	钻 $10 \times \phi19$mm	钻 $10 \times \phi20$mm 至 $\phi19$mm，留 1mm 余量，孔口倒角	麻花钻、倒角钻	专用分度钻夹具	钻床		
	70	镗	镗 $10 \times \phi20$mm	镗 $10 \times \phi20$mm 至图样尺寸	镗刀	专用镗模	钻床		
	80	铣	铣键槽	先钻工艺孔，再铣键槽至尺寸	钻头、立铣刀	铣夹具	立式铣床		
	90	钻	钻 $\phi8$mm 斜孔	钻斜孔 $2 \times \phi8$mm	麻花钻	钻模	钻床		
精加工	100	磨	磨小端各外圆	磨小端各外圆至图样尺寸	砂轮	顶尖、鸡心夹头	外圆磨床		基准统一
	110	检验	按图检验	按图检验，剔除不良品					零件终检

（续）

工艺阶段	序号	工序名称	机械加工工艺系统						注
			工件		刀具	夹具	机床		
			工序目标	工序内容					
装配	120	钳	配作	装配时根据小带轮轴向位置根据螺孔配作 $\phi8mm$ 定位孔	麻花钻		手电钻		零件转入装配工序

从表1-7中不难看出，不论是车、钻和镗工序，还是铣、磨等切削加工工序，都是处在由相应的工具（刀具）、夹具、机床和工件所组合成的统一体中，它们既分工、又配合，通过互相直接、有效的作用，将前道工序留下的余量不断去除，使工件的形状、尺寸不断地逼近零件的形状、尺寸。这些由工具（刀具）、夹具、机床、工件所组成的"统一体"，就是所谓的"机械加工工艺系统"。如图1-15所示，每道机械切削加工工序，都是一个机械加工工艺系统。从工件的毛坯开始，经过一道又一道工序有序地转移，最后获得符合质量要求的成品零件。与此同时，系统还须满足数量、成本、安全和环保等目标要求。

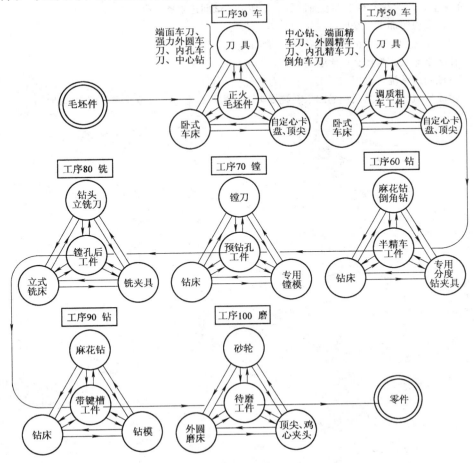

图1-15 输出轴机械加工工艺系统

通过上面的分析可知，这些机械切削加工工序，都有一个共同的特点——它们都是由工具、机床、夹具和工件组成的机械加工工艺系统。因此，首先必须学习和掌握机械加工工艺系统中的工具、机床、夹具和工件等系统要素，为编制机械加工工艺规程奠定扎实基础。

习　　题

1-1　工艺装备简称工装，它是产品制造过程中所用的各种工具总称。你能否具体指明有哪些类别的工具属于机械制造的工装？

1-2　什么叫工艺？请从现实生活中找出几个例子，来解释工艺是什么。

1-3　什么叫工序？企业为什么重视正确划分工序？

1-4　在机械加工工艺过程中，如何判别工人所做的工作是否属于同一工序？

1-5　工序中的"安装"与"工位"有些什么区别？确定"工步"与选择"切削用量"，两者之间又有哪些联系？

1-6　机床厂生产某型号卧式车床的年生产纲领为1200台，市场需要车床方刀架部件的备品40套，试问方刀架上的压刀螺栓零件应投产多少（废品率按0.8％计算）？

1-7　了解了各种生产类型的分类后，你有何思考？

1-8　找3～5个用不同机械制造方法加工的零件，分析它们在制造过程中，采用了哪些机械制造方法。

1-9　车床上可用滚花刀对工件表面进行滚花加工，试问这是属于哪一类的加工？

1-10　为什么说钳加工仍是广泛应用的基本技术？

1-11　比一比谁能更多说出加工内花键的方法。

1-12　什么是涂装？为什么说涂装是"工业的盔甲""工业的外衣"？

1-13　机械制造系统与机械加工工艺系统有些什么不同？

1-14　组成机械加工工艺系统的四个系统要素中，为什么常把工件放在中心要素的地位？

第2章

工艺系统中的工具

机械制造工程

工艺系统中的工具要素主要包括刀具、磨具、模具、检具、辅具等。本章主要讨论刀具与砂轮（磨具中的一种）。

切削加工是用刀具切削刃从待加工工件（包括毛坯件）上切除多余的材料，获得所需形状、尺寸、精度和表面粗糙度的零件的加工方法。机器上的零件，除了极少数采用精密铸造、精密锻造等无屑加工方法外，绝大多数零件都是靠切削加工获得的。因此，刀具是保证切削加工质量的重要因素。

作为工件精加工特别是淬硬工件精加工的一种主要方式，磨削加工一直备受关注，其中砂轮的特性与选择是保证磨削加工质量的关键环节。

2.1 工件的加工表面、切削运动与切削参数

2.1.1 工件的加工表面与切削运动

1. 工件的加工表面

在切削过程中，刀具将工件上的加工余量不断切除，由此形成三个不断变化的表面，即待加工表面、过渡表面和已加工表面。

（1）待加工表面 工件上待切除的表面。

（2）过渡表面 工件上由刀具切削刃正在切削的表面，即由待加工表面向已加工表面过渡的表面。

（3）已加工表面 工件上经刀具切除加工余量后的表面。

以上三种表面的定义如图 2-1 所示。

2. 切削运动

（1）切削运动的定义 切削运动是指切削过程中刀具相对于工件的运动。切削运动的类型有两类，即主运动和进给运动。两者又可以进一步形成一个合成切削运动。各种切削运动的定义见表 2-1。外圆车刀、圆柱铣刀和麻花钻的切削运动示意图如图 2-1、图 2-2 和图 2-3 所示。表 2-1 中的定义不仅适用于以上三种刀具，而且适用于所有其他刀具。

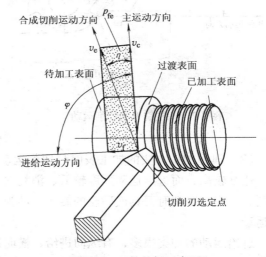

图 2-1 工件的加工表面

表 2-1　切削运动

术语	运动	主要特征	运动方向	速度	符号	单位
主运动	由机床或人力提供的刀具和工件之间主要的相对运动,使刀具的切削刃切入工件材料,将被切材料层转变为切屑,形成加工表面和过渡表面	速度快,消耗功率大	切削刃选定点相对于工件的瞬时主运动方向	切削速度:切削刃选定点相对于工件的主运动的瞬时速度	v_c	mm/s或 m/min
进给运动	由机床或人力提供的刀具和工件之间附加的相对运动,配合主运动使加工过程连续不断地进行,即可不断地或连续地切除工件上多余的材料,形成已加工表面和过渡表面,该运动可能是连续的,也可能是间歇的	速度较慢,消耗功率很少	切削刃选定点相对于工件的瞬时进给运动方向	进给速度:切削刃选定点相对于工件的进给运动的瞬时速度	v_f	mm/s或 m/min
合成切削运动	由主运动和进给运动合成的运动		切削刃选定点相对于工件的瞬时合成切削运动方向	合成切削速度:切削刃选定点相对于工件的合成切削运动的瞬时速度	v_e	mm/s或 m/min

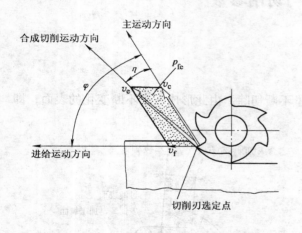

图 2-2　圆柱铣刀的切削运动

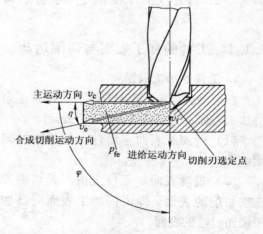

图 2-3　麻花钻的切削运动

(2)典型加工方法的加工表面与切削运动　在各种加工方法中,主运动消耗的功率最大、速度较高,而进给运动速度较低、消耗功率小。车削加工的主运动为工件的回转运动,钻削、铣削、磨削时刀具或砂轮的旋转运动为主运动,刨削或插削时刀具的反复直线运动为主运动。

进给运动的种类很多,有纵向进给、横向进给、垂向进给、径向进给、切向进给、轴向进给、单向进给、双向进给、复合进给,有连续进给、断续进给、分度进给、圆周进给、周期进给、摆动进给,有手动进给、机动进给、自动进给、点动进给,有微量进给、伺服进给、脉冲进给、附加进给、定压进给等。

一台机床上进给运动的种类、数量,是根据机床的加工方式、操作要求、控制要求、传动特征等因素确定的。如车床、钻床一般采用连续进给，刨床、插床采用断续进给。

各种典型切削加工的加工表面和切削运动如图 2-4 所示。

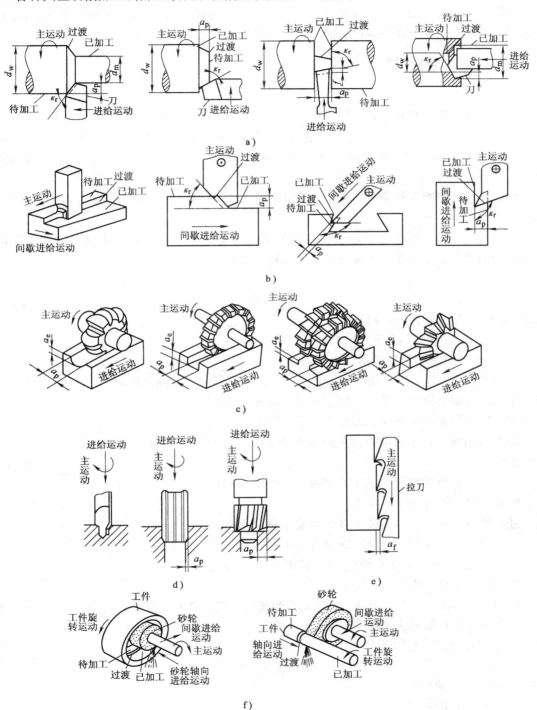

图 2-4　典型切削加工的加工表面和切削运动

a) 车削加工　　b) 刨削加工　　c) 铣削加工　　d) 孔加工　　e) 拉削加工　　f) 磨削加工

（3）辅助运动　机床上除工作运动外，还需要辅助运动。辅助运动是机床在加工过程中，加工工具与工件除工作运动外的其他运动。常见的机床辅助运动有：上料、下料、趋近、切入、退刀、返回、转位、超越、让刀（抬刀）、分度、补偿等。上述所列举的辅助运动不是每台机床上都必须具备的，而是根据实际加工需要而定。

2.1.2　切削用量和切削层参数

1. 切削用量

切削速度、进给量和背吃刀量统称为切削用量。"切削用量"与机床的"工作运动"和"辅助运动"有密切的对应关系。切削速度 v_c 是度量主运动速度的量值；进给量 f 或进给速度 v_f 是度量进给运动速度的量值；背吃刀量 a_p 反映背吃刀运动（切入运动）后的运动距离。

切削用量的影响因素众多，需要根据不同的工件材料、刀具材料、加工要求等进行选择。

（1）切削速度　切削速度是指刀具切削刃上选定点相对于工件的主运动的瞬时速度。大多数切削运动的主运动都是回转运动。计算公式为

$$v_c = \frac{\pi d n}{1000}$$

式中　v_c——切削速度（m/s）；

　　　d——工件或刀具上选定点的回转直径（mm）；

　　　n——工件或刀具的转速（r/s）。

在转速 n 一定时，刀具切削刃上各点的切削速度不同。考虑到切削速度是刀具磨损和工件质量的主要影响因素，确定切削用量时应取最大的切削速度，如外圆车削时取待加工表面的切削速度。

（2）进给量　进给运动的衡量指标包括进给速度和每齿进给量。

进给速度是指切削刃上选定点相对于工件的进给运动的瞬时速度，用 v_f 表示。

进给量是工件或刀具每转一转时两者沿进给运动方向的相对位移，用符号 f 表示，单位为 mm/r，如图 2-5所示。对于主运动为反复直线运动的切削加工，如刨削、插削等，进给量的单位为 mm/双行程。

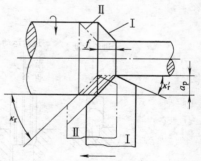

图 2-5　进给量与背吃刀量

对于铣刀、拉刀等多齿刀具，还应规定每齿进给量，即刀具每转过或移动一个齿时相对工件在进给运动方向上的位移，符号为 f_z，单位为 mm/齿。

v_f、f 和 f_z 之间存在以下关系

$$v_f = fn = f_z z n$$

式中　z——刀具的齿数；

　　　n——刀具的转速。

如图 2-6 所示，磨削的径向进给量是工作台每双（单）行程内工件相对于砂轮径向移动的距离，用 f_r 表示，单位为 mm/dst（双向行程）或 mm/st（单向行程）；轴向进给量是工件

沿砂轮轴向方向的进给速度，用 f_a 表示，单位为 mm/s。

（3）背吃刀量　背吃刀量是工件已加工表面和待加工表面的垂直距离，符号为 a_p，单位为 mm，如图 2-5 所示。

1）外圆车削的背吃刀量为

$$a_p = \frac{d_w - d_m}{2}$$

式中　d_w——工件待加工表面的
　　　　　直径（mm）；

　　　　d_m——工件已加工表面的
　　　　　直径（mm）。

2）钻孔加工的背吃刀量为

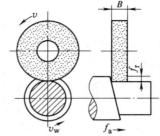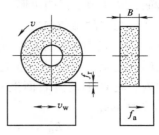

图 2-6　磨削的径向进给量和轴向进给量

$$a_p = \frac{d_0}{2}$$

式中　d_0——钻孔的直径（mm）。

3）铣削时的背吃刀量 a_p 与铣削切削层公称宽度 a_w（以下简称铣削宽度）。背吃刀量 a_p 是平行于铣刀轴线度量的切削层尺寸，铣削宽度 a_w 是垂直于铣刀轴线方向的切削层尺寸，如图 2-7 所示。

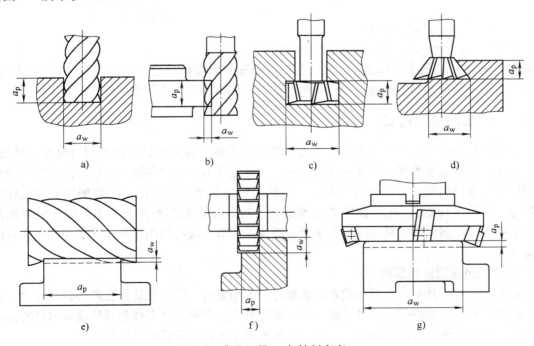

图 2-7　背吃刀量 a_p 与铣削宽度 a_w

a）、b）立铣刀　c）T 形槽铣刀　d）燕尾槽铣刀　e）圆柱形铣刀　f）三面刃铣刀　g）面铣刀

2. 切削层参数

切削时，切削刃沿着进给运动方向移动一个进给量所切下的金属层称为切削层。切削层

参数是在垂直于选定点主运动速度的平面中度量的切削层截面尺寸。

如图 2-8 所示，当主、副切削刃为直线，且刃倾角 $\lambda_s = 0°$，副偏角 $\kappa_r' = 0°$ 时，切削层横截面 $ABCD$ 为平行四边形。

切削层的参数包括：

（1）切削层公称厚度 h_D　它是过切削刃上的选定点，在与该点主运动方向垂直的平面内，垂直于过渡表面度量的切削层尺寸，单位为 mm。

$$h_D = f\sin\kappa_r$$

（2）切削层公称宽度 b_D　它是过切削刃上的选定点，在与该点主运动方向垂直的平面内，平行于过渡表面度量的切削层尺寸，单位为 mm。

$$b_D = a_p/\sin\kappa_r$$

（3）切削层公称横截面积 A_D　它是过切削刃上的选定点，在与该点主运动方向垂直的平面内度量的切削层横截面积，单位为 mm^2。

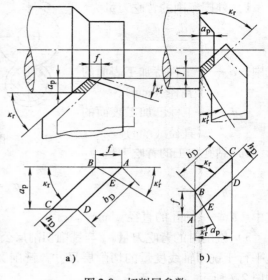

图 2-8　切削层参数
a）车外圆　b）车端面

$$A_D = h_D b_D = a_p f$$

根据上述三个公式可知，切削层厚度和宽度随主偏角 κ_r 值的变化而变化，而切削层的公称横截面积只受背吃刀量 a_p 和进给量 f 的影响，不受主偏角大小的影响，但横截面形状与主偏角、刀尖圆弧半径的大小有关。

2.1.3　切削用量的选定

切削用量不仅是在机床调整前必须确定的重要参数，而且其数值合理与否对加工质量、生产效率、生产成本等有着非常重要的影响。在确定了刀具几何参数后，还需选定合理的切削用量才能进行切削加工。所谓"合理的"切削用量是指充分利用刀具切削性能和机床动力性能（功率、转矩），在保证质量的前提下，获得高的生产率和低的加工成本的切削用量。选择合理的切削用量是切削加工中十分重要的环节，选择切削用量时，必须考虑合理的刀具寿命。

1. 切削用量的选择原则

切削用量与刀具寿命有密切关系。在制订切削用量时，应首先选择合理的刀具寿命，而合理的刀具寿命应根据优化的目标确定。一般分最高生产率刀具寿命和最低成本刀具寿命两种，前者根据单件工时最少的目标确定，后者根据工序成本最低的目标确定。

（1）粗车切削用量的选择　在切削加工中，金属切除率与切削用量三要素 a_p、f、v 均保持线性关系，即其中任何一参数增大一倍，都可使生产率提高一倍。然而由于刀具寿命的制约，当其中任一参数增大时，其他两参数必须减小。因此，在制订切削用量时，三要素要获得最佳组合，此时的高生产率才是合理的。由刀具寿命的经验公式可知，切削用量各因素对刀具寿命的影响程度不同，切削速度对刀具寿命的影响最大，进给量次之，背吃刀量影响最小。所以，在选择粗加工切削用量时，在确定刀具寿命合理数值后，应首先考虑增大 a_p，其次增大 f，然后根据 T、a_p、f 的数值计算出 v_T，这样既能保持刀具寿命，发挥刀具切削性能，又能减少切削时间，提高生产率。背吃刀量应根据加工余量和加工系统的刚性确定。

（2）精加工切削用量的选择　选择精加工或半精加工切削用量的原则是在保证加工质量的前提下，兼顾必要的生产率。进给量根据工件表面粗糙度的要求来确定。精加工时的切削速度应避开积屑瘤区，一般硬质合金车刀采用高速切削。

2. 切削用量的制订

目前许多工厂是通过切削用量手册、实践总结或工艺实验来选择切削用量的。制订切削用量时应考虑加工余量、刀具寿命、机床功率、表面粗糙度、刀具刀片的刚度和强度等因素。

切削用量制订的步骤：背吃刀量的选择→进给量的选择→切削速度的确定→校验机床功率。

（1）背吃刀量的选择　背吃刀量 a_p 应根据加工余量确定。粗加工时，除留下精加工的余量外，应尽可能一次进给切除全部粗加工余量，这样不仅能在保证一定的刀具寿命的前提下使 a_p、f、v 的乘积最大，而且可以减少进给次数。在中等功率的机床上，粗车时，背吃刀量可达 $8 \sim 10$ mm；半精车（表面粗糙度值 Ra 一般是 $10 \sim 5 \mu m$）时，背吃刀量可取为 $0.5 \sim 2$ mm；精车（表面粗糙度值 Ra 一般是 $2.5 \sim 1.25 \mu m$）时，背吃刀量可取为 $0.1 \sim 0.4$ mm。

在加工余量过大或工艺系统刚度不足或刀片强度不足等情况下，应分成两次以上进给。这时，应将第一次进给的背吃刀量取大些，可占全部余量的 $2/3 \sim 3/4$，而使第二次进给的背吃刀量小些，以使精加工工序获得较小的表面粗糙度值及较高的加工精度。

切削零件表层有硬皮的铸、锻件或不锈钢等冷硬较严重的材料时，应使背吃刀量超过硬皮或冷硬层，以避免切削刃在硬皮或冷硬层上切削。

（2）进给量的选择　背吃刀量选定以后，应尽量选择较大的进给量 f，其合理数值应该保证机床、刀具不致因切削力太大而损坏；切削力所造成的工件挠度不致超出零件精度允许的数值；表面粗糙度值不致太大。粗加工时，限制进给量的主要因素是切削力；半精加工和精加工时，限制进给量的主要因素是表面粗糙度值。

粗加工进给量一般多根据经验查表选取。这时主要考虑工艺系统刚度、切削力大小和刀具的尺寸等。

（3）切削速度的确定　在 a_p 和 f 选定后，应当在此基础上选用最大的切削速度 v。此速度主要受刀具寿命的限制。但在较旧较小的机床上，限制切削速度的因素也可能是机床功率等。因此，在一般情况下，可以先按刀具寿命来求出切削速度，然后再校验机床功率是否超载，并考虑修正系数。切削速度的计算式为

$$v = \frac{C_v}{T^m f y a_p x} k_v$$

式中　C_v——与工件材料、刀具材料、切削条件等有关的常数；

$\quad\quad a_p$——背吃刀量；

$\quad\quad f$——进给量；

$\quad\quad T$——刀具寿命；

x，y，m——背吃刀量、进给量、刀具寿命对切削速度影响程度的指数；

k_v——修正系数，用它表示除 a_p、f 及 T 以外其他因素对切削速度的影响程度，包括刀具寿命、加工材料、毛坯状态、刀具材料、刀具刃磨形式等因素，具体数值可参考机械加工工艺手册选取。

根据 a_p、f 及 T 值计算出的 v 值已列成切削速度选择表，可以在机械加工工艺手册中查到。确定精加工及半精加工的切削速度时，还要注意避开积屑瘤的生长区域。

（4）校验机床功率　切削用量选定后，应当校验机床功率是否过载。

切削功率 P_m 可按下式计算

$$P_m = \frac{F_c v}{60 \times 1000}$$

式中　F_c——主切削力（N）；

　　　v——切削速度（m/min）。

机床的有效功率 P_E' 为

$$P_E' = P_E \eta_m$$

式中　P_E——机床电动机功率；

　　　η_m——机床传动效率。

如果 $P_m < P_E'$，则所选取的切削用量可用，否则应适当降低切削速度。

2.1.4　切削用量选择举例

1. 铣削用量选择举例

已知条件：工件形状及尺寸如图 2-9 所示。工件材料为 HT150，硬度为 180HBW，有外皮；用 X5032 铣床加工，机床功率为 7.5kW；所用刀具为 YG8 硬质合金面铣刀。试确定铣削用量。

1）铣刀直径 d_0。参考硬质合金面铣刀标准 GB/T 5342.1—2006，选择铣刀直径 d_0 =125mm，齿数 $z=6$。

2）铣削用量

①确定背吃刀量 a_p。由于加工余量为 4mm，故可在一次进给内切完，取 a_p =4mm。

②确定每齿进给量 f_z。根据硬质合金进给量选择表，得到 f_z = 0.20 ~ 0.29mm/齿，采用对称铣削，取 f_z = 0.2mm/齿。

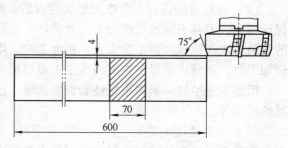

图 2-9　硬质合金铣刀铣削用量选择举例

③确定铣削速度 v 及铣削功率 P_m。根据铣刀磨钝标准和铣刀寿命参考数值（可参考相应的铣削加工工艺手册选取），取铣刀后刀面最大磨损限度为 2mm，刀具寿命 T = 180min。

根据给定条件，参考 YG8 硬质合金铣削灰铸铁的铣削速度和铣削功率参考表，得到 $v_表$ =59m/min，$P_{m表}$ =2.31kW。

表中数值所对应的加工条件为：材料硬度为 190HBW，铣削宽度 a_w =75mm；现工件硬度为 180HBW，实际铣削宽度 a_{wR} =70mm，故应参考工艺手册查出铣削条件改变时的修正系数，修正后铣削速度 $v_表'$ = 59 × 1.15（与工件硬度有关的修正系数）×0.75（与毛坯表面状态有关的修正系数）×1.02（与铣削宽度有关的修正系数）=51.9m/min。

计算刀具转速 n' 及进给速度 v'_f

$$n' = 1000v'_表/(\pi d_0) = [1000 \times 51.9/(\pi \times 125)]\text{r/min} \approx 132\text{r/min}$$

$$v'_f = f_z z n' = 0.2 \times 6 \times 132\text{mm/min} = 158\text{mm/min}$$

根据 X5032 型立式铣床说明书取 $n_R = 150\text{r/min}$, $v_{fR} = 150\text{mm/min}$。

通过计算得到: $v_R = \pi d n_R/1000 = (\pi \times 125 \times 150/1000)\text{m/min} = 58.875\text{m/min} \approx 59\text{m/min}$

$$f_{zR} = [v_{fR}/(zn_R)] = [150/(6 \times 150)]\text{mm/齿} \approx 0.17\text{mm/齿}$$

3) 校验机床功率。根据工件材料硬度及实际铣削宽度的具体条件，铣削功率为

$P'_{m表} = 2.31\text{kW} \times 0.89$（与加工材料有关的修正系数）$\times 0.93$（与背吃刀量有关的修正系数）$= 1.91\text{kW}$

此外，铣削功率还需根据实际铣削速度 v_R 与标准铣削速度 $v_表$ 的比值进行修正。由表查出的 $v_表 = 59\text{m/min}$，现实际选用的铣削速度 $v_R = 59\text{m/min}$。

因两者的比值为 1，查得与铣削速度有关的修正系数为 1.0，故实际铣削功率 $P_{mR} = 1.91\text{kW}$。

由于机床有效功率

$$P'_R = P_E\eta = 7.5\text{kW} \times 0.85 = 6.375\text{kW}$$

其值大于铣削功率 P_m，故所选用的铣削用量可在 X5032 铣床上应用。

2. 钻、扩、铰孔切削用量选择举例

工件形状及尺寸如图 2-10 所示，工件材料为 HT200，硬度为 210HBW。孔的直径为 25mm，精度为 IT8，表面粗糙度值 Ra 为 3.2μm。加工机床为 Z535 立式钻床，机床功率为 4.5kW，进行钻孔、扩孔、铰孔加工。试选用刀具和切削用量。

（1）钻孔

1) 钻头。选用 ϕ22mm 标准高速钢麻花钻，磨出双锥和修磨横刃。

2) 确定钻孔切削用量

①确定进给量 f。根据高速钢钻头钻孔进给量表，查出 $f = 0.47 \sim 0.57\text{mm/r}$，由于孔径比 $106/22 = 4.8$，查出与钻孔深度有关的修正系数为 0.9，故 $f' = (0.47 \sim 0.57)\text{mm/r} \times 0.9 = 0.42 \sim 0.51\text{mm/r}$。查 Z535 立式钻床说明书，取 $f = 0.43\text{mm/r}$。

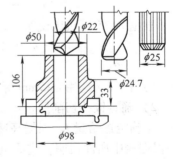

图 2-10　孔加工切削
用量选择举例

根据钻头强度所允许的进给量表，查出钻头强度所允许的进给量 $f' = 1.75\text{mm/r}$。机床进给机构允许的进给力 $F_{max} = 15690\text{N}$（查机床说明书），根据机床进给强度所允许的进给量表，得到允许的进给量 $f'' > 1.8\text{mm/r}$。

由于所选择的进给量 f 远远小于 f' 及 f''，故所选的进给量可用。

②确定切削速度 v、进给力 F、转矩 M 以及铣削功率 P_m。用不同材料进行钻、扩、铰孔的 v、F、M、P_m 均可根据工艺手册中提供的钻、扩、铰切削速度、修正系数、进给力、转矩及功率的计算公式进行计算，或直接在 v、F、M、P_m 表中用插入法计算得到: $v = 17\text{m/min}$, $F = 4732\text{N}$, $M = 51.69\text{N} \cdot \text{m}$, $P_m = 1.25\text{kW}$。

由于实际加工条件与表中所给条件不完全相同，故应对结果进行修正。修正后，得到

$$v' = 17\text{m/min} \times 0.88（切削速度修正系数）\times 0.75（钻孔深度修正系数）= 11.22\text{m/min}$$

$$n' = 1000v'/(\pi d_0) = [1000 \times 11.22/(\pi \times 22)]\,\text{r/min} \approx 162\,\text{r/min}$$

依据 Z535 立式钻床说明书，取 $n = 195\,\text{r/min}$。实际切削速度为

$$v_{实} = \pi d_0 n/1000 = (\pi \times 22 \times 195/1000)\,\text{m/min} = 13.5\,\text{m/min}$$

查表得到切削力和转矩的修正系数同为 1.06，故

$$F = 4732\text{N} \times 1.06 = 5016\text{N}$$

$$M = 51.69\text{N} \cdot \text{m} \times 1.06 = 54.8\text{N} \cdot \text{m}$$

③校验机床功率。切削功率 P_m' 为

$$P_m' = P_m \times (v_{实}/v) \times 转矩修正系数 = 1.25\text{kW} \times (13.5/17) \times 1.06 = 1.05\text{kW}$$

$$P_E' = P_E \times \eta = 4.5\text{kW} \times 0.81 = 3.65\text{kW}$$

由于 $P_E' > P_m'$，故选择的切削用量可用，即 $d_0 = 22\text{mm}$, $f = 0.43\text{mm/r}$, $n = 195\text{r/min}$, $v = 13.5\text{m/min}$，相应地，$F = 5016\text{N}$, $M = 54.8\text{N} \cdot \text{m}$, $P_m' = 1.05\text{kW}$。

（2）扩孔

1）选用 $\phi 24.7\text{mm}$ 标准高速钢麻花钻。

2）确定进给量 f。根据高速钢和硬质合金扩孔钻扩孔进给量表，取 $f = (0.7 \sim 0.8)\text{mm/r} \times 0.7 = 0.49 \sim 0.56\text{mm/r}$。根据 Z535 型机床说明书，取 $f = 0.57\text{mm/r}$。

3）确定切削速度 v 及转速 n。根据高速钢扩孔钻在灰铸铁上扩孔时的切削速度表，取 $v = 25\text{m/min}$。

由于切削条件与表中不同，切削速度尚需修正，与加工材料及扩孔背吃刀量有关的修正系数分别为 0.88 和 1.02，故

$$v' = 25\text{m/min} \times 0.88 \times 1.02 = 22.44\text{m/min}$$

$$n' = 1000v'/(\pi d_0) = [1000 \times 22.44/(\pi \times 24.7)]\,\text{r/min} = 289\,\text{r/min}$$

根据 Z535 型机床说明书，取 $n = 275\text{r/min}$，实际扩孔速度

$$v = \pi d_0 n/1000 = (\pi \times 24.7 \times 275/1000)\,\text{m/min} = 21.3\text{m/min}$$

（3）铰孔

1）铰刀。选用 $\phi 25\text{mm}$ 标准高速钢铰刀。

2）确定铰孔切削用量

①确定进给量 f。根据高速钢及硬质合金铰刀铰孔时的进给量表，查出 $f = 1.3 \sim 2.6\text{mm/r}$，根据表中所注说明，进给量取小值。按 Z535 型机床说明书，取 $f = 1.6\text{mm/r}$。

②确定切削速度 v 及转速 n。根据高速钢铰刀铰削灰铸铁的切削速度表，取 $v = 8.2\text{m/min}$。

根据切削速度修正系数表，查得与加工材料及铰孔背吃刀量有关的修正系数分别为 0.88 和 0.99。故

$$v' = 8.2\text{m/min} \times 0.88 \times 0.99 = 7.14\text{m/min}$$

$$n' = 1000v'/(\pi d_0) = [1000 \times 7.14/(\pi \times 25)]\,\text{r/min} = 91\text{r/min}$$

根据 Z535 型机床说明书，取 $n = 100\text{r/min}$，实际铰孔速度

$$v = \pi d_0 n/1000 = (\pi \times 25 \times 100/1000)\,\text{m/min} = 7.85\text{m/min}$$

（4）各工序实际切削用量 根据以上计算，各工序切削用量如下：

钻孔：$d_0 = 22\text{mm}$, $f = 0.43\text{mm/r}$, $n = 195\text{r/min}$, $v = 13.5\text{m/min}$

扩孔：$d_0 = 24.7\text{mm}$, $f = 0.57\text{mm/r}$, $n = 275\text{r/min}$, $v = 21.3\text{m/min}$

铰孔：$d_0 = 25\text{mm}$, $f = 1.6\text{mm/r}$, $n = 100\text{r/min}$, $v = 7.85\text{m/min}$

2.2　刀具几何参数

2.2.1　车刀的组成

车刀是切削加工中最常用的一种刀具，它由切削部分和刀杆组成。外圆车刀的切削部分可以看做是各类刀具切削部分的基本形态，如图 2-11 所示。车刀切削部分的构成可归纳为"三面、二线、一点"。"三面"包括前刀面、主后刀面和副后刀面；"二线"包括主切削刃和副切削刃；"一点"指刀尖。

（1）前刀面 A_γ　刀具上切屑流过的表面。如果前刀面由几个相交面组成，则从切削刃开始，依次将它们称为第一前刀面、第二前刀面等。

（2）主后刀面 A_α　与工件上切削中产生的过渡表面相对的刀具表面。同样也可分为第一后刀面（又称刃带）、第二后刀面。

（3）副后刀面 A_α'　与工件上的已加工表面相对的刀具表面。

（4）主切削刃 S　前刀面与主后刀面相交得到的刃边。主切削刃是前刀面上直接进行切削的锋刃，它完成主要的金属切除工作。

（5）副切削刃 S'　前刀面与副后刀面相交得到的刃边。副切削刃协同主切削刃完成金属的切除工作，最终形成工件的已加工表面。

（6）刀尖　也称过渡刃，是指主切削刃与副切削刃连接处相当少的一部分切削刃。它可以是圆弧状的修圆刀尖（r_ε 为刀尖圆弧半径），也可以是直线状的点状刀尖或倒角刀尖，如图 2-12 所示。

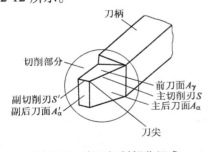

图 2-11　车刀切削部分组成

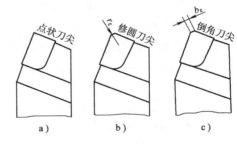

图 2-12　刀尖形状

2.2.2　刀具角度

1. 刀具标注角度

刀具标注角度参考系是在假定没有进给运动和假定的刀具安装条件下（刀尖在工件的中心高上，且刀具定位平面或轴线，如车刀底面、钻头轴线等，与参考系的坐标平面垂直或平行），用于定义刀具在设计、制造、刃磨和测量时刀具几何参数的参考系。常用的刀具标注角度参考系有正交平面参考系、法剖面参考系、假定工作平面-背平面参考系等。

刀具标注角度（静止角度）是在刀具标注角度参考系（静止参考系）内确定的刀具角度。刀具设计图样上所标注的刀具角度就是刀具标注角度。

（1）正交平面参考系

1）正交平面参考系的定义。正交平面参考系（主剖面参考系）是由基面 p_r、切削平面 p_s 和正交平面 p_o 这三个参考平面组成的参考系（图2-13a）。

①基面 p_r　过切削刃选定点，且垂直于假定的主运动方向的平面。通常，基面平行或垂直于刀具在制造、刃磨及测量时适合于安装或定位的一个平面或轴线。

②切削平面 p_s　过切削刃选定点，与切削刃相切并垂直于基面的平面。

③正交平面 p_o　过切削刃选定点，同时垂直于基面和切削平面的平面。

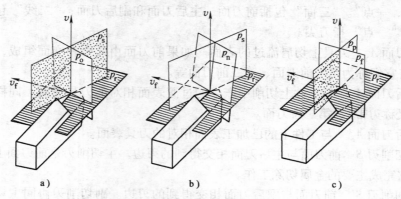

图2-13　刀具标注角度的参考系

a）正交平面参考系　b）法剖面参考系　c）假定工作平面-背平面参考系

2）在正交平面参考系中标注的角度。把置于正交平面参考系中的刀具，分别向这三个参考平面投影，在各参考平面中便可得到相应的刀具角度（图2-14）。

①在基面中测量的刀具角度。在基面中测量的刀具角度有主偏角 κ_r、副偏角 κ_r'、刀尖角 ε_r。

主偏角 κ_r：在基面内，主切削刃的投射线与假定进给运动方向的夹角。

副偏角 κ_r'：在基面内，副切削刃的投射线与假定进给运动反方向的夹角。

刀尖角 ε_r：在基面内，主切削刃的投射线和副切削刃投射线的夹角，它是派生角度。

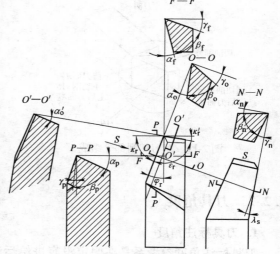

图2-14　外圆车刀的标注角度

$$\varepsilon_r = 180° - (\kappa_r + \kappa_r')$$

上式是标注角度是否正确的验证公式之一。

②在切削平面中测量的刀具角度。在切削平面中测量的刀具角度只有刃倾角 λ_s。

刃倾角 λ_s 定义为在切削平面内，主切削刃与基面的夹角。刃倾角有正负之分，当刀尖相对基面处于主切削刃上的最高点时，刃倾角为正值；反之，刃倾角为负值；主切削刃与基面平行（或重合）时，刃倾角为零。

　　③在正交平面中测量的刀具角度。在正交平面中测量的刀具角度有前角 γ_o、后角 α_o 和楔角 β_o。

　　前角 γ_o：在正交平面中测量的前刀面与基面间的夹角。前角有正负之分：当前刀面与正交平面的交线向里收缩（楔角变小）时，前角为正；当前刀面与正交平面的交线向外扩张（楔角变大）时，前角为负；当前刀面与正交平面的交线与基面重合时，前角为零。

　　后角 α_o：在正交平面中测量的后刀面与切削平面间的夹角。后角也有正负之分：当主后刀面与正交平面的交线向里收缩（楔角变小）时，后角为正；当主后刀面与正交平面的交线向外扩张（楔角变大）时，后角为负；当主后刀面与正交平面的交线与主切削平面重合时，后角为零。

　　楔角 β_o：在正交平面中测量的前刀面与后刀面间的夹角，它是派生角度。

$$\beta_o = 90° - (\gamma_o + \alpha_o)$$

　　（2）其他刀具角度标注参考系

　　1）法剖面参考系。法平面 p_n 是过切削刃选定点，并垂直于切削刃的平面。法剖面参考系是由基面 p_r、切削平面 p_s 和法平面 p_n 这三个参考平面组成的参考系（图 2-13b）。在法剖面参考系中标注的角度除了主偏角 κ_r、副偏角 κ_r'、刀尖角 ε_r、刃倾角 λ_s 外，还有在法平面中测量的法前角 γ_n、法后角 α_n 和法楔角 β_n（图 2-14）。法楔角也是派生角度，$\beta_n = 90° - (\gamma_n + \alpha_n)$。

　　2）假定工作平面-背平面参考系。假定工作平面-背平面参考系是由基面 p_r、假定工作平面 p_f（过切削刃选定点，垂直于基面，且平行于假定进给运动方向的平面）和背平面 p_p（过切削刃选定点，垂直于基面和假定工作平面的平面）这三个参考平面组成的参考系（图 2-13c）。在假定工作平面-背平面参考系中标注的角度除了主偏角 κ_r、副偏角 κ_r'、刀尖角 ε_r 外，还有在假定工作平面中测量的刀具的侧前角 γ_f、侧后角 α_f 和侧楔角 β_f，在背平面中测量的刀具的背前角 γ_p、背后角 a_p 和背楔角 β_p。如图 2-14 所示。

　　（3）刀具角度的转换　在 ISO 标准中，刀具标注角度参考系有多种（正交平面参考系、法平面系、假定工作平面系）。初看起来非常复杂，但其本质却有内在规律，各参考系之间的刀具角度均可相互换算。这样既可适应不同国家和地区，又可适应不同种类刀具的设计和刃磨。在刀具设计、制造、刃磨和检验时，往往需要根据正交平面参考系的标注角度值，换算出其他参考系内相应的标注角度值。具体内容可参考相关资料。

　　2. 刀具工作角度

　　实际使用时，刀具的标注角度会随（主运动与进给运动）合成切削运动和安装情况发生变化，此时刀具的参考系也会发生变化。原先以假定的主运动方向建立起来的标注角度参考平面，变成以合成切削速度方向建立起来的工作角度参考平面，由此建立起刀具工作参考系。按刀具工作参考系所确定的刀具角度，称为刀具工作角度。

　　通常情况下，刀具的进给运动速度远小于主运动速度，因此，刀具的工作角度近似地等于标注角度，故大多数情况下不需考虑刀具的工作角度，只有在角度变化较大时才需要计算刀具的工作角度。

　　（1）横向进给运动对刀具工作角度的影响　如图 2-15 所示，在车床上切断和切槽时，刀具沿横向进给，合成运动方向与主运动方向的夹角为 μ，这时工作基面 p_{re} 和工作切削平面

p_{se} 分别相对于基面 p_r、切削平面 p_s 转过 μ 角。刀具的工作前角 γ_{oe} 和工作后角 α_{oe} 分别为

$$\gamma_{oe} = \gamma_o + \mu$$

$$\alpha_{oe} = \alpha_o - \mu$$

$$\tan\mu = v_f / v_c = f / \pi d$$

式中 f——工件每转一周刀具的横向进给量（mm/r）；

       d——工件加工直径，即刀具上切削刃选定点处的瞬时位置相对于工件中心的直径（mm）。

显然，随着工件加工直径的不断缩小，刀具的工作前角会不断增大，工作后角不断减小。切断车刀逼近工件中心，在工作后角 $\alpha_{oe} \leqslant 0°$ 时，就不能实现切削；最后出现工件被刀具后刀面撞断的现象。因而，在横向车削时，适当增大 α_o，可补偿横向进给速度的影响。

（2）刀尖安装高低对工作角度的影响   以车刀车外圆为例（图 2-16），若不考虑进给运动，并假设 $\lambda_s = 0°$，则当切削刃高于工件中心时，工作基面和工作切削平面将转过 θ 角，从而使工作前角和工作后角变化为

$$\gamma_{oe} = \gamma_o + \theta$$

$$\alpha_{oe} = \alpha_o - \theta$$

$$\sin\theta = 2h / d_w$$

式中 h——切削刃高于工件中心的数值（mm）；

      d_w——工件待加工表面直径（mm）。

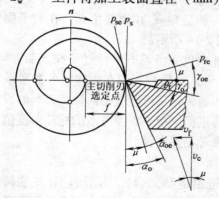 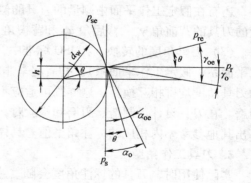

图 2-15 横向进给运动对刀具工作角度的影响   图 2-16 刀具安装高低的影响

当切削刃低于工件中心时，上述角度的变化与切削刃高于工件中心时相反；镗孔时，工作角度的变化与车外圆时相反。

2.2.3 刀具几何参数的合理选择

刀具几何参数主要包括刃形、刀面形式、刃口形式和刀具角度等。刀具合理几何参数是指在保证加工质量和刀具寿命的前提下，能达到提高生产效率，降低制造、刃磨和使用成本

的刀具几何参数。

1. 刃形、刀面形式与刃口形式

刀具是机床的"牙齿"，除了刀具材料、刀具几何参数、刀具结构、切削用量优化等因素外，好的刃形、刀面形式、刃口形式和刃口钝化质量是刀具能否多、快、好、省进行切削加工的前提。因此，刀具刃口状况是一个不容忽视的问题。

（1）刃形与刀面形式　刃形是指切削刃的形状，有直线刃和空间曲线刃等刃形。合理的刃形能强化切削刃、刀尖，减小单位刃长上的切削负荷，降低切削热，提高抗振性，提高刀具寿命，改变切屑形态，方便排屑，改善加工表面质量等。

刀面形式主要是前刀面上的断屑槽、卷屑槽等。

（2）刃口形式　刃口形式是切削刃的剖面形式。刀具或刀片在精磨之后，有时需对刃口进行钝化，以获得好的刃口形式，经钝化后的刀具能有效提高刃口强度、提高刀具寿命和切削过程的稳定性。有一个好的刃口形式和刃口钝化质量是刀具能否优质高效地进行切削加工的前提之一。从国外引进数控机床和生产线所用刀具，其刃口已全部经钝化处理。研究表明，刀具刃口钝化可有效延长刀具寿命200%或更多，大大降低刀具成本，给用户带来巨大的经济效益。图 2-17 为几种常用的刃口形式，图 2-18 为两种常用的刃口钝化形状。

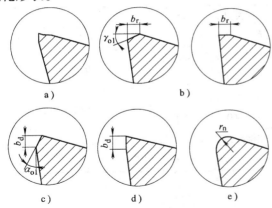

图 2-17　常用的几种刃口形式
a）锋刃　b）倒棱刃　c）消振棱刃　d）白刃　e）倒圆刃

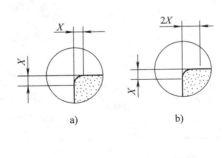

图 2-18　刃口钝化形状
a）圆弧型刃口　b）瀑布型刃口

1）锋刃（图 2-17a）。锋刃刃磨简便、刃口锋利、切入阻力小，特别适于精加工刀具。锋刃的锋利程度与刀具材料有关，与楔角的大小有关。

2）倒棱刃（图 2-17b）。又称负倒棱，能增强切削刃，提高刀具寿命。加工各种钢材的硬质合金刀具、陶瓷刀具，除了微量切削加工外，都需磨出倒棱刃。一般加工条件下，取 $b_r = (0.3 \sim 0.8) f$，f 为进给量；$\gamma_{o1} = -10° \sim -15°$；粗加工锻件、铸钢件或断续切削时，$b_r = (1.3 \sim 2) f$，$\gamma_{o1} = -10° \sim -15°$。

3）消振棱刃（图 2-17c）。消振棱刃能产生与振动位移方向相反的摩擦阻尼作用力，有助于消除切削低频振动，常用于切断刀、高速螺纹车刀、梯形螺纹精车刀以及熨压车刀的副切削刃上。常取 $b_d = 0.1 \sim 1.3$ mm，$\alpha_{o1} = -5° \sim -20°$。

4）白刃（图 2-17d）。又称刃带。铰刀、拉刀、浮动镗刀、铣刀等，为了便于控制外径尺寸，保持尺寸精度，并有利于支承、导向、稳定、消振及熨压作用，常采用白刃的刃口形式。常取 $b_d = 0.02 \sim 0.3$ mm，$\alpha_{o1} = 0°$。

5）倒圆刃（图2-17e）。能增强切削刃，具有消振熨压作用。常取 $r_n = 1/3f$ 或 $r_n = 0.02 \sim 0.05$mm。

根据不同的加工条件，合理选择刃口形式与刃口形状的参数，实际上就是正确处理好刀具"锐"与"固"的关系。"锐"是刀具切削加工必须具备的特征，同时考虑刃口的"固"也是为了更有效地进行切削加工，提高刀具寿命，减少刀具的消耗费用。刀具刃口钝化就是通过合理选择刃口形式与刃口形状的参数以达到"锐固共存"的目的。精加工时刀具刃口"锐"一些，其钝化参数取小值；粗加工时刀具刃口"钝"一些，其钝化参数取大值。具体刃口形式及其钝化值参见表2-2。

表2-2 刃口形式及其钝化值

刀片	加工条件		刃口形式	刃口钝化值/mm
硬质合金	铸铁件	精切削	锋利刃	0.01 ~ 0.03
		粗切削		0.03 ~ 0.05
		断续切削	副倒棱刃 $\gamma_{o1} = -15°$ $b_r = (0.8 \sim 0.8) f$	0.05 ~ 0.1
	钢件	精切削	副倒棱刃 $\gamma_{o1} = -15°$	0.01 ~ 0.03
		粗切削	$b_r = (0.5 \sim 0.8) f$	0.03 ~ 0.05
		断续切削	副倒棱刃 $\gamma_{o1} = -20°$ $b_r = (0.5 \sim 1.2) f$	0.05 ~ 0.1
陶瓷	铸铁件 钢件	粗精切削	副倒棱刃 $\gamma_{o1} = -30°$ $b_r = (0.8 \sim 1.2) f$	0.02 ~ 0.05
		断续切削	副倒棱刃 $\gamma_{o1} = -30°$ $b_r = (0.8 \sim 1.5) f$	0.05 ~ 0.1

2. 刀具角度的选择

刀具几何角度对刀具的使用寿命、加工质量有着重要的影响。不同的刀具角度（如前角、后角），对切削加工的影响不同，选择原则也不同，见表2-3。

表2-3 刀具几何角度的选用原则

角度名称	作 用	选择原则
前角 γ_o	前角大，刃口锋利，切削层的塑性变形和摩擦阻力小，切削力和切削热降低。但前角过大将使切削刃强度降低，散热条件变坏，刀具寿命下降，甚至会造成崩刃	1）工件材料的强度、硬度低，塑性好，应取较大的前角；加工脆性材料（如铸铁）应取较小的前角；加工淬硬的材料（如淬硬钢、冷硬铸铁等），应取较小的前角，甚至负前角 2）刀具材料的抗弯强度和韧度高时，可取较大的前角 3）断续切削或粗加工有硬皮的锻、铸件时，应取较小的前角 4）工艺系统刚性差或机床功率不足时应取较大的前角 5）成形刀具或齿轮刀具等为防止产生齿形误差常取较小的前角，甚至成零度的前角

（续）

角度名称	作　用	选择原则
后角 α_o	后角的作用是减小刀具后刀面与工件之间的摩擦。但后角过大会降低切削刃强度，并使散热条件变差，从而降低刀具寿命	1）精加工刀具为降低磨损，应采用较大的后角。粗加工刀具要求切削刃坚固，应采取较小的后角 2）工件强度、硬度较高时，宜取较小的后角；工件材料软、粘时，后刀面磨损严重，应取较大的后角；加工脆性材料时，载荷集中在切削刃处，为提高切削刃强度，宜取较小的后角 3）定尺寸刀具，如拉刀和铰刀等，为避免重磨后刀具尺寸变化过大，应取较小的后角 4）工艺系统刚性差（如切细长轴）时，宜取较小的后角，以增大后刀面与工件的接触面积，减小振动
主偏角 κ_r	主偏角的大小影响背向力 F_p 和进给力 F_f 的比例，主偏角增大时，F_p 减小，F_f 增大 主偏角的大小还影响参与切削的切削刃长度，当背吃刀量 a_p 和进给量 f 相同时，主偏角减小则参与切削的切削刃长度长，单位刃长上的载荷小，可使刀具寿命提高；主偏角减小，刀尖角增大，刀尖强度提高	1）用硬质合金刀具粗加工和半精加工时，常取 $\kappa_r = 75°$；精加工时，主偏角尽量选小值 2）硬度、强度大的材料，为减轻单位切削刃上的载荷，主偏角宜取小值 3）加工细长轴时，为降低切削力的径向分力，应取较大的主偏角，甚至 93° 的主偏角 4）刀具需作中间切入的加工，可取 $\kappa_r = 45° \sim 60°$；阶梯轴的加工，$\kappa_r \geqslant 90°$ 5）单件小批量生产时，考虑一刀多用，宜取 $\kappa_r = 45°$ 或 90°
副偏角 κ_r'	工件已加工表面靠副切削刃最终形成，副偏角影响刀尖强度、散热条件、刀具寿命、振动和已加工表面质量等	1）考虑到刀尖强度、散热条件等，粗加工时，副偏角不宜太大，可取 10° ~ 15° 2）精加工时，在工序系统刚性好、不产生振动的条件下，为减小残留面积高度，副偏角尽量取小值，可取 5° ~ 10°
刃倾角 λ_s	1）刃倾角影响切屑流出方向，$\lambda_s < 0$ 时切屑偏向已加工表面，$\lambda_s \geqslant 0$ 时切屑偏向待加工表面 2）单刃刀具采用较大的刃倾角可使远离刀尖的切削刃首先接触工件，使刀尖免受冲击 3）对于回转的多刃刀具，如柱形铣刀等，螺旋角就是刃倾角，此角可使切削刃逐渐切入和切出，使铣削过程平稳 4）可增大实际工作前角，使切削轻快	1）加工硬材料或刀具承受冲击载荷时，应取较大的负刃倾角，以保护刀尖 2）精加工宜取正刃倾角，使切屑流向待加工表面，并可使刃口锋利 3）内孔加工刀具（如铰刀、丝锥等）的刃倾角方向应根据孔的性质决定。左旋槽（$\lambda_s < 0$）可使切屑向前排出，适用于通孔，右旋槽适用于不通孔

2.3　刀具材料

刀具寿命、刀具消耗、工件加工精度、表面质量和加工成本等，在很大程度上取决于刀具材料。刀具材料的开发、推广和正确选用是推动机械制造技术发展进步的重要动力，也是提高产品质量、降低加工成本和提高生产率的重要手段。

2.3.1 对刀具切削部分材料的基本要求

切削加工时，机床主电动机运作时所做的功，除了少量被传动系统消耗外，绝大部分都在切削刃附近被转化成切削热。金属切削时产生的较大切削力，只作用在米粒大小面积的刀面上，使刀面上承受很高的压力。刀具在高温、高压下进行切削工作，同时还要承受剧烈的摩擦、切削冲击和振动。为了使刀具能在十分恶劣的工况下顺利工作，刀具切削部分的材料应具备以下基本特性：

1）高硬度。刀具材料硬度必须高于工件材料硬度，常温硬度必须在 62HRC 以上，并要求保持较高的高温硬度（热硬性）。

2）高耐磨性。耐磨性表示刀具材料抵抗机械磨损、粘结磨损、扩散磨损、氧化磨损、相变磨损和热电偶磨损的能力，它是刀具材料力学性能、组织结构和化学性能的综合反映。

3）足够的强度和韧性。为了承受切削力、冲击和振动，刀具材料应具有足够的强度和韧性，使刀具不易破损。

4）良好的导热性。刀具热导率越大，则传出的热量越多，有利于降低切削区温度，提高耐热冲击性能和提高刀具使用寿命。

5）良好的工艺性与经济性。为了便于制造，要求刀具材料有较好的可加工性，包括锻、轧、焊接、切削加工和可磨锐性、热处理特性等。要求刀具材料分摊到每个加工工件上的成本低，材料符合本国资源国情，推广容易。

2.3.2 常用刀具材料

我国目前应用最多的刀具材料是高速钢和硬质合金，其次是陶瓷刀具材料和超硬刀具材料；碳素工具钢、合金工具钢则主要用在低速手动切削刀具领域。随着材料技术研究的不断深入，国内外新开发的刀具材料也在不断增加，但大多是在高速钢、硬质合金和陶瓷刀具材料基础上的改进。

1. 高速钢

高速钢是一种含钨（W）、钼（Mo）、铬（Cr）、钒（V）等合金元素的高合金工具钢。高速钢的强度、硬度、耐热性、韧性、耐磨性和工艺性均较好。它刃磨后锋利，故又称"锋钢"；它在冷风中也会相变淬硬，也称风钢；它有银白的色泽，俗称白钢条。

（1）普通高速钢 普通高速钢典型牌号有 W18Cr4V（简称 W18）、W6Mo5Cr4V2（简称 M2）和 W9Mo3Cr4V（简称 W9）。其中，W18Cr4V 的综合性能较好，常温硬度达 62 ~ 66HRC，在 600℃时的高温硬度为 48.5HRC，强度和韧性略低，适宜制作麻花钻、铣刀、成形车刀、螺纹刀具、拉刀、齿轮刀具等，加工软或中等硬度的材料，但不适于制作大截面的刀具。W6Mo5Cr4V2 的力学性能较好，抗弯强度比 W18Cr4V 高 10% ~ 15%，韧性高 50% ~ 60%，其热塑性和磨削加工性也良好。

普通高速钢适合于制作较大截面和承受冲击力较大的刀具（插齿刀）、轧制或扭制的钻头等热成形刀具、刚性欠佳工艺系统中的刀具。

（2）高性能高速钢 高性能高速钢是在普通高速钢的基础上通过添加碳、钒、钴、铝等合金元素得到的新钢种，其使用寿命约为普通高速钢的 1.5 ~ 3 倍。目前常用的主要有钴高速钢和铝高速钢两种。钴高速钢的典型牌号是 W2Mo9Cr4VCo8，简称 M42，其常温硬度达67 ~ 70HRC，600℃时的高温硬度为 55HRC，适合于加工耐热金属和不锈钢等。铝高速钢的典型牌号是 W6Mo5Cr4V2Al，简称 501，是我国研发的一种含铝的无钴高性能高速钢，其总体综合性能与 M42 相当；但该钢种不含钴，因而成本较 M42 钢低。

（3）粉末冶金高速钢　粉末冶金高速钢（PM HSS）是采用高压惰性气体（如氩气或纯氮气）将高频感应炉熔融的高速钢钢液雾化得到细小的高速钢粉末，再经高温高压压制成形并锻轧成坯而成。粉末冶金高速钢的材料利用率高，可选择添加的化学元素种类多，且无结晶偏析现象，材质均匀，碳化物晶粒极细，韧性与硬度较高，可磨削性能显著改善，热处理变形小，质量稳定可靠。粉末冶金高速钢除成本略高外，在切削性能方面和工艺性能方面均明显优于熔炼高速钢，其强度和韧性比熔炼高速钢提高 2 ~ 3 倍，硬度也达到了 68 ~ 70HRC。

粉末冶金高速钢适合于制造切削难加工材料的刀具及大尺寸复杂刀具，如滚刀、插齿刀等，也适合于制造精密刀具、形状复杂的刀具和断续切削的刀具等。

（4）常用牌号高速钢的特性及应用范围　选用高速钢牌号时，应该全面考虑工件材料、工件形状、刀具类型、加工方法和工艺系统刚度等特点，根据这些特点，全面考虑材料的耐热性、耐磨性、韧性和可加工性等一些互相矛盾的因素。

2. 硬质合金

硬质合金是由高硬度、难熔金属化合物粉末（如 WC、TiC、TaC、NbC 等高温碳化物）和金属粘结剂（Co、Mo、Ni 等）烧结而成的粉末冶金制品。由于硬质合金成分中含有大量熔点高、硬度高、化学稳定性和热稳定性好的碳化物，因此，硬质合金的硬度、耐磨性和耐热性都很高。硬质合金的常温硬度一般为 89 ~ 93HRA，相当于 78 ~ 82HRC，允许的切削温度高达 800 ~ 1000℃，即使在 540℃时其硬度仍保持在 77 ~ 85HRA，相当于高速钢的常温硬度。因此，硬质合金的切削性能比高速钢高得多，在相同刀具使用寿命要求下，硬质合金允许的切削速度比高速钢高 4 ~ 10 倍；在相同切削条件下，刀具使用寿命提高 5 ~ 80 倍；硬质合金刀具可以切削高速钢刀具无法切削的各类难加工材料（如淬硬钢等）。但其抗弯强度较低（为高速钢的 1/2 ~ 1/3）、冲击韧度低（为高速钢的 1/8 ~ 1/30），并且工艺性稍差。

（1）硬质合金的种类牌号

1）按 ISO 标准的硬质合金种类牌号。ISO 规定了硬质合金刀具材料分类、牌号及应用范围。ISO 513—1975（E）规定将硬质合金按用途分为 P、K、M 三类。

P 类主要加工钢件，包括铸钢；K 类主要加工铸铁、非铁金属和非金属材料；M 类主要用于加工钢（包括奥氏体钢、锰钢等）及铸铁、非铁金属等。

在现代的被加工材料中，90% ~ 95% 的材料可使用 P 和 K 类硬质合金加工，其余 5% ~ 10% 的材料可用 M 类硬质合金加工。

ISO 分类的各类硬质合金的牌号及使用条件可参考有关的工艺手册。

2）我国硬质合金刀具材料的种类牌号。我国常用硬质合金有以下几类：

①钨钴类（WC-Co）硬质合金，代号为 YG。这类硬质合金的硬质相为 WC，粘结相是 Co，相当于 ISO 标准的 K 类。此类硬质合金代号后面的数字代表 Co 含量的质量分数。

②钨钛钴类硬质合金，代号为 YT。这类硬质合金的硬质相除 WC 外，还加上 TiC，粘结

相也是 Co，相当于 ISO 标准的 P 类。此类硬质合金代号后面的数字代表 TiC 的质量分数。

③钨钛钽（铌）钴类［WC-TiC-TaC（NbC）-Co］硬质合金，代号为 YW。相当于 ISO 标准的 M 类。

④TiC 基硬质合金，代号为 YN。它是以 TiC 为主要硬质相，以镍（Ni）和钼（Mo）为粘结相的硬质合金。

⑤钢结硬质合金，代号为 YE。这种硬质合金的硬质相仍为 WC 或 TiC，但粘结相为高速钢。

除此之外，还有超细粒硬质合金（碳化物平均晶粒尺寸在 $1\mu m$ 以下）、表面涂层硬质合金等。

（2）硬质合金的应用　硬质合金主要用于制作各类刀具的刀片、整体麻花钻、扁钻、扩孔钻、铰刀、丝锥、管螺纹用梳刀、铣刀、小模数齿轮滚刀等。常用硬质合金的牌号、成分、力学性能及用途见表 2-4。

表 2-4　常用硬质合金的牌号、成分、力学性能及用途

类别	牌号	化学成分（%）				力学性能		用　　途
		WC	TiC	TaC（NbC）	Co	$R_m \geqslant$ /10^3MPa	HRA $\geqslant$	
钨钴类	YG3	97	—	—	3	1.08	91	铸铁、非铁金属及其合金的精加工和半精加工
	YG6	94	—	—	6	1.37	89.5	铸铁、非铁金属及其合金的半精加工和粗加工
	YG8	92	—	—	8	1.47	89	铸铁、非铁金属及其合金的粗加工，也可用于断续切削
	YG3X	97	—	—	3	0.981	92	铸铁、非铁金属及其合金的精加工，也可用于合金钢、淬火钢的精加工
	YG6X	94	—	—	6	1.32	91	冷硬铸铁、耐热合金的精加工和半精加工，也可用于普通铸铁的精加工
钨钛钴类	YT5	85	5	—	10	1.28	89.5	碳素钢、合金钢的粗加工，也可用于断续切削
	YT14	78	14	—	8	1.18	90.5	碳素钢、合金钢连续切削时的粗加工、半精加工，断续切削时的精加工
	YT15	79	15	—	6	1.13	90.5	
	YT30	66	30	—	4	0.883	92.5	碳素钢、合金钢的精加工
通用硬质合金	YW1	84	6	4	6	1.23	91.5	用于耐热钢、高锰钢、不锈钢等难加工材料及普通钢、铸铁、非铁金属及其合金的半精加工和精加工
	YW2	82	6	4	8	1.47	90.5	用于上述材料的精加工和半精加工

3. 陶瓷

陶瓷主要有结构陶瓷、电子陶瓷、生物陶瓷等。陶瓷刀具属于结构陶瓷。20 世纪 90 年代前主要是氧化铝/硼化钛（Al_2O_3/TiB_2）陶瓷刀具、氮化硅基（Si_3N_4/TiC）陶瓷刀具及相变增韧（Al_2O_3/ZrO_2）陶瓷刀具材料；20 世纪 90 年代后，主要在发展晶须增韧陶瓷刀具材料。

陶瓷刀具是将氧化铝（Al_2O_3）等相关原材料粉末在超过 280MPa 的压强、1649℃ 温度下烧结形成的。陶瓷刀具材料具有很高的硬度、高温硬度、耐磨性和化学稳定性以及低摩擦因数，且价格低廉。硬度达 91~95HRA，高于硬质合金刀具材料，其高温硬度在 1200℃ 时仍能保持 80HRA。耐磨性一般为硬质合金材料的 5 倍。

陶瓷不仅用于制造车刀、镗刀和铣刀，而且也开始制造成形车刀、铰刀、滚刀等。

陶瓷与加工金属的亲合力低，不易粘刀和产生积屑瘤，是精加工和高速加工中的佼佼者。陶瓷刀具可以用来切削各种铸铁（灰铸铁、球墨铸铁、硬铸铁、高强度铸铁等）和各种钢料（如调质钢、合金钢、高强度钢、>60HRC 的淬硬钢、耐热钢及某些耐热合金），也用于加工非铁金属（铜、铝等）和非金属材料（耐磨石墨、硬橡皮、塑料、特殊尼龙、聚氯乙烯和树脂等）。

陶瓷刀具虽然具有优良的切削性能，但在下列场合应用时，效果欠佳：

1）短零件加工。

2）大冲击断续切削或重载切削场合，但混合陶瓷刀具可用于铸铁材料的断续切削。

3）Be、Mg、Al、Ti 等单质材料及其合金的加工。

4）切削不锈钢。

5）切削碳质及石墨材料。

目前我国对陶瓷刀具材料的应用还仅限于制造简单刃形的陶瓷刀片上，如机夹可转位陶瓷车刀、面铣刀和部分孔加工刀具等。

4. 超硬刀具材料

超硬刀具材料是指比陶瓷材料更硬的刀具材料，主要包括金刚石和立方氮化硼两大类。

（1）金刚石类　金刚石是碳的许多异形体中的一种，是自然界中已经发现的物质中最硬的材料。按金刚石的来源分天然金刚石和人造金刚石，其代号分别为 JT 和 JR，都是碳的同素异形体。天然金刚石大多属于单晶金刚石，可用于非铁金属及非金属的超精密加工。由于价格十分昂贵，使用较少。人造金刚石可分为单晶金刚石和聚晶金刚石（包括聚晶金刚石复合刀片），可用静压熔媒法或动态爆炸法由纯碳转化而来。

金刚石作为刀具材料具有以下特点：

1）金刚石具有极高的硬度和耐磨性，其显微硬度可达 10000HV，因此具有很好的切削性能和较高的刀具寿命。

2）金刚石具有很低的摩擦因数，一般在 0.1~0.3 之间，比其他刀具材料都低，且切削刃光洁，切削时切屑易于流出，不易产生积屑瘤，因此加工表面质量高。

3）金刚石具有较低的热胀系数，它的热胀系数比硬质合金小许多，约为钢的 1/10。切削时产生的热变形小，可忽略因刀具热变形造成的误差，因而非常适合超精加工。

4）金刚石具有很高的导热性，其热导率为硬质合金的 1.5~9 倍，切削热易散出，降低了切削温度，提高了刀具寿命。

（2）立方氮化硼（CBN，Cubic Boron Nitride）类　立方氮化硼是继人工合成金刚石之后出现的利用超高压高温技术获得的第二种无机超硬材料，它的出现给超硬刀具材料增加了一个新品种，开拓了一个新领域。

CBN 具有较高的硬度、化学惰性及高温下的热稳定性。因此作为磨料，CBN 砂轮广泛用于磨削加工中。由于 CBN 具有优于其他刀具材料的特性，因此人们一开始就试图将其应用于切削加工，但单晶 CBN 的颗粒较小，很难制成刀具，且 CBN 烧结性很差，难于制成较大的 CBN 烧结体，直到 20 世纪 70 年代，前苏联、中国、美国、英国等国家才相继研制成功作为切削刀具的 CBN 烧结体——聚晶立方氮化硼 PCBN（Polycrystalline Cubic Boron Nitride）。从此，PCBN 以它优越的切削性能应用于切削加工的各个领域，尤其在高硬度材料、难加工材料的切削加工中更是独树一帜。经过 30 多年的开发应用，现在已出现了用以加工不同材料的 PCBN 刀具材质。PCBN 刀具材料的主要性能如下：

1）具有很高的硬度和耐磨性。其显微硬度为 8000～9000HV，已接近金刚石的硬度。

2）具有很高的热稳定性和高温硬度。CBN 的耐热性可达 1400～1500℃，比金刚石的耐热性（700～800℃）高很多。

3）具有较高的化学稳定性。它和金刚石不一样，与铁系材料直至 1200～1300℃时也不发生化学反应。

4）具有良好的导热性。其热导率大于高速钢及硬质合金，但不及金刚石。

5）具有较低的摩擦因数。CBN 与不同材料的摩擦因数为 0.1～0.3，大大低于硬质合金的摩擦因数（0.4～0.6）。

2.3.3 刀具材料的改性

1. 刀具材料改性的方法

刀具材料的改性是采用化学或物理的方法，对刀具进行表面处理，使刀具材料的表面性能有所改变，从而提高刀具的切削性能和刀具的使用寿命。

1）刀具的表面化学热处理。刀具表面化学热处理是将刀具置于化学介质中加热和保温，以改变表层的化学成分和组织，从而改变刀具表层性能的热处理工艺。化学热处理包含分解、吸收、扩散三个基本过程。

刀具表面的化学热处理可分为渗碳、渗氮、碳氮共渗和多元共渗。多元共渗是在氮碳共渗基础上，再渗入氧或硫，或同时渗入氧、硫、硼等元素。

2）刀具表面涂层。通过气相沉积或其他方法，在硬质合金（或高速钢刀具）基体上涂覆一薄层（一般只有几微米）耐磨性高的难熔金属（或非金属）化合物，提高刀具材料耐磨性而不降低其韧性。在刀具上涂层主要有两种方法：化学气相沉积法（chemical vapor deposition，CVD）及物理气相沉积法（physical vapor deposition，PVD）。

目前，CVD 技术（包括 MT-CVD，中温化学气相沉积技术）主要用于硬质合金车削类刀具的表面涂层，涂层刀具适用于中型、重型切削的高速粗加工及半精加工。采用 CVD 技术还可实现 α-Al_2O_3 涂层，这是目前 PVD 技术难以实现的，因此在干式切削加工中，CVD 涂层技术仍占有极其重要的地位。

PVD 涂层技术已普遍应用于硬质合金立铣刀、钻头、阶梯钻、油孔钻、铰刀、丝锥、可转位铣刀片、异形刀具、焊接刀具等的涂层处理。

PVD 技术不仅提高了薄膜与刀具基体材料的结合强度，涂层成分也由第一代的 TiN 发展为 TiC、TiCN、ZrN、CrN、MoS_2、TiAlN、TiAlCN、TiN-AlN、CN_x 等多元复合涂层。ZX 涂层（即 TiN-AlN 涂层）等纳米级涂层的出现使 PVD 涂层刀具的性能有了新突破。这种新涂层与基体结合强度高，涂层膜硬度接近 CBN，抗氧化性能好，抗剥离性强，而且可显著改善刀具表面粗糙度，有效控制精密刀具的刃口形状及精度。

不同刀具涂层的选用可参考表 2-5。

表 2-5　刀具涂层的选用

加工类型＼工件材料	普通钢材	铸铁	铝/铝合金	高强度合金	铜/铜合金	塑性材料
车削/钻削加工	1）纳米复合结构薄膜 2）AlTiN 薄膜	1）纳米复合结构薄膜 2）AlTiN 薄膜	1）多层 TiCN＋MoS$_2$ 复合薄膜 2）TiAlCN＋CBC 梯度薄膜 3）纳米复合结构薄膜 4）单层 TiCN 薄膜	1）TiAlCN＋CBC 梯度薄膜 2）纳米复合结构薄膜	1）CrN 薄膜 2）单层或多层 TiCN 薄膜	1）CVD 金刚石薄膜 2）多层 TiCN 薄膜
铣削加工	1）纳米复合结构薄膜 2）TiCN 薄膜 3）AlCrN 薄膜	1）纳米复合结构薄膜 2）AlTiN 薄膜 3）AlCrN 薄膜	1）多层 TiCN＋MoS$_2$ 复合薄膜 2）TiAlCN＋CBC 梯度薄膜 3）纳米复合结构薄膜 4）多层 TiCN 薄膜	1）多层 TiCN＋MoS$_2$ 2）TiAlCN＋CBC 梯度薄膜 3）AlCrN 薄膜		
螺纹加工	1）多层 TiCN＋MoS$_2$ 复合薄膜 2）TiAlCN＋CBC 梯度薄膜 3）TiAlN 纳米多层薄膜	1）多层 TiAlCN 薄膜 2）多层 TiCN 薄膜	1）多层 CrN＋CBC 复合薄膜 2）TiAlCN＋CBC 梯度薄膜 3）多层 TiCN 薄膜			

2. 涂层刀具的应用

涂层刀具的出现，使刀具的切削性能产生了重大突破，可大幅度地延长切削刀具寿命，有效地改善切削加工效率，明显地提高被加工工件的表面质量，有效地减少刀具材料的损耗，降低加工成本，减少切削液的使用，保护环境。

目前国外可转位刀片的涂层比例已达到 70% 以上，可用于车刀、立铣刀、成形拉刀、铰刀、钻头、齿轮滚刀、插齿刀等刀具的涂层，用于各种钢、铸铁、耐热合金和非铁金属等材料的加工。

2.3.4　刀具材料的选择

工件材料具有多种多样的性质，切削时需要选用适合的刀具材料。如果刀具材料选择不合理，就会使刀具受到损伤并缩短其使用寿命。各种刀具材料的特性见表 2-6。刀具材料特性与刀具性能的关系见表 2-7。

表 2-6　各种刀具材料的特性

刀具材料	硬 度		弹性模量	抗弯强度	断裂韧度	热导率	热胀系数
	HV	HRA	GPa	GPa	MPa · m$^{1/2}$	W/(m · K)	10^{-6}K^{-1}
高速钢	880 ~ 910	—	210	2.3 ~ 3.0	—	18 ~ 25	11 ~ 13
粉末冶金高速钢	930 ~ 1050	—	210	3.2 ~ 4.5	—	18 ~ 25	11 ~ 13
硬质合金	(1310 ~ 1880)	88.8 ~ 93.0	480 ~ 630	1.5 ~ 4.4	5 ~ 15	25 ~ 84	4.5 ~ 6.0
金属陶瓷	(1440 ~ 1880)	90.0 ~ 93.0	440 ~ 460	1.3 ~ 2.2	10 ~ 15	25 ~ 33	7.7 ~ 7.8
陶瓷	(1630 ~ 2200)	91.5 ~ 94.5	290 ~ 400	0.3 ~ 1.3	3 ~ 9	17 ~ 75	3 ~ 8
CBN 刀具	2800 ~ 3500	—	590 ~ 660		4 ~ 8	38	5.3
金刚石刀具	6000 ~ 8000		770		8 ~ 12	210	2 ~ 4

注：表中括弧中的数据为相应指标的参考值。

表 2-7　刀具材料特性与刀具性能的关系

硬度 （高温硬度） 小←→大	弹性模量 小←→大	抗弯强度 小←→大	断裂韧度 小←→大	自由能 大←→小	热导率 小←→大	热胀系数 大←→小
耐后刀面磨损性 低←→高 耐塑性变形性 低←→高	耐热龟裂性 低←→高 耐后刀面磨损性 低←→高	耐折损性 低←→高	耐破损性 低←→高	耐后刀面磨损性 低←→高 耐氧化性 低←→高	耐塑性变形性 低←→高	耐热龟裂性 低←→高

根据上述材料特性选择刀具材料的基本方法如下：

1）连续切削钢及铸铁时，随着刀具材料硬度的提高，切削速度也可以提高，按照高速钢→CBN 刀具的顺序选择。金刚石与铁发生反应，不适合。

2）断续切削钢及铸铁时，在兼顾刀具材料硬度与韧性的基础上选择刀具材料，若发生崩刃，则更换为韧性好的刀具材料。

3）切削淬火钢时，使用硬度高、与铁反应性低的涂层硬质合金或 CBN 刀具。

4）切削不锈钢、耐热合金及钛合金时，切削力大，需要增大前角使切削刃锋利，以使用硬质合金刀具为宜。

5）切削铝合金与铜合金等非铁金属时，一般使用硬质合金刀具，高速加工时使用金刚石刀具。

2.4　常用切削刀具

2.4.1　车刀

1. 车刀的分类

在金属切削加工中，车刀的应用最为广泛。由于车刀的用途多种多样，其结构形状及几何参数也各有不同，根据不同的分类方法，车刀有多种不同的形式，见表 2-8。

表 2-8　车刀的分类

序号	分类方式	车 刀 形 式
1	机床型号	普通车刀、立车车刀、成形车刀、专业机床车刀
2	加工部位	端面车刀、外圆车刀、切断或切槽车刀、成形车刀、螺纹车刀
3	加工性质	粗车刀、精车刀
4	刀杆截面	矩形车刀、方形车刀、圆形车刀
5	进给方向	左切车刀、右切车刀
6	刀头构造	直头车刀、偏头车刀、弯头车刀
7	制造方法	整体车刀、焊接车刀、机夹车刀
8	刀刃材料	硬质合金车刀、高速钢车刀、陶瓷车刀、金刚石车刀、立方氮化硼车刀

2. 车刀的结构

（1）车刀刀杆截面形状及选用　刀杆材料一般采用 45 钢，但对某些刀杆，如切断刀、切槽刀，则采用 40Cr 钢，经热处理硬度可达 35 ~ 45HRC。

刀杆截面形状主要有正方形、矩形和圆形。刀杆截面尺寸的选取，通常与机床中心高、刀夹形状及切削断面尺寸有关。通常刀杆的截面尺寸和长度可根据机床的中心高选取，见表 2-9。

表 2-9　按机床中心高选取刀杆截面尺寸和长度　　　（单位：mm）

机床中心高	150 以下	150	180 ~ 220	260	300	350 ~ 400	400 以上
刀杆截面尺寸	12 × 10 以下	16 × 12	20 × 16	25 × 20	32 × 25	40 × 32	50 × 40
刀杆长度	100 以下	110	125	140	170	200	250 以上

（2）车刀刀杆的悬伸长度　一般情况下，刀杆悬伸出来的长度等于刀杆高的 1 ~ 1.5 倍为宜。只有当刀杆悬伸量过长或在重力切削的情况下，才需要进行刀杆强度验算，具体公式见相关资料。

（3）车刀刀片的连接方式　车刀切削部分的强度，直接影响到车刀性能和寿命。除少数高速钢车刀以外，大部分车刀的切削部分都采用硬质合金、陶瓷、金刚石和立方氮化硼（CBN）等材料。刀体与刀片的连接方式大致分三类，见表 2-10，可根据刀具的实际工作条件进行选择。

表 2-10　车刀刀片的连接方式

连接方式	优　点	缺　点
焊接	1）具有足够的连接强度和冲击韧性 2）刀具具有较高的高温硬度 3）焊接的镶嵌结构简单，焊接后刀具外观平整、结构紧凑 4）焊接后的刀具尺寸稳定	1）焊接需要一定的专用设备，焊接工艺较为复杂 2）由于焊接应力，易使刀片产生裂纹 3）由于加热温度和时间不准确，容易产生过烧、脱焊、氧化等缺陷 4）刀杆不能重复使用
无机粘结	1）刀片无氧化皮、无裂纹、无热变形及热应力，刀具寿命长 2）粘结剂的材料经济，工艺过程简单，无需专用的设备和工具，成本低 3）陶瓷刀具使用此工艺较多	1）粘结的脆性大，承受冲击的能力差，化学稳定性差，高温强度也较差 2）刀具长期存放后，尺寸有微量的变化

（续）

连接方式	优 点	缺 点
机械夹固	1）能保持刀片的原有性能，避免了裂纹、脱焊等不良现象的产生，提高了刀具寿命 2）可直接选择合理刀片刀尖圆角和断屑槽形，通过刀片槽的加工可获得合理的几何参数，具有较好的切削条件，并保证了断屑 3）刀片可进行更换，刀体可重复使用	1）刀片槽选配较为复杂，装夹结构复杂，加工比较困难 2）受小孔、特殊表面等限制 3）刀片槽加工精度不好，影响装夹精度，造成刀片翘起或装夹应力集中，刀片易于破裂

3. 车刀几何参数的选用

（1）前刀面形状的选用　车刀前刀面的形状与应用范围见表2-11。

表 2-11　车刀前刀面的形状与应用范围

高速钢车刀			
前刀面形状	平面形	曲面形	平面带倒棱形	曲面带倒棱形

简图				
应用范围	1）加工铸铁 2）成形车刀 3）在 $f \leqslant 0.2\mathrm{mm/r}$ 时，加工钢件	加工铝合金及韧性材料	在 $f \leqslant 0.2\mathrm{mm/r}$ 时，加工钢件	加工钢件时，需要断屑

硬质合金车刀			
前刀面形状	平面形	曲面形	平面带倒棱形	曲面带倒棱形

简图				
应用范围	1）当前角为负值、系统刚性足够时，加工 $R_\mathrm{m} > 800\mathrm{MPa}$ 的材料 2）当前角为正值时，加工脆性材料。在背吃刀量及进给量很小时，精加工 $R_\mathrm{m} \leqslant 800\mathrm{MPa}$ 的钢件	铝合金及韧性材料钢件的精加工	1）加工灰铸铁和可锻铸铁 2）加工 $R_\mathrm{m} \leqslant 800\mathrm{MPa}$ 的钢件 3）系统刚性不足时，加工 $R_\mathrm{m} > 800\mathrm{MPa}$ 的钢件	在 $a_\mathrm{p} = 1 \sim 5\mathrm{mm}$，$f \geqslant 0.3\mathrm{mm/r}$ 时，加工 $R_\mathrm{m} \leqslant 800\mathrm{MPa}$ 的钢件，并保证卷屑

（2）几何角度的选用　车刀前角、后角、主偏角、副偏角和刃倾角的参考值见表2-12～表2-15。

表 2-12　车刀前角和后角的参考值

高速钢车刀		前角 γ_o /(°)	后角 α_o /(°)	硬质合金车刀		前角 γ_o /(°)	后角 α_o /(°)
工件材料				工件材料			
钢和铸铁	$R_m = 400 \sim 500\text{MPa}$	20 ~ 25	8 ~ 12	结构钢、合金钢及铸铁	$R_m \leq 800\text{MPa}$	10 ~ 15	6 ~ 8
	$R_m = 700 \sim 1900\text{MPa}$	5 ~ 10	5 ~ 8		$R_m = 800 \sim 1000\text{MPa}$	5 ~ 10	6 ~ 8
镍铬钢和铬钢	$R_m = 700 \sim 800\text{MPa}$	5 ~ 15	5 ~ 7	高合金钢及表面有夹杂的铸铁 $R_m > 1000\text{MPa}$		− 5 ~ − 10	6 ~ 8
灰铸铁	160 ~ 180HBW	12	6 ~ 8	不锈钢		15 ~ 30	8 ~ 10
	220 ~ 260HBW	6	6 ~ 8	耐热钢 $R_m = 700 \sim 1000\text{MPa}$		10 ~ 12	8 ~ 10
可锻铸铁	140 ~ 160HBW	15	6 ~ 8	变形锻造高温合金		5 ~ 10	10 ~ 15
	170 ~ 190HBW	12	6 ~ 8	铸造高温合金		0 ~ 5	0 ~ 15
铜、铝、巴氏合金		25 ~ 30	8 ~ 12	钛合金		5 ~ 15	10 ~ 15
中硬青铜及黄铜		10	8	淬火钢 40HRC 以上		− 5 ~ − 10	8 ~ 10
硬青铜		5	6	高锰钢		− 5 ~ 5	8 ~ 12
钨		20	15	铬锰钢		− 2 ~ − 5	8 ~ 10
铌		20 ~ 25	12 ~ 15	灰铸铁、青铜、脆性黄铜		5 ~ 15	6 ~ 8
钼合金		30	12 ~ 15	韧性黄铜		15 ~ 25	8 ~ 10
镁合金		25 ~ 35	10 ~ 15	纯铜		25 ~ 35	8 ~ 12
电木		0	10 ~ 12	铝合金		20 ~ 30	8 ~ 10
多维纸板		0	14 ~ 16	纯铁		25 ~ 35	8 ~ 10
硬橡皮		− 2 ~ 0	18 ~ 20	纯钨铸锭		5 ~ 15	8 ~ 10
软橡皮		40 ~ 75	15 ~ 20	纯钨铸锭及烧结钼棒		15 ~ 35	6
塑料和有机玻璃		20 ~ 25	30				

表 2-13　车刀主偏角的参考值

工作条件	在系统刚性特别好的条件下,以小的背吃刀量进行精车,加工硬度很高的工件材料	在系统刚性较好($l/d < 6$)的条件下,加工盘套类零件	在系统刚性较差($l/d = 6 \sim 12$)的条件下,车削、刨削及镗孔加工	在毛坯上不留残心的切断加工	在系统刚性较差($l/d > 12$)的条件下,车削阶梯表面及细长轴
主偏角 κ_r /(°)	10 ~ 30	30 ~ 45	60 ~ 75	80	90 ~ 93

表 2-14　车刀副偏角的参考值

工作条件	宽刃车刀及具有修光刃的车削、刨削加工	切槽及切断加工	精车、精刨加工	粗车、粗刨加工	精镗加工	有中间切入的切削加工
副偏角 κ_r' /(°)	0	1 ~ 3	5 ~ 10	10 ~ 15	15 ~ 20	30 ~ 45

表 2-15　车刀刃倾角的参考值

工作条件	精车、精镗加工	$\kappa_r = 90°$车刀的车削及镗孔、切断及切槽	钢料的粗车、粗镗	铸铁的粗车、粗镗	带冲击的不连续车削、刨削	带冲击加工淬硬钢
刃倾角 $\lambda_s /(°)$	$0 \sim 5$	0	$0 \sim -5$	-10	$-10 \sim -15$	$-30 \sim -45$

（3）断屑槽形的选用　断屑问题在车削加工中是一个很重要的问题。断屑槽的作用在于使切屑在切削过程中能以螺旋状、发条状等形式弯曲折断而排出。断屑槽形见表 2-16。

表 2-16　断屑槽形

断屑槽形	直线形	直线圆弧形	全圆弧形
简图	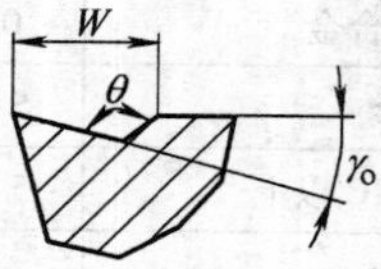	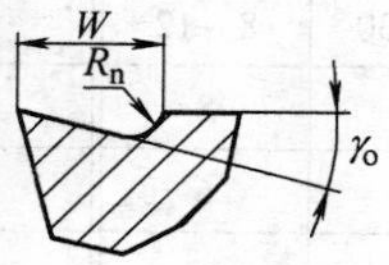	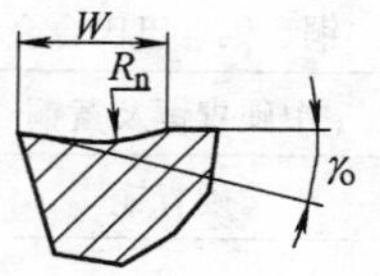
应用范围	切削碳素钢、合金钢和工具钢，前角 γ_o 一般为 $5° \sim 15°$		切削纯铜、不锈钢等高塑性材料，前角 γ_o 一般为 $25° \sim 30°$

4. 焊接式车刀

所谓焊接式车刀，是指在刀杆上按刀具几何角度的要求开出刀片槽，用钎料将刀片焊接在刀槽内，并按所选择的几何参数刃磨使用后的车刀。

（1）焊接式车刀的类型　焊接式车刀的主要类型见表 2-17。

表 2-17　焊接式车刀的主要类型

45°外圆车刀	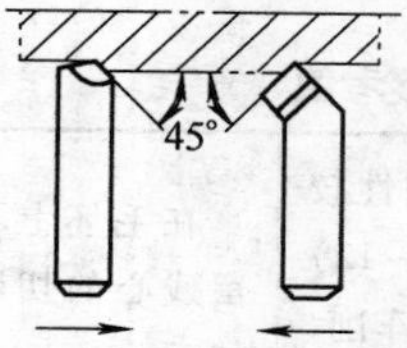	切槽车刀	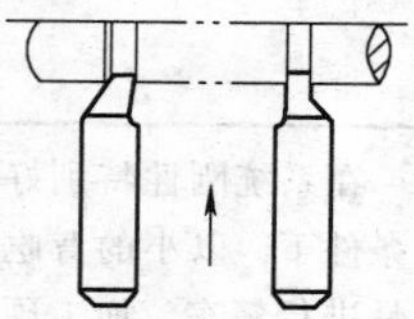
60°外圆车刀	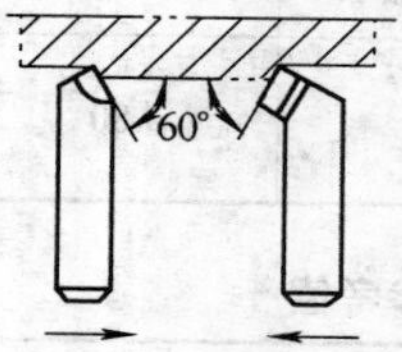	切圆弧及宽槽车刀	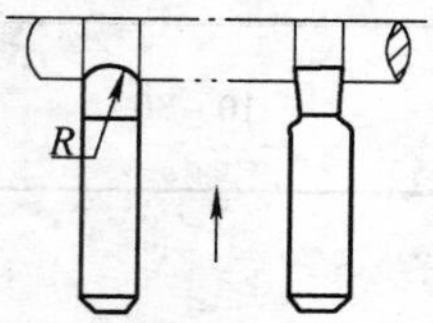
90°外圆车刀	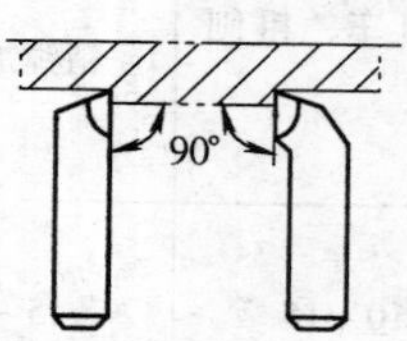	切断车刀	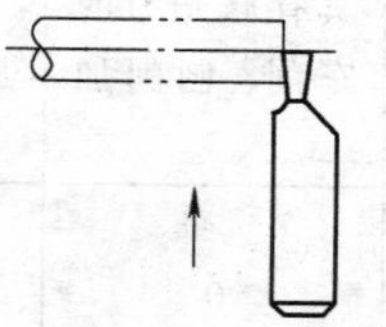

（续）

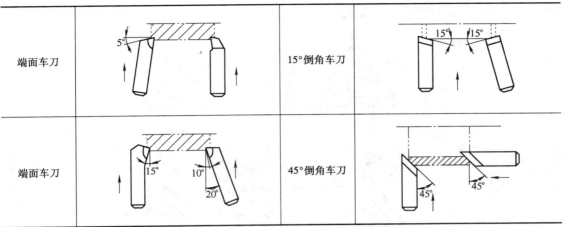

端面车刀	5°	15°倒角车刀	15° 15°
端面车刀	15° 10° 20°	45°倒角车刀	45° 45°

（2）车刀刃磨　车刀刃磨质量直接影响加工质量和刀具寿命。单件和成批生产，一般由刀具使用者在砂轮机上刃磨，虽然简单易行，但刃磨质量不易保证。在大量生产中，一般用专用刃磨机床由刃磨工进行集中刃磨，可保证刃磨质量。

因车刀几何形状相似，只是几何参数不同，故刃磨工艺过程基本相同。使用最广泛的是砂轮刃磨，砂轮刃磨后再进行研磨，研磨是降低刀具表面粗糙度值、提高刀具寿命的有效途径。另外，电解磨削也广泛应用于刃磨硬质合金刀片，它能避免刃磨裂纹和提高刃磨质量。

5. 机夹可转位车刀

机夹可转位车刀是使用可转位刀片的机夹车刀，它与普通机夹车刀的不同点在于刀片为多边形，每一边都可作切削刃，用钝后只需将刀片转位，即可使新的切削刃投入工作，当几个切削刃都用钝后，即可更换新刀片。可转位车刀由刀杆、刀片、硬质合金刀垫和机械夹固元件组成，如图 2-19 所示。常见的刀片形状如图 2-20 所示。

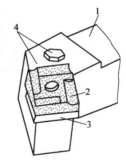

图 2-19　机夹可转位
车刀的组成
1—刀杆　2—刀片　3—硬质
合金刀垫　4—夹紧元件

可转位车刀不需重磨，具有先进合理的几何参数和断屑槽形式，可节省大量的磨刀、换刀和对刀的时间，因此特别适用于要求工作稳定、刀具位置准确的自动机床、自动线和加工中心。

可转位车刀的型号可查 GB/T 2076—2007，该标准适用于硬质合金、陶瓷可转位刀片。可转位刀片的形式已标准化，可参照 GB/T 5343.1—2007 及 GB/T 14297—1993（已作废，但没有替代标准）或有关厂家的样本选购。

（1）刀片材料的选择　车刀刀片材料有高速钢、硬质合金、陶瓷、立方氮化硼、金刚石。选择刀片材料的主要依据包括被加工工件材料及性能（金属、非金属，硬度、耐磨性、韧性等）、加工类型（粗加工、半精加工、精加工、光整加工等）、切削负荷大小及冲击振动（操作间断或突然中断等）。

（2）刀片尺寸选择　刀片尺寸取决于必要的有效切削刃长度 L，它与背吃刀量 a_p、主偏

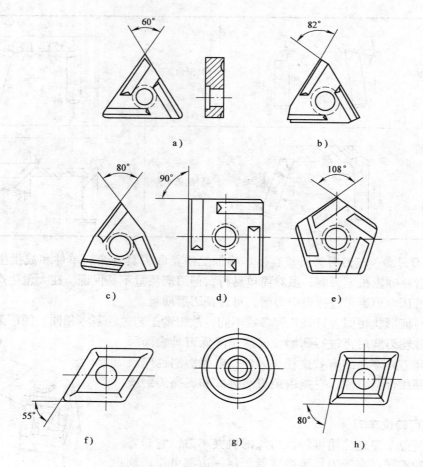

图 2-20 常见可转位车刀刀片

a) T 形 b) F 形 c) W 形 d) S 形 e) P 形 f) D 形 g) R 形 h) C 形

角 κ_r 有关，$L \geqslant a_p (1/\sin\kappa_r)$。选用时应查相关手册或样本确定。

（3）刀片形状选择 刀片形状主要依据被加工工件表面几何形状（外圆表面上的角度，成形面、端面的形状角度等）、切削方法、刀具寿命、刀片转位次数进行选择。当切削刃强度增强时，振动会加大；当通用性增强时（如从圆形转为方形、平行四边形、三角形、菱形），其所需功率就减小。

（4）刀尖圆弧半径选择 刀尖圆弧半径的大小直接影响刀尖的强度、被加工零件的表面粗糙度、刀具寿命。刀尖圆弧半径一般选为进给量的 2~3 倍。通常对于背吃刀量 a_p 较小的精加工、细长轴加工或机床刚度较差时，刀尖圆弧半径取较小值（0.2mm、0.4mm、0.8mm、1.2mm）；对需要切削刃强度高、工件直径大的粗加工，则可选大一些（1.6mm、2.0mm、2.4mm、3.2mm）。

根据机夹可转位车刀的用途不同，刀片的夹紧方式有许多种。国际标准化组织（ISO）和国家标准（GB/T 5343.1—2007）将机夹可转位车刀的夹紧方式规定为四种，包括上压式、复合式、杠杆式和螺钉式，具体特点和适用场合见表 2-18。

表 2-18　可转位车刀的夹紧方式及特点

夹紧方式	结构简图	特　点	适用场合
上压式 C 形	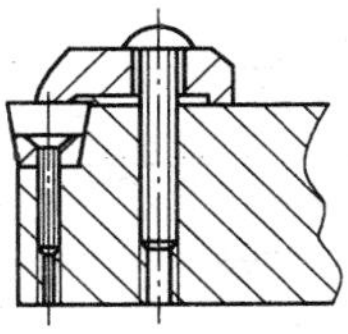	这种结构夹紧力大，稳定可靠。结构简单，制造容易。多用不带孔的刀片	通常为正前角刀片，且大部分刃倾角为 0°。适用于精车，也可用于中、重型及间断车削
复合式 M 形	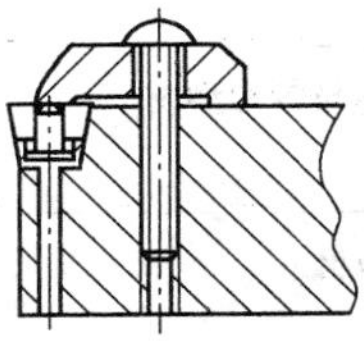	这种结构采用两种夹紧方式夹紧刀片，夹紧可靠，制造也较方便	能承受较大的切削负荷及冲击，适用于重负荷车削
杠杆式 P 形	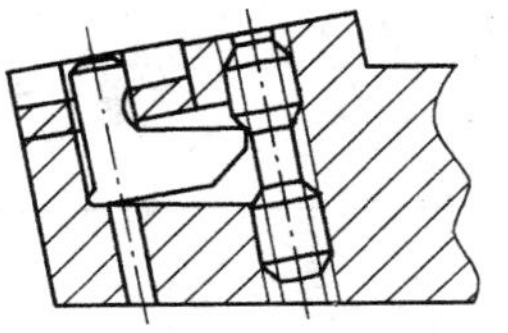	这种结构夹紧力大，稳定性好，定位精度高，刀片转位或更换迅速，使用方便，且利于排屑。但结构较复杂，制造困难	此结构刀片一般后角为 0°，刀具具有正前角和负刃倾角，适合于中、轻负荷的切削加工
螺钉式 S 形	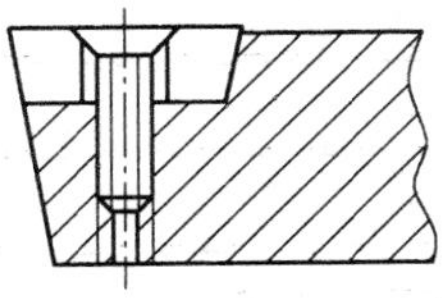	这种结构简单、紧凑，零件少，排屑通畅，夹紧可靠，制造容易	刀片有后角，通常前角、刃倾角为 0°，适用于中、小型车刀，广泛用于车削铝及铜及塑料等材料

2.4.2　铣刀

铣刀是用于铣削加工、具有一个或多个刀齿的旋转刀具。工作时，各刀齿依次间歇地切除工件上的余量。它一般安装在铣床上或车削中心（车铣中心）上，用于加工各种平面（水平面、垂直面与倾斜面）、成形面、各种沟槽（键槽、T 形槽、刀具容屑槽和齿轮）和模具的特殊型面等。

1. 铣刀类型、几何参数与规格

（1）铣刀的类型　铣刀是刀齿分布在旋转表面上或端面上的多刃刀具，用于铣削平面、台阶面、沟槽、成形表面及切断等。铣刀的类型与用途见表 2-19。常用铣刀的规格可参考加工要求及相应的工艺手册选取。

表 2-19　铣刀的类型与用途

铣刀名称	用　途
立铣刀	1）铣削沟槽（包括螺旋槽）与工件上各种形状的孔 2）铣削台阶面、凸台斜面、侧面与工件上局部下凹小平面 3）按照靠模形状铣削内外曲线表面 4）铣削各种平板凸轮与圆柱凸轮

（续）

铣刀名称		用　途
T形槽铣刀		铣削 T 形槽
键槽铣刀		铣削键槽
半圆槽铣刀		铣削半圆键槽
燕尾槽铣刀		铣削燕尾槽
槽铣刀		铣削螺钉与其他工件上的槽
锯片铣刀	粗齿	1）切断（轻合金与非铁金属）板料、棒料与各种型材 2）铣削各种槽
	细齿	1）切断（钢、铸铁）板料、棒料与各种型材 2）铣削各种槽
三面刃铣刀	直齿	1）铣削各种槽（优先选用错齿与镶齿） 2）铣削台阶面 3）铣削工件的侧面及其凸台阶面
	错齿与镶齿	
圆柱形铣刀	粗齿	粗铣及半精铣平面
	细齿	
铲背成形铣刀	凹半圆铣刀	铣削 $R1 \sim 20mm$ 的凸半圆成形面
	凸半圆铣刀	铣削 $R1 \sim 20mm$ 的半圆槽与凹半圆成形面
	圆角铣刀	铣削 $R1 \sim 20mm$ 的圆角与圆弧
角度铣刀	单角铣刀	1）刀具开齿：铣削各种刀具的外圆齿槽与端面齿槽 2）铣削各种锯齿形离合器与棘轮的外形
	对称双角铣刀	1）铣削各种 V 形槽 2）铣削尖齿、梯形齿离合器的齿形
	不对称双角铣刀	刀具开齿：铣削各种刀具上的外圆直齿、斜齿与螺旋齿槽
镶齿面铣刀	高速钢	粗铣与半精铣各种平面（铣削速度小于等于30m/min）
	硬质合金	粗铣与精铣钢、铸铁、非铁金属工件上的各种平面（优先选用）
模具铣刀		铣削各种模具凹、凸成形面

（2）铣刀的几何参数　铣刀的几何参数主要是指铣刀切削部分的角度，如图 2-21 所示。

2. 硬质合金可转位铣刀与刀片

可转位铣刀是将多边刃的硬质合金刀片直接夹固在铣刀刀体上（图 2-22），一个切削刃磨钝后，可直接在机床上通过回转刀片更换切削刃或更换刀片，不必拆卸铣刀，可以节省换刀时间，降低工具费用。

硬质合金可转位铣刀有立铣刀、三面刃铣刀和面铣刀，相应的可转位铣刀国家标准参见 GB/T 5340.1 ~ 3—2006、GB/T 5341.1 ~ 2—2006 和 GB/T 5342.1 ~ 3—2006。

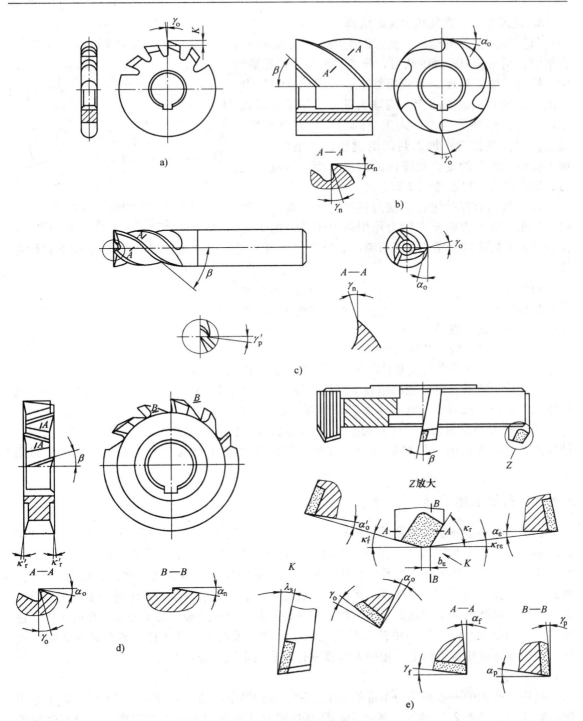

图 2-21　铣刀几何参数

a）凸半圆铣刀　b）圆柱形铣刀　c）立铣刀　d）错齿三面刃铣刀　e）面铣刀

γ_o—前角　γ_p—切深前角　γ_f—进给前角　γ_n—法向前角　γ_p'—副切深前角　α_o—后角　α_o'—副后角

α_p—切深后角　α_f—进给后角　α_n—法向后角　α_ε—过渡刃后角　κ_r—主偏角　κ_r'—副偏角

$\kappa_{r\varepsilon}$—过渡刃偏角　λ_s—刃倾角　β—刀体上刀齿槽斜角　b_ε—过渡刃宽度　K—铲背角

3. 铣刀类型、直径和角度的选择

（1）铣刀类型的选择　铣刀的类型，应与被加工工件尺寸、表面形状相适应。加工较大平面，用面铣刀；加工凸台、凹槽及平面零件轮廓，用立铣刀；加工毛坯表面或粗加工孔，用镶嵌硬质合金的玉米铣刀；加工曲面，用球头铣刀；加工曲面较平坦部分，用环形铣刀；加工空间曲面、模具型腔、型面，用模具铣刀；加工封闭的键槽，用键槽铣刀；加工类似飞机上的变斜角零件的变斜角面，用鼓形铣刀、锥形铣刀，可参考图2-23。

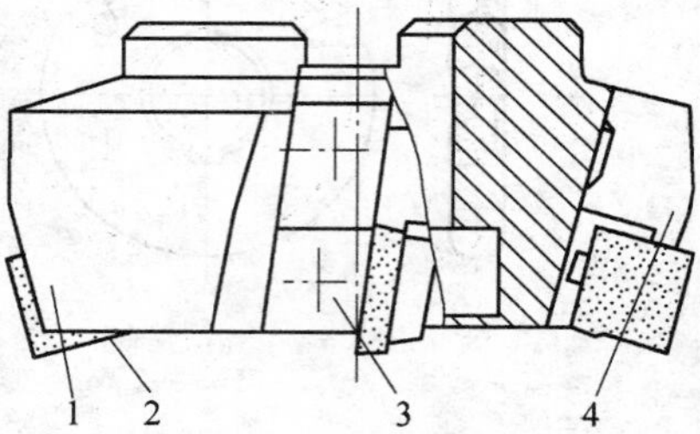

图 2-22　可转位铣刀的组成

1—刀体　2—刀片　3—楔块　4—刀垫

（2）铣刀直径的选择　铣刀直径与加工面大小和位置分布、加工表面至夹紧力作用点的距离、加工表面与铣刀刀杆之间的距离等条件有关，铣刀直径可由背吃刀量 a_p、铣削宽度 a_w 按下式计算决定

面铣刀　　　　　　　　　$d_0 = (1.4 \sim 1.6) a_w$

盘形铣刀　　　　　　　　$d_0 > 2(a_p + h) + d_1$

式中　　d_0——铣刀直径（mm）；

　　　　d_1——刀杆垫圈外径（mm）；

　　　　h——工件或夹具夹紧件与被加工面之间的距离（mm）。

按上式计算后，尽可能选用较小直径的铣刀；立铣刀因刚性差，可按加工情况尽可能选用较大的直径。铣刀直径也可由表2-20推荐的数值选取。

（3）铣刀角度的选择　铣刀切削部分的角度，取决于刀具材料、铣刀类型和工件材料。铣削强度和硬度高的工件材料宜用负前角，后角宜大些（面铣刀磨损主要发生在后刀面上）。

2.4.3　孔加工用刀具

在实体材料上一次钻成孔的工序称为钻削。单件小批生产的中小型工件上的小孔，常用台式钻床加工；中小型工件上直径较大的孔，常用立式钻床加工；大中型工件上的孔常用摇臂钻床加工；回转体零件上的孔，常用车床加工。钻削加工的金属切除率大、切削效率高，但钻孔精度低，表面质量也较差。扩削是对已经钻出、铸出或锻出的孔作进一步加工，以扩大孔径并提高孔的加工质量的工序。锪孔是在钻孔孔口表面倒棱、切平面或沉孔的工序，锪孔属于扩削范围。铰削是利用铰刀对孔进行半精加工或精加工的工序。镗削是在车床、镗床、转塔车床和组合机床上，用镗刀将预制孔镗到预定尺寸的加工工序。

1. 中心钻

钻中心孔用的中心钻分为不带护锥中心钻、带护锥中心钻、弧形中心钻和钻孔定中心用中心钻4种，如图2-24所示。各类中心钻其规格尺寸参见相关的工艺手册。其中不带护锥中心钻适用于加工 GB/T 145—2001A 型中心孔，在轴上加工 $d = 1 \sim 10$mm 的中心孔时，一般采用这种中心钻。

带护锥中心钻适用于加工 GB/T 145—2001B 型中心孔。为了避免工序间运输对中心孔表面的磕碰，在轴上加工 $d = 1 \sim 10$mm 的中心孔时，一般采用这种中心钻。

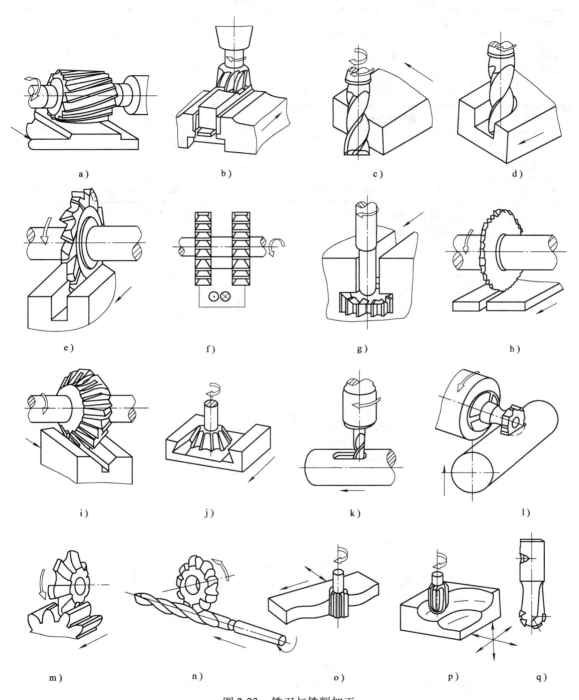

图 2-23　铣刀与铣削加工

a)、b)、c) 铣平面　d)、e) 铣沟槽　f) 铣台阶　g) 铣 T 形槽

h) 切断　i)、j) 铣角度槽　k)、l) 铣键槽　m) 铣齿形

n) 铣螺旋槽　o) 铣曲面　p) 铣立体曲面　q) 球头铣刀

表 2-20 铣刀直径选择　　　　　　　　　　　　　　　（单位：mm）

铣刀名称	高速钢圆柱形铣刀			硬质合金面铣刀					
背吃刀量 a_p	≤70	~90	~100	≤4	~5	~6	~6	~8	~10
铣削宽度 a_w	≤5	~8	~10	≤60	~90	~120	~180	~260	~350
铣刀直径 d_0	~80	80~100	100~125	~80	100~125	160~200	200~250	315~400	400~500

铣刀名称	高速钢圆柱形铣刀				硬质合金面铣刀			
背吃刀量 a_p	≤8	~12	~20	~40	≤5	~10	~12	~25
铣削宽度 a_w	~20	~25	~35	~50	≤4	≤4	~15	~10
铣刀直径 d_0	~80	80~100	100~160	160~200	~63	63~80	80~100	100~125

注：如 a_p、a_w 不能同时与表中数值统一，而 a_p（圆柱形铣刀）或 a_w（面铣刀）又较大时，主要应根据 a_p（圆柱形铣刀）或 a_w（面铣刀）选择铣刀直径 d_0。

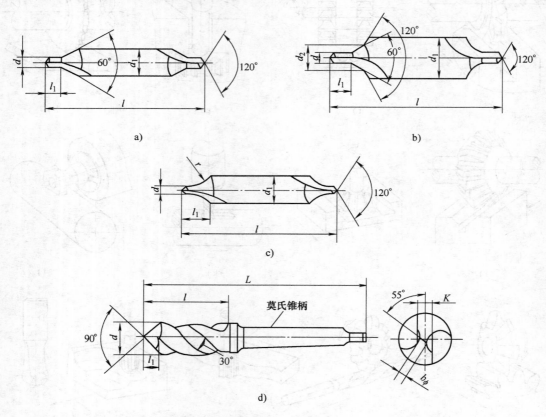

a)　　　　　　　　　　　　　　　　　b)

c)

d)

图 2-24 中心钻

a）不带护锥中心钻　b）带护锥中心钻　c）弧形中心钻　d）钻孔定心用的中心钻

弧形中心孔适用于加工 GB/T 145—2001R 型中心孔。在轴上加工 $d = 1 \sim 10 mm$ 的弧形中心孔时，采用这种中心钻，它适用于定位精度要求较高的轴类零件，如圆拉刀。

钻孔定心用的中心钻一般适用于自动车床无钻套钻孔前钻中心孔定心。

2. 麻花钻

（1）麻花钻材料与结构　麻花钻通常用高速钢制成，现在也有整体硬质合金麻花钻。标准麻花钻由柄部、颈部和工作部分三部分组成，如图 2-25a、b 所示。各类麻花钻的规格尺寸可参考相关的工艺手册。

柄部是钻头的夹持部分，用来传递钻孔时所需要的转矩。钻柄有锥柄（图 2-25a）和直柄（图 2-25b）两种形式。锥柄一般采用莫氏 1~6 号锥度，它可直接插入钻床主轴的锥孔内或辅具变径套内。锥柄钻头的扁尾可增加传递的转矩，避免钻头在主轴孔或变径套中转动。另外，还可通过扁尾来拆卸钻头。

颈部位于工作部分和柄部之间，它是为磨削钻柄而设的砂轮越程槽。钻头的规格和厂标常刻在颈部。

工作部分是钻头的主体，它由切削部分和导向部分组成。切削部分包括两个主切削刃、两个副切削刃和一个横刃（图 2-25c）。钻头的螺旋槽表面是前刀面（切屑流经的面）；顶端两曲面是主后刀面，它们面对工件的加工表面（孔底）。与工件的已加工表面（孔壁）相对应的棱带（刃带）是副后刀面。两个主后刀面的交线是横刃。横刃是在刃磨两个主后刀面时形成的，用来切削孔的中心部分。

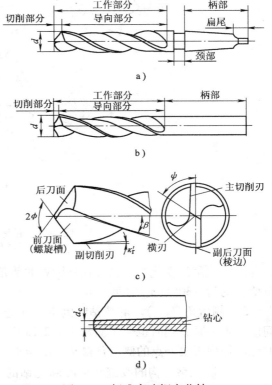

图 2-25　标准高速钢麻花钻

导向部分也是切削部分的后备部分，它包括螺旋槽和两条狭长的螺旋棱带。螺旋槽形成了前角和切削刃，并可排屑和输送切削液。螺旋棱带能引导钻头切削和修光孔壁。为了减少钻头与孔壁的摩擦，棱带做成 (0.03 ~ 0.12):100 向尾部收缩的倒锥。

（2）麻花钻的几何角度　麻花钻切削部分的几何参数主要有外径 d、顶角 2ϕ、螺旋角 β、横刃斜角 ψ（图 2-25c）、前角 γ_o、侧后角（进给后角，在 y 点测量）α_{fy} 等（图 2-26）。

1）顶角（2ϕ）。顶角是两条主切削刃在与其平行平面上投影的夹角，其作用相似于车刀的主偏角。标准麻花钻头的顶角 $2\phi = 118°$。

2）螺旋角（β）。螺旋角是钻头轴心线与棱带切线之间的夹角，也是钻头的侧前角（进给前角）γ_{fy}。螺旋角越大，切削越容易，但钻头强度越低。标准麻花钻的螺旋角为 $\beta = 18°$ ~ 30°。直径小的钻头螺旋角也小。

3）横刃斜角（ψ）。横刃斜角是主切削刃与横刃在端面投影上的夹角，一般为 50° ~ 55°。

4）前角（γ_o）。麻花钻主切削刃上任一点的前角是在正交平面中测量的（图 2-26 中 p_{oy} 和 p_{oA} 剖面），它是前刀面和基面之间的夹角。由于麻花钻的前刀面是螺旋面，因此沿主切削

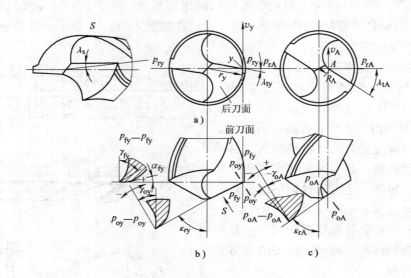

图 2-26　麻花钻的前角、后角

刃各点的前角是变化的。钻头在外圆处的前角约为 30°（p_{oy} 剖面），而靠近横刃处的前角是负值，约为 $-30°$（p_{oA} 剖面）。

5）侧后角（α_{fy}）。麻花钻的侧后角（进给后角）能较好反映钻头后刀面与加工表面之间的摩擦关系，同时也便于测量（图 2-26 中的 p_{fy} 剖面）。侧后角随切削刃各点直径的不同而变化。切削刃最外点的侧后角最小，$\alpha_{fy}=8°\sim14°$；靠近横刃处最大，$\alpha_{fy}=20°\sim25°$。

（3）麻花钻结构的改进　标准麻花钻的横刃及其附近的前角较小，都是负值，切削负荷大，特别是钻头的轴向力大大增加。横刃长，钻孔时的定心条件差，钻头易摆动。由于主切削刃全部参加切削，切削刃上各点的切屑流速相差较大，使切屑卷成较宽的螺旋形，不利于排屑、散热情况不好。副后角为 0°，摩擦严重，在主切削刃和副切削刃交界转角处磨损很快，钻削铸铁工件时尤其严重。

为了改善标准麻花钻结构上存在的上述问题，常采用修磨（磨短）横刃、修磨切削刃、磨出分屑槽、修磨前后刀面、修磨刃带等措施。我国的群钻是麻花钻结构改进的成功典型（请参考相关著作），它就是将标准麻花钻综合运用这些改进措施修磨而成的。加工钢的群钻，其轴向力可降低 35%～50%，转矩减少 10%～30%，钻头使用寿命提高 3～5 倍，工件加工精度和表面质量都有所改善。

（4）硬质合金麻花钻　硬质合金麻花钻用于加工脆性材料，如铸铁、绝缘材料、玻璃等，可显著提高切削效率和刀具寿命。硬质合金钻头也较普遍地应用于钻高锰钢等硬材料。用小直径硬质合金钻头钻印刷电路板上的小孔，有很好的效果。在钻一般钢材时，由于钻削过程中的振动等不良切削条件，钻头常因刀片崩刃而报废，故硬质合金钻头的应用受到一定的限制。

（5）硬质合金浅孔钻　硬质合金浅孔钻是为了避免焊接式硬质合金钻头的缺陷，而发展起来的一种硬质合金可转位钻头，也称浅孔钻。其中直沟浅孔钻用于钻削长径比 $L/D\leqslant2$

的孔，螺旋沟浅孔钻用于钻削长径比 $L/D \leqslant 3$ 的孔。

3. 深孔钻

在机器制造中，长径比 $L/D > 5$ 的孔称为深孔。在钻削深孔时，必须采用深孔钻。深孔钻按工艺不同可分为在实心料上钻孔、扩孔和套料三种，而以在实心料上钻孔用得最多；按切削刃的数量分为单刃和多刃；按排屑方式分为外排屑（枪钻）、内排屑〔BTA（Boring and Trepaning Association，国际孔加工协会）深孔钻、DF 系统深孔钻和喷吸钻〕两种，如图 2-27 所示。

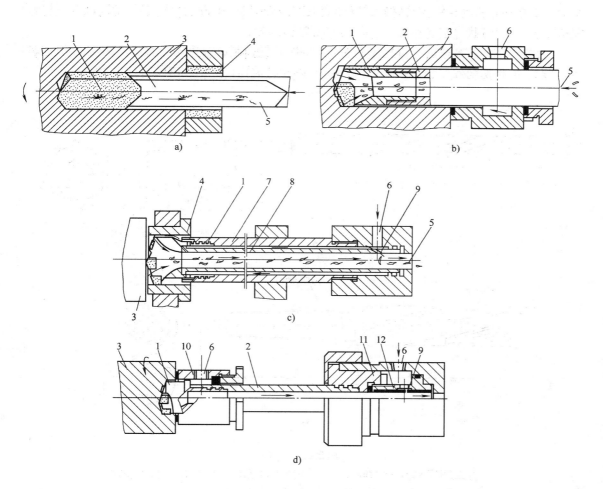

图 2-27　深孔钻的工作原理图
a）外排屑深孔钻　b）BTA 内排屑深孔钻　c）喷吸钻　d）DF 内排屑深孔钻
1—钻头　2—钻杆　3—工件　4—导套　5—切屑　6—进油口　7—外管　8—内管
9—喷嘴　10—引导装置　11—钻杆座　12—密封套

外排屑枪钻适用于加工 $\phi 2 \sim \phi 20mm$、长径比 $L/D > 100$、表面粗糙度值 Ra 为 3.2 ~ 12.5 μm、精度 IT8 ~ IT10 级的深孔，生产效率略低于内排屑深孔钻。BTA 内排屑深孔钻适用于加工 $\phi 6 \sim \phi 60mm$、长径比 $L/D > 100$、表面粗糙度值 Ra 为 3.2 μm 左右、精度 IT7 ~ IT9

级的深孔，生产效率高，比外排屑高 3 倍以上。喷吸钻适用于 $\phi6 \sim \phi65mm$、切削液压力较低的场合，其他性能同内排屑深孔钻。DF 系统深孔钻是近些年来新发展的一种深孔钻。它的特点是振动较小，排屑空间较大，加工效率高，精度好，可用于高精度深孔加工；其效率比枪钻高 3~6 倍，比 BTA 内排屑深孔钻高 3 倍。

4. 扩孔钻

为了提高钻削孔、铸锻孔或冲压孔的精度（IT11 级以上），并使孔的表面粗糙度值 Ra 达到 3.2μm 左右，常使用扩孔钻。直径 $\phi3 \sim \phi50mm$ 的高速钢扩孔钻做成整体刀柄式，直径 $\phi25 \sim \phi100mm$ 的高速钢扩孔钻做成整体套装式。在小批量生产的情况下，常用麻花钻经修磨钻尖的几何形状当扩孔钻用。扩孔钻如图 2-28 所示。

为节约昂贵的高速钢，直径大于 40mm 的扩孔钻常制成镶片式。加工铸铁或非铁金属件时，为了提高切削效率和刀具寿命，$\phi14mm$ 以上的扩孔钻常制成镶硬质合金刀片式。

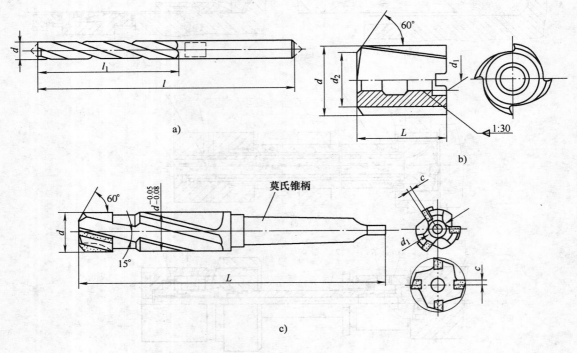

图 2-28　扩孔钻

a）直柄扩孔钻（GB/T 4256—2004）　b）套式扩孔钻　c）硬质合金锥柄扩孔钻

5. 锪钻

常用锪钻有三种形式：①外锥面锪钻，用于孔口倒角或去毛刺；②内锥面锪钻，用于倒螺栓外角；③平面锪钻，用于锪沉孔或锪平面。前两种形式的锪钻一般采用高速钢制造，后一种形式的锪钻有高速钢的和焊硬质合金刀片的两类，如图 2-29 所示。

6. 铰刀

加工精度为 IT10 ~ IT5 级、表面粗糙度值 Ra 为 0.2 ~ 1.6μm 的孔，可用铰刀进行铰削来达到。根据制造刀具材料的不同，铰刀可分为高速钢铰刀和硬质合金铰刀。

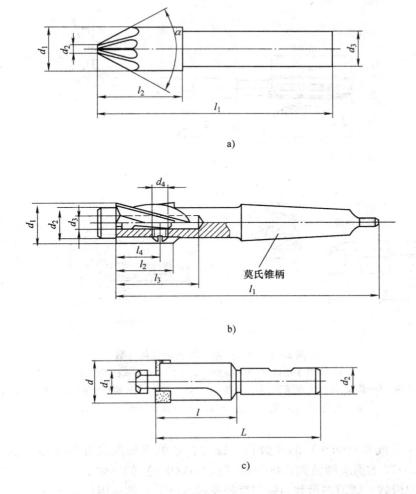

图 2-29 锪钻

a）60°、90°、120°直柄锥面锪钻（GB/T 4258—2004）

b）带可换导柱的莫氏锥柄平底锪钻（GB/T 4261—2004）

c）带可换导柱可转位平底锪钻（JB/T 6358—2006）

（1）铰刀的结构要素和几何参数（图 2-30） 对于任何类型的加工材料，手用铰刀主偏角介于 30′~1°30′；加工铸铁、钢和各种类型的不通孔时，机用铰刀主偏角的选用范围介于 3°~5°、12°~15°和 45°。

通用高速钢铰刀 γ_o 一般取 0°~4°；加工韧性大的材料 γ_o 取 8°~12°；锅炉铰刀 γ_o=12° ~15°；加工铜合金 γ_o=0°~5°；镁合金 γ_o=5°~8°；铝和铝合金 γ_o=5°~10°；黄铜 γ_o= 5°；中硬钢 γ_o=5°~10°。

高速钢铰刀切削部分与校准部分的后角 α_o=6°~10°。

加工钢和铸铁的硬质合金铰刀 γ_o=5°；后角则采用：铸铁件 α_o=8°~10°，钢件 α_o= 6°。

（2）铰刀直径 铰刀直径的上极限尺寸等于孔的最大直径减 0.15IT，0.15IT 的值应圆

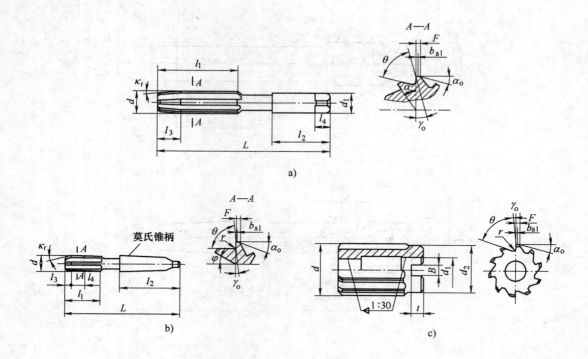

图 2-30   铰刀的结构要素和几何参数

a）直柄手用铰刀   b）锥柄机用铰刀   c）套式机用铰刀

d—铰刀直径 L—总长 l_1—工作部分 l_2—柄部 l_3—切削部分 l_4—圆柱校准部分 θ—齿槽截形夹角

κ_r—主偏角 γ_o—前角 α_o—后角 b_{a1}—棱边宽度 F—齿背宽度

整到 0.001mm（或 0.0001in）的整数倍。铰刀直径的下极限尺寸等于铰刀的最大直径减 0.35IT，0.35IT 的值应圆整到 0.001mm（或 0.0001in）的整数倍。

（3）铰刀齿数   铰刀的齿数与铰刀直径及材料有关，其选用见表 2-21。

表 2-21   铰刀齿数的选取

高速钢机用铰刀	铰刀直径 d/mm	1 ~ 2.8	>2.8 ~ 20	>20 ~ 30	>30 ~ 40	>40 ~ 50	>50.8 ~ 80	>80 ~ 100
高速钢带刃倾角机用铰刀		>5.3 ~ 18	>18 ~ 30	>30 ~ 40	—	—	—	—
硬质合金机用铰刀		>5.3 ~ 15	>15 ~ 31.5	>31.5 ~ 40	42 ~ 62	65 ~ 80	82 ~ 100	—
齿数 z		4	6	8	10	12	14	16

（4）铰刀的导向形式   导向部分设在铰刀切削齿的后部（图 2-31a），也有前、后都导向的（图 2-31b）。

7. 镗刀

镗刀是在车床、镗床、转塔车床以及组合机床上，将预制孔镗到预定尺寸的孔加工刀具。

按切削刃数量镗刀可分为单刃镗刀、双刃镗刀和多刃镗刀；按刀具结构可分为整体式镗刀、机夹式镗刀、组合式镗刀、短尾模块式镗刀和可调试镗刀；按刀片材料可分为高速钢、硬质合金、立方氮化硼和金刚石镗刀。

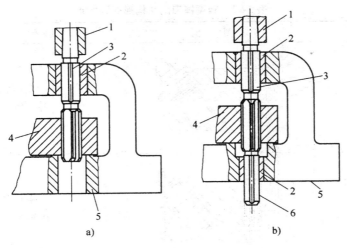

图 2-31　铰刀的导向形式

1—主轴　2—导套　3—后导向　4—工件　5—支座　6—前导向

（1）单刃镗刀　目前我国尚未制定机夹单刃镗刀的国家标准，国外刀具厂家主要参照国际标准 ISO 6261—2011《装可转位刀片的镗刀杆（圆柱形）》的规定，型号由按顺序排列的一组字母和数字组成。

单刃镗刀的装夹方式和调整方式分别如图 2-32 和图 2-33 所示。

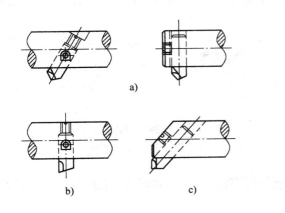

图 2-32　单刃镗刀的装夹方式

a）用于镗通孔　b）用于镗阶梯孔　c）用于镗不通孔

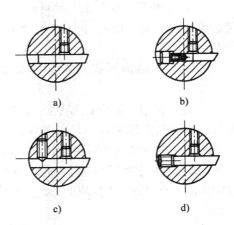

图 2-33　单刃镗刀的调整方式

a）手动调整　b）差动螺钉调整　c）螺钉尾锥调整　d）螺钉顶锥调整

（2）微调镗刀　微调镗刀用在坐标镗床、自动线和数控机床上。它具有结构简单、制造容易、调节方便和调节精度高（可精确读数到 0.001mm）等优点，适用于孔的半精镗和精镗加工。表 2-22 为几种典型的微调镗刀形式及特点。

微调镗刀在镗刀杆上的安装角度有两种，如图 2-34 所示。直角型交角为 90°，适用于镗通孔。倾斜型交角为 53°8′，可以用镗通孔、不通孔及阶梯孔。

表 2-22　微调镗刀的结构形式和特点

结构形式	图　例	特　点
螺钉拉紧式	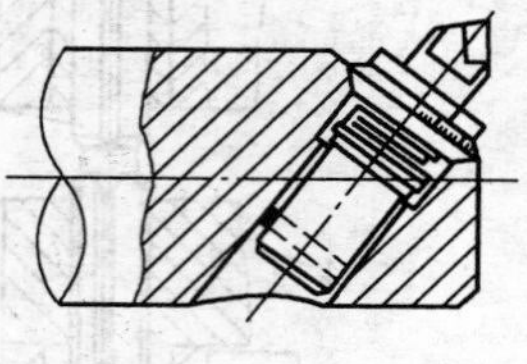	结构简单、刚性好，但调整不方便
挡圈式	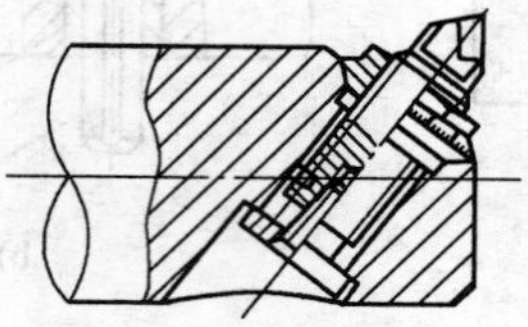	调整方便，可直接应用于不具备对刀装置的普通镗床上
弹簧式	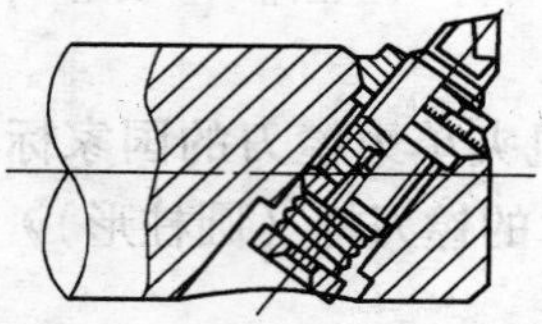	它靠弹簧力的作用来消除螺纹间隙，调节范围大，调节比较方便，但弹簧的预紧力是随调节量而变化的，尺寸调得越大则预紧力越大

（3）双刃镗刀　双刃镗刀的特点是一对对称的切削刃同时参与切削。与单刃镗刀相比，每转进给量可提高一倍左右。因此，生产率较高。

双刃镗刀的结构形式及特点见表 2-23。

（4）复合镗刀　复合镗刀是根据零件上被加工孔的几何形状和工艺可能性，在同一镗杆的轴向安装两个或两个以上的模块（小刀夹、微调镗刀头），以便在一个工序中同时完成几个不同表面的加工，从而获得较高的生产率。它在大量流水生产线中被广泛应用。

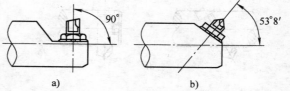

图 2-34　微调镗刀的安装形式

a）直角型　b）倾斜型

表 2-23　双刃镗刀的结构形式及特点

结构形式	图　例	特　点
整体式	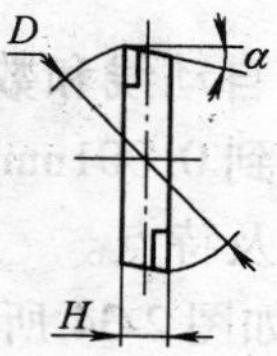	通常整体用高速钢制作或在刀体上焊两块硬质合金刀片。制造时直接磨削至尺寸，不能调节，适用于零件品种多、批量小、生产周期短的场合

（续）

结构形式	图　例	特　点
可调焊接式		使用时常将镗刀直径调节到零件孔径的下限，镗孔时稍经扩张即可达到孔径公差的中间值
可转位式		硬质合金刀片的切削刃磨损后，转位后可继续使用

图 2-35 中，将刀体用紧固螺钉 4 预紧在刀杆 6 上，用调节螺钉 1、5 作径向、轴向位置调整，使切削刃处于所需的位置后，再拧紧紧固螺钉 4，使刀体牢固地固定在刀杆 6 上。

8. 拉刀

拉削可以加工各种截面形状的通孔及各种特殊形状的外表面。

拉刀属于多刃刀具，切削刃长，一次行程即可完成粗切、半精切及精切加工，生产效率极高。

由于拉削速度较低，拉削过程平稳，切削层厚度薄而均匀，因此可获得较高的加工精度及较小的表面粗糙度值，拉刀寿命也较长。

拉削加工方法在成批及大量生产中得到广泛应用。近年来，在小批生产中，具有一定精度的内花键、键槽等都采用拉削。

几种常见的拉削加工分类及拉削方式见表 2-24。

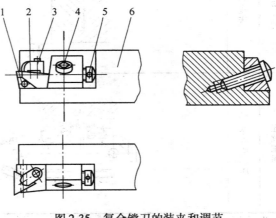

图 2-35　复合镗刀的装夹和调节
1、5—调节螺钉　2—刀片　3—压板
4—紧固螺钉　6—刀杆

表 2-24　几种常见的拉削加工分类及拉削方式

拉削类型	使用机床	图　示	加工特点
内孔拉削	卧式内拉床	F_c	拉刀自重影响加工质量，拉刀磨损不均匀 用于成批或大批生产中加工圆孔、键槽和内花键，中小批生产中加工涡轮盘榫槽

（续）

拉削类型	使用机床	图　示	加工特点
内孔拉削	上拉立式内拉床	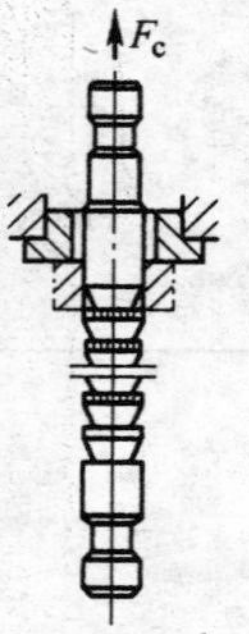 F_c↑	易于实现自动化，拉刀自重不影响加工质量。拉削时切削液贮存在拉刀容屑槽内，润滑冷却效果好，用于大量生产中加工小型零件的圆孔和内花键
外表面拉削	立式外拉床	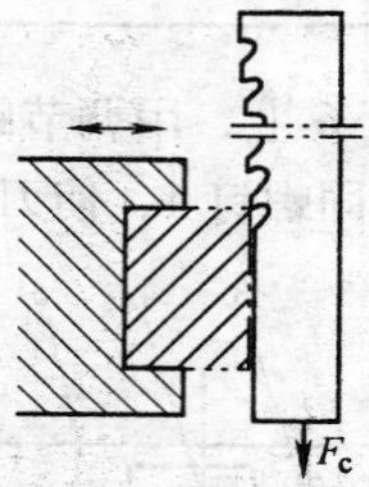 F_c↓	可选用固定式、往复式、倾斜式和回轮分度式工作台，易于实现自动化。用于大量、大批和成批生产中加工中小零件上的平面和复合型面
连续拉削	卧式连续拉床	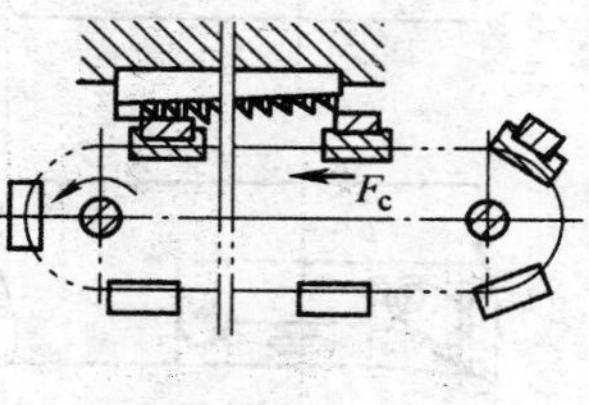 F_c	拉削连续进行，工件装在由链条驱动的随行夹具中，易于实现自动化，生产效率比立式外拉床高 6～10 倍。用于大量和大批生产中加工中小零件上的平面和复合型面，如汽车连杆和连杆盖的结合面、定位面、端面和半圆弧面等

（1）拉刀的类型　根据划分方法不同，拉刀的形式多种多样，常用拉刀的类型参见表2-25。

表2-25　拉刀的分类

划分方法	划分类型			
结构	整个拉刀：各部为一种材料并制成一体的拉刀，包括焊接柄拉刀	焊齿拉刀：焊接或粘接刀齿的刀具	装配拉刀：用两个或两个以上零件组装而成	镶齿拉刀：刀齿用机械连接方法直接装压在刀体上的拉刀
切削用途	粗拉刀：粗加工用拉刀	精拉刀：精加工用拉刀	挤压拉刀：用于挤压被加工表面的拉刀	校正拉刀：校正被加工表面的形状和尺寸
工作时受力方向	拉刀：在拉力作用下进行切削的拉削刀具	推刀：在压力作用下进行切削的拉削刀具	旋转拉刀：在转矩作用下进行切削的拉削刀具	

（续）

划分方法	划分类型	
拉削表面	内拉刀：加工工件内表面的拉刀	外拉刀：加工工件外表面的拉刀
加工对象	圆孔拉刀、键槽拉刀、花键拉刀、平面拉刀、棘齿拉刀、内齿轮拉刀、多边形拉刀、六方拉刀、四方拉刀、复合拉刀、成组拉刀、筒形拉刀及其他拉刀（如双半圆拉刀、槽拉刀、榫槽拉刀、榫齿拉刀以及特形拉刀等）	

（2）常用拉削刀具的结构特点

1）圆孔拉刀。圆孔拉刀由工作部分和非工作部分组成。工作部分包括切削齿与校准齿，而非工作部分通常包括柄部、颈部、过渡锥、前导部、后导部及后柄 6 个部分，如图 2-36 所示。

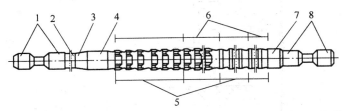

图 2-36　圆孔拉刀结构

1—柄部　2—颈部　3—过渡锥　4—前导部　5—切削齿
6—校准齿　7—后导部　8—后柄

2）圆孔推刀。推刀在推压状态下工作，刀体上承受压力。推刀主要用于加工余量较小的各种形状的通孔（如圆孔、内花键、成形孔等），修整或切除孔的变形量。

推刀由过渡锥、前导部、切削齿、校准齿、后导部和尾部等部分组成，如图 2-37 所示。

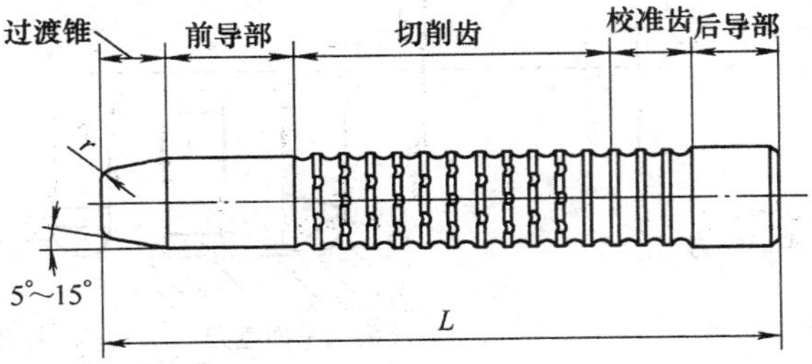

推刀的过渡锥是为了能将推刀正确引入工件，一般过渡锥的半角取为 5°～15°，且前端应制成圆角，一般圆角半径 $r = 2 \sim 5mm$。

图 2-37　圆孔推刀结构

推刀的加工余量小，其齿升量也小，一般可取为 0.01mm，齿距也相应取得小（与拉刀相比）。推刀其余几何参数（几何角度、容屑槽形状、分屑槽等）的设计与拉刀完全相同。

（3）拉刀材料与热处理硬度　拉刀一般用 W6Mo5Cr4V2 高速钢制造，热处理后硬度：刃部为 63～66HRC，柄部为 40～55HRC。

当选用硬质合金材料制作镶齿刀具时，应按相应的硬质合金牌号性能确定。

9. 刨刀

刨削是以刨刀相对于工件的往复直线运动与工作台（或刀架）的间歇进给运动实现切削加工的。

刨削是断续切削，在每个往复行程中，刨刀切入工件时承受较大的冲击作用；换向瞬间运动反向惯量大，致使刨削速度不能太高；返回行程刨刀不参与切削，造成空程时间损失；

此外，刨刀是单刃刀具，所以，刨削加工效率较低。

由于刨床结构简单、操作方便、通用性强，同时工件安装和刀具制造也较为简便，故适合在多品种、单件、小批量生产中用于加工各种平面、导轨面、直沟槽、燕尾槽、T形槽等。如果增加辅助装置，还可以加工曲面、齿轮、齿条等工件以及进行磨削、铣削加工。

刨床加工精度一般可达 IT7 ~ IT9 级，工件表面粗糙度值 Ra 为 1.6 ~ 6.3μm，刨削加工易于保证一定的相互位置精度。常用刨刀的种类与用途见表2-26。

表 2-26　常用刨刀的种类与用途

种　类	简　图	特点与用途
直杆刨刀	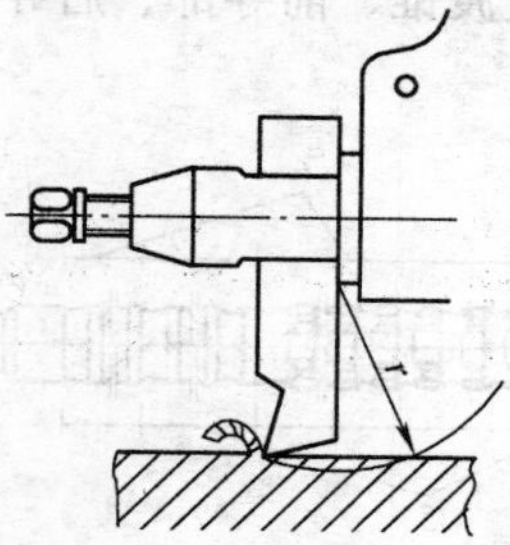	刀杆为直杆，粗加工用
弯头刨刀	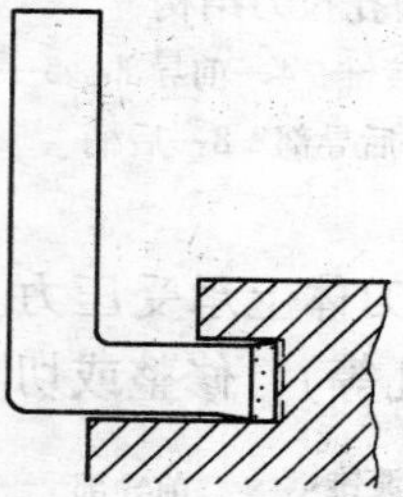	刀头部分向左或向右弯曲，用以切槽
平面刨刀	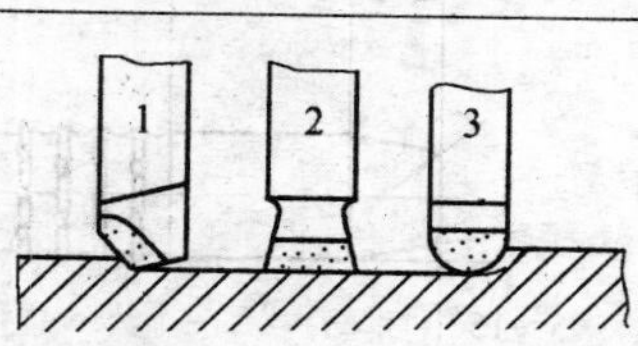 1—尖头平面刨刀　2—平头平面刨刀 3—圆头平面刨刀	粗、精刨平面用
宽刃细刨刀	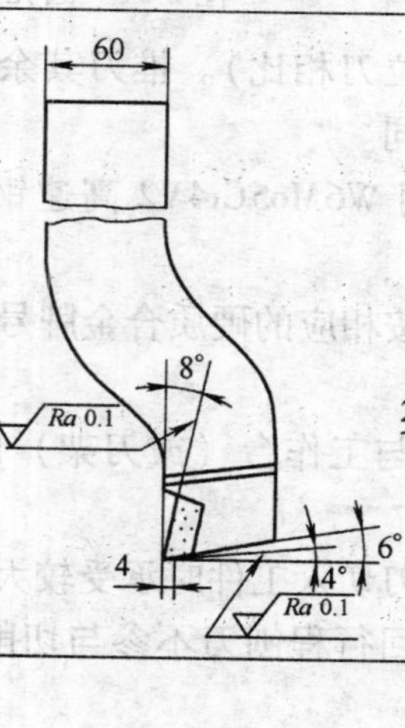	在精刨的基础上，以低切速和大进给量在工件表面切去一层极薄的金属。表面粗糙度值 Ra 可达 0.8 ~ 1.6μm，直线度为 0.02mm/m 宽刃细刨主要用来代替手工刮研各种导轨平面，可使生产率提高数倍

（续）

种 类		简 图	特点与用途
其他刨刀	成形刀	加工特殊形状表面。刨刀刀刃形状与工件表面一致，一次成形	
	粗刨刀	粗加工表面用刨刀，多为强力刨削，以提高切削效率	
	偏刀	用于加工互成角度的平面、斜面、垂直面等	
	内孔刀	加工内孔表面及内孔槽	
	切刀	用于切槽、切断、刨台阶	
	歪切刀	加工 T 形槽、侧面槽等	

10. 插刀

插床的机械结构和传动原理与牛头刨床相似。插削时插刀随滑枕上的刀架作直线往复运动。圆工作台作纵向、横向及旋转运动，并可进行分度。刀架没有抬刀机构，插刀在插削运动中有冲击现象，工作台没有让刀机构，插刀在回程时与工件相摩擦，工作条件较差。

插床主要用于加工工件的内表面，也可插削外表面。可加工方孔、多边形孔、孔内键槽、内花键等。

插床用刀具较简单，加工精度取决于工人的操作技术，插销用量较小，效率低，只适用于单件及小批量生产。

（1）插刀的种类及用途 插刀有整体式和组合式两种结构。整体式插刀的刀头与刀杆成为一体；组合式插刀的刀头和刀杆分为两部分，刀杆粗而短，刚性较好，刀头可随意调换，应用比较广泛。

插刀切削部分材料主要有高速钢和硬质合金，也可用合金工具钢。加工普通钢材和非铁金属材料时，常用高速钢；加工硬度较高的钢材和铸铁工件时，常选用硬质合金。由于组合式插刀制造方便，成本低，小刀头可按加工要求刃磨成各种形状，装夹更换都很方便，只要调换小刀头即可进行粗、精加工和成形加工，因此选用刀具时，应优先选用组合式插刀。但是，组合式插刀由于受装夹刀头的限制，在加工小孔、窄槽或不通孔时不能采用。

整体式插刀不受装夹刀头的限制，刀头部分可按需要制成较小尺寸，适于加工小孔、切槽、不通孔（或空刀槽小的表面）及短尺寸表面。它的缺点是不能调换刀头，每使用一次刀头尺寸就变小一次，整把刀很快就报废，很不经济。

（2）插刀的主要几何参数 插刀加工情况及主要几何参数如图 2-38 所示。

插刀的前角一般不超过 15°，插削普通钢工件时，$\gamma_o = 5°$ ~12°；插削硬度和韧性较高的材料（如镍铬钢、磷青铜等）时，$\gamma_o = 1° ~ 3°$；插削铸铁时，$\gamma_o = 0° ~ 5°$。为了减少插削力和利于卷屑，在插削塑性材料时，插刀前刀面应磨出卷屑槽。插刀的后角 $\alpha_o = 4° ~ 8°$，插槽刀副偏角 κ_r' 和副后角 α_o' 一般取 1° ~2°。

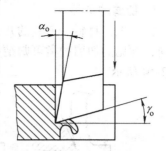
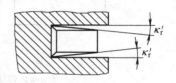

图 2-38 插刀加工情况及主要几何参数

2.5 金属切削过程的基本规律

金属切削加工是制造高精度、高表面质量零件的最基本、最经济的方法。它的劳动总量占机械制造总量的 30% ~ 40 % ，因此各国都十分重视研究金属切削基本规律。

2.5.1 金属切削变形

当切削刃切入工件时，切削层材料会产生弹性变形和塑性变形，最后形成切屑从工件上分离出去。根据切削刃附近工件材料塑性变形情况，可划分为三个切削变形区，如图 2-39 所示。

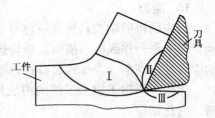

切削层材料在第 I 变形区内会产生强烈的剪切滑移变形，同时出现加工硬化。第 I 变形区的宽度仅为 0.02 ~ 0.2mm，切削速度越高，宽度越窄。经过第 I 变形区的这种变形后，被切除材料层变成切屑，从刀具前刀面上流出。

图 2-39　三个切削变形区示意图

切屑从前刀面上流过时，在刀、屑界面上又受到严重挤压、摩擦和塑性变形。这里就是第 II 变形区。第 II 变形区内的挤压、摩擦、变形及其温升，对刀具前刀面磨损影响很大。

已加工表面受到切削刃钝圆部分和后刀面的挤压、摩擦，也会产生显著变形和纤维化。该变形区称为第 III 变形区。第 III 变形区直接影响加工表面质量和刀具后刀面磨损。

这三个切削变形区无严格的界限划分，它们是相互关联的。例如，当刀具前角变小，第 II 变形区的前刀面上变形阻力增大时，摩擦阻力也会增大；切屑排除不畅，挤压变形加剧，也会使第 I 变形区的变形增大。

2.5.2 切屑的种类及其控制

1. 切屑的种类

由于工件材料、刀具的几何角度、切削用量等条件的不同，切削时形成的切屑形状也就不同，常见的切屑种类可归纳为带状切屑、节状切屑、粒状切屑和崩碎切屑等四种类型，如图 2-40 所示。

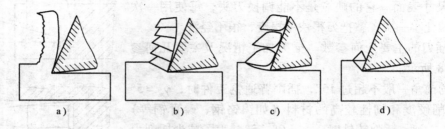

a)　　　　　　b)　　　　　　c)　　　　　　d)

图 2-40　切屑类型
a) 带状切屑　b) 节状切屑　c) 粒状切屑　d) 崩碎切屑

（1）带状切屑　带状切屑是在加工塑性金属，切削速度高、切削厚度较小、刀具前角较大时常见的切屑。出现这种切屑时，切削过程最平稳，已加工表面粗糙度值最低。但若不经处理，它容易缠绕在工件、刀具和机床上，划伤工件、机床设备，打坏切削刃，甚至伤人。

（2）节状切屑　节状切屑又称挤裂切屑，其外表面呈锯齿形，内表面基本上仍相连，有时出现裂纹。当切削速度较低和切削厚度较大时易得到此种切屑。

（3）粒状切屑　粒状切屑又称单元切屑，呈梯形的粒状。出现这种切屑时，切削力波动大，切削过程不平稳。

（4）崩碎切屑　崩碎切屑是用较大切削厚度切削脆性金属时，容易产生的一种形状不规则的碎块状切屑。出现这种切屑时，切削过程很不平稳，加工表面凹凸不平，切削力集中在切削刃附近。

2. 卷屑和断屑

带状切屑和节状切屑是切削过程中遇到最多的切屑。为了生产安全和生产过程的正常进行，同时便于对切屑进行收集、处理、运输，还需要对前刀面流出的切屑进行卷屑和断屑。卷屑和断屑取决于切屑的种类、变形的大小、材料性质等。

在刀具上的断屑措施主要有：减小前角、开设断屑槽（参见表 2-16）、增设断屑台等。硬质合金刀片上开设好各种形式的断屑槽，可供用户选择使用。断屑台是在机夹车刀的压板前端附一块硬质合金。切削刃到断屑台的距离，可根据工件材料和切削用量进行调整，断屑范围较广。

3. 切屑方向的控制

合理选择车刀的刃倾角和前刀面的形状，能控制切屑的流出方向，如图 2-41 所示。取 0° 刃倾角时，切屑流向前刀面上方，适于切断车刀、切槽车刀和成形车刀，如图 2-41a 所示；取负刃倾角时，切

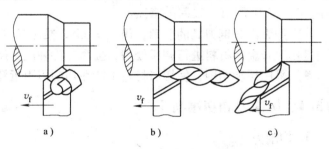

图 2-41　刃倾角对切屑流向的影响
a）$\lambda_s = 0$　b）$\lambda_s < 0$　c）$\lambda_s > 0$

屑流向已加工表面，如图 2-41b 所示，适于粗加工（粗车、粗镗时 $\lambda_s = -4°$）；若车刀上取正刃倾角，车削时切屑流向待加工表面，如图 2-41c 所示，适于精加工（精车、精镗时 $\lambda_s = +4°$）。

2.5.3　积屑瘤及其预防

1. 产生与作用

用较低的切削速度切削一般钢材、球墨铸铁、铝合金或其他加工硬化倾向强的塑性金属材料，且能形成带状切屑时，切削底层的金属会一层层粘结在切削刃附近的刀面上，形成冷焊的硬块，其硬度为工件材料的 2 ~ 3.5 倍，因而可代替切削刃进行切削。这种包围在切削刃附近的小硬块，称为积屑瘤，如图 2-42 所示。当切削区温度与压力太低，或温度太高（超过工件材料的再结晶温度）时都不会产生积屑瘤。

积屑瘤的增大，能保护切削刃和刀面，减少刀具磨损；使工作前角增大，切削力降低。因此，粗加工时是允许积屑瘤存在的。但是积屑瘤能使切削深度增大，影响加工尺寸。圆钝

不规则的积屑瘤会使已加工表面塑性变形增加，表面粗糙度恶化。积屑瘤的周期性破碎、脱落，使切削力不稳定，加工尺寸精度不稳定；嵌入切削表面，使加工表面质量变坏。它还会把刀具上的硬质颗粒粘走，产生粘结磨损，降低刀具寿命。

2. 抑制或消除积屑瘤的措施

为了避免精加工时积屑瘤的负面作用，就必须抑制或消除积屑瘤。其措施有：

1）提高硬质合金刀具的切削速度，使切削温度大于工件材料的再结晶温度（500℃）。

2）采用高温切削（人工加热切削区到500℃以上）。

3）减小进给量，采用高速铣削，使切削区温度升不上去。

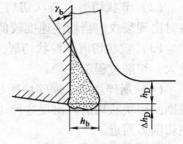

图 2-42　积屑瘤

4）电解刃磨刀具，减小前刀面的粗糙度值，刀面不易粘刀。

5）采用含 TiC 的硬质合金，或刀具表面涂覆 TiN、TiC，使"刀-屑面"之间摩擦因数降低，粘结现象消失。

6）高速钢刀具精加工时，合理使用切削液，利用切削液的冷却和润滑作用，降低切削区温度和"刀-屑面"之间的摩擦。

7）加大高速钢刀具的前角，使 γ_o =35°，减小切削变形，降低"刀-屑面"的压力。

8）对合金钢材料进行调质处理，提高工件硬度，降低材料塑性，减小加工硬化倾向。

9）采用振动切削，使切屑材料不能在切削刃附近滞留。

2.5.4　切削力和切削功率

1. 切削力

（1）切削力的来源　切削力的来源有两个：一是切削层金属、切屑和工件表层金属的弹塑性变形所产生的抗力；二是刀具与切屑、工件表面间的摩擦阻力。

（2）切削力的分解　车削外圆时，工件作用在刀具上的切削合力 F，可以分解为三个相互垂直的分力，如图 2-43 所示。

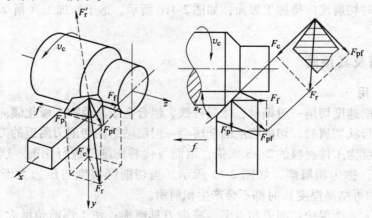

图 2-43　外圆车削时切削合力与分力

1）主切削力（切向力）F_c。它垂直于基面，与切削速度 v_c 的方向一致，是计算切削功率和设计机床的主要依据。

2）背向力 F_p。它在基面内，并与进给方向相垂直，其数值与刀具主偏角的余弦函数成正比，为主切削力的 0.15 ~ 0.7。它是造成工件变形或引起振动的主要因素。

3）进给力 F_f。它在基面内，并与进给方向相平行，其数值与刀具主偏角的正弦函数成正比，为主切削力的 0.1 ~ 0.6。它是设计进给机构的主要依据。

关于切削力的具体计算，可参考有关的教材或手册。

2. 切削功率

在车削外圆时，背向力 F_p 方向没有发生位移，不做功；只有主切削力 F_c 和进给力 F_f 做功。

由于 $F_f \ll F_c$，沿进给力 F_f 方向的进给速度又相对很小，因此进给力 F_f 所消耗的功率很小（<1%），可以忽略不计。一般切削功率按下式计算

$$P_c = F_c v_c \times 10^{-3}$$

式中　P_c——切削功率（kW）；

　　　F_c——主切削力（N）；

　　　v_c——切削速度（m/s）。

2.5.5　切削热、切削温度和切削液

1. 切削热和切削温度 θ

由切削过程中外力产生的材料弹性、塑性变形所做的功，切屑与前刀面和工件与后刀面之间的摩擦力所做的功，绝大多数转换为热量，这种热量称作切削热。它使切削区温度升高，影响切削过程。

切削温度 θ 会影响积屑瘤的生存和消失，因而能影响工作前角 γ_{oe} 的大小；能影响切屑与前刀面和工件与后刀面上的平均摩擦因数值的大小（切削温度的升高，会使工件材料抗拉强度下降，因而使平均摩擦因数变小）；能影响刀具的磨损速度，切削温度的升高会加速扩散磨损、粘结磨损、热电磨损、相变磨损（刀具中的马氏体在相变温度下转换成硬度较低的贝氏体组织，使刀具硬度下降）、氧化磨损以及热应力增加而出现的刀具破损。

影响切削温度的主要因素有：

1）切削用量。实验表明，切削温度 θ 与切削用量有如下关系

$$\theta = C_\theta v_c^X f^Y a_p^Z$$

式中　X、Y、Z——与切削速度、进给量、背吃刀量有关的指数，其中 $X = 0.26 ~ 0.41$，$Y = 0.14$，$Z = 0.04$。

分析这些指数值后可得出：在合理选择切削用量以降低切削温度、提高刀具寿命和提高生产率时，应当优先选择大的背吃刀量 a_p，然后根据加工条件（机床动力和刚性限制条件）和加工要求（已加工表面粗糙度的规定），选取允许的最大进给量 f，最后在刀具寿命和机床功率的限制条件下，选用允许的最大切削速度 v_c。

2）刀具几何参数。如前角、影响刀尖处散热条件的主偏角、负倒棱和刀尖圆弧半径等。

3）刀具磨损。它是使切削温度升高的一个重要因素。刃口变钝，使刃区前方挤压作用

增强，金属塑性变形加剧；后刀面磨损，后角变小，后刀面与工件表面摩擦加剧。

4）工件材料。工件材料的强度、硬度、脆性、热导率等，对切削温度有影响。

5）切削液。使用切削液能降低摩擦，减少热量的产生；并通过热交换、热传导等形式带走一部分热量，使切削温度下降。

2. 切削液

切削液是为了提高金属切削加工效果而在加工过程中注入工件与刀具或磨具之间的液体。尽管近几年干切削（磨）技术发展很快，但目前仍将切削液的使用作为提高刀具切削效能的重要方法。

（1）切削液的作用

1）冷却作用。切削液能吸收切削热，降低切削温度。在刀具材料的耐磨性较差、工件材料的热膨胀系数较大以及两者的导热性较差的情况下，切削液的冷却作用尤为重要。增加切削液的流量和流速、消除切削液中的泡沫、降低切削液自身的温度，能进一步发挥它的冷却作用。

2）润滑作用。切削液能在切屑、工件与刀具界面之间形成边界润滑膜。它分为低温（200℃左右）低压的物理吸附膜和高温（在1000℃高温下，仍能保持润滑性能）高压的化学吸附膜（极压润滑）。切削液形成的边界润滑膜能降低摩擦因数和切削力，提高刀具寿命，改善已加工表面质量。

3）浸润作用。切削液的浸润作用能有效降低切削脆性材料时的切削力。金刚石刀具切割脆性材料玻璃时，切削液煤油的浸润作用，能使玻璃容易被切断。

4）清洗作用。把切屑或磨屑等冲走。利用 1～10MPa、12.5L/s 工作条件下的切削液，可进行深孔加工时的排屑。清洗性能的好坏取决于切削液的渗透性、流动性和压力。水溶液或乳化液中加入剂量较大的活性剂和少量矿物油，可改善切削液的清洗性能。

5）防锈作用。减小工件、机床、夹具、刀具被周围介质（水、空气等）的腐蚀。防锈作用的好坏取决于切削液本身的性能和加入的防锈剂。

6）除尘作用。在进行磨削时切削液能湿润磨削粉尘，降低环境中的含尘量。

7）热力作用。切削液在高热的切削区受热膨胀产生的热力，进一步"炸开"晶界中的裂纹，使切削过程省力，获得能量再利用。

8）吸振作用。切削液尤其是切削油的阻尼性能，具有良好的吸振作用，使加工表面光洁。

（2）切削液的种类

1）水溶液（合成切削液）。它的主要成分是水，并根据需要加入一定量的水溶性防锈添加剂、活化剂、油性添加剂、极压添加剂。水溶液的冷却性能最好，又有一定的防锈性能和润滑性能，呈透明状，便于操作者观察。

2）乳化液。它是以水为主（占95%～98%）加入适量的乳化油（矿物油＋乳化剂）而成的乳白色或半透明的乳化液。若再加入一定量的油性添加剂、极压添加剂和防锈添加剂，可配成极压乳化液或防锈乳化液。

3）切削油。其主要成分是矿物油，少数采用植物油或复合油。由动植物油脂组成的油性添加剂形成的是物理吸附膜，其润滑膜强度低；由氯化石蜡（或硫、磷）等极压添加剂形成的是化学吸附膜，其润滑膜强度高。

（3）切削液的使用方法　切削液的使用方法很多，常见的有浇注法、高压冷却法、手工供液法和喷雾冷却法等。切削液加注方法的特点及应用见表2-27。

表 2-27　切削液加注方法的特点及应用

类　型		切削液加注方法	特点及应用
循环泵供液	低压浇注法	由电泵经输液管道及喷嘴等供应切削液到切削区，犹如"淋浴"。切削液压力低（$p < 0.05MPa$），喷嘴出口处流速$v < 10m/s$。切削液不易进入切削区，冷却、润滑效果差。用过的切削液经集液盘流回水箱或油箱	广泛用于各种机床 采用单级低压离心泵（电泵），设备简单，使用方便
	高压喷射法	切削液在较高压力下（$p = 0.35 \sim 3MPa$）经小孔式或狭缝式喷嘴喷射到切削区，喷嘴出口处切削液流速$v = 20 \sim 60m/s$。冷却、润滑效果好。用于小孔深孔钻、拉削等高压冷却时，切削液压力可达10MPa，以利排屑	适用于加工难加工材料、深孔加工、拉削内表面、高速磨削及强力磨削 需采用较高压力的泵，切削液的净化过滤及飞溅防护应予重视
手工供液法		用油壶、笔、毛刷等供液，在单件、小批量生产中进行钻孔、铰孔和攻螺纹加工	方便、简单，用糊状切削液时不得用毛刷涂抹
喷雾供液法		用压缩空气使切削液雾化成为混合液体（压缩空气$p = 0.3 \sim 0.5MPa$），经离切削区很近的喷嘴喷射到切削区，流速可达$200 \sim 300m/s$。由于混合流体自喷嘴喷出时要膨胀吸热及雾珠汽化吸热，冷却效果好。切削液消耗量少	适用于难加工材料的车削、铣削、攻螺纹、拉削、孔加工等以及刀具刃磨 需装吸雾装置回收切削液；当切削液中含有有害物质时，应特别注意车间污染问题 组合机床、数控机床、加工中心常采用喷雾冷却，特别是加工铸铁、铝合金时

（4）切削液的选用

1）与刀具材料有关。高速钢刀具粗加工时，应选用以冷却为主的切削液来降低切削温度；中、低速精加工时（铰削、拉削、螺纹加工、剃齿等），应选用润滑性能好的极压切削油或高浓度的极压乳化液。硬质合金刀具粗加工时，可以不用切削液，必要时采用低浓度的乳化液和水溶液，但必须连续充分地浇注；精加工时采用的切削液与粗加工时基本相同，但应适当提高其润滑性能。

2）与工件材料有关。切削高强度钢、高温合金等难加工材料时，对冷却和润滑都要求较高，应采用极压切削油或极压乳化液。精刨铸铁导轨时采用煤油，可以得到表面粗糙度值Ra为$1.6 \sim 0.8\mu m$的加工表面。加工铜、铝及其合金时，不能用含硫的切削液。

3）与切削速度有关。高速切削时不用切削液。

4）切削液对人体健康的影响。切削液中都含有有机物，有机物在高温条件下会产生有害健康的物质。同时，切削液的应用不可避免地带来资源和能源的消耗以及对环境的污染。因此，切削液减量化技术（采用可编程最小油量加工系统，将微量的切削液精准地喷注到切削区）、切削过程中不使用切削液的干切削（磨）技术等，成了绿色加工技术的主要研究方向。

3. 干切削技术

干切削技术是一种加工过程中不用或微量使用切削液的加工技术，一种对环境污染源头进行控制的清洁环保制造工艺。它作为一种新型绿色制造技术，不仅环境污染小，而且可以省去与切削液有关的装置，简化生产系统，能大幅度降低产品生产成本。研究表明，干切削可使加工成本降低达 16% ~ 20%，同时形成的切屑干净清洁，便于回收处理。干切削已成为目前绿色制造工艺研究的一个热点，并已在实际加工得到了成功应用。

随着高速机床、加工中心及加工技术的迅猛发展，切削速度、切削功率急剧提高，使得单位时间内金属切除量大量增加，机床加工过程使用切削液用量越来越大，其流量有时高达 80 ~ 100L/min。但高速切削时切削液实际上很难到达切削区，切削液很难起到冷却作用。因此，高速切削技术的发展推动了干切削技术的研究。

另外，某些特殊加工应用，如医学植入领域为髋部植入一个球形关节，切削液可能弄脏零件或产生污染，因此，在特殊加工领域绝对不允许使用切削液。

干切削对刀具有严格性能要求，即要求刀具具有优良热硬性、耐磨性，较低摩擦因数，较高高温韧性，较高热化学稳定性及合理的结构几何角度。

（1）干切削技术应用实例　经 TiAlN 涂层的高速钢拉刀，在几何尺寸及齿升量等方面都进行优选，采用半干切削，在通常的拉削条件下，涂层拉刀的寿命比未涂层拉刀提高 20% 以上，且被拉工件表面质量也较好。

M35 钢拉刀经 TiN 涂层，干式拉削 42CrMoV 钢，其寿命比未涂层湿拉提高 3 倍多。

在 P1600/2000 带有内齿铣头的高效滚齿机上加工 107 齿、9mm 模数、8° 螺旋角、120mm 齿宽、42CrMoS4 材料的内齿，采用干切削的铣齿时间为 135min（一次性切削），而用插齿方法在普通机床上加工同样的切除量，至少也得两三天。

（2）干切削的关键技术

1）机床。干切削对机床的隔热性能、排屑速度、洗尘效果、精度及刚度等提出了严格的要求。

2）刀具。传统的刀具材料——高速钢在车、铣等诸多领域已逐步淡出。目前，干切削刀具的主要材料有超细颗粒硬质合金、聚晶金刚石、立方氮化硼、SiC 晶须增韧陶瓷及纳米晶粒陶瓷等。

研究开发适应干切削的涂层技术大有前途，TiN、TiAlN 涂层技术远远不能满足市场需要，迫切要求开发硬度更大，耐磨性更好，防振、抗磨损能力强的综合涂层。

针对干切削加工的特殊性，粉末高速钢刀具应大量上市，同时需要对刀具的尺寸参数及结构重新设计或优化；对加工工艺各参数也必须进行深入研究。以 $\phi5mm$ 伍尔特钻头为例，随着钻孔速度的提高，钻孔数明显下降，当切削速度由 28m/min 升至 35m/min 时，钻孔数由 324 个跌至 120 个，其他刀具干切削时也有类似情况。

（3）干切削技术前景　干切削加工技术是金属切削领域的一场革命，是对传统制造观念和生产方式的一种挑战，其推广和应用必将引起广泛而深远的影响。国外对干切削加工技术的研究与应用成效卓著，有目共睹。而我国还处于启蒙阶段，差距太大，干切削加工技术在我国的普及和提高还有大量工作要做。

2.5.6　刀具寿命

1. 刀具的失效形式、磨损原因

刀具在切削过程中，要承受很大的压力、很高的温度、剧烈的摩擦，在使用一段时间以后其切削性能大幅度下降或完全丧失切削能力而失效。刀具失效后，使工件加工精度降低，表面粗糙度值增大，并导致切削力加大、切削温度升高，甚至产生振动，不能继续正常切

削。只有更换新的刀具或重新刃磨切削刃才能使切削过程正常进行。刀具失效形式有正常磨损和非正常磨损两类。通常所说的磨损一般是指刀具的正常磨损。

（1）刀具正常磨损形态及磨损原因

1）刀具磨损形态。切削过程中，刀具在高温和高压条件下，受到工件、切屑的剧烈摩擦，刀具在前、后刀面及刃口边界接触区内产生磨损，这种现象称为刀具的正常磨损。这种磨损是连续的逐渐磨损，随切削时间增加磨损逐渐扩大。磨损形态有前刀面磨损（月牙洼磨损）、后刀面磨损和边界磨损（图2-44）。表2-28为不同磨损形态产生的条件和特点。

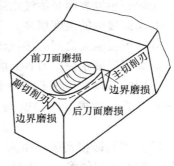

图 2-44　刀具磨损形态

表 2-28　不同磨损形态产生的条件和特点

磨损形态	产生条件	磨损特点
后刀面磨损	在切削脆性金属，或以较低切削速度及较小切削厚度切削脆性材料时，刀具后刀面与已加工表面之间产生强烈的摩擦，后刀面上毗邻切削刃的地方被磨损，形成一段后角为零的磨损带，这种磨损形式称之为后刀面磨损	后刀面磨损是不均匀的，分为三个区，由刀尖向刀身方向分别为 C、B、N，相应的磨损量分别为 VC、VB、VN。其中，VC：磨损较快，因为刀尖强度差，散热条件差；VB：磨损均匀，与刀尖相比，强度、散热条件相对较好；VN：磨损大，因其靠近前一道工序加工后产生的硬化层，或毛坯表面的硬层
前刀面磨损（月牙洼磨损）	常发生于加工塑性金属时，切削速度较高和切削厚度较大的情况下，刀具前刀面的摩擦大、温度高，切屑在刀具的前刀面上磨出月牙洼凹坑	在磨损过程中，初始磨损点与切削刃之间有一条小窄边，随着切削时间延长，磨损点扩大形成月牙洼，并逐渐向切削刃方向扩展，使切削刃强度随之削弱，最后导致崩刃。月牙洼处即切削温度最高之点
边界磨损	切削塑性金属，采用中等切削速度和中等进给量或加工铸铁件等外皮粗糙的工件时多发生这种磨损	主切削刃靠近工件外皮处以及副切削刃靠近刀尖处

2）刀具磨损原因。由于刀具的特殊工作环境，使刀具的磨损具有以下特点：

①摩擦接触表面是活性很高的新鲜表面。

②摩擦接触的温度很高，可达 800~1000℃。

③摩擦接触面之间的接触压应力很大，可达 2GPa 以上。

④磨损速度很快。刀具的磨损通常是机械、化学和热效应综合作用的结果。

不同的刀具材料在不同的使用条件下造成磨损的主要原因是不同的。刀具正常磨损的原因主要有磨粒磨损（机械磨损、硬质点磨损）、粘结磨损、扩散磨损、化学磨损及其他磨损。

（2）刀具破损及破损原因　在生产中，常会出现刀具突然崩刃、卷刃或刀片破裂，使刀具提前失去切削能力，这种现象称为刀具破损。破损相对于磨损而言可认为是一种非正常的磨损。刀具的破损原因很复杂，主要有：

1）刀具材料的韧性或硬度太低。

2）刀具的几何参数不合理，使刃部强度过低或受力过大。

3）切削用量选得过大，造成切削力过大，切削温度过高。

4）刀片在焊接或刃磨时，因骤冷骤热产生过大的热应力，使刀片产生微裂纹。

5）操作不当或加工情况异常，使切削刃受到突然的冲击或热应力而导致崩刃。

刀具的破损有早期和后期（加工到一定时间后的破损）两种。刀具破损的形式分脆性破损和塑性破损两种。硬质合金和陶瓷刀具在切削时，在机械和热冲击作用下，经常发生脆性破损。脆性破损又分为崩刃、碎断、剥落、裂纹。

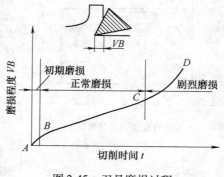

图 2-45　刀具磨损过程

2. 刀具磨损过程、磨钝标准、使用寿命

（1）刀具磨损过程　根据切削试验，可得图 2-45 所示的刀具正常磨损过程的典型磨损曲线，后刀面的平均磨损量 VB 随切削时间的增大而增大。刀具磨损过程可分为三个阶段：初期磨损阶段、正常磨损阶段、剧烈磨损阶段。各磨损阶段的说明见表 2-29。

表 2-29　刀具磨损过程说明

磨损阶段	图中位置	说　　明
初期磨损阶段	AB 段	这阶段磨损过程较快，时间短。因新刃磨好的刀具表面尖峰突出，刀具后刀面与加工表面间的接触面积小，压强过大，造成尖峰很快被磨损，使后刀面磨损速度很快。随着磨损量的增加，接触面积逐渐增大，压强减小，使后刀面磨损速度减缓
正常磨损阶段	BC 段	随着切削时间增长，刀具表面经前期的磨损，峰点基本被磨平，表面的压强趋于均衡，刀具的磨损量 VB 随时间的延长而均匀地增加。切削较平稳，是刀具工作的有效阶段。BC 线段基本上呈直线，即磨损强度[1]近似为常数
急剧磨损阶段	CD 段	经正常磨损阶段后，磨损量达到一定数量值进入 C 点后，切削刃已变钝，切削力、切削温度急剧升高，磨损原因发生了质变，刀具表层疲劳，刀具强度、硬度降低，磨损量 VB 剧增，刀具很快失效。在这阶段切削，既不能保证加工质量，刀具材料消耗又多，甚至崩刃而完全丧失切削能力。所以这阶段前一定要重新刃磨或换刀

[1]　磨损强度指单位时间内的磨损量。

（2）磨钝标准　刀具磨损量的大小直接影响切削力、切削热、切削温度及工件的加工质量。从刀具磨损过程曲线可知，刀具的合理使用，应该控制在刀具产生急剧磨损前必须重磨或更换新刀刃。刀具后刀面的磨损对加工精度和切削力的影响较前刀面更为显著。由于后刀面磨损量比较容易测量，因此在刀具管理和金属切削研究中，都以后刀面磨损量大小来制订磨钝标准。通常说的磨钝标准是指后刀面磨损带中间平均磨损量 VB 允许达到的最大值，以符号 VB 表示。

VB 对切削加工的影响很大，特别是对背向力 F_p 的影响更为明显；对加工精度也有影响。当 $VB = 0.4mm$ 时，F_p 增加 $12\% \sim 30\%$；$VB = 0.8mm$ 时，F_p 增加 $25\% \sim 50\%$。

由于加工条件不同，磨钝标准也不同，实际生产中根据加工要求而定。

粗加工磨钝标准是根据能使刀具切削时间与可磨或可用次数的乘积最长为原则确定的，从而能充分发挥刀具的切削性能，该标准也称为经济磨损限度。

（3）刀具使用寿命

1）刀具使用寿命。刀具使用寿命系指刀具刃磨后开始切削，至磨损量达到磨钝标准为止的总切削时间，以 T 表示。刀具使用寿命还可以用达到磨钝标准所经历的切削路程或加工出的零件数 N 表示。

在相同的切削用量和相同的磨钝标准时，刀具使用寿命越高，表示刀具磨损得越慢或切削性能越好。刀具使用寿命可以作为衡量工件材料的可加工性的标准；衡量刀具材料切削性能的标准；衡量刀具几何参数合理性的标准。利用刀具使用寿命来控制磨损量 VB 值，比用测量 VB 大小来判别是否达到磨钝标准要简便。

2）刀具使用寿命选择原则。要达到规定磨钝标准时的使用寿命数值可长也可短，因使用寿命随加工条件，特别是切削速度不同而变化着。究竟使用寿命长好，还是短好，这应根据使用寿命对切削加工作用而定。例如，规定使用寿命 T 值大，则切削用量应选的小，尤其是切削速度 v 要低，但这会使生产率降低，成本提高；反之，规定 T 值小，虽然允许高的切削速度 v，提高生产率，但加速刀具磨损，增加装卸刀具的辅助时间。

所以，刀具使用寿命合理数值应根据生产率和加工成本制订。通常确定刀具使用寿命的方法有两种：一是最高生产率使用寿命；二是最低生产成本使用寿命。

①最高生产率使用寿命 T_p 为

$$T_p = \left(\frac{1-m}{m} \right) t_c$$

式中　m——刀具使用寿命指数；

　　　t_c——换刀所需的时间。

由上式可知，最高生产率使用寿命 T_p 决定于刀具使用寿命指数 m 和换刀所需的时间 t_c。指数 m 大，使用寿命值小，切削速度可提高，生产率高，选用陶瓷刀具就属此例；换刀时间 t_c 越短，换刀方便，适当提高切削速度，减小使用寿命，也可提高生产率，因此大力推广可转位刀具具有重要的意义。

②最低生产成本使用寿命 T_c 为

$$T_c = \frac{1-m}{m} \left(t_c + \frac{C_t}{M} \right)$$

式中　m——刀具使用寿命指数；

　　　　C_t——磨刀成本；

　　　　t_c——换刀所需的时间；

　　　　M——全厂加工费用。

从公式中看出，磨刀成本 C_t 高，可减少磨刀次数，提高换刀时间 t_c；全厂加工费用 M 高，可制订较低换刀时间 t_c，从而能提高切削速度，提高生产率。

比较最高生产率使用寿命 T_p 和最低生产成本使用寿命 T_c 可知：$T_c > T_p$。显然，低成本允许的切削速度低于高生产率允许的切削速度。生产中常根据最低成本来确定使用寿命，而通常在完成紧急任务或提高生产率对成本影响不大的情况下，才选用最高生产率使用寿命。

（4）刀具使用寿命的确定原则和影响因素

1）刀具使用寿命的确定原则。确定各种刀具使用寿命时，可以按下列准则考虑：

①根据刀具复杂程度、制造和磨刀成本来选择。复杂和精度高的刀具寿命应选得比单刃刀具高些。

②可转位刀具切削刃转位迅速，更换简单，换刀时间短，为了充分发挥其切削性能，提高生产率，刀具寿命可选得低些，一般取 15~30min。

③精加工刀具切削负荷小，使用寿命选得可高一些。

④对于装刀、换刀和调刀比较复杂的数控机床、多刀机床、组合机床与自动化加工刀具，刀具寿命应选得高些。

⑤车间内某一工序的生产率限制了整个车间生产率的提高时，该工序的刀具寿命要选得低些；当某工序单位时间内所分担到的全厂开支 M 较大时，刀具寿命应选得低些。

2）刀具使用寿命的影响因素

① 切削用量。实验得出刀具寿命与切削用量的关系为

$$T = \frac{C_T}{v_c^{1/m} \times f^{1/n} \times a_p^{1/p}}$$

式中　C_T——与工件材料、刀具材料、切削条件等有关的常数；

　m、n、p——反映 v_c、f、a_p 对刀具寿命 T 影响程度的指数。

当用硬质合金车削抗拉强度 $R_m = 0.75$GPa 的碳钢时，上式中 $1/m = 5$，$1/n = 2.25$，$1/p = 0.75$。

由此看出，切削速度 v_c 对刀具寿命 T 影响最大，背吃刀量 a_p 对刀具寿命 T 影响最小。

②刀具材料。在高速切削领域内，立方氮化硼刀具寿命最长，其次是陶瓷刀具，再次是硬质合金刀具，刀具寿命最低的是高速工具钢刀具。

③刀具几何参数。前角增大，切削变形减小，刀尖温度下降，刀具寿命提高（前角过大，又会使强度下降、散热困难，降低刀具寿命）；主偏角变小，有效切削刃长度增大，使切削刃单位长度上的负荷减少，刀具寿命提高；刀尖圆弧半径增大，有利于刀尖散热，刀尖处应力集中减小，刀具寿命提高（刀尖圆弧半径过大，会引起振动）。

④工件材料。材料微观硬质点多，刀具容易磨损，刀具寿命下降；材料硬度高、强度

大，切削能耗大，切削温度高，刀具寿命下降；材料延展性好，切屑不易从工件上分离，切削变形增大，切削温度上升，刀具寿命下降。

⑤切削液。其冷却作用，能降低切削温度，提高刀具寿命（对高速钢刀具尤为明显）；其润滑作用，能降低切削过程中的平均摩擦应力，减少切削变形，提高刀具寿命；其浸润作用，能降低切削力，延长刀具寿命。

2.6　砂轮及磨削加工原理

以磨料为主制造而成的切削工具称作磨具（如砂轮、砂棒、砂瓦、砂条、油石、砂带、研磨剂等）。磨削是用磨具以较高的线速度对工件表面进行加工的方法。磨削加工一般分为普通磨削（$Ra0.16 \sim 0.25 \mu m$，加工精度 $>1 \mu m$）、精密磨削（$Ra0.04 \sim 0.16 \mu m$，加工精度为 $0.5 \sim 1 \mu m$）、高精密磨削（$Ra0.01 \sim 0.04 \mu m$，加工精度为 $0.1 \sim 0.5 \mu m$）和超精密磨削（$\leqslant Ra0.01 \mu m$，加工精度 $\leqslant 0.1 \mu m$）。

磨削加工的应用范围很广，常用于加工各种工件的内外圆柱面、圆锥面和平面，以及螺纹、齿轮和花键等特殊、复杂的成形表面。磨削加工不仅能加工一般的金属材料和非金属材料，而且能加工各种高强度和难切削加工的材料。磨削加工精度可达 IT6 ~ IT4 级，表面粗糙值度 Ra 度可达 $1.25 \sim 0.01 \mu m$。因此它被广泛用于半精加工和精加工。精整加工阶段的珩削（珩磨）、研磨、超精加工（超精研加工）等也都属于磨削的范畴。磨削还用于粗加工和毛坯去皮加工，也能获得较好的经济效益。在磨削加工领域，采用砂轮的磨削加工用得最为广泛。

2.6.1　砂轮

砂轮是用磨料和结合剂等制成的中央有通孔的圆形固结磨具。砂轮是磨具中用量最大、使用面最广的一种。砂轮的种类繁多，品种和规格多达 20 万，其尺寸范围很大。砂轮中，磨料、结合剂等因素的不同，砂轮的特性可以差别很大，对磨削加工精度、表面粗糙度和生产率有着重要的影响。磨削加工时，应当根据具体条件选用合适的砂轮。因此，应当了解砂轮的特性。

（1）砂轮的标志代号　磨具的书写顺序按 GB/T 2484—2006 规定。砂轮的标记印在砂轮的端面上，其顺序是：形状代号、尺寸、磨料、粒度号、硬度、组织号、结合剂、线速度。

例如：平行砂轮，外径 300mm、厚 50mm、孔径 75mm，棕刚玉磨料，粒度 #60，硬度 L，5 号组织，陶瓷结合剂（V）砂轮，最高工作线速度 35m/s，则标志写成

砂轮 1-300 × 50 × 75-A60L5V-35 GB/T 2484—2006

（2）砂轮形状　根据砂轮的用途，砂轮共有 20 多种不同形状，砂轮形状、代号及用途可查有关手册。如 1：平形砂轮；11：碗形砂轮；2：筒形砂轮；4：双斜边砂轮；41：薄片砂轮等。

（3）磨料　磨料是制造砂轮的主要原料，直接担负着磨削工作，是砂轮上的"刀头"。因此，磨粒的棱角必须锋利，并具有很高的硬度及良好的耐热性和一定的韧性。常用磨料的特性及使用范围见表 2-30。

表 2-30　常用磨料的特性及使用范围

系列	磨料名称	代号	特性	使用范围
氧化物系	棕刚玉	A	棕褐色。硬度大，韧性大，价廉	碳钢、合金钢、可锻铸铁、硬青铜
	白刚玉	WA	白色，硬度高于棕刚玉，韧性低于棕刚玉	淬火钢、高速钢、高碳钢、合金钢、非金属及薄壁零件
	铬刚玉	PA	玫瑰红或紫红色，韧性高于白刚玉，磨削粗糙度小	淬火钢、高速钢、轴承钢及薄壁零件
	单晶刚玉	SA	浅黄或白色。硬度和韧性高于白刚玉	不锈钢、高钒高速钢等高强度、韧性大的材料
	锆刚玉	ZA	黑褐色。强度和耐磨性都较高	耐热合金钢、钛合金和奥氏体不锈钢
	微晶刚玉	MA	棕褐色。强度、韧性和自励性良好	不锈钢、轴承钢、特种球墨铸铁，适用于高速精密磨削
碳化硅系	黑碳化硅	C	黑色有光泽。硬度比白刚玉高，性脆而锋利，导热性和抗导电性好	铸铁、黄铜、铝、耐火材料及非金属材料
	绿碳化硅	GC	绿色。硬度和脆性比黑碳化硅高，导热性和抗导电性良好	硬质合金、宝石、玉石、陶瓷、玻璃
	碳化硼	BC	灰黑色。硬度比黑、绿碳化硅高。耐磨性好	硬质合金、宝石、玉石、陶瓷、半导体
高硬磨料系	人造金刚石	D	无色透明或淡黄色，黄绿色、黑色。硬度高，耐磨性好	硬质合金、宝石、光学材料、石材、陶瓷、半导体
	立方碳化硼	CBN	黑色或淡白色。立方晶体，硬度略低于金刚石，耐磨性好，发热量小	硬质合金、高速钢、高钼、高钒、高钴钢、不锈钢、镍基合金钢及各种高温合金

（4）粒度　粒度是指磨料颗粒的大小。粒度分磨粒和微粉两组。磨粒用筛选法分类，它的粒度号以筛网上每英寸长度内的孔眼数表示。凡是能通过某一号筛子而不能通过下一号筛子的磨粒，它的粒度就用该某一号筛子的号码来表示。例如，#60 粒度的磨粒，说明能通过每英寸长度有 60 个孔眼的筛网，而不能通过每英寸长度有 70 个孔眼的筛网。因此，粒度的数字越大，说明磨粒就越小。当磨粒的直径小于 $40\mu m$ 时，这些磨粒称为微粉。微粉用显微测量法分类，它的粒度号是以磨粒的最大实测尺寸，并在前面冠以"W"来表示。常用磨粒粒度及尺寸见表 2-31。

表 2-31　常用磨粒粒度及尺寸

类别	粒度	颗粒尺寸/μm	应用范围	类别	粒度	颗粒尺寸/μm	应用范围
磨粒	#12 ~ #36	2000 ~ 1600 500 ~ 400	荒磨、打毛刺	微粉	W40 ~ W28	40 ~ 28 28 ~ 20	珩磨、研磨
	#46 ~ #80	400 ~ 315 200 ~ 160	粗磨、半精磨、精磨		W20 ~ W14	20 ~ 14 14 ~ 10	研磨、超精加工
	#100 ~ #280	160 ~ 125 50 ~ 40	精磨、珩磨		W10 ~ W5	10 ~ 7 5 ~ 3.5	研磨、超精加工、镜面磨削

　　粒度的选择，主要与工件的加工精度、表面粗糙度和工件材料的软硬有关。粗磨时，磨削厚度较大，应选用粗磨粒。因为粗磨粒砂轮的气孔大，砂轮不易被磨屑堵塞和发热，常选#36 ~ #60 粒度的磨粒。磨软的、韧的材料，或磨削面积较大时，也宜用粗磨粒。精磨及磨削硬和脆的材料时，则用细磨粒。一般情况下，荒磨钢锭、铸锻件、皮革、木材、切断钢坯时，选用#8 ~ #24 粒度的磨粒；#36 ~ #46 粒度的砂轮，适用于加工表面粗糙度值 Ra 为 $0.8\mu m$ 的一般磨削；#54 ~ #100 粒度的砂轮，适用于 $Ra0.8 ~ 0.16\mu m$ 的半精磨、精磨和成形磨削；#120 ~ W28 粒度的砂轮，常用于精磨、精密磨、超精磨、磨螺纹、成形磨和工具磨等。对粒径比 W28 更细的砂轮，则用于超精密磨削和镜面磨削，此时加工表面粗糙度值 Ra 可达 $0.05 ~ 0.012\mu m$。

　　（5）硬度　砂轮硬度是指砂轮表面上的磨粒在外力作用下脱落的难易程度。如磨粒容易脱落，表明砂轮的硬度低；反之，则表明砂轮的硬度高。由此可见，砂轮的硬度与磨料的硬度是两个不同的概念。同一种磨料可以做成不同硬度的砂轮，它主要决定于结合剂的性能、数量以及砂轮制造的工艺。常用砂轮硬度等级名称及代号见表 2-32。

表 2-32　砂轮硬度等级名称及代号

名称	超软	软1	软2	软3	中软1	中软2	中1	中2	中硬1	中硬2	中硬3	硬1	硬2	硬3
代号	D、E、F	G	H	J	K	L	M	N	P	Q	R	S	T	Y

　　硬度选择合适时，磨粒磨钝后会自行地从砂轮上脱落，露出新的磨粒继续进行正常工作。若砂轮的硬度太硬，磨粒磨损后仍不脱落，造成切削力和切削热的增长，生产率下降，使工件表面粗糙度值大大下降，甚至烧伤工件表面。相反，若砂轮的硬度太软，磨粒还没有磨钝就自行脱落，砂轮消耗过快，并且容易失去正确的形状，也是不利于磨削加工的。

　　常用砂轮硬度为 H ~ N（软2 ~ 中2）。一般情况下，工件材料越硬，应选越软的砂轮；工件材料越软，应选硬的砂轮。但对非铁金属等很软的材料，应选较软的砂轮，以免被磨屑堵塞。磨削薄壁零件及导热性差的零件，磨削接触面积较大时，应选较软砂轮。砂轮粒度号较大时，应选较软砂轮。精磨和成形磨削时，需要保持砂轮的形状精度，应选较硬砂轮。

　　（6）组织　组织是表示砂轮中磨粒排列的疏密状态，即磨粒占砂轮的容积比率（磨粒率）。它反映磨粒、结合剂、空隙在砂轮内分布的比例。砂轮组织疏松，磨粒间的空隙大，便于容纳磨屑，还可以把切削液或空气带入磨削区域，以降低磨削温度，减少工件发热变形，避免产生烧伤和裂纹。但过于疏松的砂轮，其磨粒含量较少，容易磨钝。它对磨削生产率和表面质量均有影响。砂轮的组织用 0 ~ 14 的数值表示组织号，见表 2-33。

表 2-33　砂轮的组织号

组织号	0	1	2	3	4	5	6	7	8	9	10	11	12	13	14
磨粒率(%)	62	60	58	56	54	52	50	48	46	44	42	40	38	36	34
疏密程度	紧密				中等				疏松				大气孔		
适用范围	重负荷、成形、精密磨削、间断及自由磨削，或加工硬脆材料				外圆、内圆、无心磨及工具磨，淬火钢工件及刀具刃磨等				粗磨及磨削韧性大、硬度低的工件，适合磨削薄壁、细长工件，或砂轮与工件接触面积大以及平面磨削等				非铁金属及塑料等非金属以及热敏性大的合金		

0~3号属紧密组织类别，可保持砂轮的成形性，获得较低的表面粗糙度值，适用于重负荷、成形磨削、精密磨削、间断及自由磨削或加工硬脆材料。4~8号属中等组织类别，适用于磨削淬火钢工件，刃磨刀具等。9~14号属疏松组织类别，粗磨及磨削韧性大、硬度低的工件以及薄壁、细长工件；砂轮与工件接触面积大及平面磨削，宜选8~12号。磨削非铁金属及塑料、橡胶等非金属及热敏性合金时，宜选用13~14号大气孔组织砂轮。

（7）结合剂　结合剂用来把磨粒粘结起来，使之成为砂轮。砂轮的强度、抗冲击性、耐热性及耐蚀性，主要取决于结合剂的性能。常用结合剂的种类、性能及适用范围见表2-34。

表2-34　常用结合剂种类、性能及适用范围

名　　称	代号	特　　性	适用范围
陶瓷结合剂	V	耐热、耐油和耐酸碱的侵蚀，强度较高，但性较脆	适用范围广，除切断砂轮外的大多数砂轮
树脂结合剂	B	强度高并富有弹性，但坚固性和耐热性差，不耐酸、碱。不宜长期存放	高速磨削、切断和开槽砂轮；镜面磨削的石墨砂轮；对磨削烧伤和磨削裂纹特别敏感的工序；荒磨砂轮
橡胶结合剂	R	具有弹性、密度大、磨粒易脱落，耐热性差，不耐油、不耐酸，有臭味	无心磨床的导轮，切断、开槽和抛光的砂轮
金属结合剂	M	形面的成形性较好，强度高，有一定的韧性，自励性差	金刚石砂轮，珩磨、半精磨硬质合金、切断光学玻璃、陶瓷及半导体材料

2.6.2　磨削原理

1. 磨削过程和磨屑

磨削是依靠砂轮上的磨粒切削工件的。切削时基本都是负前角。因此，磨削具有自身的特点：

1）磨粒硬度大，刃口极多，随机分布。磨削时，砂轮表面有极多的切削刃，同时参加切削的有效磨粒数不确定。几乎能加工所有的金属和非金属材料。

2）有较大的负前角，磨粒多以负前角进行切削，磨粒一般用机械方法破碎磨料得到，其形状各异，以菱形八面体居多。磨粒的顶尖角为90°~120°，其切削过程大致分滑擦（材料弹性变形）、刻划（又称耕犁，材料塑性滑移，两侧堆高隆起）和切削（形成切屑）等三个阶段，如图2-46所示。由于磨削厚度较薄，因此磨削时径向分力较大，容易使工艺系统变形，使实际磨削深度比名义值小，影响工件的加工精度；还将增加磨削时的走刀次数，降低磨削加工的效率。

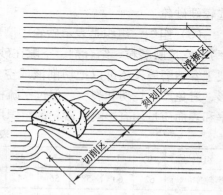

图2-46　磨削过程的三个阶段

3）刃口钝圆半径较小，刃口锋利，切削层厚度可以很薄。每个磨刃仅从工件上切下极少量（小到数微米）的金属，残留面积高度很小，可以达到高的精度和小的表面粗糙度值。

一般磨削精度可达 IT6 ~ IT7 级，表面粗糙度值 Ra 为 0.2 ~ 0.8 μm。当采用小粒度磨粒磨削时，表面粗糙度值 Ra 可达 0.008 ~ 0.1 μm。

4）磨削速度高，比一般切削速度高出一个数量级。因磨粒尺寸小，磨削厚度很薄，为提高其加工效率，就需要较高的磨削速度。

5）磨削区温度高，易产生变质层。由于磨削速度很高，加上磨粒多为负前角切削，挤压和摩擦较严重，磨削加工时的法向磨削力大（一般为切向磨削力的 3 ~ 14 倍，而车削加工时只有 50%），消耗功率大，切削热高；而砂轮的传热性又很差，使磨削区形成瞬时 800 ~ 1000℃高温。高的磨削温度容易烧伤工件表面，使淬火钢件表面退火，硬度降低。切削液的浇注，可能发生二次淬火，也会在工件表层产生张应力及微裂纹，降低零件的表面质量和使用寿命。高温下，工件材料将变软，容易堵塞砂轮，这不仅影响砂轮寿命，也影响工件的表面质量。因此，在磨削过程中，应使用大量的切削液。

6）能自砺。当磨粒磨钝时，法向磨削力增大，作用在磨粒上的磨削压力增大，使磨粒局部被压碎，形成新的锋刃，或整粒脱落，露出新的磨粒锋刃投入磨削工作。砂轮的自砺作用是其他切削刀具所没有的。利用这一原理，可进行强力连续磨削，以提高磨削加工的生产效率。

2. 磨削精度和表面质量

在大多数情况下磨削是最终加工工序，因此直接决定了工件的质量。磨削力造成磨削工艺系统的振动和变形，磨削热引起工艺系统的热变形，两者都影响磨削精度。

磨削表面质量包括表面粗糙度、波纹度、表层材料的残余应力和热损伤（金相组织变化、烧伤、裂纹）。影响表面粗糙度的主要因素是磨削用量、磨具特性、砂轮表面状态（也称砂轮地形图）、切削液、工件材质和机床条件等。产生表面波纹度的主要原因是工艺系统的振动。由于磨削热和热变形等原因，磨削表面会产生残余应力。残余压应力可提高工件的疲劳强度和寿命；残余拉应力则会降低疲劳强度。当残余拉应力超过材料的强度极限时，就会出现磨削裂纹。磨削过程中因塑性变形而发生的金属强化作用，使表面金属显微硬度明显增加，但也会因磨削热的影响，使强化了的金属发生弱化。例如，砂轮钝化或切削液不充分时，在磨削表面的一定深度内就会出现回火软化区，使表面质量下降，同时在表面出现明显的褐色或黑色斑痕，称为磨削烧伤。

3. 磨削热和磨削温度

磨削过程中所消耗的能量几乎全部转变为磨削热。试验研究表明，根据磨削条件的不同，磨削热约有 60% ~ 85% 进入工件，10% ~ 30% 进入砂轮，0.5% ~ 30% 进入磨屑，另有少部分以传导、对流和辐射形式散出。磨削时每颗磨粒对工件的切削都可以看作是一个瞬时热源，在热源周围形成温度场。磨削区的平均温度为 400 ~ 1000℃，至于瞬时接触点的最高温度可达工件材料的熔点温度。磨粒经过磨削区的时间极短，一般在 0.01 ~ 0.1 ms 以内，在这期间以极大的加热速度使工件表面局部温度迅速上升，形成瞬时热聚集现象，这会影响工件表层材料的性能并导致砂轮的磨损。

4. 磨削效率

评定磨削效率的指标是单位时间内所切除材料的体积或质量，用（mm³/s）或（kg/h）表示。提高磨削效率的途径有：

1）增加单位时间内参与磨削的磨粒数，如采用高速磨削或宽砂轮磨削。

2）增加每颗磨粒的磨削用量，如采用强力磨削。

在砂轮两次修整之间，切除金属的体积与砂轮磨损的体积之比称为磨削比（也有以两者的质量比表示的）。磨削比大，则在一定程度上说明砂轮寿命较长。磨削比减小，将增加修整砂轮和更换砂轮的次数，从而增加砂轮消耗和磨削成本。影响磨削比的因素有单位宽度的法向磨削分力、磨削速度以及磨料的种类、粒度和硬度等。通常单位法向磨削分力越小或磨削速度越高，则磨削比越大；砂轮粒度较细和硬度较高时，磨削比也较大。

习　题

2-1　目前应用最多的刀具材料有哪些？试比较它们的性能。

2-2　切削要素包括哪些内容？在弯头车刀车端面的示意图（图 2-47）上表示出各切削要素。

2-3　用图画出 45°弯头车刀（$\kappa_r = \kappa_r' = 45°$，$\gamma_o = 5°$，$\alpha_o = \alpha_o' = 6°$，$\lambda_s = -3°$）角度，并指出前刀面、主后刀面、副后刀面、主切削刃、副切削刃的位置。

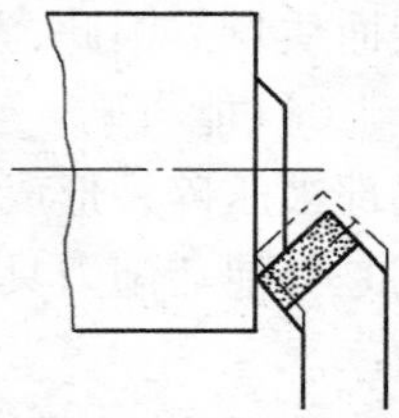

2-4　刀具材料应具备哪些性能？硬质合金的耐热性远高于高速钢，为什么不能完全取代高速钢？

2-5　在高速切削中使用的刀具材料有哪些？如何合理选择？

2-6　金属切削过程的本质是什么？

2-7　试述切削速度对切削变形的影响规律。

2-8　简述切屑的种类和变形规律；为保证加工质量和安全性，应如何控制切屑？

图 2-47　弯头车刀车端面

2-9　积屑瘤是如何形成的？抑制或消除积屑瘤的措施有哪些？

2-10　从切削温度与切削用量的关系方面说明切削用量的选择原则。

2-11　什么是刀具寿命？试述其影响因素及选用原则。

2-12　试比较焊接车刀、可转位车刀、高速钢车刀在结构与使用性能方面的特点。

2-13　如何在数控铣床或加工中心上选择孔加工刀具？

2-14　砂轮的组织号、粒度、硬度是如何规定的？

2-15　根据内圆、外圆、平面的形成原理，对实习中用过的和见过的机床进行总结，分析哪些机床能加工这三类表面，并指出其切削运动。

2-16　刀具的工作角度与标注角度有何区别？影响车刀工作角度的因素主要有哪些？试举例说明。

2-17　内圆表面常用加工方法有哪些？如何选用？

2-18　镗削加工有何特点？常用镗刀有哪几种类型？其结构有何特点？

2-19　试分析钻孔、扩孔、铰孔这三种孔加工工艺方法的工艺特点，并说明其加工工艺之间的联系。

2-20　提高磨削效率的途径有哪些？

2-21　磨削热和磨削温度会对加工工件产生什么影响？

2-22　选择题：四个选项中只有一个是正确的，将正确选项前的字母上打勾。

（1）磨削时的主运动是

A. 砂轮旋转运动　　　B. 工件旋转运动　　　C. 砂轮直线运动　　　D. 工件直线运动

（2）如果外圆车削前后的直径分别为 100mm 和 90mm，平均分成两次进给切完加工余量，背吃刀量应为

A. 10mm　　　　　　B. 5mm　　　　　　　C. 2.5mm　　　　　　D. 2mm

（3）随着进给量增大，切削宽度会

A. 随之增大　　　　　B. 随之减小　　　　　C. 与其无关　　　　　D. 无规则变化

（4）与工件已加工表面相对的刀具表面是

A. 前刀面　　　　　B. 主后刀面　　　　C. 基面　　　　　D. 副后刀面

（5）基面通过切削刃上选定点并垂直于

A. 刀杆轴线　　　　B. 工件轴线　　　　C. 主运动方向　　D. 进给运动方向

（6）切削平面通过切削刃上选定点，与基面垂直，并

A. 与切削刃相切　　B. 与切削刃垂直　　C. 与后刀面相切　　D. 与前刀面垂直

（7）能够反映前刀面倾斜程度的刀具角度是

A. 主偏角　　　　　B. 副偏角　　　　　C. 前角　　　　　D. 刃倾角

（8）能够反映切削刃相对基面倾斜程度的刀具标注角度是

A. 主偏角　　　　　B. 副偏角　　　　　C. 前角　　　　　D. 刃倾角

（9）外圆车削时，如果刀具安装得使刀尖高于工件旋转中心，则刀具的工作前角与标注前角相比会

A. 增大　　　　　　B. 减小　　　　　　C. 不变　　　　　D. 不定

（10）切断刀在从工件外表面向工件旋转中心逐渐切断时，其工作后角会

A. 逐渐增大　　　　B. 逐渐减小　　　　C. 基本不变　　　D. 不定

工艺系统中的机床

机械制造工程

机床是能对金属或其他材料的坯料或工件进行加工，使之获得所要求的几何形状、尺寸精度和表面质量的机器。机床是机械工业的基础设备，它的制造精度和加工水平直接决定着机械产品的加工质量。

3.1 机床的分类与型号

1. 普通机床的分类

（1）按加工方式、使用的刀具和用途分　这是最基本的分类方法。我国将机床设备（图 3-1）分为 11 类，每类机床的代号用其名称的汉语拼音的第一个大写字母表示，我国金属切削机床型号的编制就是按这种方法进行的。它包括：

1）车床。代号 C，主要用车刀在工件上加工各种旋转表面的机床（图 3-1a、f）。

2）钻床。代号 Z，主要是指用钻头在工件上加工孔的机床（图 3-1l）。

3）镗床。代号 T，主要是指用镗刀在工件上加工已有预制孔的内孔表面的机床（图 3-1h）。

4）磨床。代号 M，用磨具或磨料加工工件各种表面的机床（图 3-1j、k）。

5）齿轮加工机床。代号 Y，用齿轮切削工具加工齿轮齿面或齿条齿面的机床（图 3-1b、c）。

6）螺纹加工机床。代号 S，用螺纹切削工具在工件上加工内、外螺纹的机床。

7）铣床。代号 X，主要是指用铣刀在工件上加工各种表面的机床（图 3-1d）。

8）刨床和插床。代号 B，刨床是用刨刀加工工件表面的机床（图 3-1e）；插床是用插刀加工工件表面的机床（图 3-1g）。

9）拉床。代号 L，用拉刀加工工件各种内、外成形表面的机床。

10）锯床。代号 G，用圆锯片或锯条等将金属材料锯断或加工成所需形状的机床。

11）其他机床。代号 Q，其他金属切削机床，如刻线机、管子加工机床等。

（2）其他主要分类

1）按工件大小和机床质量分。分为仪表机床、中小型机床（<10t）、大型机床（≥10t）、重型机床（≥30t）和超重型机床（≥100t）。

2）按加工精度分。分为普通精度级（P）、精密级（M）和高精度级（G）。

3）按工艺范围的宽窄分。分为通用机床（可加工多种工件，完成多种工序的使用范围较广的机床。如卧式车床、万能升降台铣床、摇臂钻床等）、专门化机床（用于加工形状相似而尺寸不同的工件的特定工序的机床，如滚齿机、曲轴磨床、凸轮车床、精密丝杠车床等）、专用机床（用于加工特定工件的特定工序的机床，如解放牌汽车发动机气缸体钻孔组合机床、机床主轴箱孔的专用镗床等）。

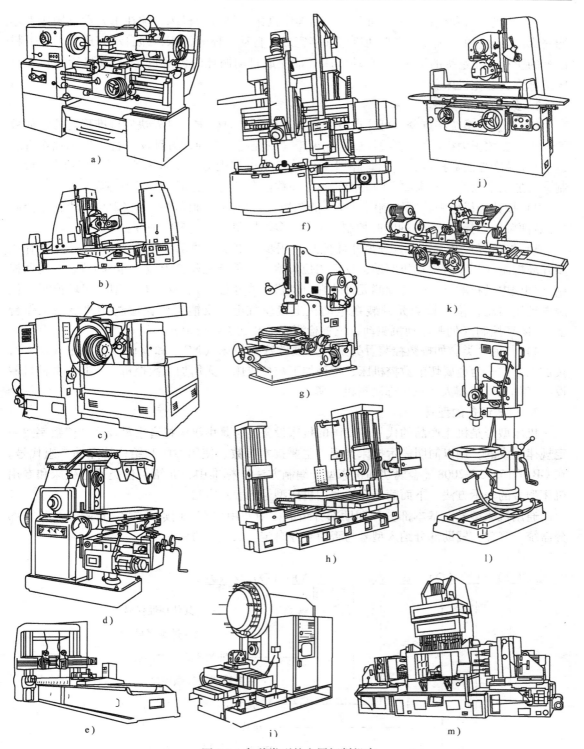

图 3-1　各种类型的金属切削机床

a）卧式车床　b）滚齿机　c）弧齿锥齿轮铣齿机　d）卧式升降台铣床　e）龙门刨床　f）立式车床
g）插床　h）卧式镗床　i）加工中心　j）平面磨床　k）外圆磨床　l）立式钻床　m）组合机床

4）按机床自动化程度分。可分为手动操作机床（即普通机床，须在工人看管操作下才能完成加工过程的机床）、半自动机床（能完成半自动循环的机床，即自动完成除上、下料以外的所有工作过程的机床）、自动机床（能完成自动循环的机床）。半自动机床和自动机床统称为自动化机床。

2. 数控机床的分类

1）按控制系统特点分。可分点位控制数控机床（只要求刀具先快后慢准确定位，如数控钻床、数控压力机等）、直线控制数控机床（仅控制一根轴，刀具仅平行于坐标轴作直线运动）、轮廓控制数控机床（刀具相对工件的运动可实现对两个或多个坐标轴同时进行控制，可加工平面曲线轮廓或空间曲面轮廓，如数控车、铣、磨床，加工中心等）。

2）按数控机床中轮廓控制同时控制的轴数分。分为两轴同时控制（2D）、两轴半控制（任意两轴同时控制）、三轴同时控制（3D）、多轴控制（4D、5D、…）。

3）按位置控制方式分。分为开环控制（用步进电动机驱动，无检测元件）、反馈补偿型开环控制（用步进电动机驱动，反馈用位置检测元件装在丝杠上或工作台上）、半闭环控制（伺服电动机驱动，位置检测元件装在电动机上或丝杠上）、反馈补偿型半闭环控制（伺服电动机驱动，位置检测元件装在电动机上或丝杠上，反馈用位置检测元件装在工作台上）、闭环控制（伺服电动机驱动，位置检测元件装在工作台上）。

4）其他分类。如按数控装置类别分为硬件数控机床（NC）和软件数控机床（CNC）；按加工方式分为金属切削数控机床、特种加工数控机床、无屑加工数控机床、其他数控机械设备（如工业机器人、三坐标测量机）等。

3. 机床设备的型号

机床型号是机床产品的代号。我国的机床设备型号是由汉语拼音字母及阿拉伯数字按一定规律组成的，用以简明表示机床类型、主要技术参数、使用性能和结构特点的一组代号。在 GB/T 15375—2008《金属切削机床型号编制方法》标准中，介绍了各类通用机床和专用机床型号的表示方法。下面简单介绍通用机床型号的表示方法。

通用机床型号由基本部分和辅助部分组成，中间用"/"（读作"之"）隔开。基本部分需统一管理，辅助部分纳入型号与否由企业自定。其表示方法为

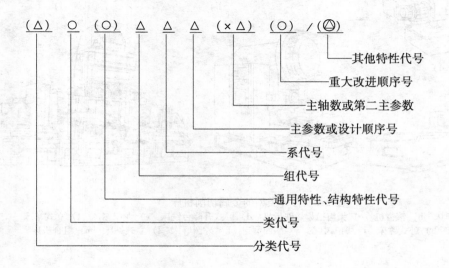

例如，CA6140 卧式车床型号的含义是

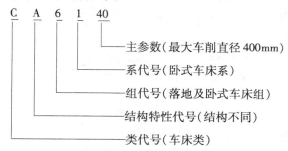

因此，"CA6140" 表示"床身上最大回转直径为 400mm，具有 A 式新结构特征的卧式车床"。

机床通用特性代号及其含义等内容，详见国家标准 GB/T 15375—2008。随着国际化步伐的加快，我国许多合资企业、外资企业的机床产品，采用与国家标准不同的、原企业在市场上沿用的型号编制习惯。因此各机床型号的含义，须关注相关企业的说明。

3.2 机床设备的组成与传动系统

3.2.1 机床设备的组成

1. 机床的基本组成

（1）执行件 执行件是执行运动的部件，如主轴、刀架、工作台等。执行件用于安装工件或刀具，并直接带动其完成一定形式的运动和保证准确的运动轨迹。

（2）动力源 动力源是提供运动和动力的装置。一般机床常用三相异步交流电动机，数控机床常用直流或交流调速电动机或伺服电动机。

（3）传动装置 传动装置是传递运动和动力的装置。通过该装置，把动力源的动力传递给执行件，或把一个执行件的运动传递给另一个执行件，使执行件获得运动，并便于有关执行件之间保持某种确定的运动关系。传动装置需要完成变速、变向和改变运动形式等任务，以使执行件获得所需要的运动速度、运动方向和运动形式。

2. 机床的传动装置

机床的传动装置一般有机械、液压、电气传动等形式。机械传动按传动原理可分为分级传动和无级传动。常见的传动是分级传动（无级传动常被液压或电气传动取代）。常用的几种分级传动装置如下。

（1）离合器 离合器用于实现运动的起动、停止、换向和变速。离合器的种类很多，按结构和用途不同，可分为啮合式离合器、摩擦式离合器、超越离合器和安全离合器。

1）啮合式离合器。它是利用两个零件上相互啮合的齿爪传递运动和转矩。根据结构形状不同，分为牙嵌式和齿轮式两种。

牙嵌离合器由两个端面带齿爪的零件组成，如图 3-2a、b 所示。右半离合器 2 用导键或花键 3 与轴 4 连接，带有左半离合器的齿轮 1 空套在轴 4 上，通过操纵机构控制右半离合器 2 使齿爪啮合或脱开，便可将齿轮 1 与轴 4 连接而一起旋转，或使齿轮 1 在轴 4 上空转。

齿轮式离合器是由两个圆柱齿轮所组成的。其中一个为外齿轮，另一个为内齿轮（图

3-2c、d），两者的齿数和模数完全相同。当它们相互啮合时，空套齿轮与轴连接或同轴线的两轴连接同时旋转。当它们相互脱开时运动联系便中断。

2）摩擦式离合器。图 3-3 所示为机械式多片离合器。它由内摩擦片 5、外摩擦片 4、止推片 3、左压套 7、滑套 9 及空套齿轮 2 等组成。内摩擦片 5 装在轴 1 的花键上与轴 1 一起旋转，外摩擦片 4 的外圆上有 4 个凸齿装在空套齿轮 2 的缺口槽中，外摩擦片 4 空套在轴 1 上。当操纵机构将滑套 9 向左移动时，通过滚珠 8 推动左压套 7，从而带动圆螺母 6，使内摩擦片 5 与外摩擦片 4 相互压紧。于是轴 1 的运动通过内、外摩擦片之间的摩擦力传给空套齿轮 2，从而传递出去。

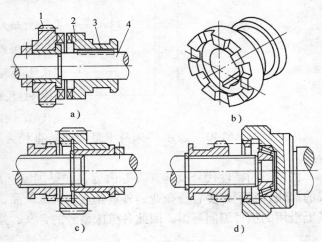

图 3-2　啮合式离合器

a)、b) 牙嵌离合器　c)、d) 齿轮式离合器
1—齿轮　2—右半离合器　3—花键　4—轴

（2）分级变速机构　分级变速机构通常为定比传动副，由变换传动比的变速组和改变运动方向的变向机构组成。

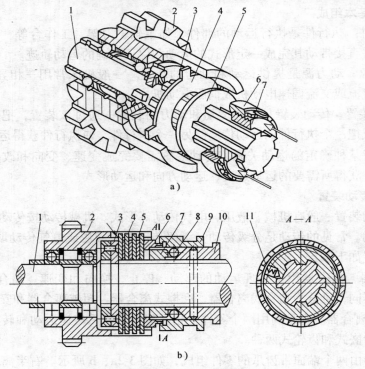

图 3-3　机械式多片离合器

1—轴　2—空套齿轮　3—止推片　4—外摩擦片　5—内摩擦片　6—圆螺母
7—左压套　8—滚珠　9—滑套　10—右压套　11—弹簧销

　　1）定比传动副。常见的定比传动副包括齿轮副、带轮副、蜗杆副及齿轮齿条副和丝杠螺母副等。定比的含义是传动比固定不变。

　　2）变速组。变速组是实现机床分级变速的基本机构，常见的形式如图 3-4 所示，包括滑移齿轮变速组、离合器变速组、交换齿轮变速组和摆移齿轮变速组。

　　3）变向机构。其作用是改变机床执行件的运动方向。常见的两种变向机构为滑移齿轮变向机构和锥齿轮与离合器组成的变向机构，如图 3-5 所示。

3. 机床传动链

　　机床的执行件为了得到所需要的运动，需要通过一系列的传动件和动力源连接起来，以构成传动联系。构成一个传动联系的一系列顺序排列的传动件称为传动链。根据传动联系的性质不同，传动链可分为内联系传动链和外联系传动链。

　　（1）内联系传动链　为了将两个或两个以上的单元运动组成复合成形运动，执行件和执行件之间的传动联系称为内联系。构成内联系的一系列传动件称为内联系传动链。

　　内联系传动链所联系的执行件之间的相对速度（及相对位移量）应有严格的要求，否则无法保证切削所需的正确的运动轨迹。因此，内联系传动链中各传动副的传动比

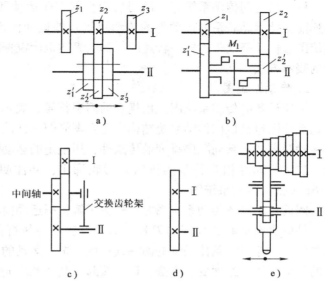

图 3-4　常用的机械分级变速组

a）滑移齿轮变速组　b）离合器变速组　c）、d）交换齿轮变速组　e）摆移齿轮变速组

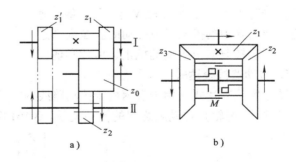

图 3-5　常见的变向机构

a）滑移齿轮变向机构　b）锥齿轮与离合器组成的变向机构

必须准确，不应有摩擦传动或瞬时传动比可变的传动件，如链传动。

　　在卧式车床上车螺纹，联系主轴-刀架之间的螺纹传动链，就是一条传动比有严格要求的内联系传动链，它能保证并得到加工螺纹所需的螺距。

　　如滚齿运动，若使用的滚刀为单线滚刀，被切齿轮的齿数为 Z，当滚刀转动一转时，相当刀齿沿法向移动一个齿距 πm_n，则被切齿轮也要转过一个齿的相应角度（$1/Z$）转，因此滚刀和被切齿轮之间的传动链也是内联系传动链。

　　（2）外联系传动链　它是联系动力源和执行件之间的传动链。它使执行件得到预定的运动，并传递一定的动力。

　　外联系传动链传动比的变化，只影响生产率或工件表面粗糙度，不影响工件表面的形成。

3.2.2 机床的传动系统

机床设备的传动系统，是说明机床全部工作运动和辅助运动的各传动链（按一定顺序排列能保持运动联系的传动件的传动路线）的运动传递，以及互相联系的传动关系。传动系统图、传动路线表达式、转速图等都能表达机床设备的传动系统，其中传动系统图是最直观的表示方法。

1. 传动系统图

机床设备的传动系统图是用规定的简图符号，表示整台机床各传动件的运动传递关系。传动系统图也是机床传动系统结构布置方案简图，即从动力部分到执行部分，传动系统图把有运动联系的一系列顺序排列的传动件，用规定的运动简图符号，以展开图的形式，绘制在能反映主要部件相互关系的机床外形轮廓中，并注明传动件的主要参数。图 3-6 所示为 XA6132 铣床传动系统图。

阅读机床设备传动系统图时，先应了解机构运动简图符号的意义，了解该机床设备上加工工件的表面形状、采用的刀具、加工方法及各执行件所需的运动，然后采用"抓两头"的办法——抓住一条传动链的两端或一端，按其运动的传递顺序，进行逐个分析，弄清传动链的传动路线，速度变换方法，运动接通、断开和换向的工作原理，运动方向的判别等。

在 XA6132 铣床传动系统图中，运动由功率为 7.5kW、转速为 1440r/min 的法兰式电动机输出，电动机通过弹性联轴器与 I_a 轴相连。I_a 轴另一端装有制动电磁离合器，它能方便控制主轴迅速、平稳、可靠地实现机械制动。I_a 轴的运动通过单一齿轮副 26/54，传至轴 II_a；再经轴 II_a-III_a、III_a-IV_a 间的两个三联滑移齿轮变速组、轴 IV_a-V_a 间的双联滑移齿轮变速组，传至主轴 V_a，使主轴 V_a 获得 18 级转速，转速范围为 30～1500r/min。滑移齿轮是依靠主变速装置中的拨叉操纵移动的。在铣削过程中，由于主轴不需反复起、停和频繁换向，所以主轴旋转方向由主电动机正、反转实现。

2. 传动路线表达式

传动路线表达式是用于表示机床传动路线的式子。传动路线表达式也能表述机床设备中各传动轴、（齿轮）传动副之间的传动关系。XA6132 铣床主运动传动路线表达式为

$$\text{主电动机}(7.5\ \text{kW}, 1440\ \text{r/min}) - I_a - \frac{26}{54} - II_a - \begin{bmatrix} \frac{16}{39} \\ \frac{19}{36} \\ \frac{22}{33} \end{bmatrix} - III_a - \begin{bmatrix} \frac{18}{47} \\ \frac{28}{37} \\ \frac{39}{26} \end{bmatrix} - IV_a - \begin{bmatrix} \frac{19}{71} \\ \frac{82}{38} \end{bmatrix} - V_a\ (\text{主轴})$$

在上述表达式中，短划线"-"表示"与"，"-［ ］-"表示"或"。如"IV_a-［19/71 82/38］-V_a"，表示 IV_a 轴可以通过 19/71 齿轮副降速传动，"或"通过 82/38 齿轮副升速传动，将运动传至 V_a 轴。

传动路线表达式也能反映出主轴转速级数，即

$$\Gamma_{主} = 1 \times 1 \times (1+1+1) \times (1+1+1) \times (1+1) = 3 \times 3 \times 2 = 18$$

上式中的第一个"1"，表示电动机只有一种输出转速；第二个"1"，表示通过齿轮副 26/54 获得一种转速。括号中"+"表示它们之间为"或"的关系。

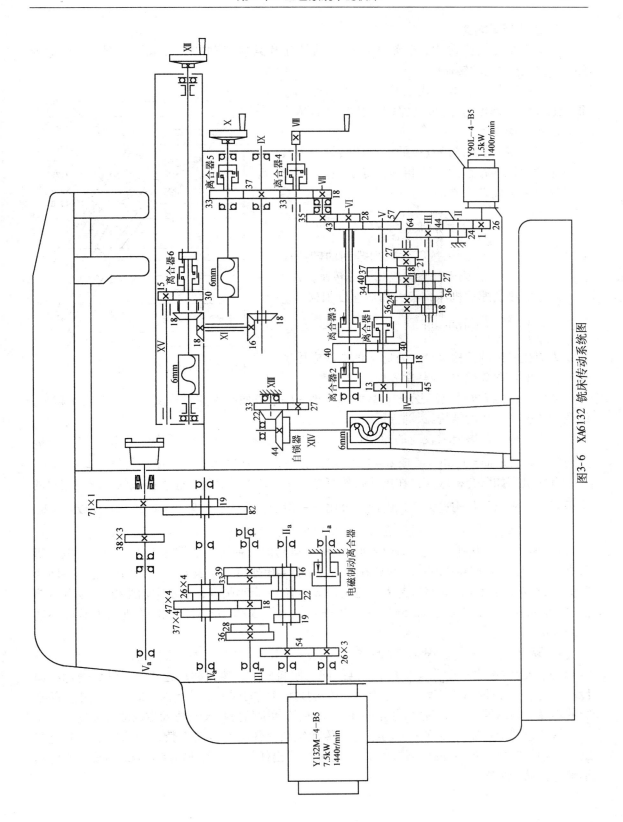

图3-6 XA6132 铣床传动系统图

3. 机床运动转速图

转速图是传动系统中，各轴可能获得的转速和其他传动特性的线图。图 3-7 所示为 XA6132 铣床主运动转速图。

1）等距离的竖线，代表按"电动机轴-I_a-II_a-III_a-IV_a-主轴IV_a"的传动路线，从左到右依次排列的各传动轴。

2）等距离横线，代表由低到高的转速。因转速取对数坐标，各横线间距相等，等于 $\lg\varphi$，习惯上以这个距离代表公比 φ。

$$\frac{n_j}{n_{j+1}} = \text{const} = \frac{1}{\varphi}$$

式中　n_j、n_{j+1}——机床按等比数列排列的转速序列中任意两级相邻的转速。

对于分级变速的机床，最大相对速度损失 A_{max}

$$= \left(1 - \frac{1}{\varphi}\right) = \frac{\varphi - 1}{\varphi} \times 100\%。$$

为简化机床的结构设计，公比 φ 的选取应尽量标准化，即选取 2 或 10 的某次方根。

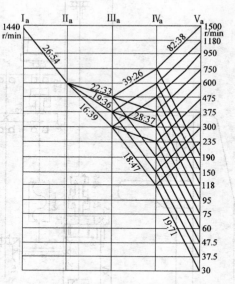

图 3-7　XA6132 铣床主运动转速图

从使用性能方面考虑，公比 φ 最好选得小一些，以便减少相对速度损失。但公比越小，级数就越多，机床的结构就越复杂。

对于一般生产率要求较高的通用机床，减少相对速度损失是主要的，所以公比 φ 一般取得较小，常取 $\varphi = 1.26 = \sqrt[3]{2}$ 或 $\varphi = 1.41 = \sqrt{2}$ 等。如 CA6140 型卧式车床，其公比 $\varphi = 1.26$。

有些机床如联合机床，常在更换附件等方面耗费较多的时间，速度损失的影响就相对的小得多了，应以简化构造为主，因此，公比 φ 一般取得较大，常取 $\varphi = 1.58 = \sqrt[3]{10}$ 或 $\varphi = 2$。

对于自动机床，减少相对速度损失率要求更高，常取 $\varphi = 1.12 = \sqrt[6]{2}$ 或 $\varphi = 1.26$。

3）竖线上的小圆点，表示该传动轴上所能得到的几种转速及转速大小。例如，电动机只有 1 种转速 $n_{电} = 1440 \text{r/min}$，因此在轴 I_a 的 $\lg 1440$ 处有 1 个圆点。一般习惯也不将转速前的对数符号写出来，只写转速值。在主轴上共有 18 个小圆点，表示主轴能得到 18 种转速值（30r/min、37.5r/min、47.5r/min、60r/min、…、1500r/min），各级转速标于对应小圆点的右端。

4）两竖线（轴）上小圆点间的连线，表示一对传动副（如齿轮传动副、带轮传动副等），其倾斜程度表示传动比的大小。连线向上倾斜表示升速传动；连线向下倾斜表示降速传动；连线为水平线时，表示等速传动。在两竖线组成的同一传动组内，倾斜程度相同的平行的连线，表示同一对传动副。连线上的数值是传动副的齿数比或传动带轮的直径比。

从转速图上可以看出这一传动系统的传动组数，各组的传动副数、变速级数、变速范围，各轴的转速，各传动副的传动比；能方便地找出任何一级主轴转速的传动路线和各传动轴参与传动的齿轮。

3.3　CA6140A 卧式车床

3.3.1　概述

车床系指主要用车刀在工件上加工旋转表面的机床。车床是切削加工中应用最广泛的一种机床设备，占切削机床总台数的 20% 左右。按其用途和结构，车床的类型主要有单轴自动车床、多轴自动车床、多轴半自动车床、回轮车床、转塔车床、曲轴车床、凸轮车床、立式车床、卧式车床、仿形车床、多刀车床等。其中最常见的是卧式车床。卧式车床是一种主轴水平布置，用于车削圆柱面、圆锥面、端面、螺纹、成形面等，使用范围较广的车床。这类车床又分为卧式车床（普通车床）、马鞍车床、精整车床、无丝杠车床、卡盘车床、落地车床、球面车床等。

CA6140A 卧式车床是在 CA6140 卧式车床的基础上不断改进完善、发展的新品种，外形如图 3-8 所示。

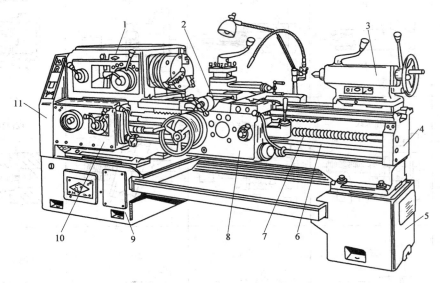

图 3-8　CA6140A 卧式车床外形图

1—主轴箱　2—床鞍及刀架　3—尾座　4—床身　5、9—底座　6—光杠
7—丝杠　8—溜板箱　10—进给箱　11—交换齿轮装置

CA6140A 卧式车床采用齿轮有级变速，变速范围较宽，加工范围大；可在低速加工大模数蜗杆，并有高速细进给量；主轴孔径较大，可通过较粗的加工棒料；床身较宽，具有较高的结构刚度、传动刚度和较好的抗振性，适于强力高速切削；车床手把集中，操作方便；溜板设有过载保护、碰停机构、快移机构；采用单手把操作，备有刻度盘照明；尾座有快速夹紧机构；车床导轨面、主轴锥孔和尾座套筒锥孔都经过中频淬火，耐磨性好；主轴箱、进给箱采用箱外循环、集中润滑，有利于降低主轴箱的温升，减少热变形，提高工作稳定性。

1. 加工范围

　　CA6140A 车床的加工范围很广，主要加工轴类、套类零件和直径不大的盘类零件。若配合一些功能附件，它可实现很多的加工工序（表3-1）。此外，利用车床还能完成车偏心轴、镗削箱体、车多边形、拉油槽、卷弹簧等工序。

表 3-1　CA6140A 车床上可加工的工序内容

表面类型	加工工序内容			
外圆柱面、端面加工	车端面 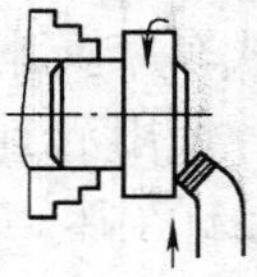	车外圆 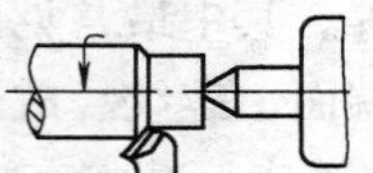	外圆滚压 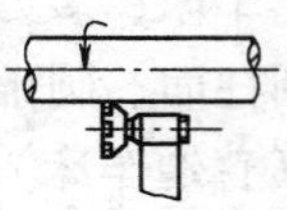	外圆滚花 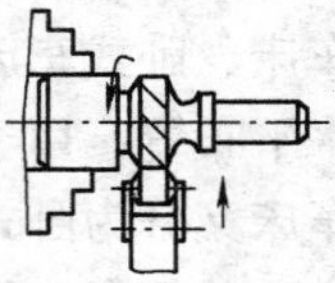
内圆柱面加工	钻孔 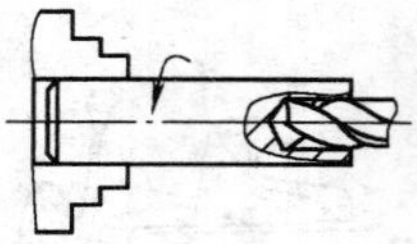	铰孔 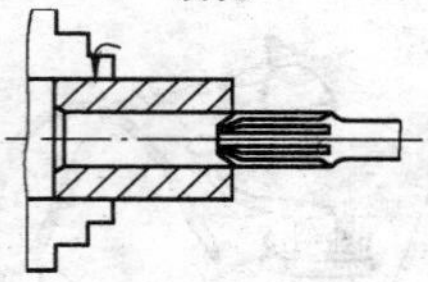	车孔 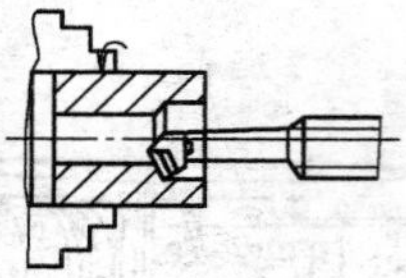	内圆滚压 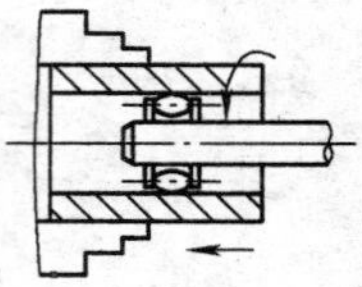
螺旋面加工	车外螺纹 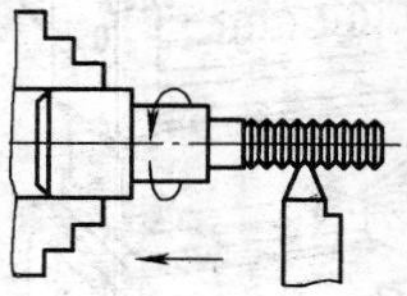	车内螺纹 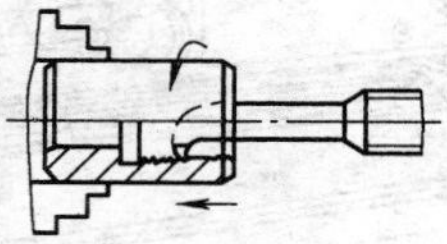	旋风切削 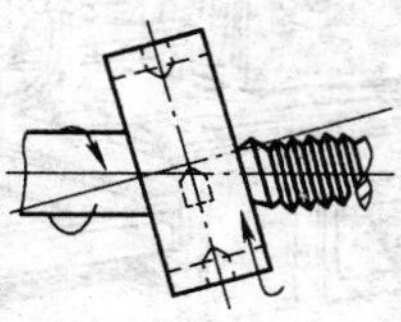	攻内螺纹 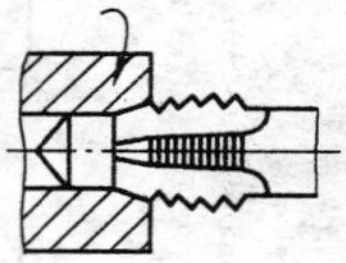
切断、切槽	切外槽 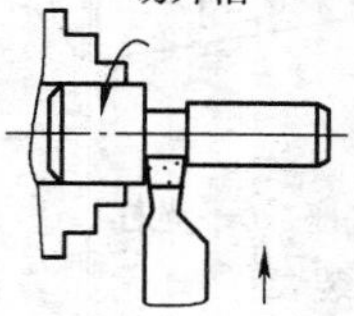	切断 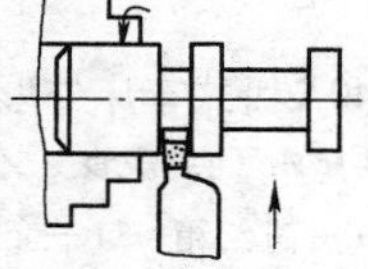	切内槽 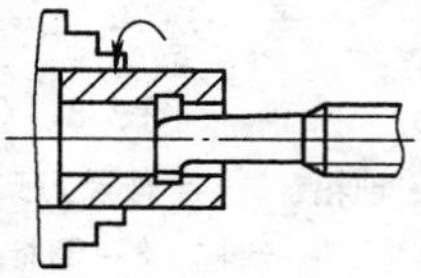	切端面槽 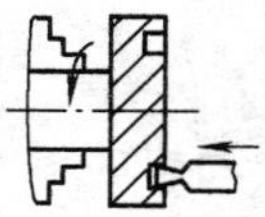
锥面、球面、椭圆柱面加工	车锥面 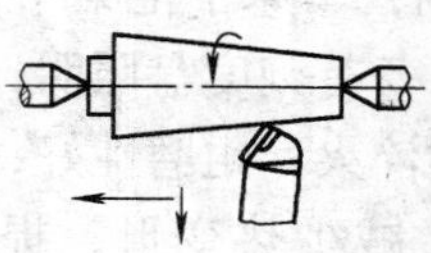	车外球面 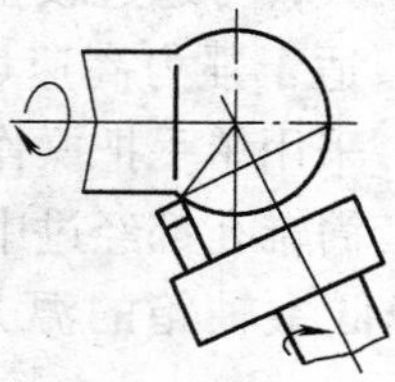	车内球面 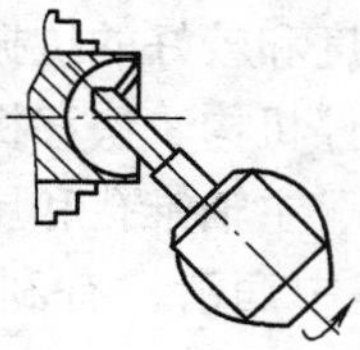	车椭圆柱面 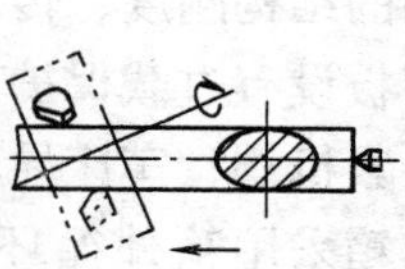

（续）

表面类型	加工工序内容			
成形表面	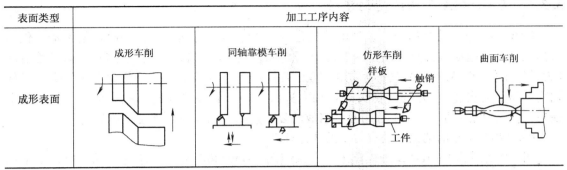			

注：内外圆滚压、滚花、钻孔、铰孔、旋风切螺纹、攻内螺纹等不属于车削加工，属于车床上可加工的工序。

表 3-1 中，有些工序的实现方法也不止一种。如车锥面，它可转动刀架回转滑座，利用手动进给，车削锥度大、长度短的内、外圆锥体；偏置尾座，车削锥度较小、长度较长的外圆锥体；利用成形车刀，车削长度较短的圆锥体；均匀地转动溜板箱纵横向进给手轮，车削较粗糙的圆锥体；利用仿形附件车削圆锥体等。

2. 精度范围

卧式车床的精度等级共划分为三种等级，即普通精度级（P，在型号中 P 省略）、精密级（M）和高精度级（G）。某一精度等级机床的精度指标要求，都由国家统一规定。普通精度级的机床精度指标，也应与现行的国际标准或国外先进标准的技术水平相当。CA6140A 卧式车床的精度符合国家标准 GB/T 4020—1997《卧式车床 精度检验》的要求。

3. 机床技术参数

机床的技术参数是用户合理选用机床的主要依据。CA6140A 卧式车床的主要技术参数见表 3-2。

表 3-2　CA6140A 卧式车床的主要技术参数

项　　目		单位	技术参数
床身上最大工件回转直径（主参数）		mm	400
最大工件长度（第二主参数）		mm	750、1000、1500、2000
刀架上最大工件回转直径		mm	210
主轴孔径		mm	52
主轴孔前端锥度			莫氏 6 号
尾座主轴孔锥度			莫氏 5 号
装刀基面至主轴中心线距离		mm	26
主轴转速	正转 24 种/反转 12 种	r/min	11 ~ 1600/14 ~ 1650
进给量	纵向 64 种/横向 64 种	mm/r	0.028 ~ 6.33/0.014 ~ 3.16
车削螺纹	米制 44 种/模数制 39 种	mm	1 ~ 192/0.25 ~ 48
	寸制 20 种/径节制 37 种		2 ~ 24 牙/in/1 ~ 96DP
主电动机	型号/功率/转速		Y132M-4 左/7.5kW/（1450r/min）
机床质量		kg	1999/2070/2220/2570
机床外形尺寸（长×宽×高）		mm	（2418/2668/3168/3668）×1000×1267

3.3.2 CA6140A 车床的传动系统

CA6140A 车床的主运动是工件的旋转运动。进给运动有两部分：一般进给运动，包括刀具纵向进给运动（刀具移动方向平行于工件轴线，故又称轴向进给）、刀具横向进给运动（刀具沿工件径向移动，故又称径向进给）、刀具斜向进给运动（刀具移动方向斜交于工件轴线，靠手动实现）、刀具（钻头等）轴向进给运动（钻头等在尾座孔中伸出，靠手动实现）；螺纹进给运动，它是工件与刀具组成的复合进给运动（圆柱螺旋轨迹运动）。

CA6140A 车床的辅助运动有刀架的快速移动。

图 3-9 所示为 CA6140A 卧式车床传动系统图。CA6140A 卧式车床的传动系统，由主运动传动链、螺纹进给传动链、刀架机动进给传动链、快速移动传动链等组成。

1. 主运动传动链

主运动传动链是把电动机的运动及动力，转换成切削过程中要求的主轴转速和转向，使主轴带动工件完成主运动。

（1）传动路线 主运动传动链的传动路线表达式如下

$$\frac{7.5\text{kW 电动机}}{1450\text{r/min}} - \frac{\phi130}{\phi230} - \text{I} - \begin{bmatrix} M_1\left(\frac{\text{左}}{\text{正转}}\right) - \begin{bmatrix} \frac{53}{41} \\ \frac{58}{36} \end{bmatrix} \\ M_1\left(\frac{\text{右}}{\text{反转}}\right) - \frac{50}{34} - \text{VII} - \frac{34}{30} \end{bmatrix} - \text{II} - \begin{bmatrix} \frac{22}{58} \\ \frac{30}{50} \\ \frac{39}{41} \end{bmatrix} - \text{III} - \begin{bmatrix} \begin{bmatrix} \frac{20}{80} \\ \frac{50}{50} \end{bmatrix} - \text{IV} - \begin{bmatrix} \frac{20}{80} \\ \frac{51}{50} \end{bmatrix} - \text{V} - \frac{26}{58} - M_2 \\ \frac{63}{50} \end{bmatrix} - \text{VI（主轴）}$$

运动由主电动机经 V 带轮传动副 $\phi130\text{mm}/\phi230\text{mm}$，传至主轴箱中的轴 I。在轴 I 上装有双向摩擦离合器 M_1。当压紧离合器 M_1 左侧的一组摩擦片时，轴 I 的运动经变速齿轮副 53/41 或 58/36 传给轴 II，使轴 II 获得两种转速，此时主轴正转。当 M_1 右侧的一组摩擦片被压紧时，轴 I 的运动经齿轮 50、传给轴 VII 上的空套齿轮 34，再折回传给固定在 II 轴上的齿轮 30。由于轴 I 至轴 II 间插入了轴 VII，使轴 II 的转向相反，此时主轴反转。当离合器 M_1 处于中间位置时，左右摩擦片都没有被压紧，轴 I 的运动不能传至轴 II，主轴停转。

轴 II 的运动经三联滑移齿轮变速组到达轴 III，使轴 III 获得 $2 \times 3 = 6$ 种正转转速。

运动从轴 III 传至主轴有两条路线：

1）高速传动路线。主轴上的滑移齿轮 50 移至左侧，与轴 III 右侧的固定齿轮 63 啮合。运动由轴 III 经齿轮副 63/50 直接传给主轴，使主轴得到 $500 \sim 1600\text{r/min}$ 的 6 种高转速。

2）中低速传动路线。主轴的滑移齿轮 50 移至右侧，使主轴上的齿式离合器 M_2 啮合。轴 III 的运动经滑移齿轮副 20/80 或 50/50 传给轴 IV，又由滑移齿轮副 20/80 或 51/50 传给轴 V，再经单一齿轮副 26/58 和齿式离合器 M_2 传至主轴，使主轴获得 $11 \sim 560\text{r/min}$ 的中低转速。

（2）主轴转速级数和转速 根据传动路线表达式，可求得主轴（正转）转速级数，即

$$\Gamma_{\text{主}} = 1 \times (1+1) \times (1+1+1) \times [(1+1) \times (1+1) \times (1) + 1] = 2 \times 3 \times (2 \times 2 + 1) = 30$$

但是实际只有 24 级，其原因是 III ~ V 轴之间存在四种传动比：

$$u_1 = \frac{20}{80} \times \frac{20}{80} = \frac{1}{16}$$

$$u_2 = \frac{20}{80} \times \frac{51}{50} \approx \frac{1}{4}$$

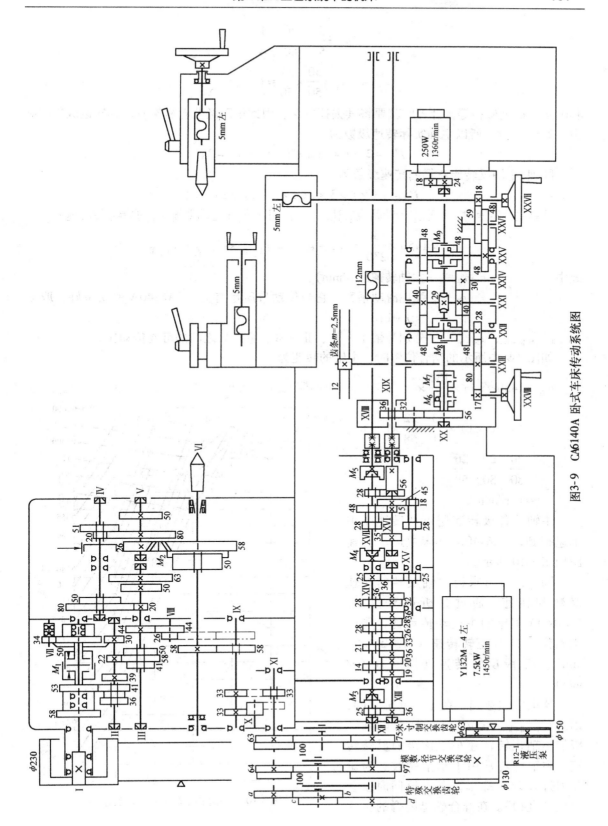

图3-9 CA6140A 卧式车床传动系统图

$$u_3 = \frac{50}{50} \times \frac{20}{80} = \frac{1}{4}$$

$$u_4 = \frac{50}{50} \times \frac{51}{50} \approx 1$$

其中 u_2、u_3 近似相等，计算时就要将其去掉一个，因此运动经背轮机构时，其转速级数实际为 $(2 \times 2 - 1)$，所以主轴实际转速级数为

$$\varGamma_主 = 2 \times 3 \times [(2 \times 2 - 1) + 1] = 24$$

同理，主轴反转能获得的转速级数为

$$\varGamma_{主反} = 1 \times 1 \times 3 \times [(2 \times 2 - 1) + 1] = 12$$

计算主轴转速时，可根据传动路线表达式，列出主轴转速运动平衡式，求得主轴转速 $n_主$

$$n_主 = 1450 \times \frac{130}{230} \times (1 - \varepsilon_0) \times u_{\text{I} \sim \text{II}} \times u_{\text{II} \sim \text{III}} \times u_{\text{III} \sim \text{VI}}$$

式中　　　　　　　　 $n_主$ ——主轴转速（r/min）；

　　　　　　　　　　 ε_0 ——弹性滑动系数，它与传动带质量有关，CA6140A 的质量好，取 ε_0 = 0.01；

$u_{\text{I} \sim \text{II}}$、$u_{\text{II} \sim \text{III}}$、$u_{\text{III} \sim \text{VI}}$ ——分别为轴 I ~ II、II ~ III、III ~ VI 之间的可变传动比。

如图 3-9 中所示的啮合位置时，主轴的转速为

$$n_主 = 1450\text{r/min} \times \frac{130}{230} \times$$

$$(1 - 0.01) \times \frac{53}{41} \times \frac{22}{58} \times$$

$$\frac{20}{80} \times \frac{20}{80} \times \frac{26}{58}$$

$$\approx 11\text{r/min}$$

主轴的各级转速还可从转速图中迅速查到，CA6140A 车床主运动转速图如图 3-10 所示。

同样，也可求得主轴反转的转速级数和转速。通过分析计算得出，CA6140A 车床的主运动传动链，能使主轴获得 24 级正转转速（11 ~ 1600r/min）、12 级反转转速（14 ~ 1650r/min）。

这里应注意到，在 I ~ II 轴之间，因为 $u_{\text{I} \sim \text{II}(正转)} < u_{\text{I} \sim \text{II}(反转)}$，所以某一级的主轴正转转速小于该级的反转转速。主轴反转常用于车削螺纹。为避免因打开开合螺母，车刀返回时，会出现"乱扣"。在开合螺母闭合的条件

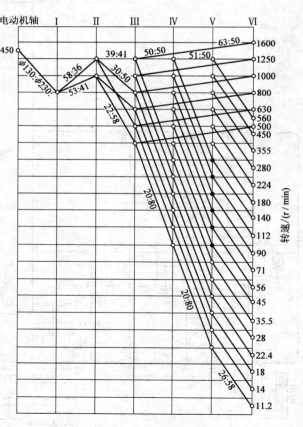

图 3-10　CA6140A 车床主运动转速图

下，较高的主轴反转转速，可以节省返回辅助时间。

2. 螺纹进给传动链

CA6140A 车床可以加工米制、模数制、寸制及径节制四种标准螺纹和大导程（多线）标准螺纹；此外，还可以加工非标准螺纹和较精密螺纹。它既可以加工右螺纹，也可以加工左螺纹。

螺纹进给传动链是条复合进给传动链，它需要主运动与轴向进给运动之间有相互制约的复合进给运动，满足主轴（工件）旋转一周，刀具移动一个螺旋线导程 L 距离的关系。其运动平衡式为

$$L = 1_{(主轴)} \times u_o \times u_x \times L_丝$$

式中　L——被加工螺纹的导程（mm）；

　　u_o——主轴至丝杠的传动链上，不包括丝杠在内的固定传动比；

　　u_x——主轴至丝杠的传动链上，交换齿轮装置和进给箱中的可变传动比；

　　$L_丝$——车床丝杠导程，对于 CA6140A，$L_丝 = 12$mm。

在车削螺纹时，米制螺纹的螺纹参数是螺距 P（mm），导程 $L = kP$（mm），其中 k 为螺纹线数；模数制螺纹的螺纹参数是模数 m（mm），导程 $L_m = k\pi m$（mm）；寸制螺纹的螺纹参数是每英寸牙数 a（牙/in），导程 $L_a = 25.4k/a$（mm）；径节螺纹的螺纹参数是径节 DP（牙/in），导程 $L_{DP} = 25.4k\pi/DP$（mm）。

在 CA6140A 车床上车削各种螺纹的传动路线如图 3-11 所示。其中轴 XIII ~ XIV 之间的变速机构可变换 8 种不同的传动比：

$$u_{基1} = \frac{26}{28} = \frac{6.5}{7} \qquad u_{基2} = \frac{28}{28} = \frac{7}{7}$$

$$u_{基3} = \frac{32}{28} = \frac{8}{7} \qquad u_{基4} = \frac{36}{28} = \frac{9}{7}$$

$$u_{基5} = \frac{19}{14} = \frac{9.5}{7} \qquad u_{基6} = \frac{20}{14} = \frac{10}{7}$$

$$u_{基7} = \frac{33}{21} = \frac{11}{7} \qquad u_{基8} = \frac{36}{21} = \frac{12}{7}$$

这些传动比的分母相同，分子则除 6.5 和 9.5 用于其他种类的螺纹外，其余按等差数列排列，相当于米制螺纹导程标准的最后一行。这套变速组称为基本租。

轴 XV ~ XVII 之间的变速机构可变换 4 种传动比，即

$$u_{倍1} = \frac{18}{45} \times \frac{15}{48} = \frac{1}{8} \qquad u_{倍2} = \frac{28}{35} \times \frac{15}{48} = \frac{1}{4}$$

$$u_{倍3} = \frac{18}{45} \times \frac{35}{28} = \frac{1}{2} \qquad u_{倍4} = \frac{28}{35} \times \frac{35}{28} = 1$$

它们用以实现螺纹导程标准中行与行间的倍数关系，称为增倍组。基本组、增倍组和移换机构组成进给变速机构，进给变速机构和交换齿轮一起组成换置机构。

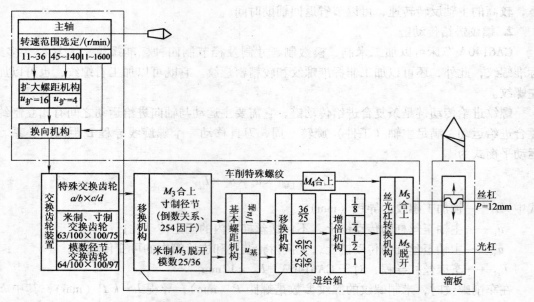

图 3-11　在 CA6140A 车床上车削各种螺纹的传动路线

（1）米制螺纹　米制螺纹是我国常用的螺纹，其螺距值已标准化，标准螺距值按分段的等差级数排列，行与行之间成倍数关系，见表 3-3。

表 3-3　标准米制螺纹导程　　　　　　　　　　　　　　　　（单位：mm）

—	1	—	1.25		1.5
1.75	2	2.25	2.5	—	3
3.5	4	4.5	5	5.5	6
7	8	9	10	11	12

CA6140A 卧式车床可以车削的米制螺纹见表 3-4。表 3-4 与车床进给箱盖上的进给表所列内容一致。

表 3-4　CA6140A 型卧式车床车削米制螺纹导程表

螺纹导程/mm　扩大组传动比 $u_{扩}$　增倍组传动比 $u_{倍}$　基本组传动比 $u_{基}$		1				4	16	4	16	16	16
		$\frac{18}{45}\times\frac{15}{48}=\frac{1}{8}$	$\frac{28}{35}\times\frac{15}{48}=\frac{1}{4}$	$\frac{18}{45}\times\frac{35}{28}=\frac{1}{2}$	$\frac{28}{35}\times\frac{35}{28}=1$	$\frac{1}{2}$	$\frac{1}{8}$	1	$\frac{1}{4}$	$\frac{1}{2}$	1
$u_{基1}=\dfrac{26}{28}=\dfrac{6.5}{7}$											
$u_{基2}=\dfrac{28}{28}=\dfrac{7}{7}$		1.75	3.5	7	14	28	56	112			
$u_{基3}=\dfrac{32}{28}=\dfrac{8}{7}$		1	2	4	8	16	32	64	128		

第 3 章　工艺系统中的机床　　105

（续）

扩大组传动比 $u_{扩}$ ＼ 螺纹导程/mm ＼ 增倍组传动比 $u_{倍}$ ＼ 基本组传动比 $u_{基}$	1				4	16	4	16	16	16
增倍组传动比 $u_{倍}$	$\frac{18}{45}\times\frac{15}{48}=\frac{1}{8}$	$\frac{28}{35}\times\frac{15}{48}=\frac{1}{4}$	$\frac{18}{45}\times\frac{35}{28}=\frac{1}{2}$	$\frac{28}{35}\times\frac{35}{28}=1$	$\frac{1}{2}$	$\frac{1}{8}$	1	$\frac{1}{4}$	$\frac{1}{2}$	1
$u_{基4}=\frac{36}{28}=\frac{9}{7}$			4.5	9	18		36		72	144
$u_{基5}=\frac{19}{14}=\frac{9.5}{7}$										
$u_{基6}=\frac{20}{14}=\frac{10}{7}$	1.25	2.5	5	10	20		40		80	160
$u_{基7}=\frac{33}{21}=\frac{11}{7}$		2.75	5.5	11	22		44		88	176
$u_{基8}=\frac{36}{21}=\frac{12}{7}$	1.5	3	6	12	24		48		96	192

　　根据图 3-11 并结合传动系统图（图 3-9），可写出车削米制螺纹的运动平衡式

$$L=kP=1_{（主轴）}\times\frac{58}{58}\times\frac{33}{33}\times\frac{63}{100}\times\frac{100}{75}\times\frac{25}{36}\times u_{基}\times\frac{25}{36}\times\frac{36}{25}\times u_{倍}\times12$$

将上式简化后得

$$L=kP=7u_{基}u_{倍}$$

　　从表 3-4 中看出，用上述运动平衡式加工的米制螺纹最大导程 $L=12\mathrm{mm}$。当需要在 CA6140A 车床上加工导程 $L>12\mathrm{mm}$ 螺纹时，如车削多线螺纹和拉油槽时，就需使用扩大螺距机构。这时应扳动主轴箱上左边的手把，将轴Ⅸ上的滑移齿轮 58 移至右端位置（见图 3-9），与轴Ⅷ上的齿轮 26 啮合。于是主轴与轴Ⅸ之间不再是通过齿轮副 58/58 直接联系，而是经轴Ⅴ、Ⅳ、Ⅲ及Ⅷ间的齿轮副实现运动联系。故车削大导程螺纹时从轴Ⅵ到轴Ⅸ的传动路线表达式为

$$（主轴）Ⅵ-\frac{58}{26}-Ⅴ-\frac{80}{20}-Ⅳ-\begin{bmatrix}\dfrac{50}{50}\\[4pt]\dfrac{80}{20}\end{bmatrix}-Ⅲ-\frac{44}{44}-Ⅷ-\frac{26}{58}-Ⅸ$$

由此可以算出从主轴Ⅵ～Ⅸ的传动比为

$$u_{扩1}=\frac{58}{26}\times\frac{80}{20}\times\frac{50}{50}\times\frac{44}{44}\times\frac{26}{58}=4$$

　　采用 $u_{扩1}$ 这条传动路线时，主轴转速 $n_{主}=45\sim140\mathrm{r/min}$。

$$u_{扩2}=\frac{58}{26}\times\frac{80}{20}\times\frac{80}{20}\times\frac{44}{44}\times\frac{26}{58}=16$$

　　采用 $u_{扩2}$ 这条传动路线时，主轴转速 $n_{主}=11\sim36\mathrm{r/min}$。

加工大导程螺纹时，自Ⅸ轴以后的传动路线仍与加工常用螺纹的传动路线相同。

（2）模数螺纹　模数螺纹与米制螺纹不同的是，在模数螺纹导程 $L_m = k\pi m$ 中含有特殊因子 π。根据图 3-11 并结合传动系统图（图 3-9），得到车削模数螺纹的运动平衡式，再将运动平衡式中的 $\dfrac{64}{100} \times \dfrac{100}{97} \times \dfrac{25}{36} \approx \dfrac{7\pi}{48}$，代入化简，得 $m = \dfrac{7}{4k} u_基 u_倍$。改变 $u_基$ 和 $u_倍$，就可以车削出各种标准模数螺纹。如应用扩大螺纹导程机构，也可以车削出大导程的模数螺纹。

（3）寸制螺纹　我国部分管螺纹目前采用的是寸制螺纹。寸制螺纹的螺距参数为每英寸长度上的牙数 a。标准的 a 值是按分段等差数列规律排列的，但转换成寸制螺纹的螺距值 [（$1/a$in）或（$25.4/a$）mm]，则成了调和数列。

为此，车削寸制螺纹有特殊因子"25.4"，必须改变传动路线走向，以获得相应的调和数列。根据图 3-11 并结合传动系统图（图 3-9），可以写出车削寸制螺纹的运动平衡式，将运动平衡式中的 $\dfrac{63}{100} \times \dfrac{100}{75} \times \dfrac{36}{25} \approx \dfrac{25.4}{21}$，代入化简，得 $a = \dfrac{7k}{4} \times \dfrac{u_基}{u_倍}$。改变 $u_基$ 和 $u_倍$，就可以加工各种标准寸制螺纹。

（4）径节螺纹　径节螺纹就是寸制模数螺纹，螺距参数用径节 DP（牙/in）表示。径节螺纹的导程中包含"π"和"25.4"两个特殊因子。对径节螺纹的处理方法与前面相似，这里不再赘述。

（5）非标准螺纹和较精密螺纹　车削非标准螺纹和较精密螺纹，需要在交换齿轮装置中配置合适的交换齿轮 a、b、c、d，并将进给箱中的 M_3、M_4 和 M_5 三只离合器全部合上。此时螺纹进给传动链的运动平衡式为

$$L = 1_{（主轴）} \times \frac{58}{58} \times \frac{33}{33} \times \frac{a}{b} \times \frac{c}{d} \times 12$$

经整理后，即得到交换齿轮置换式

$$\frac{a}{b} \times \frac{c}{d} = \frac{L}{12}$$

式中　a、b、c、d——交换齿轮齿数；

L——拟车削的螺纹导程（mm）。

例如，CA6140A 车床车削模数螺纹传动链中，是用（$64/100 \times 100/97 \times 25/36$）$\times 48/7 = 3.1418753$ 近似地作为特殊因子 π。因此它在 1000mm 加工长度上的相对误差 $\omega = +0.09$mm。现在改用车较精密螺纹传动链，车削模数 $m = 3$mm 高精度模数丝杠。若选用因子组 $71 \times 5/113 = 3.1415929$ 近似地作为特殊因子 π，则可求得

$$\frac{a}{b} \times \frac{c}{d} = \frac{L_m}{12} = \frac{3 \times 71 \times 5}{12 \times 113} = \frac{71}{80} \times \frac{100}{113}$$

即交换齿轮齿数 $a = 71$、$b = 80$、$c = 100$、$d = 113$。此时模数丝杠在 1000mm 长度上的相对误差只有 $\omega = +0.0001$mm。

用较精密螺纹传动链车削寸制螺纹时，则可用 $127/5$ 作为特殊因子 25.4。此时寸制丝杠在 1000mm 长度上的相对误差 $\omega = 0$。

（6）多线螺纹　多线螺纹具有传动速度快、效率高等优点，受到广泛运用。加工多线螺纹主要是掌握它的分线方法。多线螺纹的各条螺旋线在轴向和圆周上是等距分布的，因此

在 CA6140A 车床上也可采用轴向分线与圆周分线加工多线螺纹。

1）轴向分线。完成第一条螺旋槽的加工后，将刀具沿工件轴线移动一个螺距，再开始加工第二条螺旋槽。

加工精度较低的多线螺纹时，只要利用方刀架下小滑板上的刻度盘的刻度线进行分线即可。

加工精度较高的多线螺纹时，要用百分表、量块进行分线——在床鞍（溜板）上紧固一挡块，将百分表固定在方刀架上；加工第 1 条螺旋槽前，调整小滑板使百分表触头接触挡块，并将百分表调 0。完成第一条螺旋槽后，根据螺距和对应的百分表读数确定小滑板移动量。对受百分表量程限制的大导程螺纹，须用测量尺寸为螺距值的量块配合。

2）圆周分线。完成第一条螺旋槽的加工后，脱开工件与刀具之间的复合进给传动链，并将工件转过 θ 角，$\theta = 360°/k$（k 为螺纹线数），再连接好工件与刀具之间的复合进给传动链，加工第二条螺旋槽。

3. 机动进给和快速移动传动链

（1）机动进给传动链　普通车削时，刀架机动进给传动链要求进给箱中离合器 M_5 脱开，运动由轴 XVIII 经齿轮副 28/56 传至光杠 XIX，再经溜板箱中的齿轮副 $\frac{36}{32} \times \frac{32}{56}$、超越离合器和安全离合器 $\frac{M6}{M7}$、蜗轮蜗杆副 4/29 传至轴 XXI。运动由轴 XXI 经齿轮副 $\frac{40}{48}$ 或 $\frac{40}{30} \times \frac{30}{48}$、双向离合器 $M8$ 到达轴 XXII，再经齿轮副 $\frac{28}{80}$ 到达轴 XXIII，传至小齿轮 12。小齿轮 12 与固定在床身上的齿条相啮合。小齿轮转动时，就使刀架作纵向进给以车削圆柱面。若运动由轴 XXI 经齿轮副 $\frac{40}{48}$ 或 $\frac{40}{30} \times \frac{30}{48}$、双向离合器 $M9$、轴 XXV 及齿轮副 $\frac{48}{48} \times \frac{59}{18}$ 传至横向丝杠 XXVII，就使刀架作横向机动进给以车削端面。其传动路线表达式如下：

$$\cdots\cdots \text{XVIII} - \frac{28}{56} - \text{XIX} - \frac{36}{32} \times \frac{32}{56} - \text{XX} - \frac{4}{29} - \text{XXI} -$$

$$\left\{ \begin{array}{l} \left[\begin{array}{l} M8 \uparrow \dfrac{40}{48} \\ M8 \downarrow \dfrac{40}{30} \times \dfrac{30}{48} \end{array} \right] - \text{XXII} - \dfrac{28}{80} - \text{XXIII} - z12/\text{齿条} \\ \left[\begin{array}{l} M9 \uparrow \dfrac{40}{48} \\ M9 \downarrow \dfrac{40}{30} \times \dfrac{30}{48} \end{array} \right] - \text{XXV} - \dfrac{48}{48} - \text{XXVI} - \dfrac{59}{18} - \text{横向丝杠 XXVII} \end{array} \right.$$

刀架机动纵向进给量范围 $f_{纵} = 0.028 \sim 6.33\text{mm/r}$，横向进给量范围 $f_{横} = 0.014 \sim 3.16\text{mm/r}$，各 64 级。它是经过标准进给、加大进给和细进给这三条传动路线得到的。

1）标准进给传动路线。它由两部分组成：一是经过车米制螺纹传动路线后进入溜板箱，得到标准进给量 $f_{纵} = 0.08 \sim 1.22\text{mm/r}$，$f_{横} = 0.04 \sim 0.61\text{mm/r}$，各 32 级；二是经过车寸制螺纹传动路线后进入溜板箱，此时取增倍机构中 $u_{倍} = 1$，得到标准进给量 $f_{纵} = 0.86 \sim$

1.59mm/r, $f_横$ = 0.43 ~ 0.79mm/r, 各 8 级。

2）加大进给传动路线。经过扩大螺距机构和车寸制螺纹传动路线后进入溜板箱。此时主轴转速范围 $n_主$ = 10 ~ 125r/min，低速大进给量 $f_纵$ = 1.71 ~ 6.33mm/r，$f_横$ = 0.85 ~ 3.16mm/r，各 16 级。

3）细进给传动路线。从主轴经过齿轮副 50/63 到Ⅲ轴、Ⅷ轴和Ⅸ轴，再经过车米制螺纹传动路线后进入溜板箱，此时主轴转速范围 $n_主$ = 500 ~ 1600r/min（560r/min 除外），进给箱中取 $u_倍$ = 1/8，得到高速细进给量 $f_纵$ = 0.028 ~ 0.054mm/r，$f_横$ = 0.014 ~ 0.027mm/r，各 8 级。

（2）快速移动传动链　刀架的快速移动是为了减轻工人的劳动强度及缩短辅助时间而设置的。当刀架需要快速移动时，按下快速移动按钮，使快速电动机（0.25kW，1360r/min）接通，这时运动经齿轮副 18/24 传至轴ⅩⅩ（见图 3-9），然后沿着工作进给时的相同传动路线传至纵向、横向进给机构，使刀架作相应方向的快速移动。当快速电动机使轴ⅩⅩ快速旋转时，单向超越离合器 M_6 将轴ⅩⅩ与左边的齿轮 56 脱离，使工作进给传动链自动断开，保证快速运动与工作进给传动不产生干涉。快速电动机停转时，单向超越离合器 M_6 接合，工作进给运动链又重新自动接通。

单向超越离合器 M_6 不仅具有防止刀架快速移动与进给运动发生干涉的功能，而且能避免操作事故，具有安全保护作用。机动进给时，如果出现主轴反转，或主轴箱上的车螺纹旋向选择手把，误放在"车左螺纹"位置上，此时尽管光杠反转，但单向超越离合器 M_6 不会把光杠的反向旋转传入溜板箱内，刀架立即停住，不会出现与溜板箱上进给操纵手把方向相反的移动。

3.3.3　CA6140A 车床主轴箱部件结构

1. CA6140A 车床主要组成部件及功能

（1）主轴箱　它是装有主轴的箱形部件。主轴箱固定在床身的左端，内部装有主轴和变速传动机构。工件通过卡盘等夹具，装夹在主轴前端。在主电动机驱动下，动力经主轴箱的变速传动机构传给主轴，使主轴带动工件按规定的转速旋转，实现主运动。

（2）刀架　它也称方刀架，主要用于安装刀具，并可作移动或回转。方刀架上可同时安装四把刀具，可快速手动换刀，实现刀具纵向、横向或斜向进给运动。

（3）尾座　它是主要配合主轴箱支承工件或加工工具的部件。尾座安装在床身的尾座移动导轨上，可沿导轨纵向调整并锁紧其位置；尾座体也可横向调整。它的功用是用后顶尖支撑长工件；还可在尾座套筒内安装钻头、铰刀等孔加工刀具，采用手动进给进行孔加工；也可横向调整尾座体车削锥轴。

（4）进给箱　它是装有进给变换机构的箱形部件。进给箱固定在床身的左端前侧。进给箱内装有进给运动的变换装置，用于改变刀具的进给量或所加工螺纹的导程。

（5）溜板箱　它是用于驱动溜板移动的传动箱。溜板箱与床鞍相连，与方刀架一起沿床身导轨作纵向运动，能把进给箱传来的运动传递给刀架，使方刀架实现纵向和横向进给、螺纹切削运动或快速移动。

（6）床身　它是用于支承和连接若干部件，并带有导轨的基础件。床身固定在左右底座上，其上安装有车床的各个主要部件。

2. 主轴箱结构

CA6140A 车床主轴箱是功能独立、结构复杂、精度要求高、能影响整机性能和质量指标的重要机床部件。它包括箱体、主轴部件、卸荷式带轮、双向摩擦离合器和制动器、变速操纵机构、润滑装置等。图 3-12 所示为 CA6140A 车床主轴箱左视图。若沿轴 Ⅰ-Ⅱ-Ⅲ（Ⅴ）-Ⅵ剖切并展开（轴Ⅳ单独取剖切面），则可得到如图 3-13 所示的展开图。

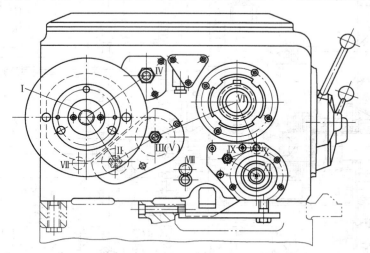

图 3-12　CA6140A 车床主轴箱左视图

3. 卸荷式带轮

主电动机通过带传动使轴 Ⅰ 旋转。为提高轴 Ⅰ 旋转的平稳性，轴 Ⅰ 上的带轮采用了卸荷结构。如图 3-13 所示，法兰 15 用螺钉固定在箱体 32 上，带轮 13 通过螺钉和定位销与花键套 12 连接并支承在法兰 15 内的两个深沟球轴承 14 上，花键套 12 与轴 Ⅰ 的花键部分配合，因而使带的运动可通过花键套 12 带动轴 Ⅰ 旋转，而带所产生的拉力则经法兰 15 直接传给箱体 32，使轴 Ⅰ 不受带拉力的作用，减少了弯曲变形，从而提高了 Ⅰ 轴旋转的平稳性。卸荷带装置特别适用于要求传动平稳性高的精密机床的主轴。

带轮 13 应与小带轮处在同一传动平面内，即安装好的 Ⅴ 带应在同一传动平面内，为此要求带轮 13 在轴向能少量调整。调整方法是：将 Ⅰ 轴左端螺母 11 上的固定螺钉拧下，旋转螺母 11，调整它在 Ⅰ 轴上的轴向位置。当螺母 11 位置调整到能使 Ⅴ 带处在同一传动平面内时，再将固定螺钉拧上，仍使螺母 11 与花键套 12 结成一体。

带轮 13 辐板上的开孔位置能与法兰 15 的固定螺钉通孔对准。其目的是内六角扳手能通过带轮辐板上的开孔，将法兰 15 的固定螺钉卸下（或拧上），把带轮 13 连同法兰 15 及 Ⅰ 轴上安装好的全部零件都一下子拉出来（或推进去）。这样就能实现包括卸荷式带轮在内的 Ⅰ 轴部件在主轴箱体外组装调试。

4. 双向摩擦离合器、制动器及操纵机构

（1）双向摩擦离合器（图 3-13）　轴 Ⅰ 上装有双向摩擦离合器 M_1，用于实现主轴的起动、停止及换向。左离合器传动主轴正转，正转用于切削，传递的转矩较大，所以片数较多（外摩擦片8片、内摩擦片9片）；右离合器传动主轴反转，主要用于退刀，片数较少（外

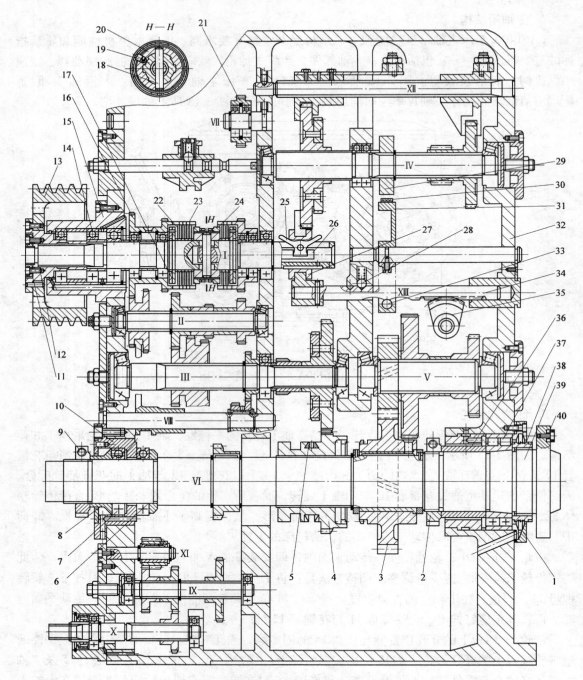

图 3-13　CA6140A 车床主轴箱展开简图

1—透盖　2—调整螺母　3—大齿轮　4—齿轮　5—平衡块　6—推力球轴承　7—角接触球轴承　8—甩油隔套
9—调整螺母　10—轴承杯　11—螺母　12—花键套　13—带轮　14—深沟球轴承　15—法兰　16—双联齿轮
17—止推片　18—圆销　19—弹簧销　20—螺纹套　21—中间轮　22—内摩擦片　23—外摩擦片　24—压紧
螺母　25—元宝形摆块　26—拉杆　27—滑套　28—定位钢珠　29—制动轮　30—制动带　31—杠杆
32—箱体　33—钢珠　34—齿条轴　35—扇形齿　36—隔套　37—圆锥孔双列圆柱滚子轴承
38—螺母　39—主轴　40—传动键

摩擦片 4 片、内摩擦片 5 片）。

　　摩擦离合器还具有过载保护的功能，当机床超载时，摩擦片间产生打滑，主轴停止转动，避免损坏机床。为此，摩擦片之间的压紧力宜根据离合器传递的额定转矩来调整。

　　（2）制动器及操纵机构　为了在摩擦离合器松开后，克服惯性作用，使主轴迅速制动，在主轴箱轴Ⅳ上装有制动装置（图 3-14）。制动装置由通过花键与轴Ⅳ连接的制动轮 7、制动钢带 6、杠杆 4 以及调整装置等组成。制动带内侧固定一层铜丝石棉，以增大制动摩擦力矩。制动带一端通过调节螺钉 5 与箱体 1 连接，另一端固定在杠杆上端。当杠杆 4 绕轴 3 逆时针摆动时，拉动制动带，使其包紧在制动轮上，并通过制动带与制动轮之间的摩擦力使主轴得到迅速制动。制动摩擦力的大小可用调节装置中调节螺钉 5 进行调整，调整后还应检查在压紧离合器时制动带是否松开。

　　双向摩擦离合器与制动装置采用同一操纵机构控制（图 3-15），以协调两机构的工作。当抬起或压下手柄 7 时，通过曲

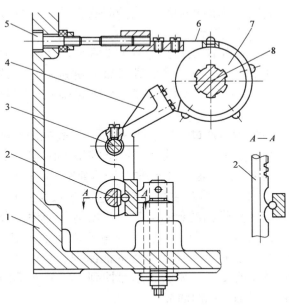

图 3-14　制动装置

1—箱体　2—齿条轴　3—杠杆支承轴　4—杠杆　5—调节螺钉
6—制动钢带　7—制动轮　8—轴Ⅳ

柄 9、拉杆 10、曲柄 11 及扇形齿轮 13，使齿条轴 14 向左或向右移动，齿条轴 14 左端的拨叉 15 便拨动滑套 4 在Ⅰ轴上左右滑动。滑套 4 滑动的同时，便迫使安装在Ⅰ轴上的元宝形摆块 3 摆动。元宝形摆块 3 的下端嵌装在拉杆 16 右端的槽内，这就使拉杆 16 能控制左边或

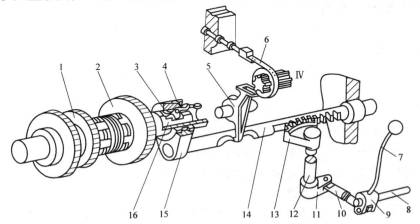

图 3-15　摩擦离合器及制动装置的操纵机构

1—双联齿轮　2—齿轮　3—元宝形摆块　4—滑套　5—杠杆　6—制动带
7—手柄　8—操纵杆　9、11—曲柄　10、16—拉杆
12—轴　13—扇形齿轮　14—齿条轴　15—拨叉

右边离合器结合，从而使主轴正转或反转。双向摩擦离合器接合时，杠杆 5 下端正好位于齿条轴圆弧形凹槽内，制动带处于松开状态。当操纵手柄 7 处于中间位置时，齿条轴 14 和滑套 4 也处于中间位置，摩擦离合器左、右摩擦片组都松开，主轴与运动源断开。这时，杠杆 5 下端被齿条轴两凹槽间凸起部分顶起，从而拉紧制动带，使主轴迅速制动。

5. 润滑装置

为保证机床正常工作和减少零件的磨损，主轴箱中的轴承、齿轮、离合器等都必须进行良好的润滑。图 3-16 所示为 CA6140A 车床主轴箱的润滑系统。

主电动机通过带轮带动液压泵 3，将左底座油池内润滑油经网式过滤器 1、精过滤器 5 和油管 6 输入分油器 8。由分油器 8 上伸出的油管 7、9 分别对轴 I 上摩擦离合器和主轴前轴承进行直接强迫供油，确保润滑点供油的数量与质量。其他传动件由分油器径向孔喷出的油，经高速齿轮溅散而得到润滑。分油器 8 上另有一油管 10 通向油标 11，以便观察润滑系统工作是否正常。各处流回到主轴箱底部的润滑油，经油管流回油池。

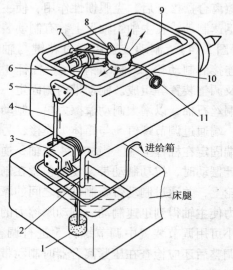

图 3-16 CA6140A 车床
主轴箱的润滑系统
1—网式过滤器 2—回油管 3—液压泵
4、6、7、9、10—油管 5—精过滤器
8—分油器 11—油标

CA6140A 车床采用液压泵强迫供油、箱外循环、集中润滑方式，消除了采用飞溅润滑的诸多弊端。CA6140A 车床的润滑油箱外循环，可使升温后的油液得以冷却，有利于降低主轴箱温度，减少主轴箱的热变形，提高工作稳定性。液压泵提供的润滑油有一定的压力和速度，它可冲刷掉滞留在传动件表面的颗粒物；润滑油在回油时，还可将沉积在主轴箱底部的脏物带走，清洁了油箱内腔，减少传动件的二次磨损。

3.4 其他机床

3.4.1 铣床

铣床是用回转多刃的铣刀对工件进行铣削加工的机床。铣床的加工范围很广，能铣削平面、斜面、台阶、沟槽（包括切断）、键槽、直齿条、斜齿条、直齿圆柱齿轮、斜齿圆柱齿轮、直齿锥齿轮、链轮、螺纹、花键轴、离合器、凸轮、球面、较复杂的型面；也能钻孔、镗孔、铰孔、铣孔、加工椭圆孔等。

铣削时，铣床上铣刀旋转是主运动，工件或铣刀的移动为进给运动。铣床的铣刀是多个切削刃同时参加切削，并有较高的切削速度，无空行程，其加工效率和加工范围远远高于往复运动的刨床。因此，几乎所有的制造和修理部门都用铣床进行粗加工及半精加工，有时也用于精加工。

铣床的种类很多，主要以结构布局形式和适用范围区分。主要类型有台式铣床（仪表铣床）、悬臂式铣床、滑枕式铣床、龙门铣床、平面铣床（包括单柱铣床）、圆台铣床、仿形铣床、升降台铣床、床身式铣床、工具铣床、专门化铣床等。

其中，适于铣削加工中小型工件的升降台铣床较为普遍。升降台铣床是具有可沿床身导轨垂向移动升降台的铣床。通常，安装在升降台上的工作台和床鞍可分别作纵、横向移动。升降台铣床有卧式升降台铣床（安装在床身上的主轴为水平布置，其上可安装由主轴驱动的立铣头附件）、万能升降台铣床（工作台能在水平面内回转一定角度）、万能回转头铣床（装在悬梁一端的铣头能在空间回转任意角度，工作台可在水平面内回转一定角度）、立式升降台铣床（安装在床身上的主轴为垂直布置）等。

1. XA6132 铣床

（1）主要部件　XA6132 万能升降台铣床的外形如图 3-17 所示。它是在 X62W、X6132 等铣床的基础上开发出来的产品。该铣床的结构合理，刚性较好，变速范围大，操作方便。

该铣床的床身内部装有主传动系统和孔盘变速操纵机构，在主轴 18 级转速中可方便地任意选择变换。空心主轴的前端（图 3-18）是 7∶24 锥孔，端面装有两个端面键，用于定位安装锥柄刀杆，并借助两端面键传递转矩。主轴采用三点支承结构，前支承采用双列圆柱滚子轴承，中间支承采用角接触球轴承，承受径向力和轴向力。后支承是深沟球轴承，起辅助支承作用。靠近前支承的大齿轮具有较大的转动惯量，起到飞轮作用，它具有储存和释放能量的功能，降低主轴转速的波动，减少传动冲击，提

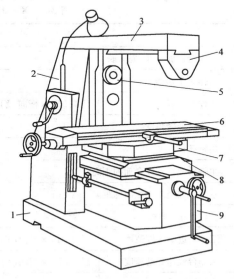

图 3-17　XA6132 万能升降台铣床外形图
1—底座　2—床身　3—悬梁　4—刀杆
支架　5—主轴　6—纵向工作台
7—回转台　8—床鞍　9—升降台

高铣削表面质量和刀具寿命。床身顶部有燕尾形导轨，供横梁调整滑动。支承长刀杆的刀轴支架，能在悬梁的燕尾形导轨上调整位置。

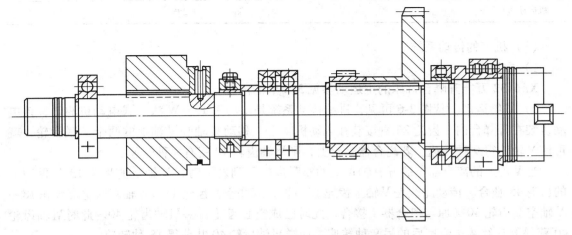

图 3-18　XA6132 万能升降台铣床主轴结构

　　升降台安装在床身前面的垂直矩形导轨上，用于支承升降台、床鞍、回转盘和工作台，并带动它们一起上下移动。升降台内部安装进给电动机和进给变速机构。机床的床鞍可作横向移动，回转盘处于床鞍与工作台之间，它可使工作台在水平面上回转一定的角度（±45°），以满足对斜槽、螺旋槽的加工。工作台可作纵向运动，台面上的 T 形槽用于安装工件和夹具，其中中间的 T 形槽精度较高，常作为夹具在铣床上的安装定位基准面。

　　（2）主要规格及技术参数　XA6132 万能升降台铣床的技术参数见表 3-5。

表 3-5　XA6132 万能升降台铣床的技术参数

项　目		单位	技术参数
工作台台面尺寸(宽×长)		mm	320 × 1250
工作台 T 形槽数			3
工作台行程	纵向(X)×横向(Y)×垂向(Z)	mm	680 × 240 × 300
工作台回转角度		度	±45
主轴孔径		mm	29
主轴轴线至工作台面的距离		mm	30 ~ 350
主轴轴线至悬梁底面的距离		mm	155
主轴转速(18 级)		r/min	30 ~ 1500
工作台进给速度范围	纵向(X)×横向(Y)×垂向(Z)	mm/min	23.5 ~ 1180 × 23.5 ~ 1180 × 8 ~ 394
工作台快速移动速度	纵向(X)×横向(Y)×垂向(Z)	mm/min	2300 × 2300 × 770
主传动电动机	功率/转速		7.5kW/(1440r/min)
进给电动机	功率/转速		1.5kW/(1400r/min)
冷却泵电动机	功率/转速		0.125kW/(2790r/min)
工作台最大承载质量(重量)		kg	500
工作台最大水平拖力		N	15000
机床外形尺寸(长×宽×高)		mm	2294 × 1770 × 1665
机床质量(重量)		kg	2850

　　（3）机床的传动系统

　　1）主运动。

　　XA6132 万能升降台铣床的主运动参见 3.2 节的内容。

　　2）进给运动。从图 3-6 可见，进给传动系统是由功率 1.5kW 法兰式电动机驱动，该电动机装在升降台内。齿轮 26 直接装在电动机轴上，移动Ⅲ轴和Ⅴ轴上的两个三联齿轮，就可使Ⅴ轴获得 9 种转速。若离合器 1 合上，则Ⅵ轴齿轮 40 就有 9 种转速。

　　当Ⅴ轴上的离合器 1 脱开，轴Ⅳ上的双联齿轮移到左端时，Ⅴ轴上的齿轮 13 与Ⅳ轴上的齿轮 45 啮合。传动路线是Ⅴ轴上齿轮 13→Ⅳ轴双联空套齿轮 45→Ⅳ轴双联空套齿轮 18→Ⅴ轴空套齿轮 40（原与离合器 1 接合，此时已成空套齿轮）→Ⅵ轴齿轮 40。此时Ⅵ轴齿轮 40 获得的是经两次降速后的另 9 种转速。这样Ⅵ轴齿轮 40 共获得 18 种转速。

　　XA6132 铣床工作台可作纵向、横向和垂向这三个方向的进给运动和快速移动，它靠进给变速箱里VI轴上两个电磁离合器分别吸合来实现。当慢速进给电磁离合器 2 吸合时，齿轮 40 带动VI轴，并通过齿轮 28、35、18、33、37、33 等向VII、VIII、IX、X 等轴传动。离合器 4 啮合时，垂向丝杠转动；离合器 5 啮合时，横向丝杠转动；离合器 6 啮合时，纵向丝杠转动；三个方向的离合器是互锁的，不能同时接通。

当快速进给离合器 3 吸合时，电动机直接通过齿轮 26、44、57、43 带动VI轴，从而使各丝杠获得快速转动。

2. 铣削加工

（1）铣削方式　铣削加工方式有端铣、周铣、逆铣、顺铣、对称铣、不对称铣之分，见表 3-6 所示。

表 3-6　铣削方式

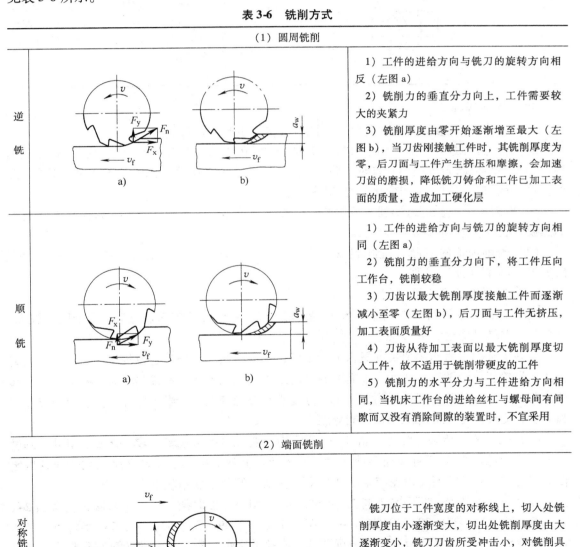

	（1）圆周铣削	
逆铣	*a)*　*b)*	1）工件的进给方向与铣刀的旋转方向相反（左图 a） 2）铣削力的垂直分力向上，工件需要较大的夹紧力 3）铣削厚度由零开始逐渐增至最大（左图 b），当刀齿刚接触工件时，其铣削厚度为零，后刀面与工件产生挤压和摩擦，会加速刀齿的磨损，降低铣刀铸命和工件已加工表面的质量，造成加工硬化层
顺铣	*a)*　*b)*	1）工件的进给方向与铣刀的旋转方向相同（左图 a） 2）铣削力的垂直分力向下，将工件压向工作台，铣削较稳 3）刀齿以最大铣削厚度接触工件而逐渐减小至零（左图 b），后刀面与工件无挤压，加工表面质量好 4）刀齿从待加工表面以最大铣削厚度切入工件，故不适用于铣削带硬皮的工件 5）铣削力的水平分力与工件进给方向相同，当机床工作台的进给丝杠与螺母间有间隙而又没有消除间隙的装置时，不宜采用
	（2）端面铣削	
对称铣削		铣刀位于工件宽度的对称线上，切入处铣削厚度由小逐渐变大，切出处铣削厚度由大逐渐变小，铣刀刀齿所受冲击小，对铣削具有冷硬层的淬硬钢有利

（续）

(2) 端面铣削	
不对称铣削	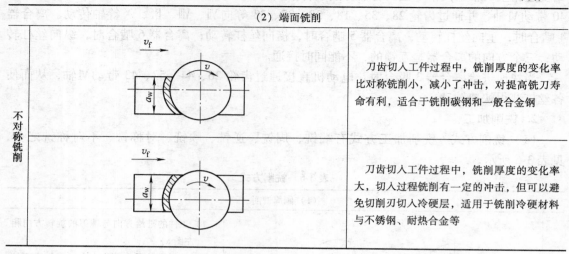 刀齿切入工件过程中，铣削厚度的变化率比对称铣削小，减小了冲击，对提高铣刀寿命有利，适合于铣削碳钢和一般合金钢
	刀齿切入工件过程中，铣削厚度的变化率大，切入过程铣削有一定的冲击，但可以避免切削刃切入冷硬层，适用于铣削冷硬材料与不锈钢、耐热合金等

（2）铣削特点

1）铣刀是一种多刃刀具，同时工作的齿数多，生产率较高。

2）铣削过程是一个断续切削过程，刀齿切入和切出工件的瞬间，要产生冲击和振动，当振动频率与机床固有频率一致时，振动会加剧，造成刀齿崩刃，甚至毁坏机床零部件。另外，由于铣削厚度周期性的变化，也会引起振动。

3）铣刀刀齿轮流进行切削，虽然有利于刀齿的散热，但周期性受热变形会引起切削刃的热疲劳裂纹，造成刀齿齿面剥落。

（3）铣削加工的应用 铣削的加工范围较广，可以加工平面、台阶面、沟槽、曲面、齿形等，具体如图 2-23 所示。

3. 铣床附件分度头的使用

铣床上的附件可用于扩大加工范围，提高效率。常用的附件有立铣头、万能回转铣头、平口钳、回转工作台、分度头等。

分度头是用卡盘或用顶尖和拨盘夹持工件，并使之回转和分度定位的机床附件。铣削离合器、齿轮、花键轴等一些加工中需要分度的工件；或铣削螺旋槽或凸轮时，配合工作台移动并使工件作旋转时，都要用到分度头。分度头有万能分度头、半万能分度头、等分分度头和光学分度头。使用最广泛的是万能分度头。

（1）分度头的传动与结构 图 3-19a 所示为分度头的传动系统。转动分度手柄时，通过一对 1:1 齿轮和 1:40 蜗杆减速传动，使主轴旋转。侧轴 2 是用于安装交换齿轮的交换齿轮轴，它通过一对 1:1 螺旋齿轮与空套在分度手柄轴上的分度盘相联系。

分度盘上排列着一圈圈在圆周上等分的小孔，用以分度时插定位销。每圈的孔数为 24、25、28、30、34、37、38、39、41、42、43、46、47、49、51、53、54、57、58、59、62、66。分度盘前的分度叉能避免每次分度要数一次孔的麻烦，调整的分度叉间的孔数应比确定的孔数多 1 个（因为第一个孔是起始孔，所以从"0"开始计数）。交换齿轮是分度头的随机附件，它带有 12 只交换齿轮，齿数为 25、25、30、35、40、50、55、60、70、80、90、100。此外还有自定心卡盘、前顶尖、拨盘和鸡心夹头、心轴、千斤顶、尾座等随机附件。

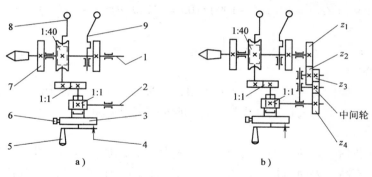

图 3-19　分度头的传动系统

a）传动系统　b）差动分度传动系统

1—主轴　2—侧轴　3—分度盘　4—定位销　5—分度手柄　6—分度盘固定销

7—刻度盘　8—蜗杆脱落手柄　9—主轴锁紧手柄图

（2）简单分度　工件分 z 等分，主轴要转 $1/z$ 转，则手柄转 $n=(1/z)\times(40/1)\times(1/1)=40/z$。假如要铣削齿数 $z=60$ 的齿轮，则 $n=40/60=2/3=44/66$。要求手柄摇过 $44/66$ 转，这时工件转过 $1/60$ 转。选择 66 的原因是分度盘上有 1 周 66 孔的孔圈，且孔圈直径较大，相对误差小。

（3）差动分度　它是建立一条"主轴→交换齿轮→侧轴→1∶1 传动齿轮→分度盘（松开分度盘固定销）"的差动分度链（图 3-19b），使得每次分度转动分度手柄的同时，分度盘以相同或相反方向转动，手柄实际转数 n 为手柄相对于分度盘转数 n_0 与分度盘转数 $n_盘$ 的代数和，即

$$n=n_0+n_盘$$

$$\frac{40}{z}=\frac{40}{z_0}+\frac{1}{z_0}\times\frac{z_1}{z_2}\times\frac{z_3}{z_4}$$

$$\frac{z_1}{z_2}\times\frac{z_3}{z_4}=\frac{40\,(z_0-z)}{z_0}$$

式中　z_1、z_2、z_3、z_4——交换齿轮齿数，在交换齿轮随机附件中选取；

　　　　z——实际等分数；

　　　　z_0——与 z 相近而又能作简单分度的假定等分数。

上式中当 $z_0<z$ 时，结果为负值，反之为正值；正负号仅说明分度盘转向与手柄相同或相反。

在分度时，必须使分度手柄与分度盘转向相反。因为松开分度盘固定销后，分度盘处于自由间隙状态，手柄转动能带动分度盘，若与分度盘转向相反，只有单侧间隙；反之，加工过程中分度盘会在间隙间发生振动，造成废品。因此，当出现正值时，需要在交换齿轮中增加中间轮，使分度手柄与分度盘转向相反。

假如要铣削齿数 109 的齿轮。则可取假定等分数 $z_0=105$，$n=40/z_0=40/105=8/21=16/42$，即每分度一次，分度手柄相对分度盘在 42 孔的孔圈上转过 16 个孔距，分度叉间包含 17 个孔。交换齿轮为

$$(z_1/z_2) \times (z_3/z_4) = 40(105 - 109)/105 = -160/105 = -(80/70) \times (40/30)$$

3.4.2 钻床

1. 钻床简介

钻床是指主要用钻头在工件上加工孔的机床。通常，钻头旋转为主运动，钻头轴向移动为进给运动。钻床上主要的加工方式是钻孔，此外还能进行扩孔、铰孔、锪孔、刮平面、攻螺纹等加工。

钻孔是用麻花钻、扁钻、中心钻等在实体材料上钻削通孔或不通孔，一般用于钻削孔径不大、精度要求不高、表面质量也较差的孔，但钻孔的金属切除率高，切削效率高。扩孔是用扩孔钻扩大工件上预制孔的孔径。铰孔是在工件孔壁上用直径尺寸精确的偶数多齿铰刀，切除微量金属层，以提高孔的尺寸精度（H5 ~ H10）和改善表面粗糙度（$Ra0.2 ~ 1.6\mu m$）。锪孔是用锪孔钻在预制孔的一端加工沉孔、锥孔、局部平面、球面等。工件的钻孔孔距精度由机床夹具（钻模）和操作者的技术水平保证。钻床是机械制造和修理企业必不可少的机床设备。

2. 钻床类型

钻床的主要类型有台式钻床（可安放在作业台上，主轴垂直布置的小型钻床）、立式钻床（主轴箱和工作台安置在立柱上，主轴垂直布置的钻床）、摇臂钻床（摇臂可绕立柱回转和升降，通常主轴箱在摇臂上作水平移动的钻床）、铣钻床（工作台可纵、横向移动，钻轴垂直布置，也可进行铣削的钻床）、深孔钻床（用特殊的深孔钻头，工件旋转，钻头作进给运动，并导入高压切削液，钻削深孔的钻床）、平端面中心孔钻床（切削轴类端面和用中心钻加工的中心钻床）、卧式钻床（主轴水平布置，主轴箱可垂向移动的钻床）。

3.4.3 磨床

1. 概述

磨床是用磨具或磨料加工工件各种表面的机床。通常，磨具旋转为主运动，工件或磨具的移动为进给运动。磨床加工材料范围广泛，但主要用于磨削淬硬钢和各种难加工材料。磨床可用于磨削内、外圆柱面和圆锥面、平面、螺旋面、花键、齿轮、导轨、刀具及各种成形面。它一般用于精加工。

磨床的品种最多，约占全部金属切削机床的1/3。磨床的主要类型有外圆磨床（主要用于磨削圆柱形和圆锥形外表面的磨床，一般工件装夹在床头和尾座顶尖间进行磨削）、内圆磨床（主要用于磨削圆柱形和圆锥形内表面的磨床，砂轮主轴一般为水平布置）、无心磨床（工件采用无心夹持，一般支承在导轮和托架之间，由导轮驱动工件旋转，主要用于磨削圆柱形表面）、平面磨床（主要用于磨削工件平面）、导轨磨床（主要用于磨削机床导轨面）、砂带磨床（用运动的砂带磨削工件）、砂轮机（主要用于修磨普通刀具和坯件毛刺）、工具磨床（用于磨削工具的磨床）等。此外还有曲轴磨床、凸轮轴磨床、轴承磨床、花键轴磨床、轧辊磨床等专用磨床。

2. M1432B 万能外圆磨床

M1432B 万能外圆磨床是应用最普遍的一种外圆磨床，其工艺范围广，主要用于磨削内外圆柱表面、内外圆锥表面、阶梯轴轴肩和端面、简单的成形回转体表面等。M1432B 万能外圆磨床属于工作台移动式普通精度级磨床，自动化程度较低，磨削效率不高，所以该机床适用于工具车间、机修车间和单件、小批生产车间。

（1）M1432B 万能外圆磨床的组成部件　M1432B 万能外圆磨床的外形如图 3-20 所示，它主要由以下部件组成：

1）床身。床身是磨床的基础支承件。床身的前部导轨上安装有工作台，工作台台面上装有工件头架和尾座。床身后部的横向导轨上装有砂轮架。

2）工件头架。工件头架是装有工件主轴并驱动工件旋转的箱体部件，由头架电动机驱动，经变速机构使工件产生不同速度的旋转运动，以实现工件的圆周进给运动。头架体座可绕其垂直轴线在水平面内回转，按加工需要在逆时针方向 90°范围内作任意角度调整，以磨削锥度大的短锥体零件。

3）工作台。工作台通过液压传动作纵向直线往复运动，使工件实现纵向进给。工作台分上、下两层，上工作台可相对于下工作台在水平面内顺时针最大偏转 3°。规格为最大磨削长度 750mm 的磨床逆时针最大偏转 8°，规格为最大磨削长度 1000mm 的磨床逆时针最大偏转 7°，规格为最大磨削长度 1500mm 的磨床逆时针最大偏转 6°，以便磨削锥度小的长锥体零件。

4）砂轮架。砂轮架由主轴部件和传动装置组成，安装在床身后部的横导轨上，可沿横导轨作快速横向移动。砂轮的旋转运动是磨削外圆的主体运动。砂轮架可绕垂直轴线转动 ±30°，以磨削锥度大的短锥体零件。

5）内圆磨具。内圆磨具用于磨削内孔，其上的内圆磨砂轮由单独的电动机驱动，以极高的转速作旋转运动。磨削内孔时，将内圆磨具翻下对准工件，即可进行内圆磨削工作。

6）尾座。尾座的顶尖与头架的前顶尖一起支承工件。

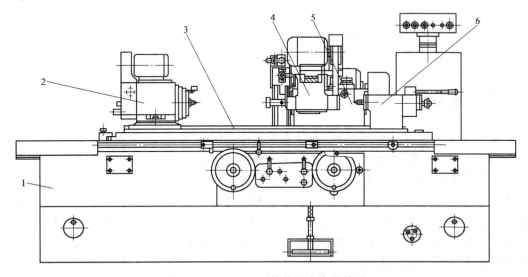

图 3-20　M1432B 万能外圆磨床的外形

1—床身　2—工件头架　3—工作台　4—内圆磨具　5—砂轮架　6—尾座

（2）机床的运动与传动　图 3-21 所示为 M1432B 万能外圆磨床的几种典型加工方法。其中图 3-21a、b、d 是采用纵磨法磨削外圆柱面和内、外圆锥面，图 3-21c 是采用切入法磨削短圆锥面。

　　磨削外圆时，砂轮的旋转运动是由电动机（转速 1500r/min，功率 5.5kW）经 V 带直接传动。磨削内圆时，砂轮主轴的旋转运动由另一台电动机（转速 3000r/min，功率 1.1kW）经平带直接传动。更换带轮，可使砂轮主轴获得两种高转速（1000r/min，1500r/min）。

　　工件圆周进给运动是由双速电动机驱动，经三级 V 带传动，把运动传给头架的拨盘。它是双速电动机与塔轮变速相结合，使工件获得 25～220 r/min 的六种不同的圆周进给转速。

　　为保证工件纵向进给运动的平稳性，并便于实现无级调速和往复运动循环的自动化，工件纵向进给运动由液压缸控制。此外，也可由手轮驱动工作台。

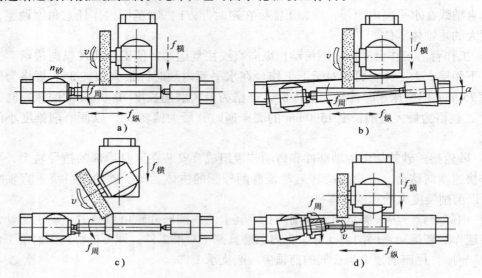

图 3-21　M1432B 万能外圆磨床加工示意图

a）磨削外圆柱面　b）磨削小锥度外圆锥面　c）切入式磨削外圆锥面　d）磨削内圆锥面

3.5　数控机床

　　随着机械制造技术的快速发展，数控机床已成为机械加工的主要装备。数控机床是典型的机电一体化产品。尽管它的机械结构很多地继承了传统普通机床的结构，但它并不是简单地在传统机床上配备数控系统，也不是在传统机床的基础上，仅对局部加以改进而成。普通机床存在的诸如刚性不足、抗振性差、热变形大、滑动面的摩擦阻力大等弱点，在数控机床特别是加工中心上，都得到了明显的弥补与改善。无论是基础大件、主传动系统、进给系统、刀具系统、辅助功能等部件结构，还是整体布局、外表造型等都发生了很大的变化，形成了数控机床的独特机械结构。

3.5.1　数控机床的结构特点

1. 模块化设计

　　模块化设计是把数控机床各个部件的基本单元，按不同功能、规格、价格设计成多种模块，用户可以按需要选择最合理的功能模块配置成整机。

2. 静、动刚度高

1）合理设计基础件的截面形状和尺寸，采用合理的筋板结构。图 3-22 所示为卧式加工中心普遍采用的框式立柱结构。从正面看，立柱截面成封闭框形，轮廓尺寸大，从而保证机床以高扭转刚度承受切削扭矩产生的扭转载荷；从俯视截面看，两个立柱截面形状为矩形，矩形尺寸大的方向正是切削力作用大的弯曲载荷的方向。因而这种结构具有很好的刚度。

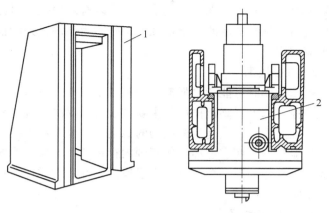

图 3-22　框式立柱主轴箱的嵌入式结构
1—立柱　2—主轴箱

2）采用合理的结构布局，改善机床的受力状态。图 3-23a 所示传统的卧式镗铣床由于主轴箱单面悬挂在立柱侧面，主轴箱自重和切削力将使立柱产生弯曲和扭转变形；加工中心则采用图 3-23b 所示的布局，主轴箱置于立柱对称平面内，改善了立柱的受力状况，减少了立柱的弯曲、扭转变形，提高了刚度。

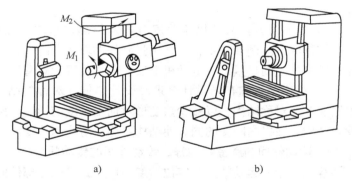

a)　　　　　　　　　　　　　b)

图 3-23　卧式镗铣床与卧式加工中心的结构布局比较
a）卧式镗铣床　b）卧式加工中心

3）采用补偿变形措施。如图 3-24 所示的大型龙门刨床，主轴部件移到横梁中部时，自重使横梁向下的弯曲变形最大，为此将横梁导轨做成"拱形"，使变形得到补偿；或者通过在横梁内部安装辅助横梁，利用预校正螺钉对横梁主导轨进行校正；还可以用加平衡重块的方法，减少横梁因主轴和自重产生的变形。

4）提高机床各部件的接触刚度。例如，机床导轨通过刮研，能增加单位面积上的接触点，并使接触点分布均匀，从而增加导轨副接触面的实际接触面积，提高接触刚度。在接合面之间施加足够大的预加载荷也能达到提高接触刚度的目的。

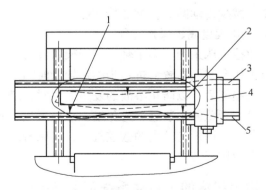

图 3-24　横梁弯曲变形补偿
1—预校正螺钉　2—铁块　3—横梁上导轨
4—主轴箱　5—横梁下导轨

5）选用合适材料。长期以来，机床基础件主要采用铸铁件。近年来，机床床身、立柱等支承件采用钢板或型钢焊接而成，具有减轻重量、提高刚度的显著特点。将型砂或混凝土等阻尼材料填充在支承件的夹壁中，可以有效地提高阻尼特性，增加支承件的动刚度。人造大理石由于具有很高的热稳定性，良好的吸振性，并能根据需要制作最合理的机床结构，近年来应用广泛。

3. 抗振性高

机床工作时可能产生强迫振动和自激振动，机床的抗振性是指抵抗这两种振动的能力。

数控机床上提高抗振性的主要方法有：提高系统的静刚度可以提高自激振动的稳定性极限；增加阻尼可以提高自激振动的稳定性，也有利于振动的衰减；通过调整机床质量改变系统的自振频率，使它远离工作范围内存在的强迫振动源的频率；数控机床中的旋转零部件尽可能进行良好的动平衡，以减少强迫振动源；用弹性材料将振源隔离，以减少振源对数控机床的影响。

4. 热稳定性好

1）减少机床内部热源和发热量。例如，采用低摩擦因数的导轨和轴承；液压系统中采用变量泵；数控车床采用斜床身、平床身和斜滑板结构；配置倾斜的防护罩和自动排屑装置等。

2）控制温升。数控机床普遍对各发热部位采取散热、风冷、液冷等方法改善散热条件，控制温升。例如，主轴箱采用强制外循环润滑冷却；采用恒温冷却装置，减少主轴轴承在运转中产生的热量；在电动机上安装散热装置和热管消热装置等。

3）机床结构和布局设计合理。设计热传导对称的结构，使温升一致，以减少热变形；采用热变形对称结构，以减少热变形对加工精度的影响。例如，数控机床立柱一般采取双壁框式结构，在提高刚度的同时使结构对称，防止因热变形而产生倾斜偏移。

5. 运动件间的摩擦特性好、传动件间的传动间隙小

数控机床的运动精度和定位精度不仅受到机床零部件的加工精度和装配精度、刚度和热变形的影响，而且与运动件的摩擦特性有关。同时，其进给系统要求运动件既能以高速又能以极低的速度运动，使工作台能对数控装置的指令作出准确的响应。为此必须设法提高进给运动的低速运动的平稳性。采取的主要措施有：降低运动件的质量，减少运动件的静、动摩擦力之差，减少传动间隙，缩短传动链。

6. 自动化程度高、操作方便

许多数控机床采用了多主轴、多刀架以及带刀库的自动换刀装置等，以缩短换刀时间。有的具有工作台交换装置，进一步缩短辅助时间。在机床的操作性方面充分注意了机床各部分运动的互锁能力，以防止事故的发生。同时，最大限度地改善了操作者的观察、操作和维护条件，设有紧急停车装置，避免发生意外事故。此外，数控机床上还留有便于装卸的工件装夹装置。对于切屑量较大的数控机床，其床身结构设计成有利于排屑的结构，或者设有自动工件分离和排屑装置。

3.5.2 数控机床的主传动系统及主轴部件

1. 数控机床主传动系统的特点

数控系统主传动主要是控制其运动精度，实现主轴转速的自动变换。与普通机床相比，数控机床主传动系统具有下列特点：

1）转速高、功率大。它能使数控机床进行高速、大功率切削，以提高切削效率。随着涂层刀具、陶瓷刀具和超硬刀具的发展和普及应用，数控机床的切削速度正朝着更高的方向发展。

2）变速范围宽，可实现无级变速。为了保证数控机床加工时能选用合理的切削速度，或实现恒线速度切削，其传动系统可在较宽的调速范围内实现连续无级调速。

3）具有较高的精度与刚度，传递平稳，噪声低。主传动件的制造精度与刚度高，耐磨性好；主轴组件采用精度高的轴承及合理的支承跨距，具有较高的固有频率，实现动平衡，保持合适的配合间隙并进行循环润滑。

4）具有特有的刀具安装结构。为实现刀具的快速或自动装卸，数控机床主轴具有特有的刀具安装结构。

2. 数控机床的主传动系统

由主轴电动机、传动元件和主轴构成的具有运动传动联系的系统称为主传动系统。由于现代数控机床常采用直流或交流调速电动机作为主运动的动力源，主要由电动机实现主运动的变速，使得数控机床的主传动系统的结构大大简化。数控机床主传动系统主要有三种传动方式。

（1）带有变速齿轮的主传动　这是大、中型数控机床采用较多的传动变速方式，如图 3-25a 所示。在传动系统中，通过少数几对齿轮降速，扩大输出转矩和调速范围，以满足主轴输出转矩特性、功率特性及调速范围的要求。数控机床在交流或直流电动机无级变速的基础上配以齿轮变速，使之成为分段无级变速，其优点是能够满足各种切削运动的转矩输出，且具有大范围调节速度的能力。但由于结构复杂，需要增加润滑及温度控制装置，成本较高。滑移齿轮的移位大都采用液压变速机构或电磁离合器来自动操纵滑移齿轮块，实现齿轮变速组传动比的自动变换。

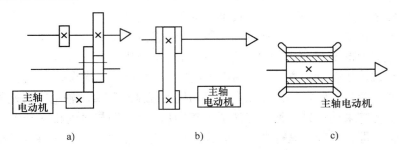

a)　　　　　　　b)　　　　　　　c)

图 3-25　数控机床变速方式

图 3-26 所示为一种典型的二级齿轮变速主轴结构。

图 3-27 所示为 TH6350 加工中心的主轴箱结构简图。为了增加转速范围和转矩，主传动采用齿轮变速传动方式。主轴转速分为低速区和高速区。低速区的传动路线是：交流电动机经弹性联轴器、齿轮 z_1、齿轮 z_2、齿轮 z_3、齿轮 z_4、齿轮 z_5、齿轮 z_6 到主轴。高速区的传动路线是：交流主轴电动机经联轴器及牙嵌离合器、齿轮 z_5、齿轮 z_6 到主轴。变速到高速挡时，由液压活塞推动拨叉向左移动，此时主轴电动机慢速旋转，以利于牙嵌离合器啮合。主轴电动机采用 FANUC 交流主轴电动机，可获得的最大转矩为 490N·m；主轴转速范围为 28

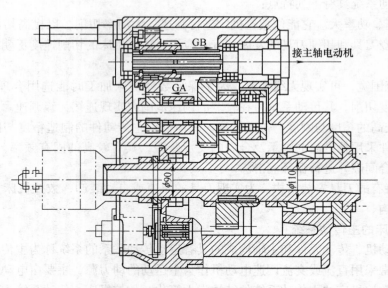

图 3-26 二级齿轮变速主轴结构

~3150r/min，其中低速为 28 ~733r/min，高速为 733 ~3150r/min。主轴结构采用了高精度、高刚度的组合轴承，其中前轴承由 3182120 双列短圆柱滚子轴承和 2268120 推力球轴承组成，后轴承用 46117 推力角接触球轴承，以保证主轴的高精度。

（2）通过带传动的主传动　如图 3-25b 所示，这种传动主要应用在小型数控机床上，可克服齿轮传动引起的振动与噪声，但只能适用于低转矩特性要求的主轴。电动机本身的调速能够满足变速要求，不用齿轮变速。常用的传动带有同步带（图 3-28）和多楔带。

同步带传动具有如下优点：同步带兼有带传动、齿轮传动及链传动的优点，无相对滑动，无需特别张紧，传动效率高；平均传动比准确，传动精度较高；有良好的减振性能，无噪声，无需润滑，传动平稳；带的强度高、厚度小、重量轻，故可用于高速传动。

（3）由调速电动机直接驱动的主传动　由调速电动机直接驱动的主传动有两种类型：一种是主轴电动机输出轴通过精密联轴器直接与主轴连接，其优点是结构紧凑，传动效率高，但主轴转速的变化及转矩的输出完全受电动机的限制，随着主轴电动机性能的提高，这种形式越来越多地被采用；另一种类型如图 3-25c 所示，主轴与电动机转子合为一体，称为内装电动机主轴，即电主轴。这种主传动方式大大简化了主轴箱体与主轴的结构，有效提高了主轴部件的刚度，主轴转速高，但主轴输出转矩小，电动机发热对主轴的精度影响较大。图 3-29 所示为一种高速电主轴的结构简图。

国外高速主轴单元的发展较快，中等规格加工中心的主轴转速已普遍达到 10000r/min，甚至更高。美国福特汽车公司推出的 HVM800 卧式加工中心主轴单元采用液体动、静压轴承，最高转速为 15000r/min；德国 GMN 公司的磁浮轴承主轴单元的转速最高达 100000r/min 以上；瑞士 Mikron 公司采用的电主轴具有先进的矢量式闭环控制、动平衡，较好的主轴结构、油雾润滑的混合陶瓷轴承，可以随室温调整的温度控制系统，以确保主轴在全部工作时间内温度恒定。现在国内 10000 ~15000r/min 的立式加工中心和 18000r/min 的卧式加工中心已开发成功并投放市场，生产的高速数字化仿形铣床最高转速达到了 40000r/min。

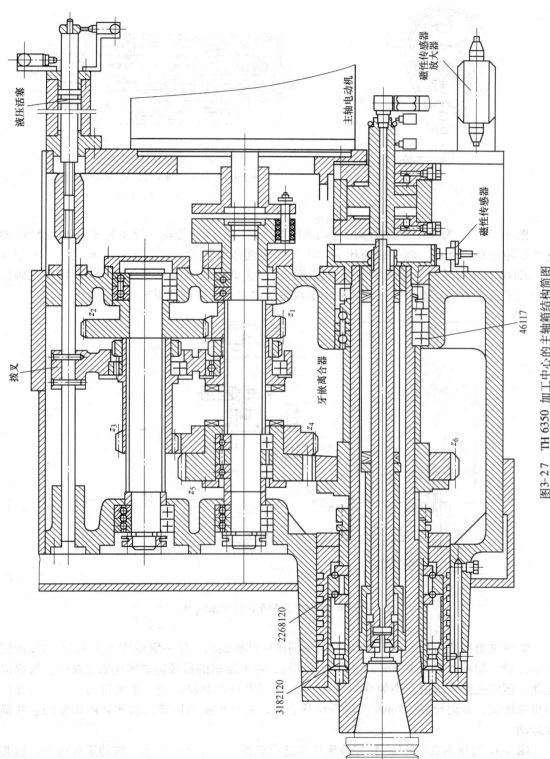

图 3-27　TH 6350 加工中心的主轴箱结构简图

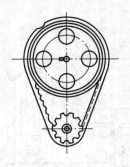

图 3-28　同步带传动

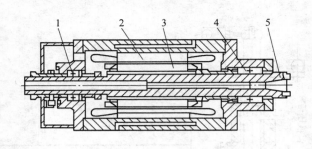

图 3-29　高速电主轴的组成
1—前轴承　2—电动机定子　3—电动机转子
4—后轴承　5—主轴

图 3-30 所示为 MJ-50 数控车床传动系统图。其中主运动传动系统由功率为 11/15kW 的交流伺服电动机驱动，经一级速比为 1∶1 的弧齿同步带传动，直接带动主轴旋转。主轴在 35～3500r/min 的变速范围内实现无级调速。由于主轴的调速范围不是很宽，所以在主轴箱内省去了齿轮传动变速机构，从而减小了齿轮传动对主轴精度的影响。

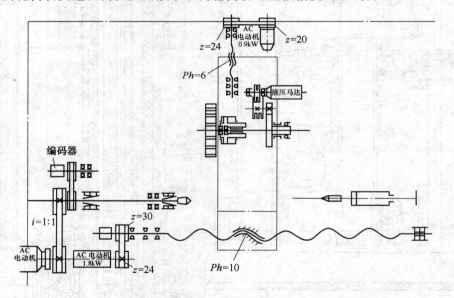

图 3-30　MJ-50 数控车床传动系统图

　　纵向进给系统由功率为 1.8kW 的交流伺服电动机驱动，经一级速比为 1∶1.25 的弧齿同步带传动，带动导程为 10mm 的滚珠丝杠旋转，将电动机的回转运动转化成床鞍的直线纵向运动。横向进给系统由功率为 0.9kW 的交流伺服电动机驱动，经一级速比为 1∶1.2 的弧齿同步带传动，带动导程为 6mm 的滚珠丝杠旋转，将电动机的回转运动转化成床鞍的直线横向运动。

　　图 3-31 所示为 XKA5750 数控铣床传动链示意图。主运动是铣床主轴的旋转运动，由装在滑枕后部的交流主轴伺服电动机驱动，电动机的运动通过速比为 1∶2.4 的一对弧齿同步带

轮传到滑枕的水平轴Ⅰ上，再经过万能铣头的两对弧齿锥齿轮副（33/34，26/25）将运动传到主轴Ⅳ，主轴的转速范围为 50～2500r/min（电动机的转速范围为 120～6000r/min）。

工作台的纵向（X 向）进给和滑枕的横向（Y 向）进给传动系统，都是由交流伺服电动机通过速比为 1:2 的一对同步圆弧带轮，将运动传动至导程为 6mm 的滚珠丝杆。升降台的垂直（Z 向）进给运动为交流伺服电动机通过速比为 1:2 的一对同步带轮将运动传动至轴Ⅶ，再经过一对弧齿锥齿轮传到垂直滚珠丝杆上，带动升降台运动。垂直滚珠丝杆上的弧齿锥齿轮还带动轴Ⅸ上的锥齿轮，经单向超越离合器与自锁器相连，防止升降台因自重而下滑。

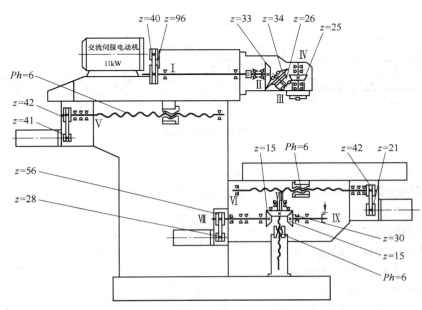

图 3-31　XKA5750 数控铣床传动链示意图

3. 数控机床的主轴部件

（1）主轴端部结构和主轴支承

1）主轴端部结构。主轴端部用于安装刀具或夹持安装工件的夹具。其结构应保证定位准确，夹紧牢固可靠，能传递足够大的转矩，并且安装、拆卸方便。主轴端部的结构已经标准化，图 3-32 所示为几种通用的结构形式。

其中，图 3-32a 所示为车床的短锥法兰式结构，它以短锥和轴肩端面作定位面，卡盘、拨盘等夹具通过卡盘座，用四个双头螺柱及螺母固定在主轴上；图 3-32b 所示为铣、镗类机床的主轴端部，铣刀或刀杆由前端的 7:24 锥孔定位，并用拉杆从主轴后端拉紧，前端的端面键用于传递转矩；图 3-32c 所示为外圆磨床砂轮主轴的端部；图 3-32d 所示为内圆磨床砂轮主轴的端部；图 3-32e、f 所示为钻床主轴的端部，刀具由莫氏锥孔定位，锥孔后端第一个扁孔用于传递转矩，第二个用于拆卸刀具。

2）主轴支承。数控机床主轴支承根据主轴部件对转速、承载能力、回转精度等性能要求采用不同种类的轴承。中小型数控机床（如车床、铣床、加工中心、磨床）等的主轴部件多采用滚动轴承；重型数控机床采用液体静压轴承；高精度数控机床（如坐标磨床）采

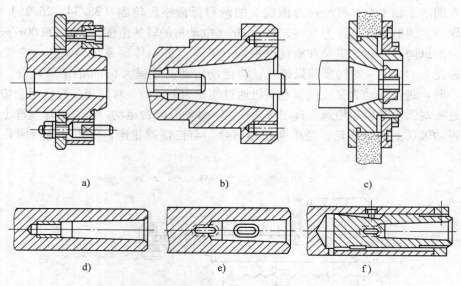

图 3-32　主轴端部的结构形式

用气体静压轴承；转速达 $(2 \sim 10) \times 10^4 \text{r/min}$ 的主轴可采用磁力轴承或陶瓷滚珠轴承。

①适应高刚度要求的轴承配置形式。如图 3-33 所示，前支承由圆柱滚子轴承和推力角接触球轴承组成，承受径向和轴向载荷；后支承采用圆柱滚子轴承。这种配置形式是现代数控机床主轴结构中刚性最好的一种，主要用于大中型卧式加工中心主轴和强力切削机床主轴。

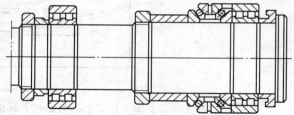

图 3-33　适应高刚度要求的
数控机床主轴轴承配置形式

②适应高速度要求的轴承配置形式。如图 3-34 所示，前支承采用 3 个角接触球轴承组合，后支承采用 2 个角接触球轴承。这种配置形式适合高速运动的数控机床。

图 3-35 所示为 TND360 数控车床主轴部件，主轴内孔适用于通过长的棒料，也可用于通过气动、液压夹紧装置（动力夹盘）。主轴前端的短圆锥及其端面用于安装卡盘或拨盘。主轴前后支承都采用角接触球轴承。前后轴承都由厂家配好，成套供应，装配时不需修配。

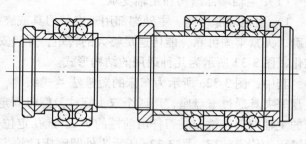

图 3-34　适应高速度要求的
数控机床主轴轴承配置形式

图 3-36 所示为 MJ-50 数控车床主轴箱结构简图。交流主轴电动机通过带轮 15 把运动传给主轴 7。主轴采用双支承结构，前支承由一个双列圆柱滚子轴承 11 和一对角接触球轴承 10 组成，轴承 11 用来承受径向载荷，两个角接触球轴承一个大口朝向主轴前端，另一个大

口朝向主轴后端，用来承受双向的轴向载荷和径向载荷。前支承轴承的间隙用螺母 8 调整，螺钉 12 用来防止螺母 8 回松。主轴的后支承为双列圆柱滚子轴承 14，轴承间隙由螺母 1 和 6 来调整。螺钉 17 和 13 是用来防止螺母 1 和 6 回松的。主轴的支承形式为前端定位，主轴受热膨胀向后伸长。前后支承所用双列圆柱滚子轴承的支承刚性好，允许的极限转速高。前支承中的角接触球轴承能承受较大的轴向载荷，且允许的极限转速高。主轴所采用的支承结构适宜高速大载荷切削的需要。主轴的运动经过同步带轮 16 和 3 带动脉冲编码器 4，使其与主轴同步回转。脉冲编码器 4 用螺钉 5 固定在主轴箱体 9 上。

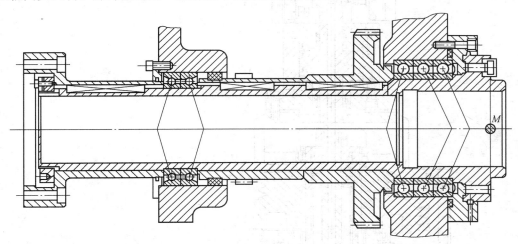

图 3-35　TND360 数控车床主轴部件

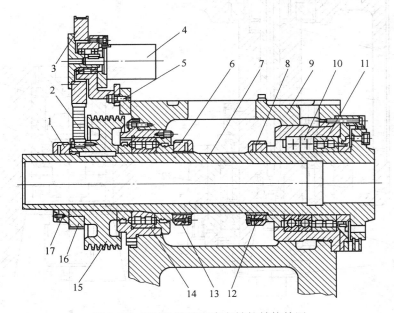

图 3-36　MJ-50 数控车床主轴箱结构简图

1、6、8—螺母　2—同步带　3、16—同步带轮　4—脉冲编码器
5、12、13、17—螺钉　7—主轴　9—主轴箱体　10—角接触
球轴承　11、14—双列圆柱滚子轴承　15—带轮

（2）刀具自动装卸装置、切屑清除装置和主轴准停装置

1）刀具自动装卸装置。图 3-37 所示为数控铣镗床主轴部件，主轴前端有 7:24 锥孔，用于装夹锥柄刀具。为了实现刀具的自动装卸，主轴内设有刀具自动夹紧装置。该机床通过拉紧机构拉紧锥柄尾端的轴颈，实现刀夹的定位与夹紧。夹紧刀夹时，液压缸上腔接通回

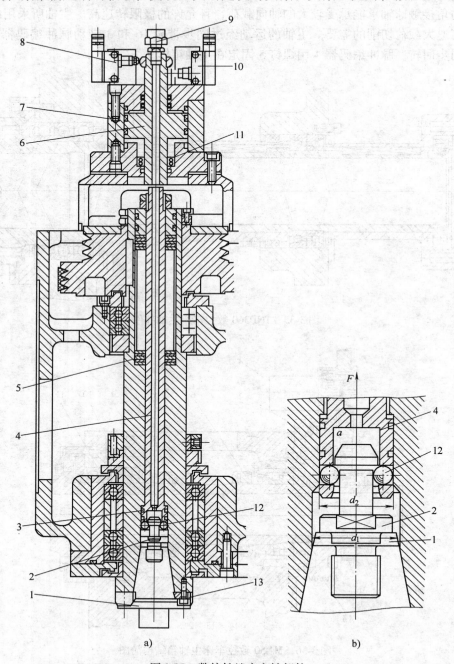

a)   b)

图 3-37 数控铣镗床主轴部件

1—刀架 2—拉钉 3—主轴 4—拉杆 5—碟形弹簧 6—活塞 7—液压缸
8、10—行程开关 9—压缩空气管接头 11—弹簧 12—钢球 13—端面键

油,弹簧 11 推活塞 6 上移,处于图示位置,拉杆 4 在碟形弹簧 5 的作用下向上移动;由于此时装在拉杆前端径向孔中的 4 个钢球 12 进入主轴孔中直径较小的 d_2 处,拉杆被迫径向收拢而卡在拉钉 2 的环槽内,因而刀杆被拉杆拉紧,依靠摩擦力紧固在主轴上。换刀前需将刀夹松开,液压油进入液压缸上腔,活塞 6 推动拉杆 4 向下移动,碟形弹簧 5 被压缩;当钢球 12 随拉杆一起移至主轴孔中直径较大的 d_1 处时,它就不能再约束拉钉的头部,紧接着拉杆前端内孔的台肩端面碰到拉钉,把刀夹顶松,此时行程开关 10 发出信号,换刀机械手随即将刀取下。

2)切屑清除装置。在刀具被取下的同时,压缩空气由压缩空气管接头 9 经活塞和拉杆的中心通孔吹入主轴装刀孔内,把切屑和脏物清除干净,以保证刀具的装夹精度。

3)主轴准停装置。具有自动换刀装置的数控机床,主轴部件设有准停装置,其作用是使主轴每次都能准确地停止在固定的周向位置上,这样主轴上的端面键 13 才能对准刀夹上的键槽,同时使每次换刀时刀夹与主轴的相对位置不变,提高刀具的重复安装精度,以保证孔加工时尺寸精度的稳定性。主轴准停装置有机械式和电气式两种。

图 3-38 所示为 V 形槽定位准停装置。在主轴上固定一个 V 形槽定位盘,使 V 形槽与主轴上的端面键保持所需要的相对位置关系。工作原理为准停前主轴必须处于停止状态,当接收到主轴准停指令后,主轴电动机以低速转动,时间继电器开始动作,并延时 4 ~ 6s,保证主轴转稳后接通无触点开关 1 的电源。当主轴转到图示位置,即 V 形槽轮定位盘 3 上的感应块 2 与无触点开关 1 相接触后发出信号,使主轴电动机停转。另一延时继电器延时 0.2 ~ 0.4s 后,液压油进入定位液压缸 4 的下腔,使定向活塞 6 向左移动,当定向活塞 6 上的定向滚轮 5 顶入定位盘 3 的 V 形槽内时,行程开关 LS2 发出信号,主轴准停完成。若延时继电器延时 1s 后行程开关 LS2 仍不发信号,说明准停没完成,需使定向活塞 6 后退,重新准停。当活塞杆向右移动到位时,行程开关 LS1 发出定向滚轮 5 退出凸轮定位盘 V 形槽的信号,此时主轴可起动工作。

机械准停装置比较准确可靠,但结构复杂,目前数控机床一般都采用电气式主轴准停装置。常用的电气方式有两种,一是利用主轴上光电脉冲发生器的同步脉冲信号,另一种是用磁力传感器检测定向。图 3-39 所示为用磁力传感器检测定向的工作原理图。在主轴上安装一个永久磁铁 4 与主轴一起旋转,在距离永

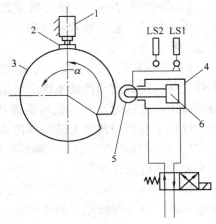

图 3-38　主轴机械准停装置工作原理
1—无触点开关　2—感应块　3—定位盘
4—定位液压缸　5—定向滚轮
6—定向活塞

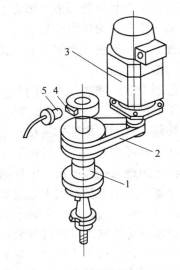

图 3-39　主轴电气准停装置工作原理
1—主轴　2—同步感应器　3—主轴电动机
4—永久磁铁　5—磁传感器

久磁铁 4 旋转轨迹 1~2mm 处，固定一个磁传感器 5。当机床主轴需要停车换刀时，数控装置发出主轴停止的信号，主轴电动机 3 立即降速，使主轴以很低的转速回转，当永久磁铁 4 对准磁传感器 5 时，磁传感器发出准停信号。此信号经放大后，由定向电路使电动机准确地停止在所规定的周向位置上。这种准停装置机械结构简单，永久磁铁与磁传感器之间没有机械接触，准停的定位精度可达 ±1°，能满足一般换刀要求，而且定向时间短，可靠性较高。

3.5.3 数控机床的伺服进给系统

1. 数控机床进给传动的特点

1）摩擦阻力小。在数控机床进给系统中，普遍采用滚珠丝杠螺母副、静压丝杠螺母副、滚动导轨、静压导轨和塑料导轨。与此同时，各运动部件还考虑有适当的阻尼，以保证系统的稳定性。

2）传动精度和刚度高。传动间隙主要来自传动齿轮副、蜗杆副、丝杠螺母副及其支承部件之间，因此进给传动系统广泛采取预加预紧力或其他消除间隙的措施。缩短传动链和在传动链中设置减速齿轮，也可提高传动精度。加大丝杠直径，以及对丝杠螺母副、支承部件、丝杠本身预加预紧力是提高传动刚度的有效措施。

3）运动部件惯量小。在满足部件强度和刚度的前提下，尽可能减小运动部件的质量，减小旋转零件的直径和质量，以减小运动部件的惯量。

4）无间隙。为了提高位移精度，减少传动误差，首先要提高各种机械部件的精度，其次要尽量消除各种间隙，如联轴器、齿轮副、滚珠丝杠副及其支承部件等均应采取消除间隙的结构。

2. 滚珠丝杠螺母副

（1）滚珠丝杠螺母副的结构及特点

1）结构。图 3-40 所示为滚珠丝杠螺母副的结构。在丝杠 1 和螺母 2 上都加工有圆弧形的螺旋槽，套装后就形成了螺旋滚道。在滚道内装有滚珠 3，当丝杠相对螺母旋转时，两者发生轴向位移，滚珠沿螺旋槽向前滚动，滚过数圈后经过回程引导装置，逐个地又滚回丝杠和螺母之间，形成一个闭合的回路，使丝杠与螺母之间的滑动摩擦转变为滚珠与丝杠、螺母之间的滚动摩擦。

按照滚珠返回的方式不同分为内循环式和外循环式。

①外循环式。如图 3-40a 所示，螺母螺旋槽的两端由回珠管 4 相连，返回的滚珠与丝杠脱离接触。这种结构形式简单、工艺性好、承载能力强、应用广泛，但径向尺寸较大。

②内循环式。如图 3-40b 所示，内循环中有反向器 5，滚珠经过反向器反向，使滚珠越过丝杠牙顶进入相邻滚道，滚珠始终与丝杠接触。这种形式结构紧凑、刚性好、滚珠流通性好、摩擦损失小，但制造工艺复杂，适用于高灵敏度、高精度的滚珠丝杠。

2）特点。滚珠丝杠螺母副具有传动效率高、传动平稳、不易产生爬行、磨损小、寿命长、精度保持性好，可通过预紧和间隙消除措施提高轴向刚度和反向精度，运动具有可逆性等优点。但它制造工艺复杂、成本高，在垂直安装时不能自锁，需附加制动机构。

（2）轴向间隙调整　轴向间隙通常是指丝杠和螺母无相对转动时，丝杠和螺母之间的最大轴向窜动。除了结构本身的游隙外，在施加轴向载荷后，轴向间隙还包括弹性变形所造成的窜动。

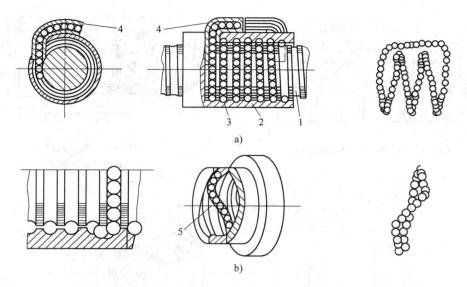

图 3-40　滚珠丝杠螺母副的结构

1—丝杠　2—螺母　3—滚珠　4—回珠管　5—反向器

1）垫片调隙式。如图 3-41 所示，调整垫片厚度使左右两螺母产生轴向位移，即可消除间隙并产生预紧力。该方法结构简单、刚性好，但调整不方便，滚道有磨损时不能随时消除间隙和进行预紧。

2）齿差调隙式。如图 3-42 所示，在两个螺母的凸缘上各制有圆柱外齿轮，齿数只相差一个齿，分别与紧固在套筒两端的内齿圈啮合（内齿圈的齿数与外齿轮的齿数相同）。调整时，先取下内齿圈，让两个螺母分别在相同方向转过一个或几个齿，于是两个螺母在轴向彼此移近或移开一定的距离。间隙消除量 ζ 可用下面公式计算

$$\zeta = nT/z_1 z_2$$

式中　n——两螺母在同一方向转过的齿数；

　　　T——滚珠丝杠的导程；

　z_1、z_2——齿轮的齿数。

3）螺纹调隙式。如图 3-43 所示，左螺母外端有凸缘，右螺母外端没有凸缘而制有螺纹，用两个圆螺母（锁紧螺母）1、2 固定，用平键限制螺母在螺母座内的转动。调整时，只要拧动圆螺母 1 即可消除间隙并产生预紧力，然后用圆螺母 2 锁紧。这种方法结构简单、工作可靠、调整方便，但预紧量不准确。

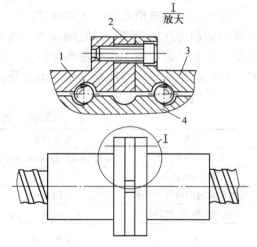

图 3-41　垫片调隙式

1—左螺母　2—垫片　3—右螺母　4—丝杠

除了上述消隙结构外，近年来出现了单螺母消隙滚珠丝杠螺母副，如图 3-44 所示。螺母在完成精磨后，在径向开一薄槽，通过内六角调整螺钉极为方便地实现了间隙的调整和预紧。

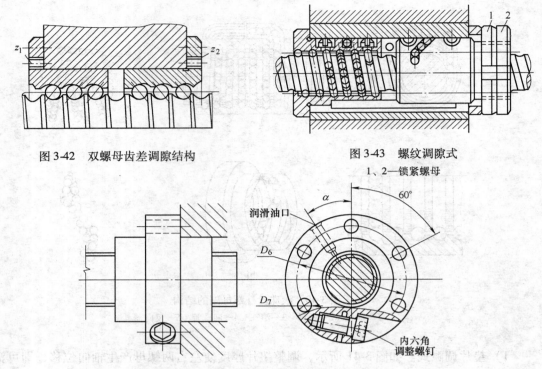

图 3-42　双螺母齿差调隙结构

图 3-43　螺纹调隙式
1、2—锁紧螺母

图 3-44　能消除间隙的单螺母结构

3. 导轨

导轨是机床进给系统的重要部件，是机床重要结构要素之一。导轨的制造误差直接影响工作台运动的几何精度；导轨的摩擦特性影响工作台的定位精度和低速进给的均匀性；导轨的材料和热处理影响工作精度的保持性。因此，应使工作台导轨刚度大、摩擦小、阻尼性能好。目前应用的导轨有滚动导轨、滑动导轨和静压导轨等。表 3-7 简要列出了各种类型机床工作台导轨的性能。

表 3-7　机床工作台导轨性能

性能	滑动导轨	滚动导轨	静压导轨
摩擦与磨损性能	不好,通过选择材料来改进	良好	很好
爬行的可能性	存在	不存在	不存在
对材料及表面质量的要求	很高	高	低
达到高精度的措施	很贵	不太贵	不能用
刚度	通常很好	好,如果导轨预加载且相配零件刚度足够	可变,取决于供油系统,有薄膜压力阀时刚度大
阻尼	很高,但不是常数	小	大,通过设计容易改变

（1）滚动导轨　滚动导轨是在导轨工作面之间安排滚动件，使两导轨面之间形成滚动摩擦，因而摩擦因数很小（0.003 左右），动、静摩擦因数相差很小，运动轻便灵活，所需功率小，精度好，无爬行。

滚动导轨有滚动导轨块和直线滚动导轨两种形式，图 3-45 所示为近年来发展的一种滚动导轨，它能承受颠覆力矩、制造精度高、可高速运行、能长时间保持高精度，它将支承导轨和运动导轨组合在一起，作为独立的标准导轨副部件（单元）由专门生产厂家制造。使用时，导轨体固定在不运动部件上，滑块固定在运动部件上。当滑块沿导轨体运动时，滚珠在导轨体和滑块之间的圆弧直槽内滚动，并通过端盖内的滚道从工作负载区到非工作负载区，不断循环，从而把导轨体和滑块之间的移动变成滚珠的滚动。目前国内外的中小型数控机床上广泛应用这种导轨。

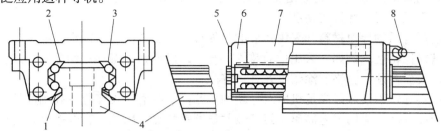

图 3-45　直线滚动导轨的结构

1—侧面垫片　2—保持架　3—负荷滚珠列　4—轨道　5—防尘垫片
6—端部挡板　7—轴承壳体　8—润滑油接嘴

（2）静压导轨　静压导轨是将具有一定压力的油液，经节流器输送到导轨面上的油腔中，形成承载油膜，浮起运动部件，将相互接触的导轨表面隔开，实现液体摩擦。静压导轨不产生磨损，精度保持性好；摩擦因数极低（0.0005），大大降低驱动功率；低速无爬行，承载能力强，刚度好；油液有吸振作用，抗振性好。其缺点是结构复杂，要有供油系统，而且对油的清洁度要求高。

静压导轨可分为开式和闭式两大类，分别如图 3-46 和图 3-47 所示。

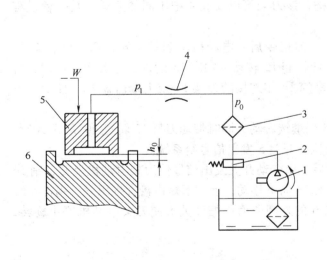

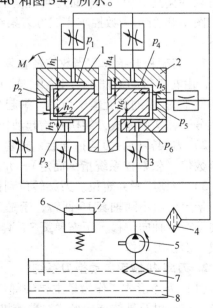

图 3-46　开式静压导轨工作原理

1—液压泵　2—溢流阀　3—过滤器
4—节流器　5—运动导轨　6—床身导轨

图 3-47　闭式静压导轨工作原理

1、2—导轨　3—节流器　4、7—过滤器
5—液压泵　6—溢流阀　8—油箱

此外，还有以空气为介质的空气静压导轨，它不仅摩擦力低，而且有很好的冷却作用，可减小热变形。

（3）滑动导轨　滑动导轨具有结构简单、制造方便、刚度好、抗振性高等优点，是机床上使用最广泛的导轨形式。但普通的铸铁-铸铁、铸铁-淬火钢导轨，存在静摩擦因数大的缺点，而且动摩擦因数随速度变化而变化，摩擦损失大，低速（1~60mm/min）时易出现爬行现象，降低了运动部件的精度。

通过选用合适的导轨材料和采用相应的热处理及加工方法，可以提高滑动导轨的耐磨性能及改善其摩擦特性。例如，采用优质铸铁、合金耐磨铸铁或镶淬火钢导轨，进行导轨表面滚轨强化、表面淬硬、涂铬、涂钼工艺处理等。

镶粘塑料导轨不仅可以满足机床对导轨的低摩擦、耐磨、无爬行、高刚度的要求，同时又具有生产成本低、应用工艺简单、经济效益显著等特点。因此，在数控机床上得到了广泛的应用。

3.5.4　数控机床的自动换刀装置

数控机床为了能在工件一次装夹中完成多种甚至是所有加工工序，必须带有自动换刀装置。对自动换刀装置的基本要求是：换刀时间短，刀具重复定位精度高，有足够的刀具存储量，刀库占地面积小且安全可靠。

1. 回转刀架换刀装置

回转刀架是一种最简单的自动换刀装置，常用于数控车床。根据加工对象不同，可以设计成四方刀架、六角刀架或圆盘式轴向装刀刀架等多种形式。回转刀架须有合理的定位方案和可靠的夹紧机构，以保证尽可能高的重复定位精度。

图3-48所示为数控车床四方刀架结构，该刀架可以安装4把不同的刀具，其工程过程如下：

1）刀架松开抬起。当数控装置发出换刀指令后，电动机1起动正转，通过联轴套2、轴3，由花键带动蜗杆4、蜗轮9、轴10使轴套15转动。轴套15的外圈上有两处凸起，可在套筒14孔中的螺旋槽中滑动，举起与套筒14相连接的刀架13及上端齿盘12，使上、下齿盘分开，从而完成刀架松开抬起动作。

2）刀架转位。刀架抬起后，轴套15仍继续转动，同时带动刀架13转过90°角或90°角的整数倍（依数控系统指令而定），并由压缩开关5发出信号给系统。

3）刀架压紧并定位。刀架转位到位后，由微动开关发出信号使刀架电动机反转，销16使刀架定位而不随轴套15回转，于是刀架13向下移动，上、下短齿盘合拢压紧。蜗杆4继续转动产生轴向位移，压缩弹簧7、套筒6的外圆曲面压缩开关5使刀架电动机停止旋转，完成一次换刀动作。

2. 刀库-机械手自动换刀系统

（1）刀库形式　作为最主要的部件，刀库是用来存储加工刀具及辅助工具的地方，其容量、布局以及具体结构形式对数控机床的设计都有很大影响。根据刀库的容量和取刀的方式，可以将刀库设计成各种形式。常见的刀库形式包括：

1）线型刀库。刀具在刀库中呈直线排列，如图3-49所示。该形式刀库结构简单，容量小，一般可容纳8~12把刀具。此形式多见于自动换刀数控车床。

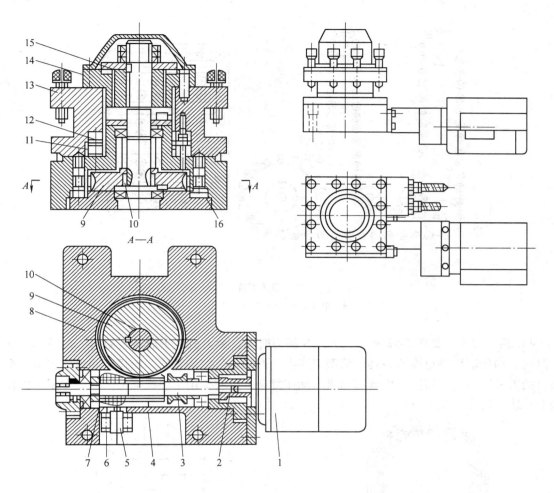

图 3-48　螺旋升降式四方刀架示意图

1—电动机　2—联轴套　3、10—轴　4—蜗杆　5—压缩开关　6、14—套筒　7—压缩弹簧
8—刀座　9—蜗轮　11—下端齿盘　12—上端齿盘　13—刀架　15—轴套　16—销

　　2）链式刀库。该类型刀库固定在环形链节上。图 3-50a 所示为常用的单环链式刀库，而图 3-50b 所示为多环链式刀库。链式刀库结构紧凑，刀库容量大，链环的形状可根据机床的布局设计成各种形状，同时也可将换刀位突出以便于换刀。在一定范围内，需要增加刀具数量时，可增加链条的长度，而不改变链轮直径。当刀具数量在 30 ~ 120 把时，多采用链式刀库。

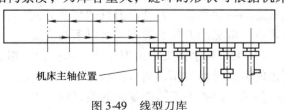

图 3-49　线型刀库

　　3）圆盘刀库。这是最常用的一种刀库，种类很多。如图 3-51 所示，其存刀量最多为 50 ~ 60 把。存刀量过多，则结构尺寸过大，与机床布局易发生干涉。为了进一步扩大存刀量，可采用多圈分布刀具的圆盘刀库、多层圆盘刀库、多排圆盘刀库等。

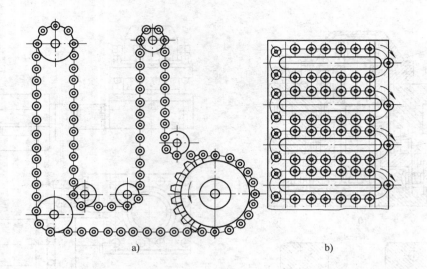

图 3-50　链式刀库

a）单环链式　b）多环链式

4）箱型刀库。如图 3-52 所示，为减少换刀时间，换刀机械手通常利用前一把刀具的加工时间，预先取出要更换的刀具。箱型刀库占地面积小，结构紧凑，同样空间可以容纳较多数目的刀具。但由于箱型刀库取刀和换刀动作复杂，故较少用于单机加工中心，多用于柔性制造系统中的集中供刀系统。

图 3-51　圆盘刀库

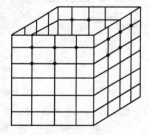

图 3-52　箱型刀库

（2）刀具交换方式　在数控机床的自动换刀装置中，由刀具交换装置实现刀库与机床主轴之间传递和装卸刀具。刀具的交换方式和结构对机床的生产率、工作可靠性都有着直接的影响。常见的刀具交换方式有以下两大类：

1）无机械手换刀。由刀库和机床主轴的相对运动实现刀具交换。换刀时，必须首先将用过的刀具送回刀库，然后再从刀库中取出所需刀具。这两个动作不可能同时进行，因此换刀时间长，但省去了结构复杂的换刀机械手，换刀可靠性较高。

2）机械手换刀。该方式具有较大的灵活性，选刀和换刀动作可同时进行。如图 3-53 所示，整个换刀动作包括图 3-53a、b、c、d 各图所示的钩手、抱手、伸缩手和权手动作。这几种机械手能够完成抓刀、拔刀、换刀、插刀以及复位等全部动作。为了防止刀具掉落，各机械手的活动爪都必须带有自锁结构。

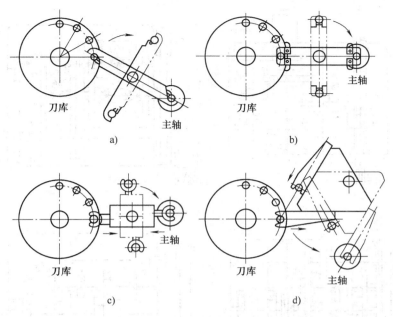

图 3-53　双臂机械手换刀结构

习　题

3-1　机床有哪些基本组成部分？试分析其主要功用。

3-2　什么是逆铣？什么是顺铣？试分析逆铣和顺铣、对称铣和不对称铣的工艺特征。

3-3　试以外圆磨床为例分析机床的哪些运动是主运动，哪些运动是进给运动。

3-4　平面铣削有哪些方法？各适用于什么场合？镶齿面铣刀能否在卧铣上加工水平面？立铣刀能否在卧铣上铣削小平面和沟槽？

3-5　数控机床有几种换刀方式？各适用于哪类数控机床？

3-6　内圆磨削的精度和生产力为什么低于外圆磨削，表面粗糙度为何略大于外圆磨削？

3-7　分析评价机床动态特性研究的实际意义。

3-8　按图 3-54 写出传动路线表达式，计算主轴的转速级数，并分析机床的传动系统设计是否合理。

3-9　在结构上对数控机床有何要求？与普通机床有何不同？

3-10　卧式车床中能否用丝杠代替光杠作机动进给，为什么？

3-11　为什么卧式车床的进给运动由主电动机带动，而 XA6132 铣床的主运动和进给运动分别由两台电动机带动？

3-12　在 XA6132 铣床上利用 FW250 分度头铣切 $z = 19$、$m = 2mm$、$\beta = 20°$ 的螺旋圆柱齿轮，试确定交换齿轮的齿数。

3-13　机床传动的基本组成是什么？各部分的作用是什么？

3-14　CA6140A 卧式车床车削螺纹传动链中有哪些机构？各机构的作用如何？

3-15　数控机床的主传动系统有哪些特点？

3-16　CA6140A 卧式车床的主运动、车螺纹运动、纵向及横向进给运动、快速运动等传动链中，哪几条传动链的两端件之间要求具有严格的传动比？哪几条传动链是外联系传动链？

3-17　以 M1432B 磨床为例，与 CA6140A 卧式车床进行比较，说明为了保证精加工质量，M1432B 磨床在传动与结构方面采取了哪些措施？

3-18　数控机床的主轴变速方式有哪几种？

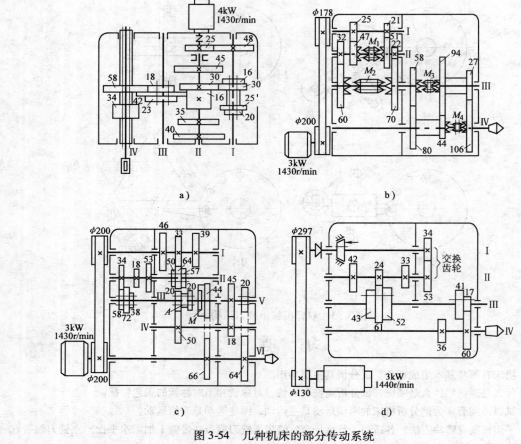

图 3-54　几种机床的部分传动系统

3-19　数控机床为什么常用滚珠丝杠副作为传动元件？有何特点？

3-20　滚动导轨、塑料导轨、静压导轨各有何特点？各应用在何种数控机床上？

第 4 章　工艺系统中的夹具

机械制造工程

　　机械加工过程中，通常采用夹具来安装工件，以确定工件和切削刀具的相对位置，并把工件可靠地夹紧。在机床上，一般都附有通用夹具，如车床上的自定心卡盘、单动卡盘；铣床上的机用虎钳、转盘、分度头等。这些通用夹具具有一定的通用性，可以用来安装一定尺寸和一定外形的各种工件，因而在各种机械制造厂，特别是在工件品种多而批量不大的工具车间和机修车间应用的非常广泛。

　　但是，在实际生产中，常发现仅使用通用夹具不能满足生产要求，用通用夹具装夹工件生产效率低，劳动强度大，加工质量不高，而且往往需要增加划线工序。因此，必须设计制造一种专用夹具，以满足零件生产中具体工序的加工要求。

　　本章的主要内容是研究专用机床夹具设计的原理和方法。

4.1　夹具的功用、组成与分类

1. 夹具的功用

　　夹具是为了适应某工件某工序的加工要求而专门采用或设计的，夹具的功用体现在：

　　1）保证被加工表面的位置精度。使用夹具的主要作用是保证工件上被加工表面的位置精度。例如，表面之间的距离和平行度、垂直度、同轴度等。对于形状复杂、位置精度要求高的工件，使用通用夹具进行加工，常常难以满足精度要求，甚至根本不能保证位置精度。

　　2）缩短工序时间，提高生产率。完成某工序所需要的时间称为工序时间，其中主要的两部分时间是加工需要的机动时间和装卸工件所需要的辅助时间。一般使用夹具主要是缩短辅助时间。在现代的夹具设计中，广泛使用气动、液压、电气等夹紧装置，更可使装卸工件所需要的时间大为减少。

　　机械加工过程中采用夹具，能省掉采用其他方法找正工件时所耗费的时间，省掉了工件对刀应花费的时间。因此，能有效提高生产率。

　　3）扩大机床的工艺范围。机械加工过程中采用夹具，能把一些在正常条件下该机床不能加工的工作变成可能。例如，采用镗模夹具后，能在摇臂钻上镗削箱体零件的孔，这样就扩大了钻床的工艺范围。

　　4）减轻劳动强度，保障生产安全。使用专用夹具特别是自动化程度较高的专用夹具，对于减轻工人的劳动强度，保障生产安全都有很大作用。例如，喷气发动机蜗轮盘自动化拉削夹具的使用，免除了工人来回搬运拉刀的繁重劳动，使劳动条件大为改善，生产率提高了1.5倍，也大大减少了损坏拉刀的事故。

2. 夹具的组成

　　(1) 定位元件　定位元件用于确定工件在夹具中的正确位置。

如图 4-1 所示，钻后盖上的 $\phi 10$mm 孔，其钻夹具如图 4-2 所示。夹具上的圆柱销 5、菱形销 9 和支承板 4 都是定位元件，通过它们使工件在夹具中占据正确的位置。

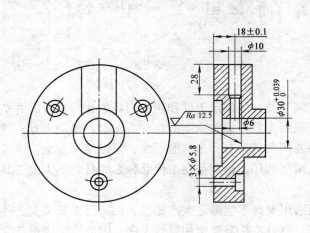

图 4-1 后盖零件钻径向孔的工序图

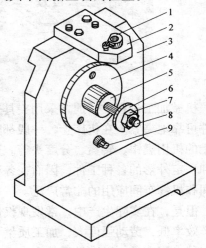

图 4-2 后盖钻夹具
1—钻套 2—钻模板 3—夹具体 4—支承板
5—圆柱销 6—开口垫圈 7—螺母
8—螺杆 9—菱形销

（2）夹紧元件 夹紧元件用来固定工件在定位后的位置。夹紧元件始终使工件的定位基准面与夹具的定位件之间保持良好接触，不会因加工过程中的切削力、重力、惯性力等因素的影响而使工件定位发生变动。图 4-2 中的螺杆 8（与圆柱销合成一个零件）、螺母 7 和开口垫圈 6 就起到了上述的作用。

（3）对刀或导向装置 用于确定刀具相对于定位元件的正确位置。图 4-2 中的钻套 1 和钻模板 2 组成的导向装置，确定了钻头轴线相对定位元件的正确位置；铣床夹具上的对刀块和塞尺也是对刀装置。

（4）连接元件 连接元件是确定夹具在机床上正确位置的元件。图 4-2 中的夹具体 3 的底面为安装基面，保证了钻套 1 的轴线垂直于钻床工作台以及圆柱销 5 的轴线平行于钻床工作台。因此，夹具体可以兼做连接元件。车床夹具上的过渡盘、铣床夹具上的定位键都是连接元件。

（5）夹具体 它是夹具的基础件，用于支承和连接夹具的各种元件和装置，并与机床有关零部件连接，使之组成一个整体。如图 4-2 中，通过夹具体 3 将夹具的所有元件连接成一个整体。

（6）其他 根据工序要求的不同，有时机床夹具上还需要配置其他元件或装置，如分度装置、安全保护装置、防止工件错装装置、顶出工件装置、吊装元件等。

上述各组成部分中，定位元件、夹紧元件、夹具体是夹具的基本组成部分。

3. 夹具的分类

1）按使用夹具的机床分，可分为车床夹具、铣床夹具、磨床夹具等。

2）按夹紧动力源分，可分为手动夹具、气动夹具、液压夹具、电动夹具、磁力夹具、真空夹具等。

3）按通用化程度分，可分为：

①通用可调整夹具。如自定心卡盘、分度头、机用平口钳等。这种夹具的通用性强，工件定位基准面形状较简单，生产率较低。有的通用可调整夹具已作为机床附件，进行专业化生产。它主要用于单件、小批量生产。

②专用夹具。它是针对某一工件的某一工序专门设计的夹具。这种夹具的结构较紧凑，操作简便，生产率高，但它的设计制造周期长，主要用于大批量生产中。如图 4-2 所示的钻床夹具。

③专业化可调整夹具（成组夹具）。它是针对形状、尺寸、工艺要求相似的一组工件所设计的夹具。这种夹具主要用于多品种成批生产中，尤其适用于成组生产。

④组合夹具。它是由预先制造好的一套标准元件组装成的专用夹具，使用后即可拆开，元件又可用于组装新的夹具。组合夹具适用于新品试制，单件小批生产或成批生产。

4.2　定位的概念、原理与类型

4.2.1　定位的概念

1. 定位与夹紧

对工件进行机械加工时，为了保证加工要求，首先要使工件相对于刀具及机床占据正确的位置，并使这个位置在加工过程中不会受外力的影响而变动。所以在加工前，就要将工件装夹好。

工件的装夹指的是工件定位和夹紧的过程。

所谓定位，是使工件在机床上或夹具中占有正确位置的过程。

工件位置的正确与否，用加工要求来衡量。能满足加工要求的为正确，不能满足加工要求的为不正确。

将工件定位后的位置确定下来，称为夹紧。工件夹紧的任务是使工件在切削力、离心力、惯性力和重力等力的作用下不离开已经占据的正确位置，以保证加工的正常进行。

2. 常见的定位方式

常用的工件定位方式有：

（1）直接找正定位　由工人利用划线盘、划针、千分表等工具，直接找正工件上某一个或几个表面，以确定工件在机床上或夹具中的正确位置。

如图 4-3 所示，用单动卡盘装夹工件加工内孔，要求待加工内孔与已加工外圆同轴。若同轴度要求不高（0.5mm 左右），可以划针找正；若同轴度要求高（0.02mm 左右），用百分表控制外圆的径向跳动，从而保证加工后零件外圆与内孔的同轴度要求。该方法定位精度和找正的快慢取决于被找正面的精度、找正工人的经验和技术水平，生产率低，常用于单件、小批量生产或位置精度要求特别高的工件。

（2）划线找正定位　当零件形状很复杂时，可先用划针在工件上划出中心线、对称中心线或各加工表面的加工位置，然后再按划好的线来找正工件在机床上的位置，如图 4-4 所示。划线找正精度一般只能达到 0.2 ~ 0.5mm，定位精度低，适用于单件小批生产、精度低的毛坯件及大型零件的粗加工。

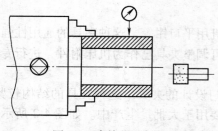
图 4-3　直接找正示例

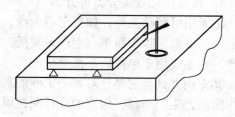
图 4-4　划线找正示例

（3）用夹具的定位元件定位　工件在夹具中的定位，就是要确定工件与夹具定位元件的相对位置，将工件直接安装在夹具的定位元件上，并夹紧；再用导向元件、对刀装置来保证刀具与工件的正确位置。

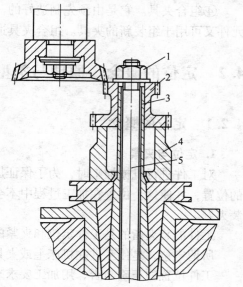

图 4-5 所示为双联齿轮工件装夹在插齿机夹具上加工齿形的情况。定位心轴 3 和基座 4 是该夹具的定位元件，夹紧螺母 1 及螺杆 5 是夹紧元件。工件以其内孔套在定位心轴 3 上，其间有一定的配合要求，以保证工件齿形加工面与内孔的同轴度，同时又以其端面靠紧在基座 4 上，以保证齿形加工面与端面的垂直度，从而完成了定位；再用夹紧螺母 1 将工件压紧在基座 4 上，从而保证了夹紧，这时双联齿轮的装夹就完成了。

这种装夹方法由夹具来保证定位夹紧，易于保证加工精度，操作简单方便，效率高，在大批量生产中应用十分广泛。随着夹具技术的发展，一些单件、小批量生产的工件也较多采用这种定位方式。

图 4-5　采用夹具装夹工件
1—夹紧螺母　2—双联齿轮（工件）　3—定位心轴
4—基座　5—螺杆

4.2.2　定位原理

1. 工件在空间的自由度

由刚体运动学可知，一个自由刚体，在空间有且仅有六个自由度。工件在没有采取定位措施以前，与空间自由状态的刚体类似，每个工件在夹具中的位置可以是任意的、不确定的。对一批工件来说，它们的位置是变动的，不一致的。对于图 4-6 所示的工件，这种状态可以在空间直角坐标系中用六个方面的独立部分表示，即沿 Ox、Oy、Oz 三个坐标轴的移动，称为移动自由度，分别表示为 $\vec{x}$、$\vec{y}$、$\vec{z}$；和能绕 Ox、Oy、Oz 三个坐标轴的转动，称为转动自由度，分别表示为 $\hat{x}$、$\hat{y}$、$\hat{z}$。

六个方面的自由度都存在，是

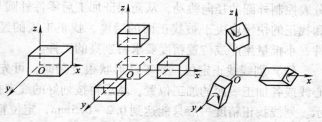
图 4-6　工件在空间直角坐标系中的六个自由度

工件在夹具中所占空间位置不确定的最高程度，即工件在空间最多只能有六个自由度。限制工件在某一方面的自由度，工件在夹具中某一方向的位置就得以确定。

2. 六点定位原则

（1）六点定位原则　工件在夹具中定位的任务，就是通过定位元件限制工件的自由度，以满足工件的加工精度要求。如果工件（自由刚体）的六个自由度都被限制，工件在空间的位置也就完全被确定下来了。因此，定位实质上就是限制工件的自由度。

分析工件定位时，通常是用一个支承点限制工件的一个自由度，用合理设置的六个支承点，限制工件的六个自由度，使工件在夹具中的位置完全确定，这就是六点定位原则。

例如，在图 4-7a 所示的矩形工件上铣削半封闭式矩形槽时，为保证加工尺寸 A，可在其底面 M 上设置三个不共线的支承点，如图 4-7b 所示，用以限制工件的三个自由度：$\hat{x}$、$\hat{y}$、$\bar{z}$；由于主要基面（M 面）要承受较大的外力（如夹紧力、切削力等），故三个支承点连接起来所组成的三角形面积越大，工件就放得越稳，越容易保证定位精度；为了保证 B 尺寸，在工件的垂直侧面 N 上布置了两个支承点，这两点的连线不能与主要定位基准（M 面）垂直，且两点距离越远，限制自由度越有效，如图 4-7b 所示。这两个支承点限制了工件的两个自由度 $\bar{x}$、$\hat{z}$；为了保证 C 尺寸并且承受加工过程中的切削力和冲击力等，端面 P 上设置一个支承点，限制了工件沿 y 轴的移动自由度 $\bar{y}$。于是工件的六个自由度全部被限制，实现了六点定位。

在具体的夹具中，支承点是由定位元件来体现的。

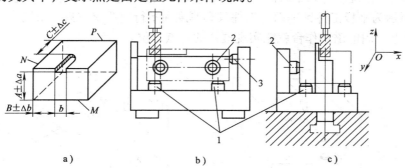

图 4-7　铣削半封闭式矩形槽工件
a）零件　b）、c）定位分析及支承点布置

（2）工件定位时的注意事项

1）定位支承点是由定位元件抽象而来的。在夹具的实际结构中，定位支承点是通过具体的定位元件体现的，即支承点不一定用点或销的顶端，而常用面或线来代替。根据数学概念可知，两个点决定一条直线，三个点决定一个平面，即一条直线可以代替两个支承点，一个平面可以代替三个支承点。在具体应用时，还可用窄长的平面（条形支承）代替直线，用较小的平面来替代点。

2）定位支承点与工件定位基准面必须始终保持紧密贴合，不得脱离，否则支承点就失去了限制自由度的作用。

3）分析定位支承点的定位作用时，不考虑力的影响。工件的某一自由度被限制，是指工件在某个坐标方向有了确定的位置，而不是指工件在受到使其脱离定位支承点的外力时不能运动。使工件在外力作用下不能运动,是夹紧的作用。

4)工件在定位时,凡是影响工件加工精度的自由度均应加以限制,对于与加工精度无关的自由度可以不加限制,因此不一定对工件的六个自由度都限制。

5)支承点的分布必须合理,否则六个支承点就限制不了六个自由度,或不能有效地限制工件的六个自由度。

4.2.3　常见的定位类型

工件定位时,影响加工要求的自由度必须限制;不影响加工要求的自由度,有时要限制,有时不需限制,视具体情况而定。因此,按照加工要求确定工件必须限制的自由度,在夹具设计中是首先要解决的问题。工件定位时,会有以下几种情况:

(1)完全定位　它是指工件的六个自由度都被限制了的定位。当工件在 x、y、z 三个坐标方向均有尺寸要求或位置精度要求时,一般采用这种定位方式,如图4-7所示。

(2)不完全定位　它是指工件被限制的自由度数少于六个,但仍能保证加工精度要求的定位。

例如,在车床上加工通孔,根据加工要求,不需限制沿工件轴线方向的平动和围绕着轴线旋转的两个自由度。所以用自定心卡盘夹持限制其余四个自由度,就可以实现四点定位。

如图4-8a所示,在长方体工件上铣槽,根据加工要求,它只要限制五个自由度就够了,沿 y 方向的移动自由度 $\vec{y}$ 可以不限制,即该工序专用夹具的设计可以采用不完全定位方式。

图4-8b所示为平板工件磨平面,工件只有厚度和平行度要求,只需限制 $\hat{x}$、$\hat{y}$、$\vec{z}$ 三个自由度,在磨床上采用电磁工作台就能实现这样的三点定位。

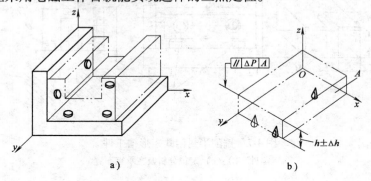

图4-8　不完全定位

a)铣削通槽长方体的定位　b)平板工件磨平面的定位

由上述分析可知,工件在定位时应该限制的自由度数目应由工序的加工要求而定,不影响加工要求的自由度可以不加限制。图4-9所示为不必限制绕自身回转轴线转动自由度的实例。采用不完全定位可简化定位装置,因此不完全定位在实际生产中也广泛应用。

工件定位时,以下几种情况允许采用不完全定位:

1)加工通孔或通槽时,沿贯通轴的位置自由度可以不限制。

2)毛坯(本工序加工前)是轴对称时,绕对称中心轴的转动自由度可以不限制。

3)加工贯通的平面时,除可不限制沿两个贯通轴的位置自由度外,还可不限制垂直加工面的轴的转动自由度。

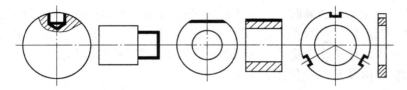

图 4-9　不必限制绕自身回转轴线转动自由度的实例

（3）欠定位　工件在夹具中定位时，按加工要求应予限制的自由度没有得到限制，即约束点不足，称为欠定位。

欠定位无法保证加工要求。因此，确定工件在夹具中的定位方案时，决不允许有欠定位的现象产生。如在图 4-7 中不在端面 P 上设置一个支承点，则在一批工件上半封闭槽的长度就无法保证；若缺少侧面两个支承点时，则工件上的尺寸 B 和槽侧面与工件侧面的平行度均无法保证。

（4）过定位（超定位、重复定位、定位干涉）　两个或两个以上的定位元件重复限制同一个自由度的现象，称为过定位。

过定位会造成工件与夹具上定位元件的接触点不稳定，受夹紧力后工件或定位元件产生变形，出现较大的定位误差，或者使工件不能与定位元件顺利地配合。

如图 4-10a 所示，工件的一个定位平面只能限制三个自由度，如果用 4 个支承钉来支承，则由于工件平面或夹具定位元件的制造精度问题，实际上只能有 3 个支承钉与工件定位平面接触，从而产生定位不准和不稳定。如果工件在重力、夹紧力或切削力的作用下强迫 4 个支承钉和工件定位平面接触，则可能会使工件或夹具变形，或两者均变形。解决这一问题的方法有两个：一是将支承钉改为 3 个，并适当布置其位置；二是将定位元件改为 2 个支承板（图 4-10b）或 1 个大支承板。

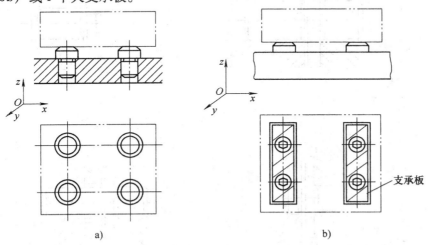

a)　　　　　　　　　　　　b)

图 4-10　平面定位的过定位

图 4-11 所示为一面两孔组合定位的例子。工件的定位基准为其底面和两个孔，夹具的定位元件为 1 个支承板和两个短圆柱销，其中支承板限制了 $\hat{x}$、$\hat{y}$、$\bar{z}$ 三个自由度，销 1 限制了 $\bar{x}$、$\bar{y}$ 两个移动自由度，销 2 限制了 $\bar{x}$、$\hat{z}$ 两个自由度、因此自由度 $\bar{x}$ 同时被两个定位元件

限制，产生了过定位。在装夹时，由于工件上两孔或夹具上两销在直径或间距尺寸上的误差，导致工件不能定位（即装不上）。如果要装上，则短圆柱销或工件要产生变形。解决的办法是将其中一个圆柱销改为菱形销（现为圆柱销2，如图4-11b所示），其削边方向应在 x 方向，以消除在自由度 $\bar{x}$ 方向上的干涉。

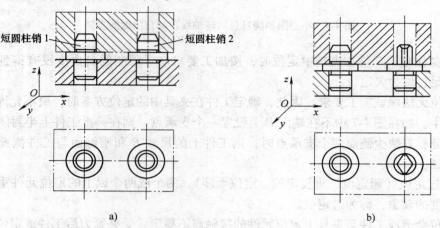

图4-11　一面两孔组合定位时产生的过定位现象

图4-12所示为孔与端面组合定位的例子。图4-12a所示为长销大端面，其中长销限制了 $\bar{y}$、$\bar{z}$、$\hat{y}$、$\hat{z}$ 四个自由度，大端面限制了 $\bar{x}$、$\hat{y}$、$\hat{z}$ 三个自由度，显然 $\hat{y}$、$\hat{z}$ 两个自由度被重复限制，产生了过定位。解决的办法有三种：①采用大端面和短销组合定位（图4-12b）；②采

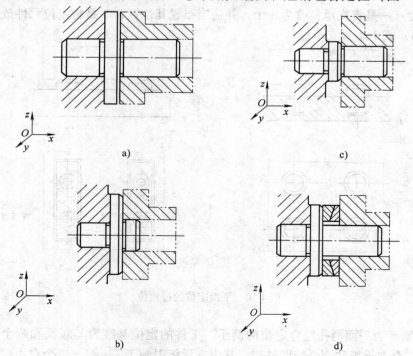

图4-12　孔与端面组合定位时产生的过定位现象

用长销和小端面组合定位（图4-12c）；③仍采用长销和大端面组合定位，但在大端面上装一个球面垫圈，以减少两个自由度的重复约束（图4-12d）。

但是，并不是在任意情况下都不允许出现过定位。实际生产中，当工件的一个或几个自由度被重复限制，但仍能满足加工要求，即过定位不但不产生有害影响，反而可增加工件装夹刚度，这种过定位就称为可用重复定位。如图4-13所示，在插齿机上加工齿轮时，心轴1限制了工件的 $\bar{x}$、$\bar{y}$、$\hat{x}$、$\hat{y}$ 四个自由度，支承凸台2限制了工件的 $\hat{x}$、$\hat{y}$、$\bar{z}$ 三个自由度，其中重复限制了 $\hat{x}$、$\hat{y}$ 两个自由度，但由于齿坯孔与端面的垂直度较高，这种情况可认为是可用重复定位。

值得注意的是，在不完全定位和欠定位的情况下，不一定就没有过定位，因为过定位的判别是看是否存在重复定位，而不是看所限制自由度的多少。

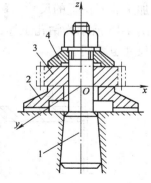

图 4-13　插齿加工的过定位分析
1—心轴　2—支承凸台
3—齿坯（工件）　4—压板

4.3　定位元件

4.3.1　基准、定位副及定位、夹紧符号标注

1. 基准的类别

基准是指零件或工件上的某些点、线、面，据此确定零件或工件上其他点、线、面的位置。

根据基准的不同作用，基准分为设计基准和工艺基准两大类。前者用在零件图样中，后者用在工艺过程中，并可进一步细分为定位基准、工序基准、测量基准和装配基准，其中设计夹具常用的工艺基准为工序基准和定位基准。

（1）设计基准　设计基准是零件图上的一些点、线或面，据此标定零件图上其他点、线或面的位置。

在零件图上，按零件在产品中的工作要求，用一定的尺寸或位置来确定各表面间的相对位置。图4-14所示为三个零件图的部分要求，对4-14a图中的平面 A 来说，平面 B 是它的设计基准；对平面 B 来说，平面 A 是它的设计基准，它们互为设计基准。在图4-14b中，D 是平面 C 的设计基准。在图4-14c中，大、小外圆表面之间有位置精度要求，大外圆 A 是小外圆的设计基准。

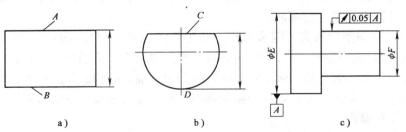

a)　　　　　　　　　b)　　　　　　　　c)

图 4-14　设计基准

（2）工序基准　工序基准是在工序图中，据此标定被加工表面位置的点、线或面。标定被加工表面位置的尺寸，称为工序尺寸。

图 4-15 所示为钻孔工序的简图。两种加工方案中，被加工孔的工序基准的选择不同，工序尺寸也不同。

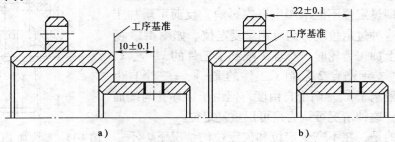

图 4-15　工序基准及工序尺寸

（3）定位基准　定位基准是工件上的点、线或面，当工件在夹具上（或直接在机床设备上）定位时，它使工件在工序尺寸方向上获得确定的位置。

图 4-16 所示为加工某工件的两个工序简图。由于工序尺寸的方向不同，因此要求定位基准的选择不同，图 4-16a 所示定位基准为底平面，图 4-16b 所示定位基准为内圆表面和底平面。

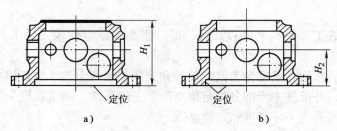

图 4-16　定位基准

2. 定位基准与定位基面

（1）定位基准与定位基面　工件的定位基准有各种形式，如平面、外圆柱面、内圆柱面、圆锥面、型面等。当工件以外圆柱面定位时，理论上工件的定位基准为外圆柱面的轴线（中心线），但实际上轴线看不见摸不着，因此就用外圆柱面体现基准轴线，称为定位基面。

同理，工件用内孔表面定位时，内孔轴线为定位基准，内孔表面称为定位基面。

平面的定位基准即是定位基面。

（2）限位基准与限位基面　定位元件上与工件定位基准相对应的点、线、面，称为限位基准。如限位基准为轴线，则可用定位元件上与定位基面相接触的工作表面来代替，称为限位基面。如定位元件为心轴，则心轴的轴线为限位基准，心轴的外圆柱面为限位基面；如定位元件为定位套，则定位套的轴线为限位基准，定位套的内圆柱表面为限位基面。平面的限位基准即是限位基面。

（3）主要定位面　当工件上有几个定位基面时，限制自由度数最多的定位基面称为主要定位面。

3. 定位副

将工件上的定位基面和与之相接触（或配合）的定位元件上的限位基面合称为一对定位副。如图 4-17 所示，工件的内孔表面与定位元件心轴的圆柱表面就合称为一对定位副。

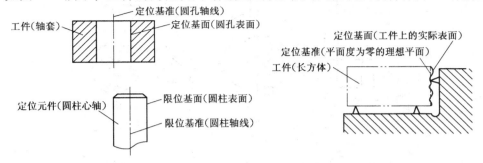

图 4-17　定位基准与限位基准

4. 定位和夹紧符号

制订零件机械加工工艺规程时，在选定定位基准及确定了夹紧力的方向和作用点后，应在工序图上标注定位符号和夹紧符号，以便选用合适的通用夹具或进行专用夹具设计。

定位、夹紧符号见表 4-1。图 4-18 所示为典型定位基面定位、夹紧符号的标注。

表 4-1　定位、夹紧符号

分　类	标注位置	独立		联动	
		标注在视图轮廓线上	标注在视图正面上	标注在视图轮廓线上	标注在视图正面上
主要定位点	固定式	∧	⊙	∧∧	⊙ ⊙
	活动式	⋀	⊙	⋀⋀	⊙ ⊙
辅助定位点		⋀	⊙	⋀⋀	⊙ ⊙
机械夹紧		↓	↳	↓↓	↓↓
液压夹紧		Y↓	Y↳	Y↓↓	Y↓↓
气动夹紧		Q↓	Q↳	Q↓↓	Q↓↓
电磁夹紧		D↓	D↳	D↓↓	D↓↓

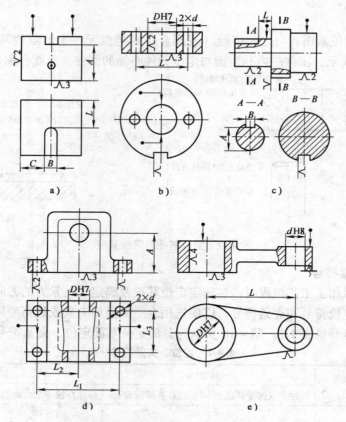

图 4-18　典型定位基面定位、夹紧符号的标注

a）长方体上铣不通槽　b）盘类零件上加工两个直径为 d 的孔　c）轴类零件上铣小端键槽

d）箱体类零件镗直径为 $DH7$ 的孔　e）杠杆类零件钻小端直径为 dH8 的孔

4.3.2　常见定位元件

1. 对定位元件的基本要求

1）限位基面应有足够的精度。定位元件具有足够的精度，才能保证工件的定位精度。

2）限位基面应有较好的耐磨性。由于定位元件的工作表面经常与工件接触和摩擦，容易磨损，为此要求定位元件上限位表面的耐磨性要好，以提高夹具的使用寿命和定位精度。

3）支承元件应有足够的强度和刚度。定位元件在加工过程中，受工件重力、夹紧力和切削力的作用，因此要求定位元件应有足够的刚度和强度，避免使用中变形和损坏。

4）定位元件应有较好的工艺性。定位元件应力求结构简单、合理，便于制造、装配和更换。

5）定位元件应便于清除切屑。定位元件的结构和工作表面形状应有利于清除切屑，以防切屑嵌入夹具内影响加工和定位精度。

2. 常用定位元件的选用

（1）工件以平面定位

1）支承钉（JB/T 8029.2—1999）。以面积较小的已经加工的基准平面定位时，选用平头支承钉，如图 4-19a 所示；以粗糙不平的基准面或毛坯面定位时，选用圆头支承钉，如图

4-19b 所示；侧面定位时，可选用网状支承钉，如图 4-19c 所示。

2）支承板（JB/T 8029.1—1999）。以面积较大、平面度精度较高的基准平面定位时，选用支承板为定位元件。用于侧面定位时，可选用不带斜槽的支承板，如图 4-19d 所示；通常尽可能选用带斜槽的支承板，以利于清除切屑，如图 4-19e 所示。

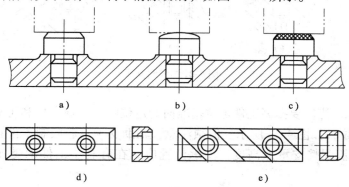

图 4-19 支承钉和支承板

a）平头支承钉 b）圆头支承钉 c）网状支承钉 d）不带斜槽的支承板 e）带斜槽的支承板

3）自位支承（浮动支承）。以毛坯面、阶梯平面和环形平面作基准定位时，选用自位支承作定位元件，如图 4-20 所示。但须注意，自位支承虽有两个或三个支承点，由于自位和浮动作用只能作为一个定位支承点看待。

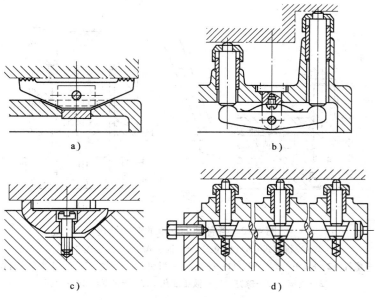

图 4-20 自位支承

a）、b）两点式支承 c）、d）三点式支承

4）可调支承（JB/T 8026.1～4—1999）。可调支承用于工件的定位基准表面上还留有加工余量，准备在后几道工序中切除，而各批工件的加工余量又不相同的情况下，或用于工件的形状相同而工序尺寸有差别的情况下，如图 4-21 所示。

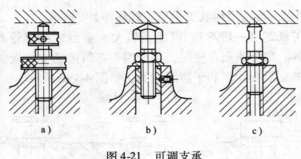

图 4-21　可调支承

5）辅助支承。当需要提高工件定位基准面的定位刚度、稳定性和可靠性时，可选用辅助支承作辅助定位，如图 4-22 所示。但须注意，辅助支承不起限制工件自由度的作用，且每次加工均需重新调整支承点高度，支承位置应选在有利于工件承受夹紧力和切削力的地方。

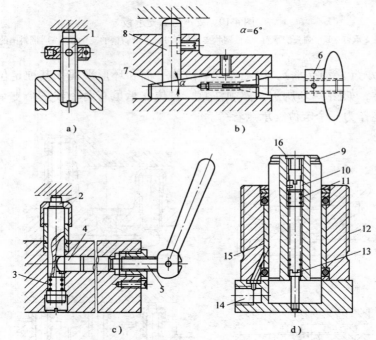

图 4-22　各种辅助支承的典型结构

a）螺旋式　b）自位式　c）推引式　d）液压锁紧式

1、5—螺杆　2、8、9—滑柱　3、11—弹簧　4—滑块　6—手轮　7—斜楔　10—调节螺钉
12—支座　13—螺钉　14—液压油孔　15—薄壁套　16—盖帽

（2）工件以外圆柱面定位

1）V 形块（JB/T 8018.1—1999）。当工件的对称度要求较高时，可选用 V 形块定位。V 形块工作面间的夹角 α 常取 60°、90°、120° 三种，其中应用最多的是 90°V 形块。90°V 形块的典型结构和尺寸已标准化，使用时可根据定位圆柱面的长度和直径进行选择。

　　V 形块的结构有多种形式，图 4-23a 所示的 V 形块适用于较短的精定位基面；图 4-23b

所示的 V 形块适用于较长的加工过的圆柱面定位；图4-23c 所示的 V 形块适于较长的粗糙的圆柱面定位；图4-23d 所示的 V 形块适用于尺寸较大的圆柱面定位，这种 V 形块底座采用铸件，V 形面采用淬火钢件，V 形块由两者镶合而成。

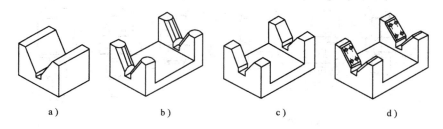

图 4-23　V 形块的结构形式

a）短圆柱面定位　b）长圆柱面定位　c）较粗糙圆柱面定位　d）大尺寸圆柱面定位

除固定 V 形块外，还有活动 V 形块，图 4-24 所示为活动 V 形块的应用实例。

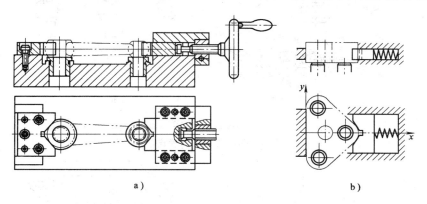

图 4-24　活动 V 形块的应用

2）当工件定位圆柱面精度较高时（一般不低于 IT8），可选用定位套或半圆形定位座定位。大型轴类和曲轴等不宜以整个圆孔定位的工件，可选用半圆定位座，如图 4-25 所示。

（3）工件以内孔定位

1）定位销。工件上定位内孔较小时，常选用定位销作定位元件。圆柱定位销的结构和尺寸已标准化，不同直径的定位销有其相应的结构形式，可根据工件定位内孔的直径选用。图 4-26a 所示为固定式定位销（JB/T 8014.2—1999），图 4-26b 所示为可换式定位销（JB/T 8014.3—1999）；

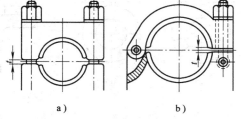

图 4-25　工件在半圆柱孔中定位

其中 A 型称圆柱销，B 型称菱形销（削边销）。

2）圆锥销。当工件圆柱孔用孔端边缘定位时，需选用圆锥定位销，如图 4-27 所示，它限制了工件的三个移动自由度 $\bar{x}$、$\bar{y}$、$\bar{z}$。当工件圆孔端边缘形状精度较差时，选用如图 4-27a 所示形式的粗圆锥定位销；当工件圆孔端边缘形状精度较高时，选用图 4-27b 所示形式的精圆锥定位销。工件在单个圆锥销上定位时容易倾倒，为此，它常与其他定位元件组合使用。图 4-28 所示为圆锥销组合定位的几个实例。

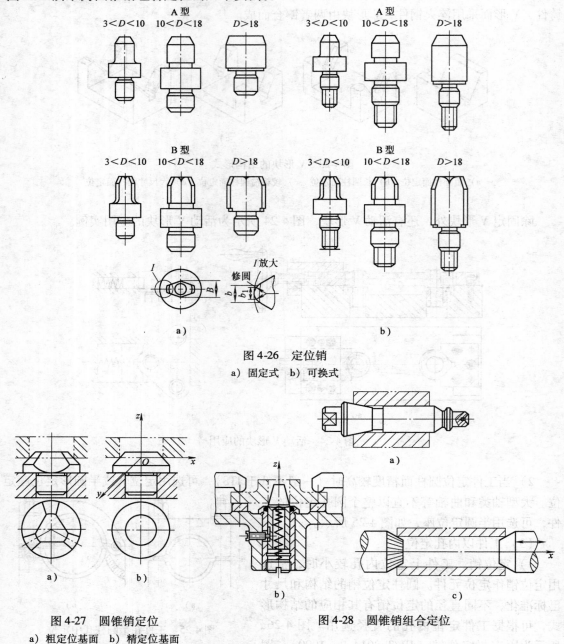

图 4-26　定位销
a）固定式　b）可换式

图 4-27　圆锥销定位
a）粗定位基面　b）精定位基面

图 4-28　圆锥销组合定位

3）圆柱心轴。在套类、盘类零件的车削、磨削和齿轮加工中，大都选用心轴定位。为了便于夹紧和减小工件因间隙造成的倾斜，当工件定位内孔与基准端面垂直精度较高，且定位精度要求不高时，常采用孔和端面联合定位，通常是带台阶定位面的心轴，如图 4-29a 所示；工件定心精度要求高的精加工，不另设夹紧装置时，通常使用过盈配合心轴，如图 4-29b 所示；当工件以内花键为定位基准时，可选用外花键轴，如图 4-29c 所示。

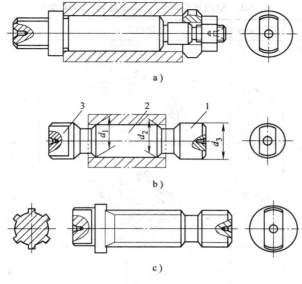

图 4-29　圆柱心轴

1—引导部分　　2—工作部分　　3—传动部分

心轴在机床上的常用安装方式如图 4-30 所示。

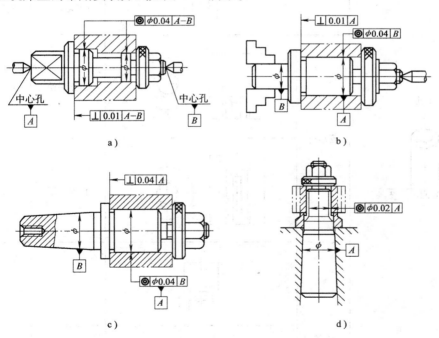

图 4-30　心轴在机床上的常用安装方式

在工件定位时，为了便于理论分析，使用了定位支承点的概念。但实际定位时，不能以理论上的"点"与工件的定位基面相接触，而必须把支承点转化为具有一定形状的、实在的定位元件。常用定位元件限制工件自由度的情况见表 4-2。

表 4-2　常用定位元件限制工件自由度的情况

工件定位基面	定位元件	定位简图	定位元件特点	限制的自由度
平面 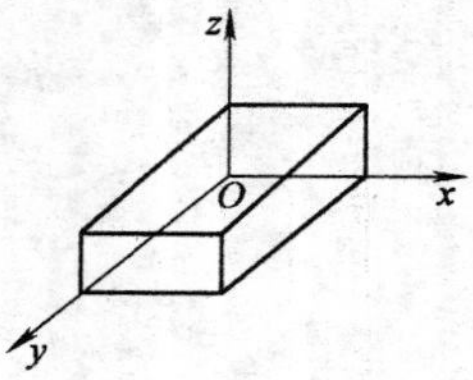	支承钉	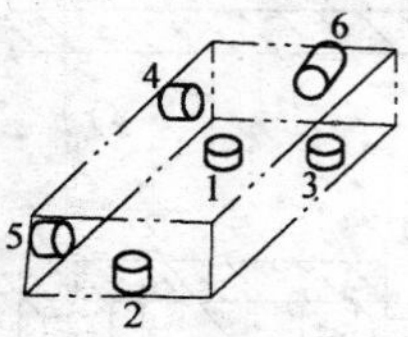		$1、2、3—\bar{z}、\hat{x}、\hat{y}$ $4、5—\bar{x}、\hat{z}$ $6—\bar{y}$
	支承板	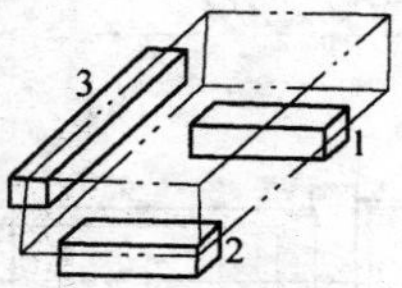		$1、2—\bar{z}、\hat{x}、\hat{y}$ $3—\bar{x}、\hat{z}$
圆孔 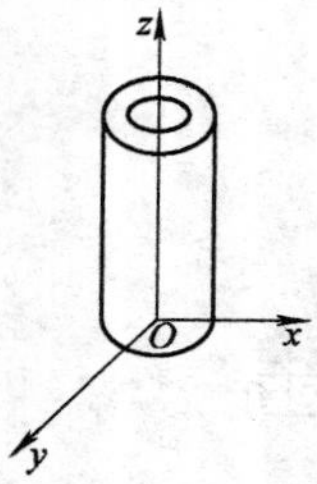	定位销（心轴）	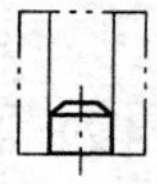	短销（短心轴）	$\bar{x}、\bar{y}$
		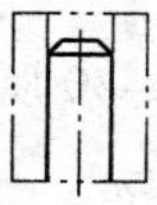	长销（长心轴）	$\bar{x}、\bar{y}$ $\hat{x}、\hat{y}$
	菱形销	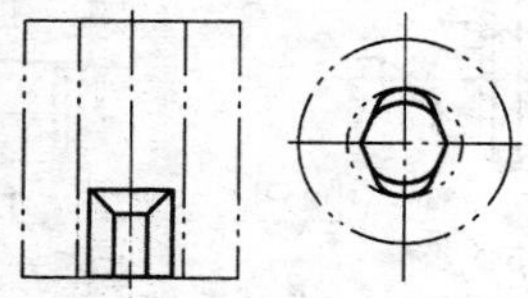	短菱形销	$\bar{y}$
		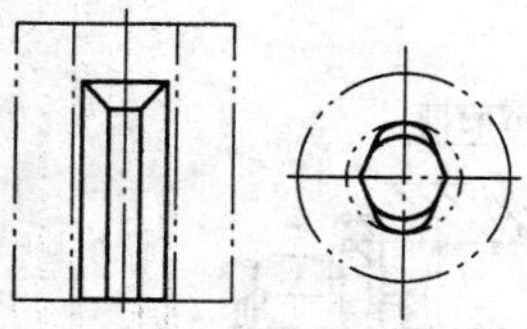	长菱形销	$\bar{y}、\hat{x}$
	锥销	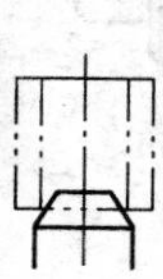		$\bar{x}、\bar{y}、\bar{z}$
		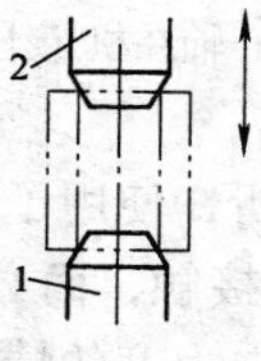	1—固定锥销 2—活动锥销	$\bar{x}、\bar{y}、\bar{z}$ $\hat{x}、\hat{y}$

工件定位基面	定位元件	定位简图	定位元件特点	限制的自由度
外圆柱面 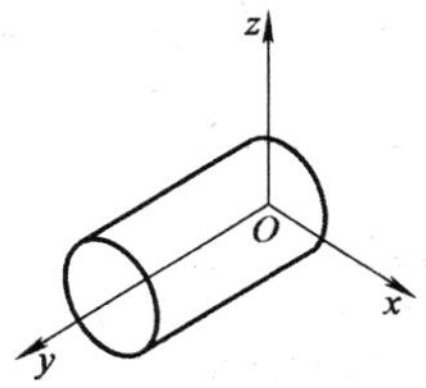	支承板或支承钉	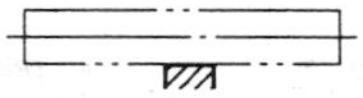	短支承板或支承钉	$\bar{z}$
		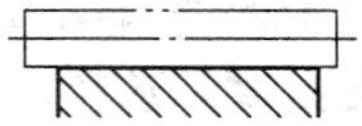	长支承板或两个支承钉	$\bar{z}、\hat{x}$
	V 形块	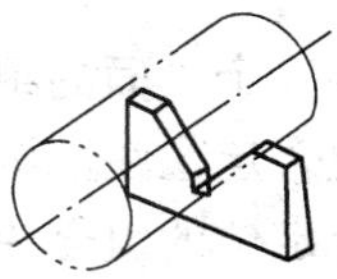	窄 V 形块	$\bar{x}、\bar{z}$
		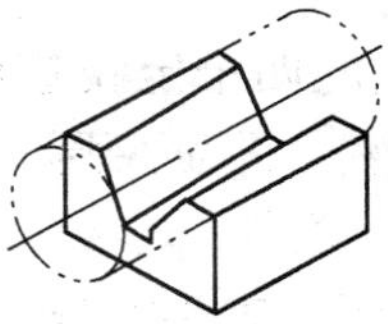	宽 V 形块	$\bar{x}、\bar{z}$ $\hat{x}、\hat{z}$
	定位套	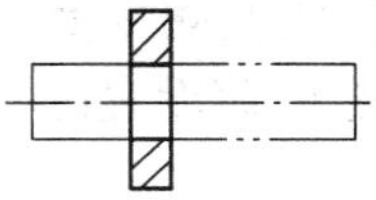	短套	$\bar{x}、\bar{z}$
		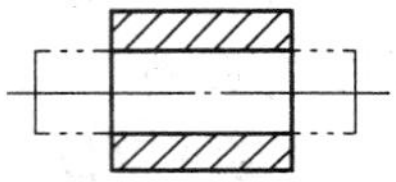	长套	$\bar{x}、\bar{z}$ $\hat{x}、\hat{z}$
	半圆套	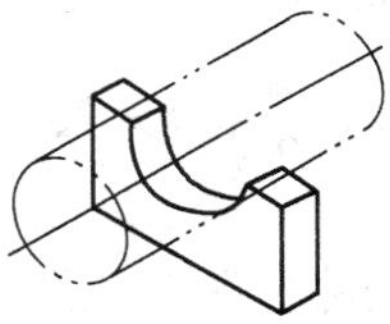	短半圆套	$\bar{x}、\bar{z}$
		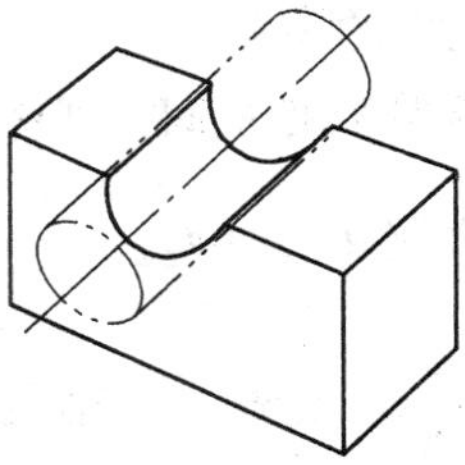	长半圆套	$\bar{x}、\bar{z}$ $\hat{x}、\hat{z}$
	锥套	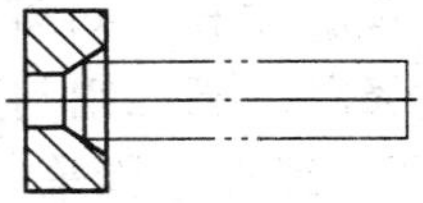		$\bar{x}、\bar{z}、\bar{y}$
		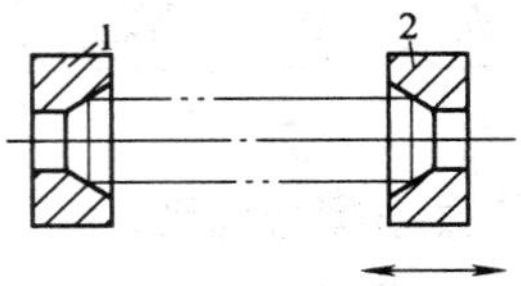	1—固定锥套 2—活动锥套	$\bar{x}、\bar{z}、\bar{y}$ $\hat{x}、\hat{z}$

4.3.3　组合定位

所谓组合定位是指工件以一组基准定位。工件在夹具上定位只用一个定位基准的情况很少，多数是组合定位。因为一个定位基面能限制的自由度数有限，而大多数的加工工序往往要求工件在定位过程中限制更多的自由度。这样，用一个基准定位就不能满足要求，而需要用一组基准进行组合定位。

在实际生产中，常遇到两个孔和一个平面的组合定位，这种方法称作一面两孔定位。它所涉及的一些问题，与其他形式的组合定位在原则方面也是类似的，所以本节将先对一面两孔定位作详细讨论，然后再分析组合定位的组合原则。

1. 一面两孔定位

如图 4-31 所示，要钻连杆盖上的四个定位销孔。按照加工要求，用平面 A 及直径为 $\phi 12^{+0.027}_{0}$ mm 的两个螺栓孔定位。这种一平面两圆孔（简称一面两孔）的定位方式，在箱体、杠杆、盖板等类零件的加工中应用广泛。工件的定位平面一般是加工过的精基准，两定位孔可能是工件上原有的，也可能是专为定位需要而设置的工艺孔。

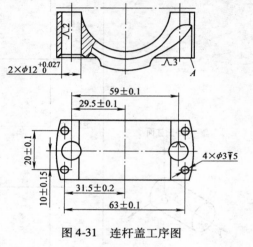

图 4-31　连杆盖工序图

工件以一面两孔定位时，除了相应的支承板外，用于两个定位圆孔的定位元件有以下两种：

（1）两个圆柱销　采用两个圆柱销与两定位孔配合为重复定位，沿连心线方向的移动自由度被重复限制了。当工件的孔间距 $\left(L \pm \dfrac{\delta_{\mathrm{LD}}}{2}\right)$ 与夹具的销间距 $\left(L \pm \dfrac{\delta_{\mathrm{Ld}}}{2}\right)$ 的公差之和大于工件上两定位孔（D_1、D_2）与夹具上两定位销（d_1、d_2）之间的配合间隙时，将妨碍部分工件的装入。

要使同一工序中所有工件都能顺利地装卸，必须满足以下条件：当工件两孔径为最小（$D_{1\min}$、$D_{2\min}$）、夹具两销径为最大（$d_{1\max}$、$d_{2\max}$）、孔间距为最大 $\left(L + \dfrac{1}{2}\delta_{\mathrm{LD}}\right)$、销间距为最小 $\left(L - \dfrac{1}{2}\delta_{\mathrm{Ld}}\right)$，或者孔间距为最小 $\left(L - \dfrac{1}{2}\delta_{\mathrm{LD}}\right)$、销间距为最大 $\left(L + \dfrac{1}{2}\delta_{\mathrm{Ld}}\right)$ 时，D_1 与 d_1、D_2 与 d_2 之间仍有最小装配间隙 $X_{1\min}$、$X''_{2\min}$ 存在，如图 4-32 所示。

由图 4-32 可见，为了满足上述条件，第二销与第二孔不能采用标准配合，第二销的直径缩小了，连心线方向的间隙增大了。缩小后的第二销的最大直径为

$$\frac{d'_{2\max}}{2} = \frac{D_{2\min}}{2} - \frac{X''_{2\min}}{2} - O_2O'_2$$

式中　$X''_{2\min}$——第二销与第二孔的最小配合间隙。

从图 4-32 可得

$$O_2O_2' = \left(L + \frac{\delta_{Ld}}{2}\right) - \left(L - \frac{\delta_{LD}}{2}\right) = \frac{\delta_{Ld}}{2} + \frac{\delta_{LD}}{2}$$

从图 4-32b 也可得到同样的结果，所以

$$\frac{d_{2max}'}{2} = \frac{D_{2min}}{2} - \frac{X_{2min}''}{2} - \frac{\delta_{Ld}}{2} - \frac{\delta_{LD}}{2}$$

$$d_{2max}' = D_{2min} - X_{2min}'' - \delta_{Ld} - \delta_{LD}$$

因此，要满足顺利装卸的条件，直径缩小后的第二销与第二孔之间的最小间隙应达到

$$X_{2min}' = D_{2min} - d_{2max}' = X_{2min}'' + \delta_{Ld} + \delta_{LD} \tag{4-1}$$

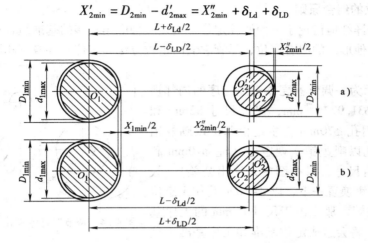

图 4-32　两圆柱销限位时工件顺利装入的条件

这种缩小一个定位销直径的方法，虽然能实现工件的顺利装卸，但增大了工件的转动误差，因此，只能应用在加工精度要求不高的定位场合。

（2）一圆柱销与一削边销（菱形销）　如图 4-33 所示，不缩小定位销的直径，采用定位销"削边"的方法也能增大连心线方向的间隙。削边量越大，连心线方向的间隙也越大。当间隙达到 $a = \dfrac{X_{2min}'}{2}$ 时，便满足了工件顺利装卸的条件。由于这种方法只增大连心线方向的间隙，不增大工件的转角误差，因此定位精度较高。

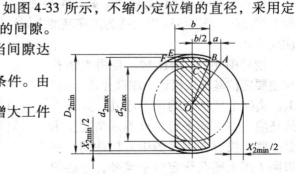

图 4-33　削边销的厚度

根据式（4-1）可得

$$a = \frac{X_{2min}'}{2} = \frac{X_{2min}'' + \delta_{Ld} + \delta_{LD}}{2}$$

实际定位时，X_{2min}'' 可由 X_{2min}' 来调剂，因此可忽略 X_{2min}''。

取

$$a = \frac{\delta_{Ld} + \delta_{LD}}{2}$$

由图 4-33 的直角三角形 OAC 和直角三角形 OBC 可得

$$b = \frac{2D_{2min}X_{2min} - X_{2min}^2 - 4a^2}{4a}$$

由于 $X_{2\min}^2$ 和 $4a^2$ 的数值很小，可忽略不计，所以

$$b = \frac{D_{2\min} X_{2\min}}{2a}$$

或削边销与孔的最小配合间隙为

$$X_{2\min} = \frac{2ab}{D_{2\min}}$$

削边销的结构和尺寸已经标准化，有关数据可查夹具标准或夹具手册。

2. 组合定位的组合原则

前面已经很详细地讨论了一面两孔定位，它是一种应用较多的基准组合形式。在实际生产中还会采用其他形式的组合定位，尽管它们的定位方法和定位元件各不相同，但其组合原则是一致的。

图 4-34 所示为一调节器壳体镗孔工序的局部视图。被加工孔 $\phi 31.97^{+0.27}_{0}$ mm，保证尺寸 82mm 和 60mm。夹具上用孔 $\phi 70$mm 作主定位基准以圆柱销定位，$\phi 47$mm 孔以削边销实现定位（注 $\phi 70$mm 和 $\phi 47$mm 并非自由尺寸，只是图中未注出公差）。假设把这两个定位销换置一下，以 $\phi 47$mm 孔作主定位基准，插入圆柱销，那么由于尺寸 82mm 的工序基

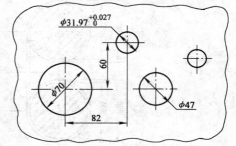

图 4-34　调节器壳体镗孔工序的局部视图

准是孔 $\phi 70$mm，将会造成定位基准和工序基准不重合，从而把两定位孔间的距离误差反映到工序尺寸 82mm 上去，这是不必要的。如果用两个圆柱销定位，而仍以 $\phi 47$mm 孔作定位基准，则不仅存在基准不重合问题，而且将产生重复定位，降低角向定位精度。

再看一个组合定位的例子。如图 4-35 所示，工件要求加工两小孔，孔的位置尺寸有两种不同注法，图 4-35a 以大孔为工序基准来标注尺寸 A_1，图 4-35b 以底平面作工序基准来标注尺寸 A_1。

按照图 4-35a 的注法，是用大圆孔作主要定位基准来保证工序尺寸 A_1、A_2、A_3。实际上所加工的两个小孔，其连心线还应与底平面平行，只不过精度要求低一些，没有在工序图中专门注明。所以除了用大圆孔作定位基准外，还必须选取另一定位基准来控制工件绕大孔轴线的转动。图 4-35c、e 就是按图 4-35a 的注法考虑的组合定位。图 4-35c 的定位方法是在工件底面用一定位平板来限制工件的转动，但这在垂直于底面的方向上（即工序尺寸的方向上）便产生了重复定位，尺寸的误差将使工件有装不上的可能。为补偿距离公差 $2h$，就必须

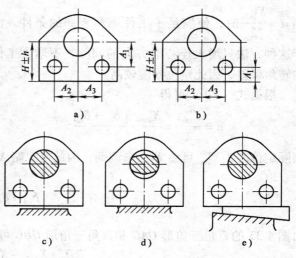

图 4-35　工件以一孔一平面定位的分析

缩小圆柱销或加大底平面与定位平板之间的间隙。这样一来，定位误差就增大了。为解决此矛盾，可采用图 4-35e 的方式定位。

按图 4-35b 的注法，则应采用底平面为主定位基准来控制工件在工序尺寸方向上的位置，用大圆孔作定位基准来保证工序尺寸 A_2 和 A_3。图 4-35d 就是根据此种注法而采取的组合定位方式。

综上所述可以看到，采用组合定位时如何正确合理地选定主定位基准是一个非常重要的问题，而解决这一问题所必须遵循的原则是：

1) 要使基准重合，主定位基准尽量与工序基准一致，避免产生基准不重合误差。

2) 要避免过定位。

工件以一组基准定位，除了上述的一面两孔、一孔一平面外，尚有一孔一外圆柱面一平面、一孔两平面、两外圆柱面、三平面等多种组合定位方式。定位时只要遵循上述原则，选用适当的定位元件，将必须要限制的自由度限制住，定位就是正确的。

4.4　工件在夹具中的加工误差与夹具误差

4.4.1　工件在夹具中的加工误差组成

工件在夹具中的加工误差一般由定位误差 Δ_D、夹紧误差 Δ_J、夹具装配与安装误差 Δ_P 和加工方法过程误差 Δ_m 四部分组成。

1. 定位误差 Δ_D

定位误差是指一批工件在用调整法加工时，仅仅由于定位不准所引起的工序尺寸或位置要求的最大可能变动范围，用 Δ_D 表示。

在工件的加工过程中，产生误差的因素很多，定位误差仅是加工误差的一部分。为了保证加工精度，一般限定定位误差不超过工件加工公差 δ 的 $1/5 \sim 1/3$，即

$$\Delta_D \leqslant (1/5 \sim 1/3)\delta$$

式中　Δ_D——定位误差（mm）；

δ——工件的尺寸公差（mm）。

工件逐个在夹具中定位时，各个工件定位不准的原因主要是基准不重合，而基准不重合又分为两种情况：一是定位基准与限位基准不重合，产生的定位基准位移误差 Δ_Y；二是定位基准与工序基准不重合，产生的基准不重合误差 Δ_B。计算公式为

$$\Delta_D = \Delta_Y \pm \Delta_B$$

（1）定位基准位移误差 Δ_Y　由于定位副的制造误差或定位副之间配合间隙所导致的定位基准在工序尺寸方向上的最大可能的位置变动量，称为基准位移误差，用 Δ_Y 表示。不同的定位方式，基准位移误差的计算方法也不同。

例 4-1　如图 4-36 所示，工件以圆柱孔在心轴上定位铣键槽，要求保证尺寸 B 和 A。其中尺寸 B 由铣刀宽度保证，而尺寸 A 由按心轴中心调整的铣刀位置保证。

如果工件内孔直径与心轴外圆直径做成完全一致（做成无间隙配合），即孔的中心线与轴的中心线位置重合，则不存在因定位引起的误差。但实际上，如图 4-34b 所示，心轴和工件内孔都有制造误差。于是工件套在心轴上必然会有间隙，孔的中心线与轴的中心线位置不

重合，导致这批工件的工序尺寸 A 的误差中附加了工件工序基准变动误差，其变动量即为最大配合间隙。可按下式计算

$$\Delta_Y = i_{max} - i_{min} = \frac{1}{2}(D_{max} - d_{min}) - \frac{1}{2}(D_{min} - d_{max}) = \frac{1}{2}(\delta_D + \delta_d)$$

式中　Δ_Y——基准位移误差（mm）；

$\quad\quad D_{max}$——工件孔的最大直径（mm）；

$\quad\quad d_{min}$——定位心轴（或定位销）的最小直径（mm）；

$\quad\quad \delta_D$——工件孔的直径公差（mm）；

$\quad\quad \delta_d$——定位心轴或定位销的直径公差（mm）。

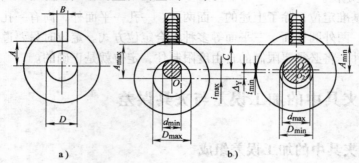

图 4-36　基准位移误差

（2）定位基准与工序基准的基准不重合误差 Δ_B　基准不重合误差 Δ_B 的数值，等于同批工件工序基准与定位基准之间距离尺寸的公差在工序尺寸方向上的投影。

例 4-2　图 4-37 所示为以平面定位，加工工件的一个缺口。如果要求的工序尺寸为 A_1，由于平面的基准位移误差等于零，即 $\Delta_Y = 0$，则定位误差 $\Delta_{DA} = \Delta_{BA} = \delta_{A_2}$。这是由于基准不重合造成的，$\delta_{A_2}$ 为尺寸 A_2 的公差。

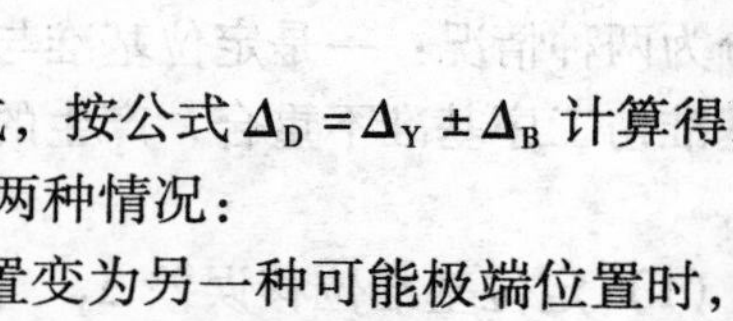

图 4-37　平面定位时的基准不重合误差

（3）定位误差的计算方法

1）几何法。定位误差的计算可按定位误差的定义，画出一批工件定位时可能产生定位误差的工序基准的两个极端位置（见例 4-1），再通过几何关系直接求得，即所谓的几何法求解定位误差。

2）公式法。定位误差的计算也可根据定位误差的组成，按公式 $\Delta_D = \Delta_Y \pm \Delta_B$ 计算得到。但计算时应特别注意公式中"＋、－"号的判别。这里有两种情况：

①工序基准在定位基面上。当工件由一种可能极端位置变为另一种可能极端位置时，如果定位基准位置的变动方向与工序基准相对于理想定位基准位置的变动方向一致，则公式中取"＋"号，反之取"－"号。

②工序基准不在定位基面上。此时公式中取"＋"号。

（4）关于定位误差的几点结论

1）定位误差只发生在用调整法加工一批工件时，如果工件用试切法加工，则不存在定位误差。

2）定位误差是工件定位时由于定位不准而产生的加工误差。它的表现形式为工序基准

相对于被加工表面可能产生的最大尺寸或位置变动量。它的产生原因是工件制造误差、定位元件制造误差、两者配合间隙及基准不重合。

3）定位误差由基准位移误差和基准不重合误差两部分组成。但不是在任何情况下两者都存在。当定位基准无位置变动时 $\Delta_Y = 0$；当定位基准与工序基准重合时 $\Delta_B = 0$。

4）在先进的数控机床上，只要将工件可靠地装夹，检测装置就可以准确测定工件的位置，然后控制刀具到达预定位置，因此可以不必考虑定位误差的影响。

常见定位方式所产生的定位误差见表 4-3。

表 4-3　常见定位方式的定位误差

定位方式		定位简图	定位误差
定位基面	限位基面		
平面	平面	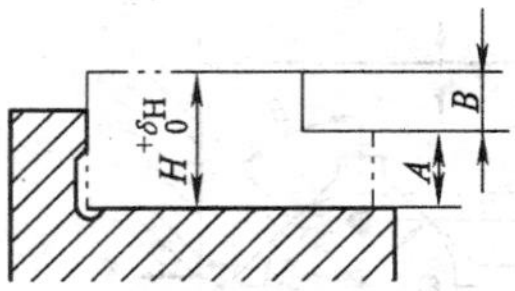	$\Delta_{DA} = 0$ $\Delta_{DB} = \delta_H$
圆孔面及平面	圆柱面及平面	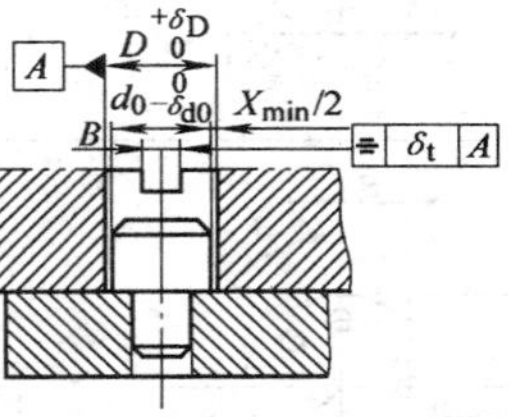	$\Delta_{D \div} = \delta_D + \delta_{d0} + X_{min}$ （定位基准沿任意方向移动）
圆孔面	圆柱面	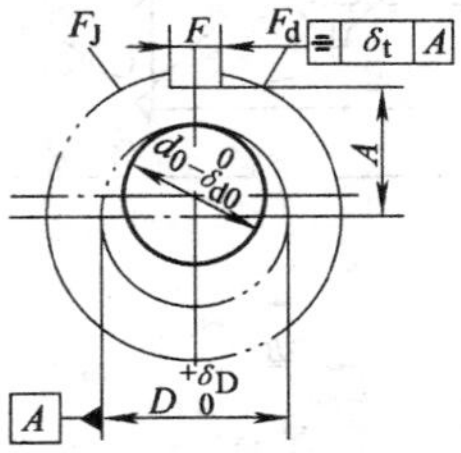	$\Delta_{D \div} = 0$ $\Delta_{DA} = \dfrac{1}{2}(\delta_D + \delta_{d0})$ （定位基准单方向移动）
圆柱面	两垂直平面	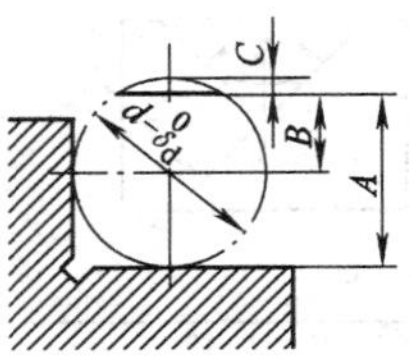	$\Delta_{DA} = 0$ $\Delta_{DB} = \dfrac{\delta_d}{2}$ $\Delta_{DC} = \delta_d$
	平面及 V 形面	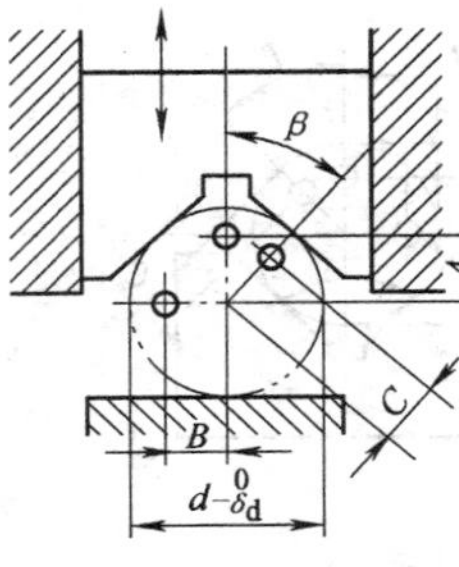	$\Delta_{DA} = \dfrac{\delta_d}{2}$ $\Delta_{DB} = 0$ $\Delta_{DC} = \dfrac{1}{2}\delta_d \cos\beta$

（续）

定位方式		定位简图	定位误差
定位基面	限位基面		
圆柱面	平面及 V 形面	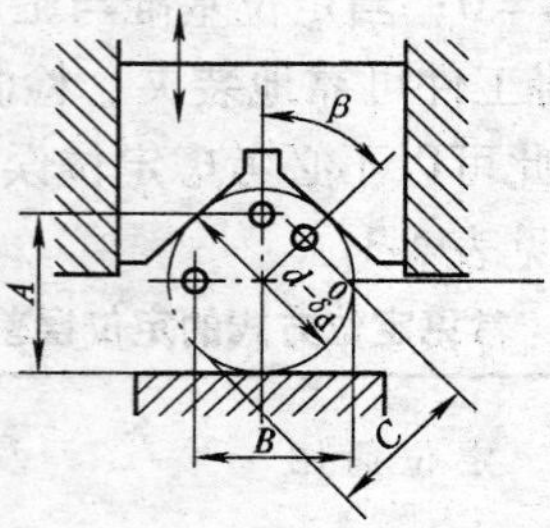	$\Delta_{DA} = 0$ $\Delta_{DB} = \dfrac{\delta_d}{2}$ $\Delta_{DC} = \dfrac{1}{2}\delta_d(1 - \cos\beta)$
		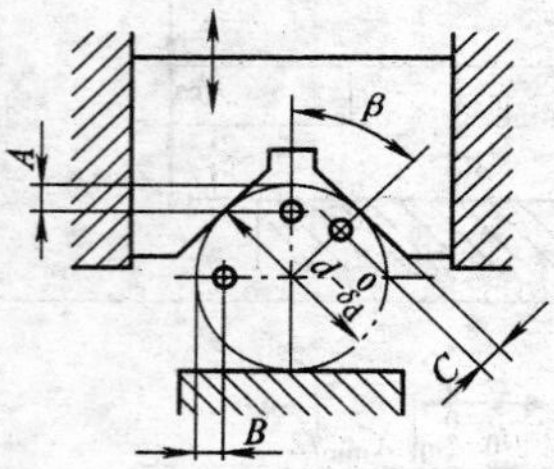	$\Delta_{DA} = \delta_d$ $\Delta_{DB} = \dfrac{\delta_d}{2}$ $\Delta_{DC} = \dfrac{1}{2}\delta_d(1 + \cos\beta)$
	V 形面	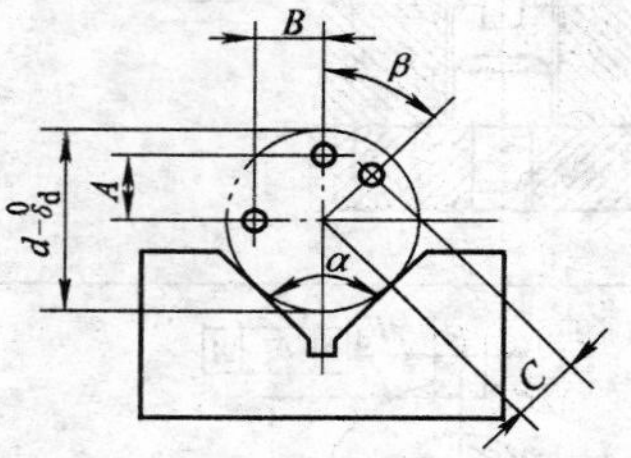	$\Delta_{DA} = \dfrac{\delta_d}{2\sin\dfrac{\alpha}{2}}$ $\Delta_{DB} = 0$ $\Delta_{DC} = \dfrac{\delta_d \cos\beta}{2\sin\dfrac{\alpha}{2}}$
		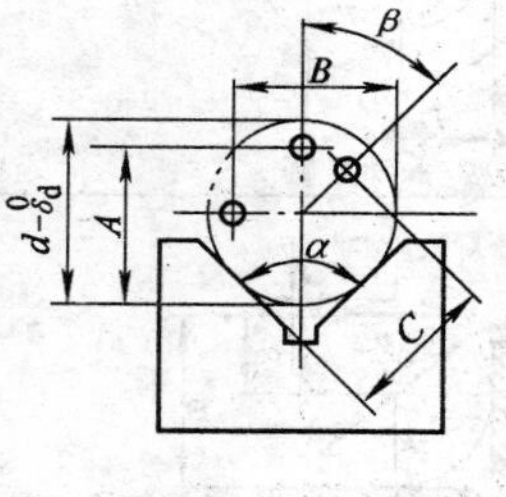	$\Delta_{DA} = \dfrac{\delta_d}{2}\left(\dfrac{1}{\sin\dfrac{\alpha}{2}} - 1\right)$ $\Delta_{DB} = \dfrac{\delta_d}{2}$ $\Delta_{DC} = \dfrac{\delta_d}{2}\left(\dfrac{\cos\beta}{\sin\dfrac{\alpha}{2}} - 1\right)$
		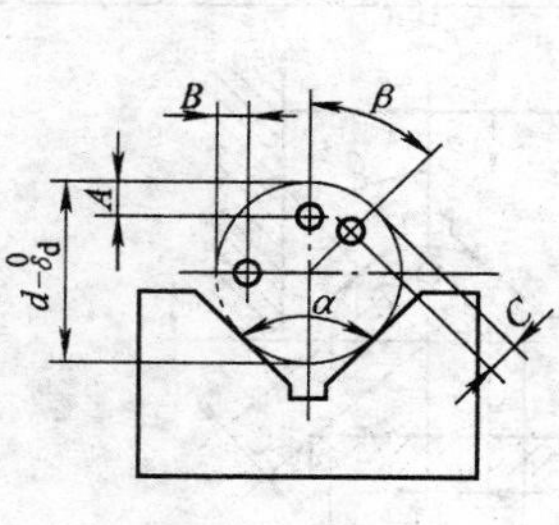	$\Delta_{DA} = \dfrac{\delta_d}{2}\left(\dfrac{1}{\sin\dfrac{\alpha}{2}} + 1\right)$ $\Delta_{DB} = \dfrac{\delta_d}{2}$ $\Delta_{DC} = \dfrac{\delta_d}{2}\left(\dfrac{\cos\beta}{\sin\dfrac{\alpha}{2}} + 1\right)$

2. 夹紧误差 Δ_J

夹紧误差是指工件夹紧变形在工件上产生的误差，其大小是工件基准面至刀具调整面之间距离的最大与最小尺寸之差。它包括工件在夹紧力作用下的弹性变形、夹紧时工件发生的位移量或偏转量（这种情况改变了工件在定位时所占有的正确位置）、工件定位面与夹具支承面之间的接触部分的变形等。当夹紧力方向、作用点、大小合理时，夹紧误差近似为零。

3. 夹具装配与安装误差 Δ_P

夹具装配与安装误差 Δ_P 包括以下几种误差：

1）夹具的制造和装配误差。

2）相对位置误差。夹具相对机床的安装定位位置误差，即夹具在机床上的定位、夹紧误差。

3）对刀误差。夹具与刀具的相对位置误差，即指刀具的导向或对刀误差。

4. 加工方法的过程误差 Δ_m

它是指加工方法的原理误差、工艺系统受力及受热变形后产生的误差、工艺系统各组成部分（如机床、刀具、量具等）的静精度和磨损造成的误差对工件加工精度的综合影响。

4.4.2　夹具误差估算

为满足加工要求，上述四部分的误差总和不应超过工件的工序尺寸公差 δ，即

$$\Delta_D + \Delta_J + \Delta_P + \Delta_m \leqslant \delta$$

考虑到各项误差的方向性和它们的最大值一般不会同时出现的实际情况，按概率论方法计算就更符合实际，即

$$(\Delta_D^2 + \Delta_J^2 + \Delta_P^2 + \Delta_m^2)^{1/2} \leqslant \delta$$

上述的定位夹紧误差和夹具装配与安装误差，都是与夹具有关的误差。这几项误差约各占整个工序尺寸公差的 1/3。

若定位夹紧误差控制在工件相关尺寸或位置公差的 1/3 ~ 1/5，就认为该定位方案能满足该工序的加工精度要求。

一般夹具的制造精度，其公差值通常取为工序尺寸公差值的 1/3 ~ 1/5。

4.5　夹紧装置（夹紧机构）

4.5.1　夹紧装置的组成、分类和基本要求

1. 夹紧装置的组成

（1）夹紧元件　它是直接与工件接触并完成夹紧的最终元件，如压板、夹爪、压脚等。图 4-38 所示为液压夹紧的铣床夹具，压板 1 就是夹紧元件。

（2）中间传力机构　它是介于动力源和夹紧元件之间传递动力的机构。中间传力机构具有以下功能：

1）改变作用力的方向。

2）改变作用力的大小。

3）具有一定的自锁性能，以便在夹紧力一旦消失后，仍能保证整个夹紧系统处于可靠的夹紧状态，这一点在手动夹紧时尤为重要。图 4-38 中的铰链臂 2 就是传力机构。

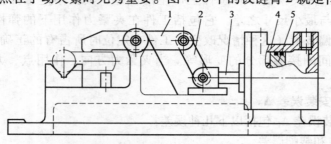

图 4-38　液压夹紧的铣床夹具
1—压板　2—铰链臂　3—活塞杆　4—液压缸　5—活塞

（3）动力源装置　它是产生夹紧作用力的装置，分为手动夹紧和机动夹紧两种。手动夹紧的力源来自人力，比较费时费力。为了改善劳动条件和提高生产率，目前在大批量生产中均采用机动夹紧。机动夹紧的力源来自气动、液压、气液联动、电磁、真空等动力源。

图 4-38 中的活塞杆 3、液压缸 4、活塞 5 等组成了液压动力装置，铰链臂 2 和压板 1 组成了铰链压板夹紧机构。

2. 夹紧装置的分类

（1）按结构特点分类

1）简单夹紧装置。如斜楔、螺旋、偏心凸轮、杠杆、铰链等夹紧机构。

2）复合夹紧装置。由几个简单夹紧装置组合而成，能使夹紧力增加或有较好的夹紧力作用点。如螺旋压板夹紧机构、偏心压板夹紧机构等。

3）联动夹紧装置。它是采用联动机构的夹紧装置。如浮动夹紧（又称多点夹紧，它的一个夹紧动作，能使工件同时在多个点得到均匀的夹紧）、定心夹紧（定位和夹紧同时进行的夹紧装置）、联动夹紧（用一个原始力来完成若干个顺序动作的夹紧装置）、多件夹紧（一个原始力同时夹紧两个以上工件的夹紧装置）等。

（2）按动力源装置分类

1）手动夹紧装置。有手动机械式、手动液性塑料式等。

2）机械夹紧装置。有气动、液压、气液联动、电动、电磁和真空等动力源的夹紧装置。

3）自动夹紧装置。有利用切削力、离心力、惯性力等进行夹紧的夹紧装置。

3. 对夹紧装置的基本要求

1）夹紧力不应破坏工件定位时所获得的正确位置。

2）夹紧力应保证加工过程中工件在夹具上的位置不发生变化，同时也不能使工件的夹紧变形和受压表面的损伤超过允许的范围。

3）夹紧后应保证在加工过程中工件不会发生不允许的振动。

4）夹紧动作应简便迅速，能减轻劳动强度，缩短辅助时间。

5）结构力求紧凑，制造维修简便。

6）使用安全可靠。

4.5.2　确定夹紧力的基本原则

设计夹紧装置时，夹紧力的确定包括夹紧力的方向、作用点和大小三个要素。

1. 夹紧力方向的选择

夹紧力的方向与工件定位的基本配置情况，以及工件所受外力的作用方向等有关。选择时必须遵守以下准则：

1）主夹紧力应朝向主要定位基面。图4-39a 所示直角支座镗孔，要求孔与 A 面垂直，所以应以 A 面为主要定位基面，且夹紧力 $F_{J1} = F_{J2}$，方向与之垂直，则较容易保证质量。如果夹紧力朝向基面 B，则由于工件定位基面 A、B 之夹角误差的影响，就会破坏原定位，而难以保证加工要求。

图 4-39b 中表示夹紧力 F_J 的两个分力垂直作用于 V 形块工作面并对称于中间平面，

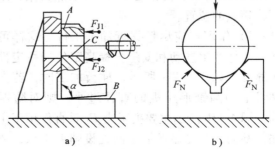

图 4-39　夹紧力方向的选择

将工件夹紧时，V 形块工作面上的支承反力 F_N 在接触线上分布均匀，从而使工件定位夹紧稳定可靠。

2）夹紧力的方向应有利于减小夹紧力。图 4-40 所示为工件在夹具中加工时常见的几种受力情况。图 4-40a 中，夹紧力 F_J、切削力 F、工件重力 G 同向时，所需的夹紧力最小；图 4-40d 中，需要由夹紧力产生的摩擦力来克服切削力和重力，故需要的夹紧力最大。

实际生产中，满足 F_J、F 及 G 同向的夹紧机构并不多，故在机床夹具设计时要根据各种因素辩证分析，恰当处理。

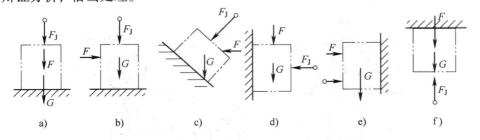

图 4-40　夹紧力方向与夹紧力大小的关系

3）夹紧力的方向应是工件刚性较好的方向。由于工件在不同方向上刚度是不等的，不同的受力表面也因其接触面积大小不同而变形各异，尤其在夹压薄壁零件时，更需注意应使夹紧力的方向指向工件刚性最好的方向。

2. 夹紧力作用点的选择

1）应落在夹具支承件上或几个支承件所组成的平面内。如图 4-41 所示，夹紧力的作用点落到了定位元件的支承范围之外，夹

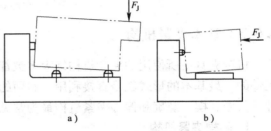

图 4-41　夹紧力作用点的位置不正确

紧时将破坏工件的定位，因而是错误的。

2）防止工件变形。夹紧力的作用点应选在工件刚性较好的部位，这对刚度较差的工件尤其重要。如图4-42a所示的薄壁套工件，若用卡爪径向夹紧，易引起变形；若沿轴向施力，由于轴向刚性较好，变形情况就可以大为改善。图4-42b表示将单点夹紧力 F_J 改为三点夹紧，改变了作用点的位置。

3）作用点应尽量靠近加工工件。这样可以防止工件产生振动和变形，提高定位的稳定性和可靠性。如图4-43a所示，插齿加工时，若夹紧螺母下的圆锥形压板的直径过小，则对防振不利；图4-43b所示主要夹紧力 F_{J1} 垂直作用于主要限位基面，并在靠近加工面处设辅助支承，增设浮动夹紧力 F_{J2} 以增加夹紧刚度。

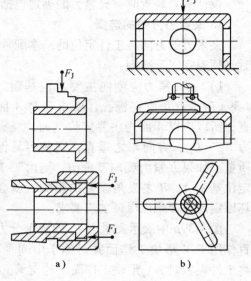

图4-42   作用点与工件刚性的关系

3. 夹紧力大小的估算

计算夹紧力的主要依据是切削力，也有根据同类夹具用类比法进行经验估算的。对一些关键性工序的夹具，还可通过试验来确定所需夹紧力。为了估算夹紧力，通常将夹具和工件视为一个刚性系统，然后根据工件所受切削力、夹紧力（大工件还要考虑重力，高速运动的工件还要考虑惯性力等）处于平衡的力学条件，计算出理论夹紧力，再乘以安全系数 K。粗加工时 K 取 $2.5 \sim 3$；精加工时 K 取 $1.5 \sim 2$。常见加工形式所需夹紧力 F_J 的近似计算公式可参见有关的教材和工艺手册。

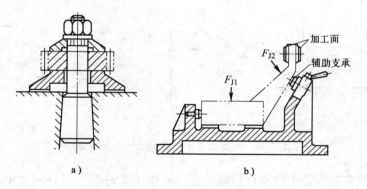

图4-43   作用点应靠近加工表面

4.5.3　基本夹紧机构

机床夹具中所使用的夹紧机构绝大多数都是利用斜面将楔块的推力转变为夹紧力来夹紧工件的。最基本的形式就是直接利用有斜面的楔块，偏心轮、凸轮、螺钉等不过是楔块的变种。其中斜楔、螺旋和偏心夹紧机构最为常见。

1. 斜楔夹紧机构

斜楔是夹紧机构中最基本的增力和锁紧元件。斜楔夹紧机构是利用楔块上的斜面直接或间接（如用杠杆）将工件夹紧的机构。图 4-44 所示为几种斜楔夹紧机构，其中图 4-44a 是用斜楔夹紧工件后，在工件上钻两个互相垂直的孔；图 4-44b 是斜楔与螺纹夹紧并用，推动杠杆夹爪夹紧工件；图 4-44c 是用气缸活塞推动斜楔，移动钩形压板压紧工件。

设计斜楔夹紧机构时，主要考虑原始作用力与夹紧力的变换、自锁条件、选择斜楔升角等问题。

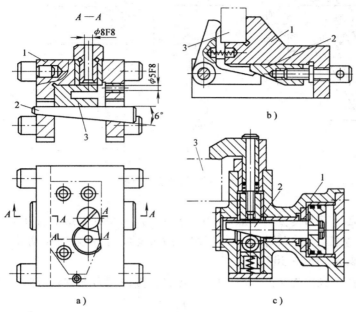

图 4-44 斜楔夹紧机构

1—夹具体 2—斜楔 3—工件

（1）斜楔夹紧力的计算   在图 4-45 所示的单斜楔夹紧机构中，F_Q 作用于斜楔大端，楔块楔入工件与夹具体中间，使工件获得夹紧力而被夹紧。楔块产生的夹紧力 F_J，可根据静力平衡原理进行计算。图 4-45a 所示的静力平衡三角形是由加在斜楔上的作用力 F_Q、工件反作用力和摩擦力的合力 F_{R1}、夹具体反作用力和摩擦力的合力 F_{R2} 所构成。由此可解算出

$$F_J = F_Q / [\tan\varphi_1 + \tan(\alpha + \varphi_2)] \tag{4-2}$$

式中 F_J——斜楔对工件的夹紧力；

     F_Q——加在斜楔上的作用力；

     φ_1——斜楔与工件之间的摩擦角；

     φ_2——斜楔与夹具体之间的摩擦角；

     α——斜楔升角。

当 α、φ_1、φ_2 均很小，且 $\varphi_1 = \varphi_2 = \varphi$ 时，则式（4-2）可近似化为

$$F_J \approx F_Q / \tan(\alpha + 2\varphi)$$

（2）自锁条件   作用力 F_Q 为人力时，它是不能长期作用在楔块上的。去掉 F_Q 后，斜楔仍能可靠地将工件夹紧，即斜楔具有自锁功能。此时的受力情况如图 4-45b 所示。斜楔夹紧的自锁条件是：斜楔升角 α 必须小于斜楔与工件、斜楔与夹具体之间的摩擦角之和。即

$$\alpha < \varphi_1 + \varphi_2 \tag{4-3}$$

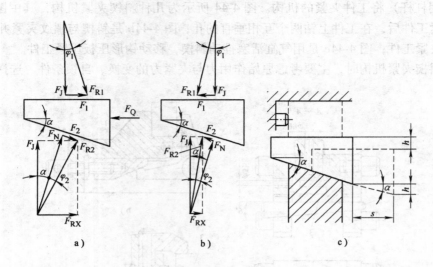

图 4-45　斜楔受力分析

为使自锁可靠，手动夹紧机构取 $\alpha = 6° \sim 8°$；当 $\alpha = 6°$ 时，$\tan 6° = 0.1$，因此斜楔都做成 1:10 的斜度。在考虑增力和缩小移动行程时，取 $\alpha \leqslant 12°$。若采用气动或液压夹紧，且不考虑斜楔自锁时，取 $\alpha = 15° \sim 30°$。

（3）增力特性　夹紧力 F_J 与作用力 F_Q 之比，称为增力系数 i，即

$$i = F_J / F_Q$$

由式（4-2），可得

$$i = 1 / [\tan\varphi_1 + \tan(\alpha + \varphi_2)]$$

从上式可知，α 变小，i 变大，但机械效率降低。可见，作用力 F_Q 不很大时，夹紧力 F_J 也不大。例如，当 $\alpha = 10°$，$\varphi_1 = \varphi_2 = 6°$ 时，$i = 2.55$。这就是为什么斜楔一般都与机动夹紧装置联合使用的道理。

（4）斜楔夹紧特点及应用范围

1）斜楔夹紧机构具有自锁性。当采用滚子斜楔夹紧机构时，其自锁性低，一般都用于有动力源装置的场合，这时斜楔升角 α 应大于自锁的摩擦角。

2）具有增力作用。斜楔是增力机构，增力系数 i 一般为 $2 \sim 5$。

3）斜楔夹紧机构能改变夹紧力的方向。

4）它的夹紧行程较小，因此对工件的相关尺寸要求较严，否则会造成工件放不进或夹不着、夹不紧的现象。

使用时，斜楔夹紧机构大多为气动液压的滚子斜楔结构。

2. 螺旋夹紧机构

螺旋夹紧在生产中广泛应用，图 4-46 所示为螺钉夹紧结构，生产中常用图 4-46b 所示结构，压块与螺钉浮动连接，以保证压块与工件表面接触良好。压块结构如图 4-47 所示。图 4-48 所示为螺母夹紧结构，其中图 4-48a 是最简单的螺母夹紧，图 4-48b 用的星形螺母，可以直接用手旋紧，图 4-48c、d、e、f 各图是手柄螺母的 4 种典型结构。

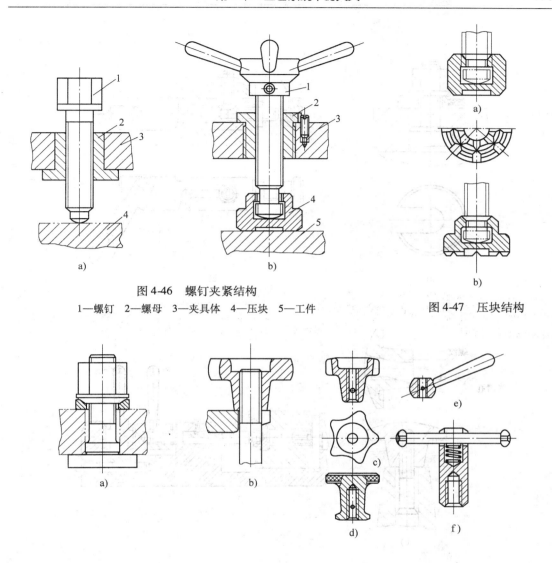

图 4-46　螺钉夹紧结构
1—螺钉　2—螺母　3—夹具体　4—压块　5—工件

图 4-47　压块结构

图 4-48　螺母夹紧结构

螺旋夹紧机构通常由螺钉、螺母、垫圈、压板等元件组成。它具有结构简单，增力大（增力比 i 可达 65～140，一般夹具上所用螺纹为 M8～M24），自锁性好，夹紧行程不受限制等优点；但当行程长时，其操作费时，夹紧、松开动作慢，效率低，劳动强度大。

为了克服螺旋夹紧机构费时的缺点，可以使用各种快速接近或快速撤离工件的螺旋夹紧机构，如图 4-49 所示。图 4-49a 中使用了开口垫圈；图 4-49b 中使用了快卸螺母；图 4-49c 中夹紧轴 1 的直槽连着螺旋槽 R，先推动手柄 2，使摆动压块 3 迅速接近工件，继而转动手柄夹紧工件并自锁。图 4-49d 中的手柄 4 带动螺母旋转时，因手柄 5 的限制，螺母不能右移，致使螺杆带着摆动压块 3 向左移动，从而夹紧工件。松夹时，只要反转手柄 4，稍微松开后，即可转动手柄 5，为手柄 4 的快速移动让出了空间。另外，螺旋夹紧机构主要用于手动夹紧，机动夹紧机构中应用较少。

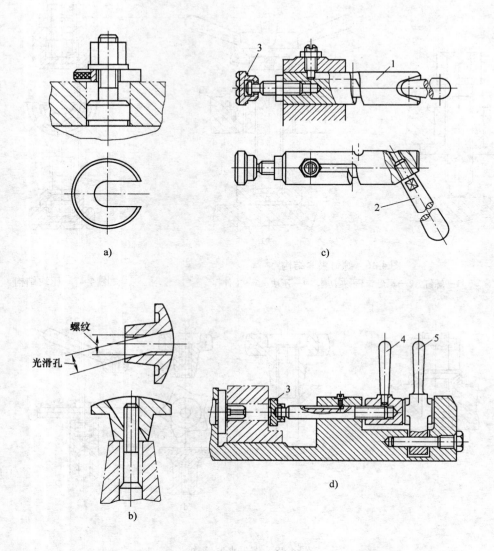

图 4-49　快速螺旋夹紧机构

1—夹紧轴　2、4、5—手柄　3—摆动压块

　　螺旋夹紧机构中，结构形式变化最多的是螺旋压板机构。图 4-50 所示为螺旋压板机构的 4 种典型结构，其中图 4-50a、b 所示为移动压板结构，图 4-50c、d 所示为回转压板结构。图 4-51 所示为螺旋钩形压板机构。

3. 偏心夹紧机构

　　（1）偏心夹紧机构的结构特点　偏心夹紧是指由偏心轮或偏心凸轮实现夹紧的夹紧机构。常用的偏心结构如图 4-52 所示。图 4-53 所示为一种常见的偏心压板机构。偏心夹紧具有结构简单、制造方便、夹紧迅速、操作方便的优点。缺点是夹紧行程和增力比比较小，自锁性能较差。

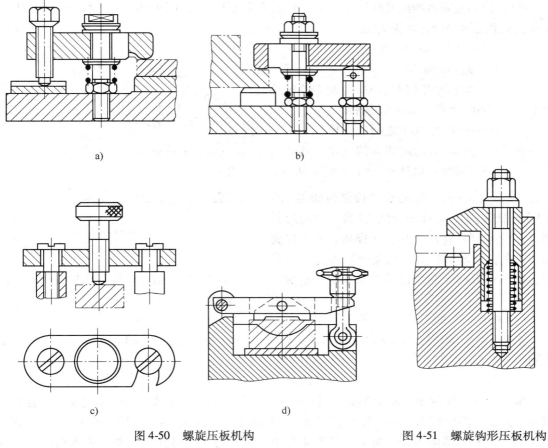

a)　　　　　　　　　　　　b)

c)　　　　　　　　　　　　d)

图 4-50　螺旋压板机构　　　　　　　　　图 4-51　螺旋钩形压板机构

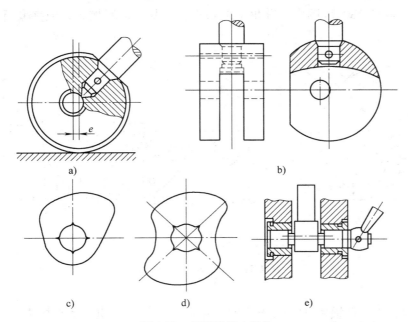

a)　　　　　　　　　　　　b)

c)　　　　d)　　　　e)

图 4-52　常用的偏心结构

（2）偏心夹紧机构的几何特性　偏心轮的夹紧原理如图 4-54a 所示，设小轴中心 O_2 与垫板之间的距离为 h，由图可知

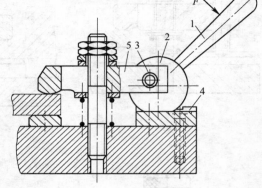

$$h = O_1X - O_1M = R - e\cos\gamma$$

式中　R——偏心轮半径；

　　　e——偏心轮几何中心 O_1 与偏心轮转动中心 O_2 之间的距离，称为偏心距；

　　　γ——O_1O_2 与 O_1X 之间的夹角。

转动偏心轮将引起距离 h 的变化，其值与角度 γ 有关。随着 γ 角从 $0\to\pi$，h 值将从 $(R-e)$ 变为 $(R+e)$。偏心轮（按圆弧 $\overset{\frown}{OA}$ 展开）实际上相当于图 4-54b 所示形状的一个特形斜楔，其特点为升角 α_x（相当于楔角，为工件夹压表面的法线与回转半径的夹角）不是一个常

图 4-53　偏心夹紧机构
1—手柄　2—偏心轮　3—轴　4—垫板　5—压板

数，而与夹紧点 X 的位置（即与 γ 角）有关，$\gamma = 90°$ 时升角 α_x 最大。在三角形 $\triangle O_2MX$ 中

$$\tan\alpha_x = \frac{O_2M}{MX} = \frac{e\sin\gamma}{R - E\cos\gamma}$$

当 $\gamma = 0°$、$180°$ 时，$\sin\gamma = 0$，$\alpha_x = \alpha_{min} = 0$；当 $\gamma = 90°$ 时，$\sin\gamma = 1$，$\alpha_x = \alpha_{max} = \arctan e/R$，即

$$\tan\alpha_{max} = e/R$$

偏心轮的工作转角一般小于 $90°$，因为转角太大，不仅操作费时，也不安全。工作转角范围内的那段圆周称为偏心凸轮的工作段。常用的工作段是 $\gamma = 45° \sim 135°$ 或 $\gamma = 90° \sim 180°$。在 $\gamma = 45° \sim 135°$ 范围内，升角大，升角变化小，夹紧力较小且稳定，并且夹紧行程大（$\approx 1.4e$）。在 $\gamma = 90° \sim 180°$ 范围内，升角由大到小，夹紧力逐渐增大，但夹紧行程较小（$\approx e$）。

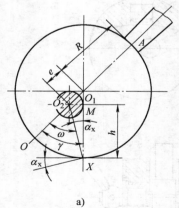

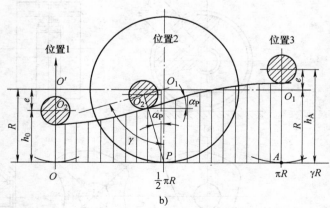

图 4-54　偏心轮的夹紧原理

（3）圆偏心轮的自锁条件　由于圆偏心轮夹紧工件的实质是弧形楔夹紧工件，因此，圆偏心轮的自锁条件与斜楔的自锁条件相同，即

$$\alpha_{max} \leqslant \varphi_1 + \varphi_2$$

式中　α_{max}——圆偏心轮的最大升角；

φ_1、φ_2——圆偏心轮分别与工件和回转销之间的夹角。

由于回转销的直径较小，圆偏心轮与回转销之间的摩擦力矩不大，为使自锁可靠，将其忽略不计，上式便简化为

$$\alpha_{max} \leqslant \varphi_1$$

或

$$\tan\alpha_{max} \leqslant \tan\varphi_1$$

因 $\tan\varphi_1 = f$，代入上式得

$$\tan\alpha_{max} \leqslant f$$

而 $\tan\alpha_{max} = e/R$，故得圆偏心轮的自锁条件为

$$e/R \leqslant f \tag{4-4}$$

当 $f = 0.1$ 时，$R/e \geqslant 10$；当 $f = 0.15$ 时，$R/e \geqslant 7$。

图 4-55 所示为偏心夹紧机构的应用示例，其中图 4-55a、b 用的是圆偏心轮；图 4-55c 用的是偏心轴；图 4-55d 用的是偏心叉。

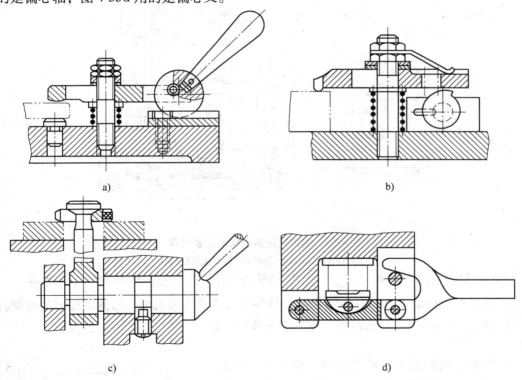

图 4-55　偏心夹紧机构

偏心夹紧机构结构简单、制造方便，与螺旋夹紧机构相比，还具有夹紧迅速、操作方便等优点；其缺点是夹紧力和夹紧行程均不大，对工件的相应尺寸精度要求较高，扩力小（增力比一般为 12～14），自锁能力差，结构不抗振，故一般适用于工件被压表面尺寸公差较小，夹紧行程及切削负荷较小且平稳的场合。在实际使用中，偏心轮直接作用在工件上的偏心夹紧机构不多见，偏心夹紧机构一般多和其他夹紧元件联合使用。

4.5.4　联动夹紧机构

利用一个原始作用力实现单件或多件的多点、多向同时夹紧的机构，称为联动夹紧机构。由于该机构能有效提高生产率，因此在自动线和各种高效夹具中得到了广泛的应用。

1. 联动夹紧机构的主要形式及其特点

（1）单件联动夹紧机构　单件联动夹紧机构大多用于分散的夹紧力作用点或夹紧力方向差别较大的场合。按夹紧力的方向分，单件联动夹紧有三种形式。

1）单件同向联动夹紧。图 4-56a 所示为浮动压头，通过浮动柱 2 的水平滑动协调浮动压头 1、3 实现对工件的夹紧；图 4-56b 所示为联动钩形压板夹紧机构，它通过薄膜气缸 9 的活塞杆 8 带动浮动盘 7 和三个钩形压板 5，使工件 4 得到快速转位松夹。钩形压板下部的螺母头及活塞杆的头部都以球面与浮动盘相连接，并在相关的长度和直径方向上留有足够的间隙，使浮动盘充分浮动以确保可靠地联动。

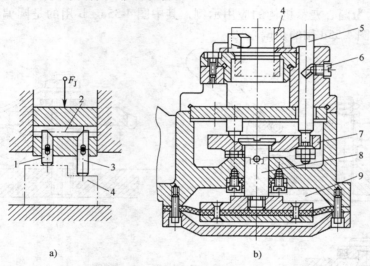

图 4-56　单件同向多点联动夹紧机构

a）浮动压头　b）联动钩形压板夹紧机构

1、3—浮动压头　2—浮动柱　4—工件　5—钩形压板　6—螺钉　7—浮动盘　8—活塞杆　9—薄膜气缸

2）单件对向联动夹紧。图 4-57 所示为单件对向联动夹紧机构。当液压缸中的活塞杆 3 向下移动时，通过双臂铰链使浮动压板 2 相对转动，最后将工件 1 夹紧。

3）互垂力或斜交力的联动夹紧。图 4-58a 所示为双向浮动四点联动夹紧机构。由于摇臂 2 可以转动并与摆动压块 1、3 铰链连接，因此当拧紧螺母 4 时，便可从两个相互垂直的方向上实现四点联动夹紧。图 4-58b 所示为通过摆动压块 1 实现斜交力两点连接夹紧。

（2）多件联动夹紧机构　多件联动夹紧机构多用于中、小型工件的加工，按其对工件施力方式的不同，一般分为以下几种方式。

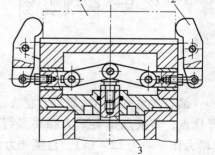

图 4-57　单件对向联动夹紧机构

1—工件　2—浮动压板　3—活塞杆

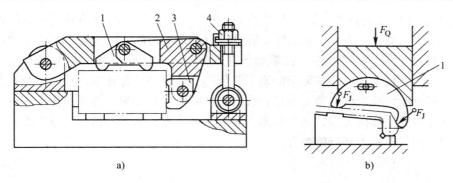

图 4-58　互垂力或斜交力联动夹紧机构
a）双向浮动四点联动夹紧机构　b）浮动压头
1、3—摆动压块　2—摇臂　4—螺母

1）平行式多件联动夹紧。图 4-59a 所示为平行式浮动压板机构。由于刚性压板 2、摆动压块 3 和球面垫圈 4 可以相对转动，均是浮动件，故旋动螺母 5 即可同时平行夹紧每个工件。图 4-59b 所示为液性介质联动夹紧机构。密闭腔内的不可压缩液性介质既能传递力，又能起到浮动环节的作用。旋紧螺母 5 时，液性介质推动各个柱塞 7，使它们与工件全部接触并夹紧。

从上述可知，各个夹紧力互相平行，理论上分配到每个工件上的夹紧力应相等。如果工件有尺寸公差，采用图 4-59c 所示的刚性压板 2，则各个工件所受的夹紧力就不能相同，甚至有些工件就夹不住。因此，为了能均匀有效地夹紧工件，平行夹紧机构也必须有浮动环节。

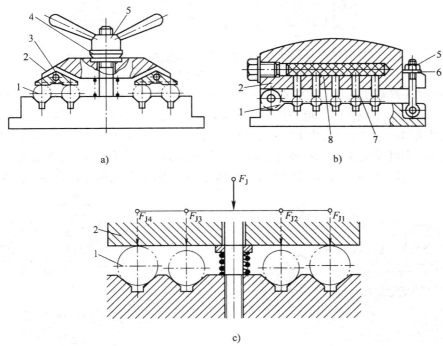

图 4-59　平行式多件联动夹紧机构
a）平行式浮动压板机构　b）液性介质联动夹紧机构　c）刚性压板联动夹紧机构
1—工件　2—刚性压板　3—摆动压块　4—球面垫圈　5—螺母　6—垫圈　7—柱塞　8—液性介质

2）连续式多件联动夹紧。如图4-60所示，7个工件1以外圆和轴肩在夹具的可移动V形块2中定位，用螺钉3夹紧。V形块2既是定位、夹紧元件，也是浮动元件。除左端第一个工件外，其他工件也是浮动的。在理想条件下，各工件所受夹紧力均为螺钉输出的夹紧力。实际上，在夹紧系统中，各环节的变形、传递力过程中均存在摩擦损耗，当被夹工件数量过多时，有可能导致末件夹紧力不足，或者首件被夹坏的结果。此外，由于工件定位误差和定位夹紧件的误差依次传递，逐个积累，造成夹紧力方向的误差很大，故连续式夹紧适用于工件的加工面与夹紧力平行的场合。

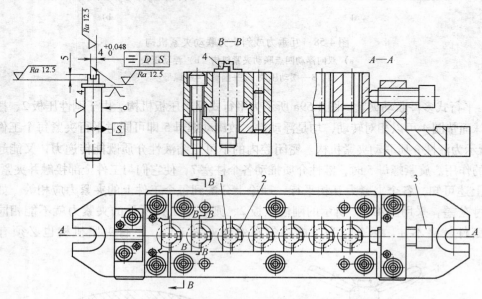

图4-60　连续式多件联动夹紧机构
1—工件　2—V形块　3—螺钉　4—对刀块

3）对向式多件联动夹紧。如图4-61所示，两对向压板1、4利用球面垫圈及间隙构成了浮动环节。当旋动偏心轮6时，迫使压板4夹紧右边的工件，与此同时，拉杆5右移使压板1将左边的工件夹紧。这类夹紧机构可以减小原始作用力，但相应增大了对机构夹紧行程的要求。

4）复合式多件联动夹紧。凡将上述多件联动夹紧方式合理组合构成的机构，均称为复合式多件联动夹紧。图4-62所示为平行式和对向式组合的复合式多件联动夹紧机构。

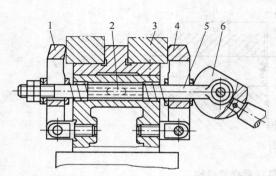

图4-61　对向式多件联动夹紧机构
1、4—压板　2—键　3—工件　5—拉杆　6—偏心轮

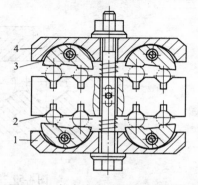

图4-62　复合式多件联动夹紧机构
1、4—压板　2—工件　3—摆动压块

2. 联动夹紧机构的设计要点

1）联动夹紧机构在两个夹紧点之间必须设置必要的浮动环节，并具有足够的浮动量，动作灵活，符合机械传动原理。如前述联动夹紧机构中，采用滑柱、球面垫圈、摇臂、摆动压块和液性介质等作为浮动件的各个环节，它们补偿了同批工件尺寸公差的变化，确保了联动夹紧的可靠性。常见的浮动环节结构如图 4-63 所示，其中图 4-63a、b 两图为两点式，图 4-63c、d 两图为三点式，图 4-63e、f 两图为多点式。

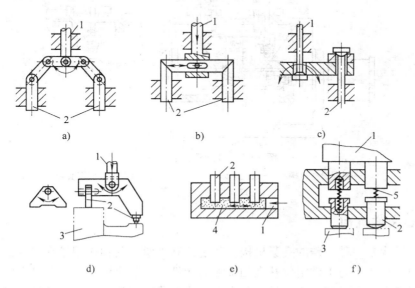

图 4-63 浮动环节的结构类型
a）、b）两点式浮动环节 c）、d）三点式浮动环节 e）、f）多点式浮动环节
1—动力输入端 2—输出端 3—工件 4—液性介质 5—弹簧

2）适当限制被夹工件的数量。在平行式多件联动夹紧中，如果工件数量过多，在一定原始力作用条件下，作用在各工件上的力就越小，或者为了保证工件获得足够的夹紧力，需无限增大原始作用力，从而给夹具的强度、刚度及结构等带来一系列问题。对连续式多件联动夹紧，由于摩擦等因素的影响，各工件上所受的夹紧力不等，距原始作用力越远，则夹紧力越小，故要合理确定同时被夹紧的工件数量。

3）联动夹紧机构的中间传力杠杆应力求增力，以免驱动力过大；并要避免采用过多的杠杆，力求结构简单、紧凑，提高工作效率，保证机构可靠的工作。

4）设置必要的复位环节，保证复位准确，松夹装卸方便。如图 4-64 所示，在两拉杆 4 上装有固定套环 5，松夹时，联动拉杆 6 上移，就可借助固定套环 5 强制拉杆 4 向上使压板 3 脱离工件，以便装卸。

5）要保证联动夹紧机构的系统刚度。一般情况下，联动夹紧机构所需总夹紧力较大，故在结构形式及尺寸设计时必须予以重视，特别要注意一些传力元件的刚度。如图 4-64 中的联动拉杆 6 的中间部位受较大弯矩，其截面尺寸应设计大些，以防止夹紧后发生变形或损坏。

6）正确处理夹紧力方向和工件加工面之间的关系，以避免工件在定位、夹紧时的逐个积累误差对加工精度的影响。在连续式多件联动夹紧中，工件在夹紧力方向必须没有限制自由度的要求。

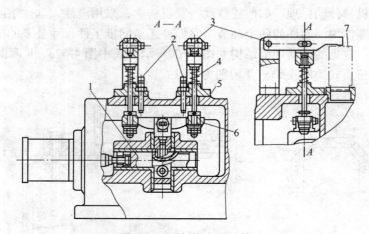

图 4-64　强行松夹的机构

1—斜楔滑柱机构　2—限位螺钉　3—压板　4—拉杆　5—固定套环
6—联动拉杆　7—工件

4.5.5　定心夹紧机构

定心夹紧机构是一种特殊的夹紧机构，其定位和夹紧这两种作用是在工件被夹紧的过程中同时实现的。夹具上与工件定位基准相接触的元件，既是定位元件，又是夹紧元件。

在机械加工中，很多加工表面是以其中心线或对称平面作为工序基准的，因而也同时用它们作定位基准。这时若采用定心夹紧机构安装加工，可使基准位移误差为零，确保工序加工精度。

例如，在图 4-65a 所示的圆柱形工件上加工一孔，若工件放在 V 形块夹具中安装（图 4-65b），则由于工件外圆尺寸公差的影响，一批工件内孔加工后，就不能保证内孔与外圆的同轴度要求。若工件放在定心精度较高的自定心卡盘中安装加工（图 4-65c），就可以保证较高的同轴度精度。

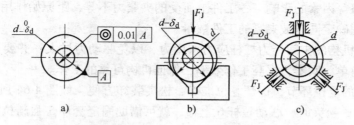

图 4-65　工件放在 V 形块或自定心卡盘中加工的对比

又如，图 4-66 中的长方体工件，要求在中央铣键槽，其位置应保持对中。如按图 4-66a 所示的方法定位加工，因存在基准不重合误差（定位基准为工件左侧面，工序基准为工件对称面），必然影响槽的对中性。如果将工件安装在对中夹紧机构中进行加工（图 4-66b），则长度尺寸 L 公差 δ_L 平均分配在工件两侧，虽然同一批工件的实际尺寸 L 的误差值并不相同，但对于保持工件上通槽的对中性是没有影响的，它们只会引起对中夹紧元件各次夹紧行程的变化。这是因为对中夹紧机构能均分工件的尺寸误差，始终保持对中。

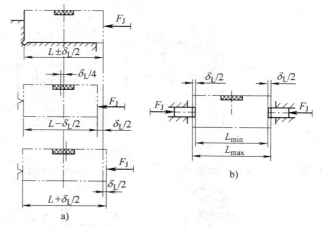

综上所述，定心夹紧机构主要用于要求准确定心和对中的场合。

定心夹紧机构之所以能实现准确定心、对中的原理，就在于它利用了定位-夹紧元件的等速移动或均匀变形的方式，消除了工件定位基面的制造误差，使这些误差/偏差相对于定心或对中的位置，能均匀且对称地分配在工件的定位基面上。

图 4-66　对中夹紧机构的作用

定心夹紧机构按其定心作用原理分有两种类型：

1）依靠传动元件使定心夹紧元件同时作等速移动，从而实现定心夹紧，图 4-67 所示为该类定心夹紧机构的示意图。

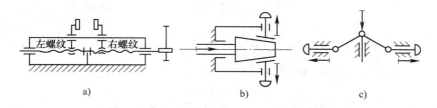

图 4-67　按定位-夹紧元件等速移动原理工作的定心夹紧机构示意图

图 4-68 所示为该原理的实际应用结构，其中，图 4-68a 所示为左右螺旋机构，螺杆 1 两端分别有旋向相反的左、右螺纹，当旋转螺杆 1 时，通过左、右螺纹带动两个 V 形块 2 和 3 同时移向中心而起定心夹紧作用。螺杆 1 的中间有沟槽，卡在叉形零件 6 上，叉形零件的位置可以通过螺钉 5 进行调整，以保证所需的工件中心位置，调整完毕后用螺钉 4 固定。

图 4-68b 所示为偏心式定心夹紧机构。转动手柄 1 时，双面凸轮 2 推动卡爪 3、4，从两面同时夹紧工件，从而起到定心夹紧的作用。双面凸轮 2 的转轴位置固定，左、右凸轮曲线对称。

图 4-68c 所示为斜面定心夹紧机构。工作时液压缸或气缸通过推杆 3 推动锥体 1 向右移动，使三个卡爪 2 同时伸出，对环形工件进行定心夹紧。

图 4-68d 所示为杠杆定心夹紧机构。原始力作用于拉杆 1 上，拉杆 1 带动滑块 2 左移，通过 3 个钩形杠杆 3 同时收拢三个卡爪 4，对工件进行定心夹紧。当拉杆 1 带动滑块 2 右移时，靠滑块 2 上的螺母 5 的三个斜面使卡爪 4 张开。

2）依靠定心夹紧元件本身作均匀的弹性变形（收缩或胀力），从而实现定心夹紧，如弹簧筒夹、膜片卡盘、波纹套、液性塑料等，如图 4-69、图 4-70 所示。

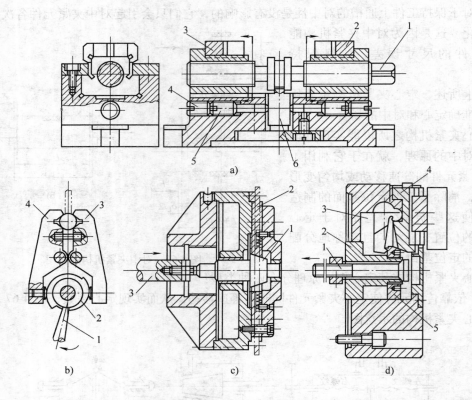

图 4-68 按定位-夹紧元件等速移动原理工作的定心夹紧机构的结构

a) 左右螺旋机构

1—螺杆 2、3—V 形块 4、5—螺钉 6—叉形零件

b) 偏心式定心夹紧机构

1—手柄 2—双面凸轮 3、4—卡爪

c) 斜面定心夹紧机构

1—锥体 2—卡爪 3—推杆

d) 杠杆定心夹紧机构

1—拉杆 2—滑块 3—钩形杠杆 4—卡爪 5—螺母

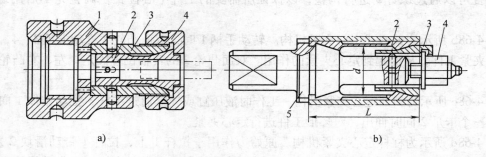

图 4-69 弹簧夹头和弹簧心轴

a) 弹簧夹头 b) 弹簧心轴

1—夹具体 2—弹簧套夹 3—锥套 4—螺母 5—心轴

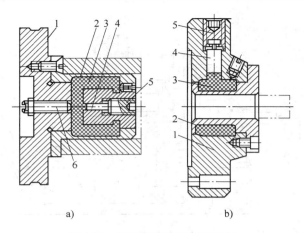

图 4-70　液性塑料定心夹紧机构

a）内孔定位式　b）外圆定位式

1—夹具体　2—薄壁套筒　3—液性塑料　4—滑柱　5—螺钉　6—限位螺钉

4.5.6　分度装置

　　机械加工中经常会有工件的多工位加工，如齿轮和齿条的加工、多线螺纹的车削以及其他等分孔和等分槽的加工等。这类工件一次装夹后，能按一定规律依次使工件随同夹具的可动部分转过一定角度或移动一段距离，然后对下一个表面进行加工，直至完成全部加工内容。具有这种功能的装置称为分度装置。

　　分度装置能使工件加工的工序集中，故广泛地用于车削、钻削、铣削等加工中。图 4-71 所示为各类需分度加工的工件简图。

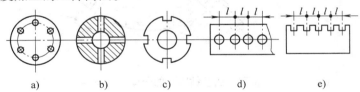

图 4-71　常见的等分表面

a）、b）圆周分度的孔　c）圆周分度的槽　d）直线分度的孔　e）直线分度的槽

1. 分度装置的结构和主要类型

图 4-72 所示为法兰钻四孔（图 4-73）的分度式钻模。

（1）分度装置的组成　分度装置一般由以下几个部分组成：

1）固定部分。它是分度装置的基体，常与夹具体连成一体，如图 4-72 中的夹具体 9。

2）转动部分。实现工件转位，装在夹具需要分度转动的部位上，如图 4-72 中的回转台 7。

3）对定机构。保证工件正确的分度位置，并完成插销、拔销动作，如图 4-72 中的对定爪 6、分度盘 8、弹簧销 4 及手柄 5。

4）锁紧机构。将转动与固定部分紧固在一起，起减小加工时的振动和保护对定机构的作用，如图 4-72 中的锁紧螺钉 14、滑柱 13 及锁紧块 12。

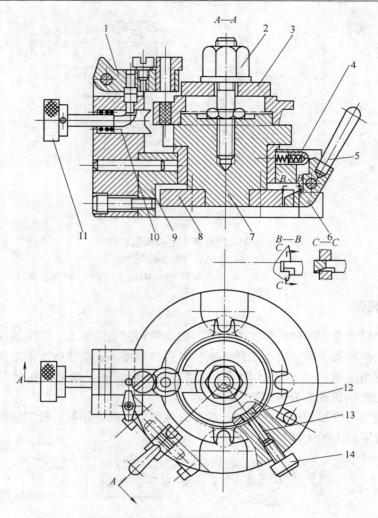

图 4-72　法兰钻四孔的分度式钻模

1—铰链式钻模板　2—螺母　3—开口垫圈　4—弹簧销　5、11—手柄　6—对定爪　7—回转台
8—分度盘　9—夹具体　10—活动 V 形块　12—锁紧块　13—滑柱　14—锁紧螺钉

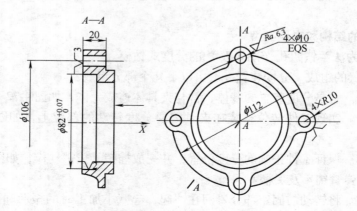

图 4-73　法兰钻四孔工序图

　　图 4-74 所示为常用分度装置的典型示例。拉开分度销 2 后，即可进行分度。图 4-74a 与图 4-74b 的主要区别在于，前者是沿分度盘 1 的轴向进行分度，而后者是沿径向进行分度。图 4-74a 中分度销 2 是圆柱形的；图 4-74b 中的是双斜面楔形的。此外，圆锥形的分度销也比较常见。图 4-74c 所示为手动分度的结构示例。当向外拉手柄时，分度销 2 压缩弹簧而退出分度盘 1，然后让手柄回转 90°，使小销 3 顶住套 4 的凸缘而停留在拉出的位置上，即可进行分度回转；分度完毕，再将手柄回转 90° 到小销 3 正好对准套 4 凸缘上的槽口时，弹簧即推动分度销进入分度盘的下一个分度套筒 5 内。

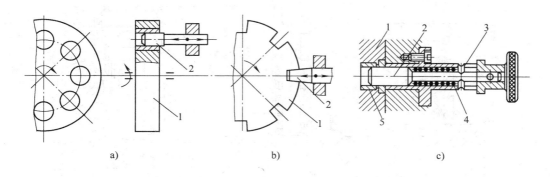

图 4-74　常见分度装置的典型示例
1—分度盘　2—分度销　3—小销　4—套　5—分度套筒

　　（2）分度对定机构　分度对定机构的结构形式很多，常见的有图 4-75 所示的几种。
　　图 4-75a 所示为钢球对定机构，其结构简单，操作方便，但分度精度不高，对定也不可靠，因此常用于精度要求不高的场合，或作预定位。图 4-75b 所示为手拉式菱形销（或圆柱销）对定机构（JB/T 8021.1—1999），这类机构操纵方便，结构较简单，制造较容易，并且在对定销插入分度套时能将灰尘和污物推出，不需要严格的防尘措施；对定销与分度套之间常采用 H7/g6 配合；在回转分度装置中用菱形销对定，可降低分度盘到分度盘转轴中心的尺寸要求。上述两种结构在中等精度的分度装置中应用较为广泛。
　　图 4-75c 所示为齿轮齿条操纵圆柱销对定机构，圆柱销对定时可消除配合间隙，提高分度对定精度，但灰尘或污物进入分度套后，会使圆柱销与分度套不能紧密配合而影响分度精度，因此这类对定机构应有防尘措施。图 4-75d 所示为杠杆操纵单斜面对定机构，它用直面对定，直边插入时可推除污物，斜面处污物不影响对定精度；这种对定方式的除尘要求不高，而分度精度较高，因而使用较多。图 4-75e 所示为枪栓式圆柱销对定机构（JB/T 8021.2—1999）。
　　（3）锁紧机构　除通常的螺杆、螺母锁紧机构外，锁紧机构还有多种结构形式。图 4-76a 所示为偏心轮锁紧机构，转动手柄 3，偏心轮 2 通过支板 1 将回转台 5 压紧在底座 4 上。图 4-76b 所示为楔式锁紧机构，通过带斜面的梯形压紧钉 9 将回转台 6 压紧在底座上。图 4-76c 所示为切向锁紧机构，转动手柄 11，锁紧螺杆 13 使两个锁紧套 12 相对运动，将转轴 10 锁紧。图 4-76d 所示为压板锁紧机构，转动手柄 11，通过压板 15 将回转台 6 压紧在底座 4 上。

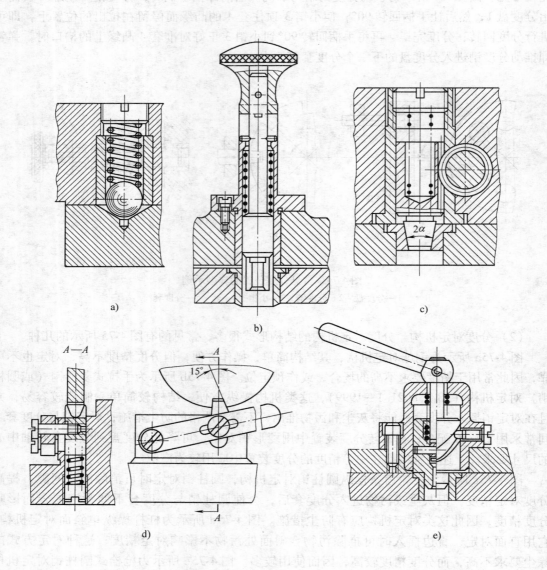

图 4-75　分度对定机构

a）钢球对定机构　b）手拉式菱形销对定机构　c）齿轮齿条操纵圆柱销对定机构

d）杠杆操纵单斜面对定机构　e）枪栓式圆柱销对定机构

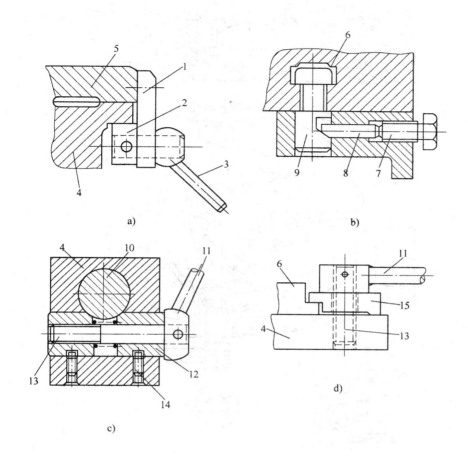

图 4-76　锁紧机构

a）偏心轮锁紧机构　b）楔式锁紧机构　c）切向锁紧机构　d）压板锁紧机构

1—支板　2—偏心轮　3、11—手柄　4—底座　5、6—回转台　7—螺钉　8—滑柱
9—梯形压紧钉　10—转轴　12—锁紧套　13—锁紧螺杆　14—防转螺钉　15—压板

2. 分度装置的应用

图 4-77 所示为一种立轴式通用回转台的典型结构。转盘 1 和转轴 4 由螺钉与销钉连接，可在转台体 2 中转动。对定销 10 的下端有齿条与齿轮套 12 啮合。分度时，逆时针转动手柄 8，通过螺杆轴 7 上的挡销（见 $B—B$ 剖面）带动齿轮套 12 转动，使对定销 10 从分度衬套 9 中退出。转盘转位后，再使对定销 10 在弹簧 11 的作用下插入另一分度衬套孔中，从而完成一次分度。顺时针转动手柄 8，由于螺杆轴的轴向作用将弹性开口锁紧圈 6 收紧，并带动锥形圈 5 向下将转盘锁紧。

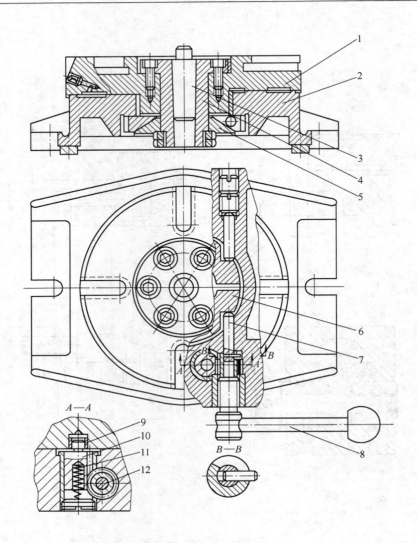

图 4-77　立轴式通用回转台
1—转盘　2—转台体　3—销　4—转轴　5—锥形圈　6—锁紧圈　7—螺杆轴
8—手柄　9—分度衬套　10—对定销　11—弹簧　12—齿轮套

4.6　工件定位与夹紧方案实例分析

前面讲述了工件的六点定位原理、常用的定位元件、工件组合定位原则、典型夹紧机构等，本节将通过实例分析阐述上述原理在工件装夹实践中的具体应用。

1. 拨叉零件铣槽工序定位方案设计

（1）定位方案设计　如图 4-78 所示，在拨叉上铣槽。根据工艺规程，这是拨叉零件的最后一道加工工序，加工要求有：槽宽 16H11，槽深 8mm，槽侧面与 $\phi25H7$ 孔轴线的垂直度为 0.08mm，槽侧面与 E 面的距离为（11±0.2）mm，槽底面与 B 面平行。试设计该工序的定位方案。

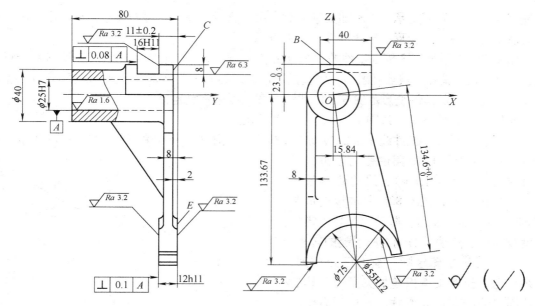

图 4-78　拨叉零件图

从加工要求考虑，在工件上铣通槽，沿 X 轴的移动自由度 $\bar{x}$ 可以不限制，但为了承受切削力，简化定位装置结构，$\bar{x}$ 还是要限制的。工序基准为 $\phi25\mathrm{H}7$ 孔中心线、E 面和 B 面。

现拟订三个定位方案，如图 4-79 所示。

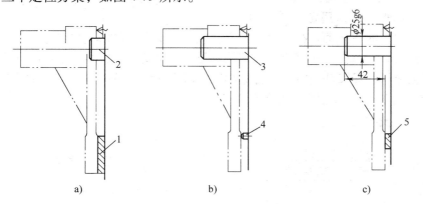

图 4-79　拨叉铣槽工序定位方案
1—支承板　2—短销　3—长销　4—支承钉　5—长条支承板

图 4-79a 中工件以 E 面为主要定位基面，用支承板 1 限制工件的 3 个自由度：$\bar{y}$、$\hat{x}$、$\hat{z}$；用短销 2 与 $\phi25\mathrm{H}7$ 孔配合限制两个自由度：$\bar{x}$、$\bar{z}$。由于垂直度的工序基准为 $\phi25\mathrm{H}7$ 孔轴线，而工件的两个转动自由度 $\hat{x}$、$\hat{z}$ 都由与 E 面接触的支承板限制，定位基准与工序基准不重合，不利于保证槽侧面与 $\phi25\mathrm{H}7$ 孔轴线的垂直度。

图 4-79b 中以 $\phi25\mathrm{H}7$ 孔轴线作为主要定位基面，用长销 3 限制工件的 4 个自由度：$\bar{x}$、$\bar{z}$、$\hat{x}$、$\hat{z}$，用支承钉 4 限制一个自由度 $\bar{y}$。由于 $\hat{x}$，$\hat{z}$ 两个自由度由长销限制，定位基准与工序基准重合，有利于保证槽侧面与 $\phi25\mathrm{H}7$ 孔轴线的垂直度要求。但这种定位方式不利于工件的夹紧，因为辅助支承不能起定位作用，辅助支承上与工件接触的滑柱必须在工件夹紧后

才能固定，当首先对支承钉 4 施加夹紧力时，由于支承钉 4 与工件的接触面积太小，施加夹紧力后工件极易歪斜变形，导致工件夹紧不可靠。

图 4-79c 中用长销 3 限制工件的 4 个自由度 $\vec{x}$、$\vec{z}$、$\hat{x}$、$\hat{z}$，用长条支承板 5 限制两个自由度：$\vec{y}$、$\hat{z}$，由此造成 $\hat{z}$ 被重复限制，属重复定位。因为 E 面与 $\phi25H7$ 孔轴线的垂直度公差为 0.1mm，在工件的弹性变形范围内，因此该方案属可用重复定位。

比较上述三种方案，以图 4-79c 所示方案最佳。

按照加工要求，工件绕 Y 轴的转动自由度 $\hat{y}$ 必须限制，限制的办法如图 4-80 所示。图 4-80a 中防转挡销与 B 面的距离较近，尺寸公差又大（$23_{-0.3}^{0}$mm），因此防转效果差，定位精度低；图 4-80b 中防转挡销距离 $\phi25H7$ 孔轴线较远，防转效果好，定位精度较高，且能承受切削力所引起的转矩。

（2）夹紧方案分析　前面已经提到，必须首先对长条支承板施加夹紧力，然后才能固定辅助支承的滑柱。此夹紧力作用在图 4-81a 所示位置时，由于工件该部位的刚性差，夹紧变形大，且支承板离加工表面较远，铣槽时的切削力又大，因此需在靠近加工表面的地方再增加一个夹紧力，如图 4-81b 所示，即用螺母与开口垫圈夹压在工件圆柱的左端面。拨叉此处的刚性较好，夹紧力更靠近加工表面，工件变形小，夹紧也可靠。对着支承板的夹紧机构采用钩形压板，可使结构紧凑，操作也方便。

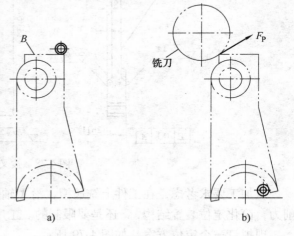

图 4-80　防转挡销的位置设计

综合以上分析，拨叉铣槽的装夹方案如图 4-82 所示。装夹时，先拧紧钩形压板 1，再固定滑柱 5，然后插上开口垫圈 3，拧紧螺母 2。

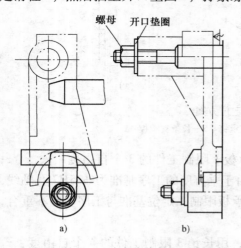

图 4-81　夹紧方案分析

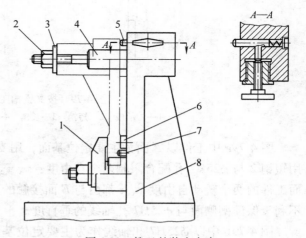

图 4-82　拨叉的装夹方案

1—钩形压板　2—螺母　3—开口垫圈　4—长销
5—滑柱　6—长条支承板　7—挡销　8—夹具体

2. 接头零件铣槽工序定位方案设计

图4-83 所示为 CA6140 车床上零件——接头的零件图。该零件系批量生产，材料为 45 钢，毛坯采用模锻件。现要求设计加工该零件上尺寸为 28H11 的槽口时所用的夹具。

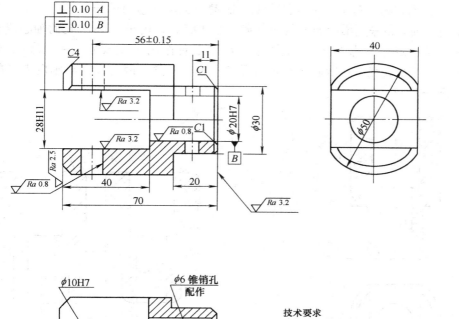

图 4-83　接头零件图

（1）被加工面加工要求。槽口两侧面的要求是：保持宽度 28H11，深度 40mm；侧面表面粗糙度值 Ra 为 3.2μm，底面 Ra 为 6.3μm。并要求两侧面对孔 φ20H7 的轴线对称，公差为 0.1mm；两侧面对孔 φ10H7 的轴线垂直，公差也为 0.1mm。零件的加工工艺过程是在加工两内侧面之前，除孔 φ10H7 尚未进行加工外，其他各面均已加工达到图样要求。两内侧面的加工采用三面刃铣刀在卧式铣床上进行。

（2）确定定位方案　定位方案的确定应首先考虑加工要求。两加工面之间的宽度 28H11 决定于铣刀的宽度，与夹具无关。深度 40mm 由调整刀具相对夹具的位置保证。两侧面对孔 φ10H7 轴线的垂直度要求，由于孔尚未进行加工，故可在孔加工工序中以两侧面为定位基准加工孔而得到保证。因此考虑定位方案时，主要应满足被加工面与孔 φ20H7 轴线的对称度要求。

根据基准重合的原则应选孔 φ20H7 的轴线为第一定位基准。由于要保证一定的加工深度，故工件沿高度方向（Z 轴）的自由度也应限制。此外，从零件工作性能要求知，需要加工的两内侧面应与已加工过的外两侧面互成 90°角，因此工件定位时还必须限制绕孔 φ20H7 轴心线的自由度。故工件的定位基准除孔 φ20H7（限制 $\bar{x}$、$\bar{y}$、$\hat{x}$、$\hat{y}$）之外，还应以一端面（限制 $\bar{z}$）和一外侧面（限制 $\hat{z}$）进行定位，共限制 6 个自由度，实现完全定位。其定位方案如图 4-84 所示。

定位方案的选择除了考虑加工要求外，还应结合定位元件（或机构）的结构及夹紧方案实现的可能性而予以最后确定。

（3）确定夹紧方案　对于接头零件来说，铣槽面工序夹紧力的施加方向，不外乎是沿径向或沿轴向两种。如采用沿径向夹紧的方案（图 4-85a），由于 $\phi 20H7$ 孔的轴心线是定位基准，故必须采用定心夹紧机构，以满足夹紧力方向作用于主要定位基面的要求。但 $\phi 20H7$ 孔的直径较小，受结构限制，不易实现自动定心夹紧。因此采用沿轴向夹紧的方案比较合适（图 4-85b）。

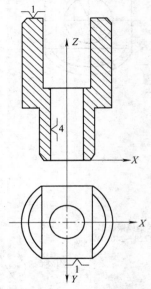

图 4-84　接头零件铣槽工序的定位方案

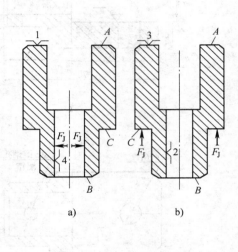

图 4-85　接头零件铣槽工序的夹紧方案

（4）修正定位方案　在一般情况下，为满足夹紧力应主要作用于第一定位基准的要求，就应以上端面 A 作为第一定位基准。此时孔轴心线及另一外侧面为第二、第三定位基准。若以上端面为主要定位基面，虽然符合"基准重合"原则，但由于夹紧力需自下而上，会导致夹具结构的复杂化。

考虑到 $\phi 20H7$ 孔与下端面 B 及端台肩面 C 是在一次安装下加工的，它们之间有一定的位置精度，且槽的深度尺寸为自由公差，如以 B 或 C 面为第一定位基准，也能满足加工要求。为使定位准确可靠，故宜采用面积较大的 C 面为第一定位基准。定位元件则相应选择一平面（限制 3 个自由度）、一短圆柱销（与 $\phi 20H7$ 孔配合限制 2 个自由度）、一挡销（与 D 面相接触限制 1 个自由度），如图 4-86 所示，这时夹紧力就可以自上而下施加于工件上。

由于工件生产批量较大，为提高生产率，减轻工人劳动强度，宜采用气动夹紧，即以压缩空气为动力源。为将气缸水平方向的夹紧力转换为垂直方向的，可利用气缸活塞杆推动一滑块。滑块上开出斜面槽，在滑块上斜面槽的作用下，使两钩形压板同时向下压紧工件。为缩短工作行程，斜槽做成两个升角，前端的大升角用于加大夹紧空行程，后端的小升角用于夹紧工件。夹紧机构工作原理如图 4-87 所示。

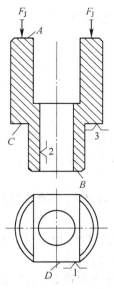

图 4-86　修正后的接头零件的装夹方案

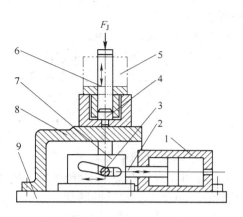

图 4-87　接头零件铣槽工序夹紧机构工作原理图
1—气缸体　2—活塞杆　3—浮动支承　4—定位元件
5—工件　6—钩形压板　7—滑块　8—箱体　9—支座

4.7　典型机床夹具

实际生产中，专用夹具的应用非常普遍。本节主要介绍在实际生产中使用较多的车床夹具、钻床夹具和铣床夹具等几种典型机床夹具。

4.7.1　车床夹具

1. 车床夹具特点与设计要求

（1）车床夹具特点　车床夹具一般用于加工回转零件，其主要特点是：夹具装在主轴上，车削时夹具带动工件作旋转运动。由于主轴转速一般都很高，在设计车床夹具时，要注意解决由于夹具旋转带来的质量平衡问题和操作安全问题。车床夹具与机床的连接方式决定于主轴前端的结构形式，夹具的回转精度取决于和机床连接的精度。

（2）一般设计要求

1）夹具与机床主轴、花盘或过渡法兰连接要安全可靠。

2）结构力求简单、紧凑，重量尽可能轻一些。

3）夹具工作时应保持平衡，夹具重心应尽量接近回转轴线，平衡重块的位置应远离回转轴线，并可沿圆周方向调整。

4）为便于安装中找正中心，应将夹具的最大外圆设计成校准回转中心或找正圆的基准。

5）最大回转直径不允许与机床发生干涉。

6）车床夹具不应在圆周上设有凸出部分，车床夹具一般应设置防护罩，防止发生人身事故。

2. 车床夹具设计要点

（1）车床夹具与主轴的连接方式　由于加工中车床夹具随车床主轴一起回转，夹具与主轴的连接精度直接影响夹具的回转精度，故要求车床夹具与主轴的同轴度精度较高，且要连接可靠。

通常连接方式有以下几种：

1）夹具通过主轴锥孔与主轴连接。

2）夹具通过过渡盘与机床主轴连接。

（2）对定位及夹紧装置的要求

1）为保证车床夹具的安装精度，安装时应对夹具的限位基面进行仔细找正。

2）设置定位元件时应考虑使工件上被加工表面的轴线与主轴轴线重合。

（3）车床夹具的平衡及结构要求

1）对角铁式、花盘式等结构不对称的车床夹具，设计时应采用平衡装置以减少由离心力产生的振动及主轴轴承的磨损。

2）车床夹具一般都是在悬臂状态下工作的，为保证加工过程的稳定性，夹具结构应力求简单紧凑，轻便且安全，悬伸长度尽量小，使重心靠近主轴前支承。

3）为保证安全，夹具体应制成圆形，夹具体上的各元件不允许伸出夹具体直径之外。此外，夹具的结构还应便于工件的安装、测量和切屑的顺利排出或清理。

3. 专用车床夹具的典型实例

（1）角铁式车床夹具　夹具体呈角铁状的车床夹具称为角铁式车床夹具，其结构不对称，用于加工壳体、支座、杠杆、接头等零件上的回转面和端面，如图4-88所示。

图4-88的车床夹具为加工图4-89所示的开合螺母上 $\phi 40^{+0.027}_{0}$ mm 孔的专用夹具。工件的燕尾面和两个 $\phi 12^{+0.019}_{0}$ mm 孔已经加工，两孔距离为 (38 ± 0.1) mm，$\phi 40^{+0.027}_{0}$ mm 孔已经过粗加工。本道工序为精镗 $\phi 40^{+0.027}_{0}$ mm 孔及车端面。加工要求是：$\phi 40^{+0.027}_{0}$ mm 孔轴线至燕尾底面 C 的距离为 (45 ± 0.05) mm，$\phi 40^{+0.027}_{0}$ mm 孔轴线与 C 面的平行度为 0.05mm，加工孔轴线与 $\phi 12^{+0.019}_{0}$ mm 孔的距离为 (8 ± 0.05) mm。

为贯彻基准重合原则，工件用燕尾面 B 和 C 在固定支承板8及活动支承板10上定位（两板高度相等），限制5个自由度；用 $\phi 12^{+0.019}_{0}$ mm 孔与活动菱形销9配合，限制1个自由度；工件装卸时，可从上方推开活动支承板10将工件插入，靠弹簧力使工件靠紧固定支承板8，并略推移工件使活动菱形销9弹入定位孔 $\phi 12^{+0.019}_{0}$ mm 内。采用带摆动V形块3的回转式螺旋压板机构夹紧，用平衡块6来保持夹具的平衡。

（2）卡盘式车床夹具　卡盘式车床夹具一般用一个以上的卡爪来夹紧工件，多采用定心夹紧机构，常用于以外圆（或内圆）及端面定位的回转体的加工。具有定心夹紧机构的卡盘，结构是对称的。具体结构参见斜楔式定心三爪气动卡盘的结构原理图（图4-109）。

4.7.2　钻床夹具

在钻床上钻孔，不便于用试切法把刀具调整到规定的加工位置。如采用划线法加工，其加工精度和生产率又较低。故当生产批量较大时，常使用专用钻床夹具。在这类专用夹具上，一般都装有距离定位元件规定尺寸的钻套，通过它引导刀具进行加工。被加工的孔径主要由钻头、铰刀等保证，而孔的位置精度则由夹具的钻套保证，并有助于提高刀具系统的刚性，防止钻头在切入后引偏，从而提高孔的尺寸精度和改善表面粗糙度。此外，由于不需划线和找正，工序时间大为缩短，因而可显著地提高工效。

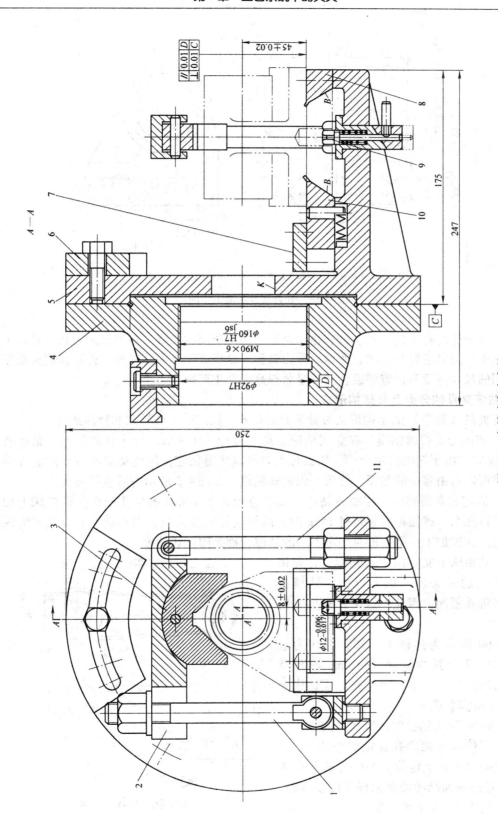

图 4-88　角铁式车床夹具

1、11—螺栓　2—压板　3—摆动 V 形块　4—过渡盘　5—夹具体　6—平衡块　7—盖板　8—固定支承板　9—活动菱形销　10—活动支承板

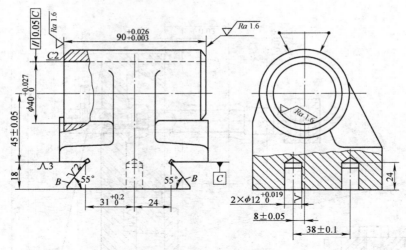

技术要求：$\phi 40^{+0.027}_{0}$ 孔轴线对两 B 面的对称面的垂直度为0.05.

图 4-89　开合螺母车削工序图

在钻床上进行孔的钻、扩、铰、锪、攻螺纹加工所用的夹具，称为钻床夹具。钻床夹具是用钻套引导刀具进行加工的，所以简称为钻模。钻模有利于保证被加工孔对其定位基准和各孔之间的尺寸精度和位置精度，并可显著提高劳动生产率。

1. 钻床夹具的分类及其结构形式

钻床夹具（钻模）的结构形式可分为非固定式、固定式、回转式和翻转式等。

（1）非固定式普通钻模　在立式钻床上加工直径小于 10mm 的小孔或孔系、钻模质量小于 15kg 时，由于钻模转矩较小，加工时人力可以扶得住它，因此钻模不需要固定在钻床上。这类可以自由移动的钻模，称为非固定式钻模。如图 4-2 所示的后盖钻夹具。

（2）固定式普通钻模　在立式钻床上加工直径大于 10mm 的单孔或在摇臂钻床上加工较大的平行孔系，或钻模质量超过 15kg 时，因钻削转矩较大及人力移动费力，钻模需固定在钻床上。这种加工一批工件时固定不动的钻模，称为固定式钻模。

在立式钻床上安装固定式钻模时，先将装在主轴上的钻头伸入钻套以校正钻模位置，然后将其紧固。因此，这类钻模加工精度较高。

图 4-90 所示为摇臂工序图，毛坯为锻件，$\phi 25H7$ 孔及其两端面、$\phi 16mm$ 锥孔及其两端面均已加工，本工序是在立式钻床上钻削 $\phi 12mm$ 锁紧孔。

图 4-91 所示为钻摇臂锁紧孔的固定式普通钻模。工件以一面两孔在定位心轴 6、定位板 8 及菱形销 2 上定位。逆时针转动夹紧手柄 3，通过端面凸轮使夹紧杆 7 向左移动，推动转动垫圈 4，将工件夹紧。

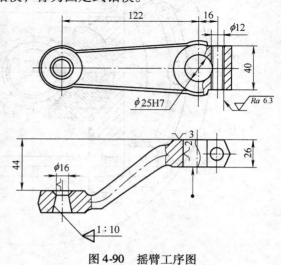

图 4-90　摇臂工序图

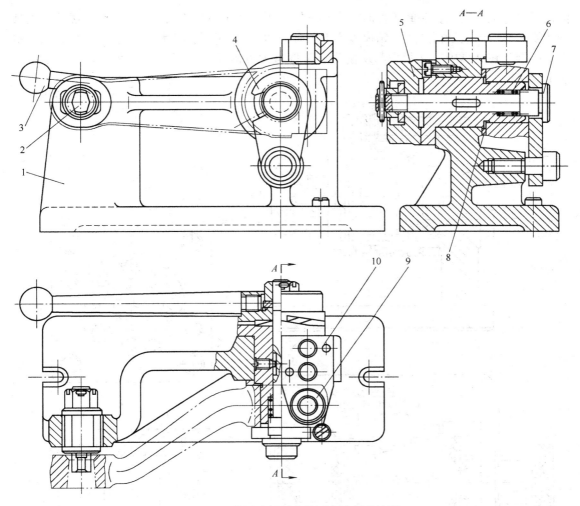

图 4-91　钻摇臂锁紧孔的固定式普通钻模

1—夹具体　2—菱形销　3—夹紧手柄　4—转动垫圈　5—端面凸轮　6—定位心轴　7—夹紧杆
8—定位板　9—钻套　10—钻模板

（3）回转式钻模　回转式钻模用来加工沿圆周分布的许多孔（或许多径向孔）。加工这些孔时，其工位的获得有两种办法，一种是利用分度装置使工件变更工位（钻套不动）；另一种是每一个孔都有一个单独的钻套，依靠这些钻套来决定刀具对工件的位置。

图 4-92 所示为带分度装置的回转式钻模，用于加工工件上的三圈径向孔。工件以孔和端面为基准在定位心轴 3 和分度盘 2 的端面上定位，用螺母 4 夹紧。当钻完一个工位上的孔后，松开螺母 1 并拉出分度销 5 后就可以进行分度。分度完成后要用螺母 1 再将分度盘锁紧，以便对下一个工位的孔进行加工。

（4）翻转式钻模　翻转式钻模是使用过程中需要用手进行翻转的钻床夹具。夹具连同工件的质量一般限于 8 ~ 10kg。

图 4-93 所示为在一根短轴上钻法兰孔的翻转式钻模。根据工件形状和要求，定位基准选法兰的端面及外圆柱面较为合理。若从轴端钻孔，会使钻头长度增加、刀具刚性下降，故

把钻模设计成翻转式，装卸工件时将夹具翻转180°。钩形压板4把工件1夹紧，然后将夹具翻转使钻模板向上进行加工。钻模板3上装有钻套2，工件的加工精度要求由钻套保证。由于工件倒装在夹具中，夹紧力与切削力、工件重力方向相反，因此这种钻模只适用于小件加工。

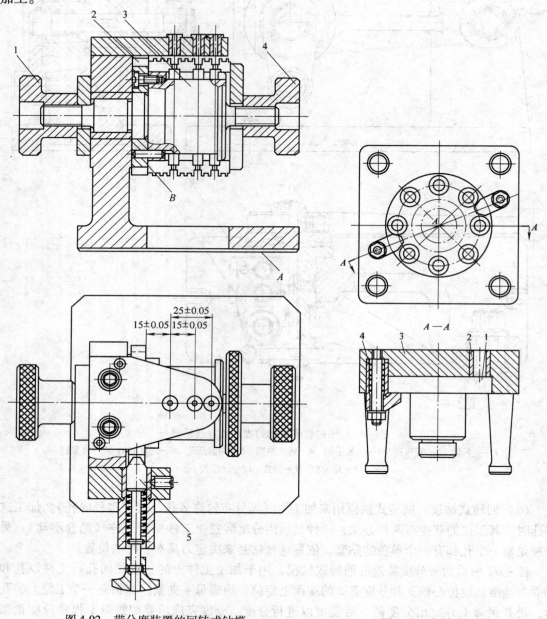

图 4-92　带分度装置的回转式钻模
1、4—螺母　2—分度盘　3—定位心轴　5—分度销

图 4-93　翻转式钻模
1—工件　2—钻套　3—钻模板　4—压板

2. 钻模板

钻模板是在钻床夹具上用于安装钻套的零件，按其与夹具体连接的方式可分为固定式、铰链式、分离式和悬挂式等几种。

（1）固定式钻模板　这种钻模板如图 4-94 所示，是直接固定在夹具体上的，因此钻模板上的钻套相对于夹具体是固定的，所以精度较高。但它对有些工件的装卸很不方便。固定式钻模板与夹具体可以采用销钉定位及螺钉紧固结构。对于简单的钻模，也可采用整体铸造及焊接结构。

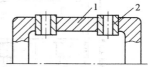

图 4-94　固定式钻模板
1—钻模板　2—钻套

（2）铰链式钻模板　这种钻模板如图 4-95 所示，是用铰链装在夹具体上的。它可以绕铰链轴翻转，铰链孔与销轴的配合为 F8/h6，由于铰链存在间隙，所以它的加工精度不如固定式钻模板高，但是装卸工件较方便。

（3）分离式钻模板　这种钻模板如图 4-96 所示，它与夹具体分开，成为一个独立的部分。工件在夹具中每装卸一次，钻模板也必须卸下一次。用这种钻模板钻孔精度较高，但是装卸工件的时间长，效率低。图 4-96a、b、c 为三种不同结构形式的分离式钻模板。

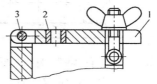

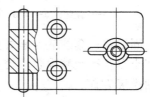

图 4-95　铰链式钻模板
1—钻模板　2—钻套　3—销轴

（4）悬挂式钻模板　这种钻模板悬挂在机床主轴上，由机床主轴带动而与工件靠紧或离开（图 4-97）。它与夹具体的相对位置由滑柱来确定。图 4-97 中的钻模板 4 悬挂在滑柱 2 上，通过弹簧 5 和横梁 6 与主轴连接。悬挂式钻模板常与组合机床的多轴箱联用。

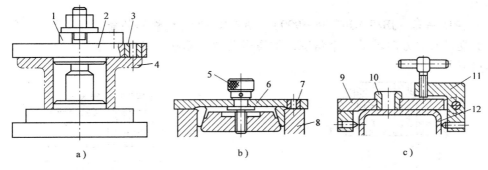

a)　　　　　　　b)　　　　　　　c)

图 4-96　分离式钻模板
1、11—压板　2、7、10—钻套　3、6、9—钻模板　4、8、12—工件　5—螺钉

3. 钻套

钻套（导套）是确定钻头等刀具位置及方向的引导元件。它能引导刀具并防止其加工时倾斜，保证被加工孔的位置精度，并能提高刀具的刚性，防止加工时产生振动。

钻套与刀具接触，必须有很高的耐磨性。当钻套孔直径 $d \leqslant 26mm$ 时，用工具钢 T10A 制造，淬火硬度为 58～64HRC；当钻套孔直径 $d > 26mm$ 时，用低碳钢 20 钢制造，渗碳深度为 0.8～1.2mm，淬火硬度为 58～64HRC。

钻套按其结构可分为固定钻套、可换钻套、快换钻套和特殊钻套四类。

（1）固定钻套（JB/T 8045.1—1999）　图 4-98a、b 所示为固定钻套的两种形式（即无肩和带肩），这种钻套直接压入钻模板或夹具体上，其外围与钻模板一般采用 H7/r6 或 H7/n6 配合。

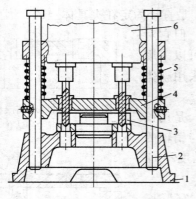

图 4-97　悬挂式钻模板

1—夹具体　2—滑柱　3—工件

4—钻模板　5—弹簧　6—横梁

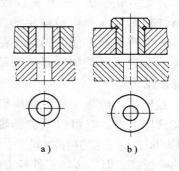

图 4-98　固定钻套

固定式钻套的缺点是磨损后不易更换。因此主要用于中、小批生产的钻模或用来加工孔距甚小以及孔距精度要求较高的孔。为了防止切屑进入钻套孔内，钻套的上、下端应以稍突出钻模板为宜。

（2）可换钻套（JB/T 8045.2—1999）　图 4-99 所示为可换钻套，可换钻套 1 装在衬套 2 中，衬套则是压配在夹具体或钻模板 3 中。可换钻套由螺钉 4 固定住，防止转动。可换钻套与衬套常采用 H7/g6 或 H6/g5 配合。这种钻套在磨损以后，松开螺钉换上新的钻套，即可继续使用。

（3）快换钻套（JB/T 8045.3—1999）　图 4-100 所示为快换钻套，当要取下钻套时，只要将钻套朝逆时针方向转动一个角度，使得螺钉的头部刚好对准钻套上的缺口，再往上一拔，即可取下钻套。

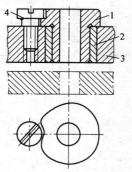

图 4-99　可换钻套

1—可换钻套　2—衬套　3—钻模板　4—螺钉

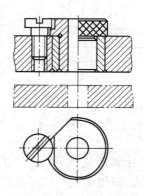

图 4-100　快换钻套

（4）特殊钻套　凡是尺寸或形状与标准钻套不同的钻套都称为特殊钻套。图 4-101 所示为在斜面上钻孔时用的钻套。钻套的下端面做成斜面，斜面与工件之间的距离 $h < 0.5\text{mm}$，这样铁屑不会塞在工件和钻套之间，而从钻套中排出。用这种钻套钻孔时，应先在工件上刮出一个平面，如图 4-101a 所示，这样可以使钻头在垂直于所刮平面的方向上钻孔，以防钻头引偏折断。

（5）钻套与被加工孔的尺寸关系

1）钻套导向孔直径的公称尺寸应为所用刀具的上极限尺寸，并采用基轴制间隙配合。钻孔或扩孔时其公差取为 F7 或 F8，粗铰时取 G7，精铰时取 G6。若钻套引导的是刀具的导柱部分（如加长的扩孔钻、铰刀等腰三角形），则可按基孔制的相应配合选取，如 H7/f7、H7/g6 等。

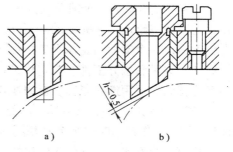

图 4-101　在斜面上钻孔时用的钻套

2）钻套高度 l_1。钻套高度 l_1 与孔距精度、工件材料、孔加工深度、刀具刚度、工件表面形状等因素有关。钻套高度 l_1 越大，刀具的导向性越好，但刀具与钻套的摩擦增大。孔径小，精度要求高时，l_1 取较大值。

3）排屑间隙 l_2。钻套底部与工件间的距离 l_2 称为排屑间隙。l_2 应适当选取，当 l_2 太小时，切屑难以自由排出，将损坏加工表面，甚至折断钻头；当 l_2 太大时，将使导向精度降低。

钻套高度 l_1 和排屑间隙 l_2 与钻孔直径 d 和钻孔深度 l 的关系见表 4-4。

表 4-4　孔加工精度较高时，l_1、l_2 与 d、l 的关系

条　　件	$l < d$	$l > 2d$	钻钢	钻铸铁或青铜
l_1、l_2 取值	$l_1 = (0.5 \sim 1.8)d$	$l_1 = (1.2 \sim 2)d$	$l_2 = (0.7 \sim 1.5)d$	$l_2 = (0.3 \sim 0.6)d$

4.7.3　铣床夹具

铣床夹具主要用于加工平面、沟槽、缺口以及各种成形表面。它主要由定位元件、夹紧装置、夹具体、定位键、对刀装置（对刀块和塞尺）等组成。

1. 铣床夹具的基本要求

1）为了承受较大的铣削力和断续切削所产生的振动，铣床夹具要有足够的夹紧力、刚度和强度。

①夹具的夹紧装置应尽可能采用扩力机构。

②夹紧装置的自锁性要好。

③着力点和施力方向要恰当，如用夹具的固定支承、台虎钳的固定钳口承受铣削力。

④工件的加工表面尽量不超出工作台。

⑤尽量降低夹具高度，高度 H 与宽度 B 的比例应满足：$H/B \leqslant 1 \sim 1.25$。

⑥要有足够的排屑空间。

2）为了保持夹具相对于机床的准确位置，铣床夹具底面应设置定位键。

①两定位键应尽量相距较远的距离。

②小型夹具可只用一个矩形长键。

③铣削没有相对位置要求的平面时，一般不需设定位键。

3）为便于找正工件与刀具的相对位置，通常均设置对刀块。

2. 铣床夹具的分类及其结构形式

铣床夹具一般可按铣削进给方式进行分类，分为直线进给、圆周进给和仿形进给三种类型。

（1）直线进给式铣床夹具 这是最常见的一种铣床夹具。它又有单工件、多工件或单工位、多工位之分。这类夹具常用于中、小批量生产中。

图 4-102 所示为一个简单的铣床夹具。它是直线进给式铣床夹具，工件进给是由机床工作台的直线进给运动来完成的。工件以外圆柱面与 V 形块 1、2 接触定位，限制工件的四个自由度，以一个端面与支承套 7 接触限制一个自由度。转动手柄带动偏心轮 3 回转，使 V 形块移动，夹紧和松开工件。当定位键 6 与机床工作台上的 T 形槽配合确定了夹具与机床间的相互位置后，再用螺栓紧固。对刀块 4 是确定刀具位置及方向的元件。

（2）圆周进给式铣床夹具 该类夹具通常用于具有回转工作台的立式铣床上。如图 4-103 所示，工作台同时安装多套相同的夹具，或多套粗、精两种夹具，工件在工作台上呈现连续圆周进给方式，工件依次经过切削区加工，在非切削区装卸，生产率较高。

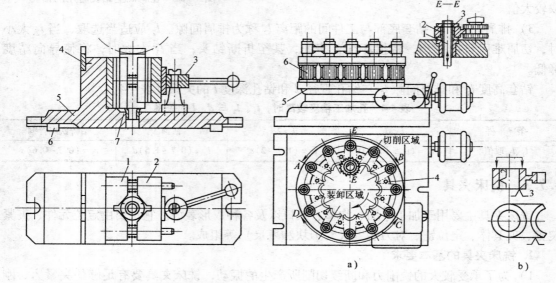

图 4-102 铣床夹具结构图　　　　　　图 4-103 圆周进给式铣床夹具
　1、2—V 形块　3—偏心轮　4—对刀块　　　1—拉杆　2—定位销　3—开口垫圈
　5—夹具体　6—定位键　7—支承套　　　　4—挡销　5—转台　6—液压缸

（3）仿形进给式铣床夹具 仿形进给式铣床夹具主要用于立式铣床上加工曲线轮廓的工件。按进给方式不同又可分为直线进给仿形铣床夹具和圆周进给仿形铣床夹具。随着数控技术的迅猛发展，仿形铣削已逐渐淡出加工领域。

3. 铣床夹具设计要点

（1）保证铣床夹具上工件定位的稳定性和夹紧的可靠性 铣削加工的切削力较大，又是断续切削，加工中易引起振动，因此要求铣床夹具受力元件要有足够的强度和刚度，夹紧机构所提供的夹紧力足够大，且有较好的自锁性能。为了提高夹具的工作效率，应尽量采用机动夹紧或联动夹紧机构，并在可能的情况下，采用多件夹紧和多件加工。

（2）对刀装置的设计 铣床夹具在机床上定位后，为了保证工件被加工表面与铣刀有正确的相对位置，需要利用对刀装置来确定刀具与夹具的相对位置。对刀装置包括对刀块和塞尺。

图 4-104 所示为常用的对刀装置，其中图 4-104a 所示为高度对刀装置，用于确定铣刀的高度，3 是标准圆形对刀块；图 4-104b 所示为高度和水平方向对刀装置，用于对准铣刀高度和水平方向的位置；图 4-104c、d 所示为成形刀具对刀装置；图 4-104e 所示为组合铣刀对刀装置，3 是方形对刀块，用于组合铣刀垂直和水平方向的对刀。

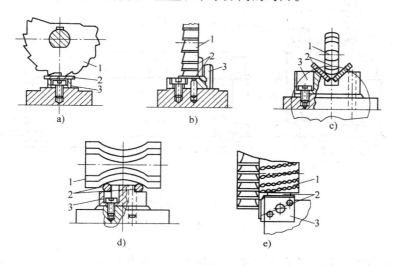

图 4-104　常用的对刀装置
a）高度对刀装置　b）高度和水平方向对刀装置　c）、d）成形刀具对刀装置　e）组合铣刀对刀装置
1—铣刀　2—塞尺　3—对刀块

对刀时，铣刀不能与对刀块的工作表面直接接触，以免损坏切削刃或造成对刀块过早磨损，而应通过塞尺来校准它们之间的相对位置，即将塞尺放在刀具与对刀块工作表面之间，凭借抽动塞尺的松紧感觉来判断铣刀的位置。图 4-105 所示为常用的两种标准塞尺结构，其中图 4-105a 所示为对刀平塞尺，$s = 1 \sim 5mm$，公差取 h8；图 4-105b 所示为对刀圆柱塞尺，$d = 3 \sim 5mm$，公差取 h8。具体结构尺寸可参阅夹具标准（JB/T 8032.1～2—1999）或夹具手册。

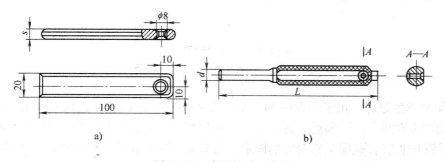

图 4-105　常用的对刀塞尺
a）平塞尺　b）圆柱塞尺

图 4-106 所示为采用直角对刀块 3 对刀的铣床夹具。由于夹具制造时已经保证了对刀块对定位基面的相对位置要求 b 和 h_1，因此只要将刀具对准到离对刀块表面距离 S，即可认为

夹具对刀具已经对准。在铣刀和对刀装置表面之间留有空隙 S，可用塞尺进行检查，主要是便于操作和控制刀具位置。

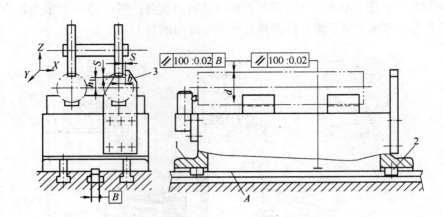

图 4-106   铣床夹具的对刀装置设计

1、2—定向键   3—对刀块

（3）连接元件的设计   铣床夹具必须用螺栓紧固在机床工作台的 T 形槽中，并用定向键来确定机床与夹具间的位置。图 4-107 所示为定向键的结构。定向键的键宽 b（或圆柱定向键的直径 D），常按 h6 或 h8 设计。

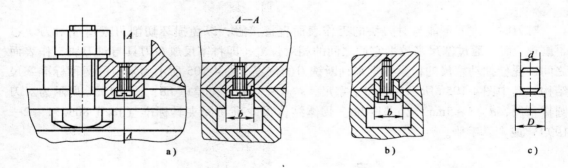

图 4-107   定向键的结构

a) A 型键   b) B 型键   c) 圆柱定向键

（4）夹具体的设计   由于铣削时的切削力和振动较大，因此，铣床夹具的夹具体不仅要有足够的刚度和强度，其高度与宽度之比也应恰当，一般为 $H/B \leqslant 1 \sim 1.25$（图 4-108a）。

为方便铣床夹具在铣床工作台上的固定，铣床夹具体上还应设置耳座。常见的耳座结构如图 4-108b、c 所示，其结构尺寸可参考夹具手册。对于小型夹具体，一般两端各设置一个耳座；夹具体较宽时，可在两端各设置两个耳座，两耳座的距离应与工作台上 T 形槽的距离相匹配；对于重型铣床夹具，夹具体两端还要设置吊装孔或吊环等。

为了提高生产率，减轻工人的劳动强度，铣床夹具经常采用联动夹紧机构和铰链夹紧机构。

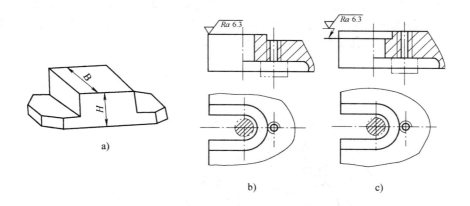

图 4-108　铣床夹具的夹具体和耳座

4.7.4　数控机床夹具

1. 数控机床夹具的设计原则

数控夹具是指在数控机床上使用的夹具。通用夹具、通用可调夹具、成组夹具、专用夹具、拼装夹具和数控夹具（夹具本身可在程序控制下进行调整）等，在数控机床上都可以使用。但是数控机床夹具的设计应结合数控机床的特点，即设计时体现小型化、自动化、系列化和柔性化，除了应遵循一般夹具设计的原则外，还应注意以下几点：

1）数控机床夹具应有较高的精度，以满足数控加工的精度要求。

2）数控机床夹具应有利于实现加工工序的集中，即可使工件在一次装夹后能进行多个表面的加工，以减少工件装夹次数。

3）数控机床夹具的夹紧应牢固可靠、操作方便；夹紧元件的位置应固定不变，防止在自动加工过程中，夹紧元件与刀具相碰。

4）每种数控机床都有自己的坐标系和坐标原点，它们是编制程序的重要依据之一。设计数控机床夹具时，应按坐标图上规定的定位和夹紧表面以及机床坐标的起始点，确定夹具坐标原点的位置。

2. 几种典型的数控机床夹具

（1）气动卡盘　图 4-109 所示为斜楔式定心三爪气动卡盘（省略气缸部分）。当活塞向左移动时，拉杆带动楔心体 9 向左移动，楔心体上有三条与轴线成 15° 的 T 形槽，与滑座 2 滑动配合连接，滑座又用螺钉 5 与卡爪 6 固定成一体。当楔心体 9 左移时，它将带动三个卡爪 6 向中心移动，将工件夹紧。反之，当楔心体 9 向右移动时，则松开工件。

（2）拼装夹具　拼装夹具是在成组工艺基础上，用标准化、系列化的夹具零部件拼装而成的夹具。它有组合夹具的优点，比组合夹具有更好的精度和刚性，更小的体积和更高的效率，因而较适合柔性加工的要求，常用作数控机床夹具。

图 4-110 所示为镗箱体孔的数控机床夹具，需在工件 6 上镗削 A、B、C 三孔。工件在液压基础平台 5 及三个定位销钉 3 上定位；通过基础平台内两个液压缸 8、活塞 9、拉杆 12、压板 13 将工件夹紧；夹具通过安装在基础平台底部的两个连接孔中的定位键 10 在机床 T 形槽中定位，并通过两个螺旋压板 11 固定在机床工作台上。可选基础平台上的定位孔 2 作夹

具的坐标原点，与数控机床工作台上的定位孔 1 的距离分别为 X_0、Y_0。三个加工孔的坐标尺寸可用机床定位孔 1 作为零点进行计算编程，称为固定零点编程；也可选夹具上方便的某一定位孔作为零点进行计算编程，称为浮动零点编程。

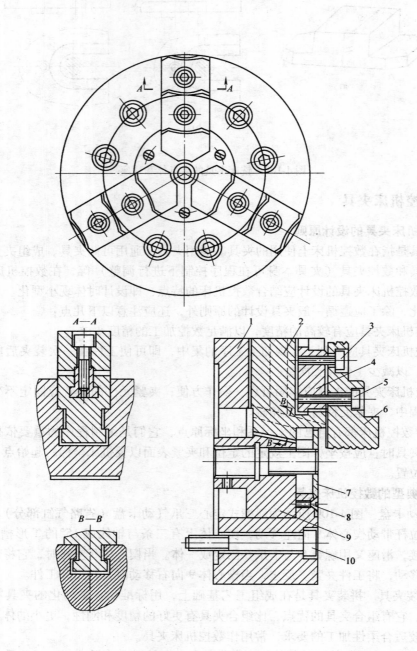

图 4-109 斜楔式定心三爪气动卡盘
1—夹具体 2—滑座 3、5、8、10—螺钉 4—螺母 6—卡爪 7—圆盖 9—楔心体

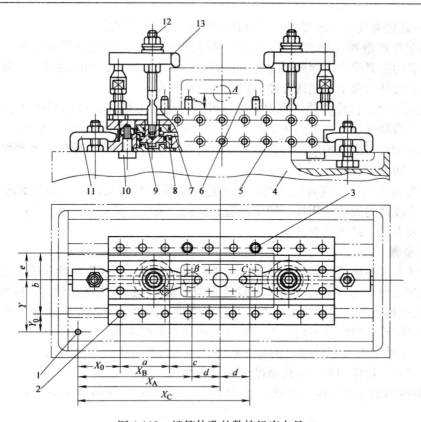

图 4-110　镗箱体孔的数控机床夹具
1、2—定位孔　3—定位销孔　4—数控机床工作台　5—液压基础平台　6—工件
7—通油孔　8—液压缸　9—活塞　10—定位键　11、13—压板　12—拉杆

4.8　专用夹具设计

4.8.1　概述

前面分析和讨论了几类典型夹具的结构和设计要点，为进行夹具设计打下了基础，但是进行专用夹具设计时，还需注意一些问题。

1. 基本要求

（1）保证工件加工精度　设计专用夹具时，为了保证工件的加工要求，应该做到以下几点：

1）正确确定定位方案。定位精度要满足加工要求，不出现欠定位，不发生过定位干涉。

2）保证夹具在机床上的定位正确无误，以满足加工和调整要求。

3）正确确定夹紧方案，夹紧牢固可靠，能保证加工质量。注意夹紧力的作用点和方向，注意夹紧的可靠性和夹紧变形。

4）正确确定刀具导向方式。刀具对夹具的对刀正确无误，对刀精度应满足加工精度要求。

5）合理确定夹具的技术要求，进行必要的误差分析与计算。

（2）满足生产纲领（加工批量）要求　对大批量生产的夹具应采用快速、高效夹具结构，如多件联动夹紧等，以缩短辅助时间；对中、小批量生产，则应在满足夹具主要功能的前提下，尽量使结构简单、制造方便，以降低制造成本。

（3）使用安全、操作方便、省力，运行可靠，使用寿命长　可采用气动、液压等夹紧装置，以减少劳动强度，并能较好地控制夹紧力。操作手把位置合理、安全，符合操作习惯，必要时应配有安全防护装置。夹具元件有足够的强度、刚度、硬度、耐磨性，有良好的润滑、防尘、防屑措施。

（4）良好的工艺性　应有良好的加工工艺性和装配结构工艺性，采用标准化元件和通用化结构，有较高的元件通用性，便于制造、检验、装配、搬运、调整、维修、保管，制造成本和使用成本低，经济效益高。

2. 设计步骤

夹具设计与其他机械产品设计一样，主要包括方案设计、技术设计和施工设计。

（1）方案设计　方案设计又称总体设计、初步设计。进行方案设计时，应做到：

1）研究被加工零件，明确设计任务；分析零件在部件、产品中的功能、要求，了解零件形状与结构特点、材料及毛坯特点、零件尺寸和技术要求等。

2）分析零件加工工艺过程，主要分析进入本工序时的状态（形状、刚性、尺寸精度、加工余量、材质、切削用量、定位基准、夹紧表面等）。

3）了解所用机床的性能、规格、运动情况，主要掌握与所设计夹具连接部分的结构和联系尺寸。

4）了解刀具运动特点。

5）了解零件的投产批量与生产纲领。

6）了解本厂制造、使用、管理夹具的情况。

7）收集有关资料，包括机床夹具零部件国家标准、相似夹具的运作情况及改进要求、参考国内外有关夹具设计方面的图册和先进技术资料等。

在以上工作基础上，拟订夹具总体方案（包括定位方案、夹紧方案、操作传动方案）；拟订夹具结构方案，使夹具的结构形式、自动化程度与生产纲领相适应；利用价值工程等方法，对各种方案进行技术经济分析，并进行选优；绘制夹具总装配草图；对总体方案进行评审认定。

（2）技术设计　它包括对总体方案进行改进，确定各定位元件、夹紧元件、对刀引刀元件、操作件等标准元件和标准装置；确定传动系统与动力装置及与其相关的专用件、夹具上的诸结构形式、夹具体的结构形式；绘制夹具体等重要零件的草图；对夹具进行必要的分析和计算；对夹具进行技术经济分析；绘制夹具总装配图；提出标准件、外购件清单等。

（3）施工设计　完成全部专用零件（包括补充加工件）的图样与技术文件，编制专用零件明细栏、借用零件明细栏、标准件明细栏、外购件明细栏、夹具调整使用说明书等。

3. 注意事项

（1）夹具的总装图

1）夹具总装配图的绘制。夹具的总装配图应反映其工件的加工状态，并尽量按1∶1的比例绘制草图。工件用假想的双点画线画出，并反映出定位夹紧情况。用双点画线表示的假想形体，都看作透明体，不能遮挡后面的夹具结构。夹具松开位置用双点画线表示，以便掌握其工作空间，避免与刀具机床干涉。刀具机床的局部也用双点画线表示。改装夹具的改动部分用粗实线表示，其余轮廓用细实线表示。

工件上的定位面必须与定位元件上的定位表面直接接触或配合，不允许夹具体上的表面与工件直接接触或配合。因为夹具体的耐磨性较差，磨损之后影响定位精度，如图 4-111a 所示的定位是不正确的，图 4-111b 所示的方式是正确的。

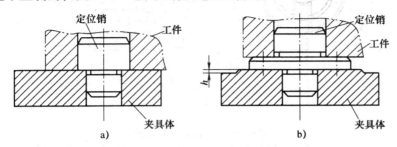

图 4-111　工件的定位基面必须与定位元件接触

a）不正确　b）正确

为减少加工面积，夹具体与夹具零件相接触的结合面一般应设计成凸台或沉孔，如图 4-111b 所示。凸台一般高出非加工铸造表面 $h = 3 \sim 5\text{mm}$。沉孔的结构如图 4-112 所示。

夹具体上各元件与夹具体的连接，一般都采用内六角圆柱头螺钉。

2）夹具总装配图上应标注的尺寸。

①最大外形轮廓尺寸。若夹具上有活动部件，则应用双点画线画出最大活动范围，或标出活动部分的尺寸范围。如图 4-113（型材夹具体钻模）中的最大轮廓尺寸：84mm、$\phi70\text{mm}$ 和 60mm。

②影响定位精度的尺寸和公差。包括工件与定位元件及定位元件之间的尺寸、公差。如图 4-113 中标注的定位基面与限位基面的配合尺寸 $\phi20\text{H7/r6}$。

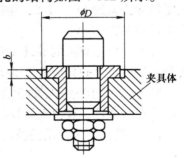

图 4-112　夹具体与夹具零件
结合面结构

③影响对刀精度的尺寸和公差。主要指刀具与对刀或导向元件之间的尺寸、公差。如图 4-113 标注的钻套导向孔的尺寸 $\phi5\text{F7}$。

④影响夹具在机床上安装精度的尺寸和公差。主要指夹具安装基面与机床相应配合表面之间的尺寸、公差。

⑤影响夹具精度的尺寸和公差。包括定位元件、对刀或导向元件、分度装置及安装基面相互之间的尺寸、公差和位置公差。如图 4-113 标注的钻套轴线与限位基面间的尺寸（20 ± 0.03）mm、钻套轴线相对于定位心轴的对称度 0.03mm、钻套轴线相对于安装基面 B 的垂直度 60:0.03、定位心轴相对于安装基面 B 的平行度 0.05mm。

⑥其他重要尺寸和公差。它们一般为机械设计中应标注的尺寸、公差，如图 4-113 中标注的配合尺寸 $\phi14\text{H7/r6}$、$\phi40\text{H7/r6}$ 和 $\phi10\text{H7/r6}$。

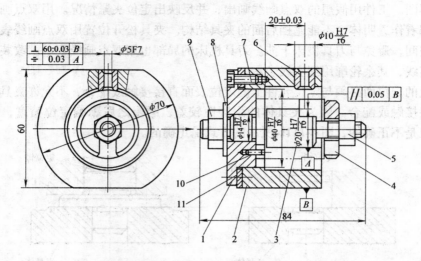

图 4-113　型材夹具体钻模

1—盘　2—套　3—定位心轴　4—开口垫圈　5—夹紧螺母　6—固定钻套
7—螺钉　8—垫圈　9—锁紧螺母　10—防转销钉　11—调整垫圈

3）夹具精度的确定原则。确定夹具尺寸精度的总原则是：在满足加工的前提下，应尽量降低对夹具的加工精度要求。对直接影响工件加工精度的夹具尺寸公差，一般取工件相应工序尺寸公差的 1/3 ~ 1/5；生产批量大，精度高时夹具尺寸公差取小值的 1/4 ~ 1/5，反之取大值的 1/3 ~ 1/4。

与工件尺寸有关的夹具尺寸公差，都应改为对称分布的双向公差，并标在总装图上。角度公差按工件上的相应公差的 1/3 ~ 1/2 选取，对未注角度的公差一般取 ±10′，要求严格的取 ±5′ ~ ±1′。其他重要的配合公差，根据装配部位的功能、夹具的精度要求、夹具元件的工作状态等条件，查找夹具设计手册选取。

4）总装图上应注明的技术要求。在夹具装配图上应标注的技术条件（位置精度要求）包括：

①定位元件之间或定位元件与夹具体底面间的位置要求，其作用是保证加工面与定位基面间的位置精度。

②定位元件与连接元件（或找正基面）间的位置要求。

③对刀元件与连接元件（或找正基面）间的位置要求。

④定位元件与导引元件间的位置要求。

上述技术条件是保证工件相应的加工要求所必需的，其数值一般按工件相应的工序加工技术要求规定的几何公差的 1/2 ~ 1/5 选取，通常取 1/3；对装配、调整等方面需要特殊说明的内容，也要列入技术要求中。表 4-5、表 4-6 和表 4-7 分别是车床夹具、钻床夹具和铣床夹具的部分技术要求示例。

（2）夹具设计的分析计算　有动力夹紧装置的夹具，要进行夹紧力的计算；加工精度要求较严的夹具，要进行加工精度分析（误差分析）；对多种夹具方案，要通过技术经济分析进行选优。

表 4-5　车床夹具的部分技术要求示例

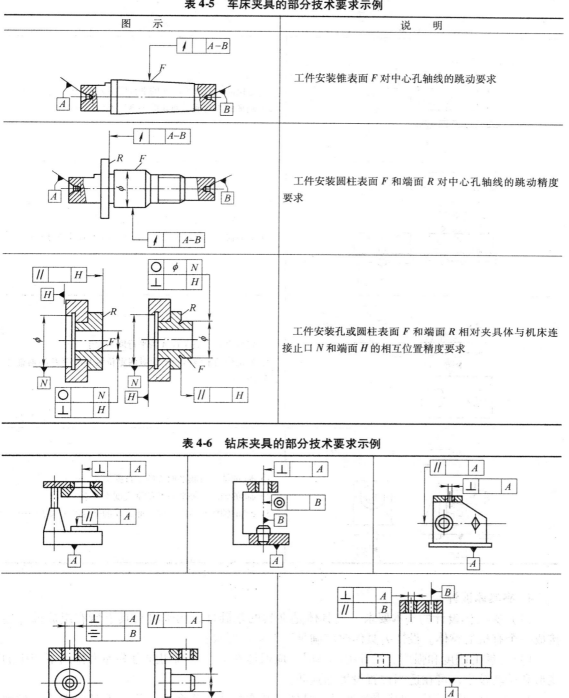

图　示	说　明
	工件安装锥表面 F 对中心孔轴线的跳动要求
	工件安装圆柱表面 F 和端面 R 对中心孔轴线的跳动精度要求
	工件安装孔或圆柱表面 F 和端面 R 相对夹具体与机床连接止口 N 和端面 H 的相互位置精度要求

表 4-6　钻床夹具的部分技术要求示例

表 4-7　铣床夹具的部分技术要求示例

符号表示	文字表示
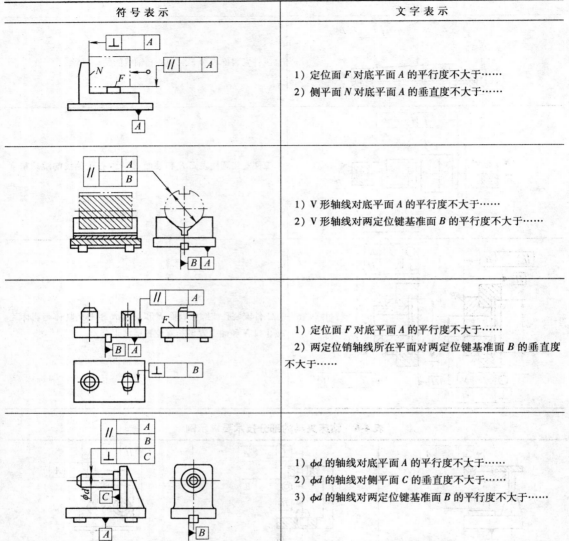	1）定位面 F 对底平面 A 的平行度不大于…… 2）侧平面 N 对底平面 A 的垂直度不大于……
	1）V 形轴线对底平面 A 的平行度不大于…… 2）V 形轴线对两定位键基准面 B 的平行度不大于……
	1）定位面 F 对底平面 A 的平行度不大于…… 2）两定位销轴线所在平面对两定位键基准面 B 的垂直度不大于……
	1）ϕd 的轴线对底平面 A 的平行度不大于…… 2）ϕd 的轴线对侧平面 C 的垂直度不大于…… 3）ϕd 的轴线对两定位键基准面 B 的平行度不大于……

4. 夹具体设计

（1）夹具体设计的基本要求　夹具体是夹具的基础件，用来将夹具上所有组成部分连接成一个有机的整体。设计夹具体时应满足以下基本要求：

1）足够的刚度和强度。设计夹具体时，应保证在夹紧力和切削力等外力作用下产生的变形和振动较小，可在适当位置设置加强肋。

2）夹具安装稳定。机床夹具通过夹具体安装在机床工作台上，机床夹具的重心和切削力等力的作用点应处在夹具安装基面内。机床夹具的高度越高，要求夹具体底平面面积也越大。为使夹具体平面与机床工作台接触良好，夹具体底平面应挖空。

3）夹具体结构工艺性良好，夹具体设计应注意毛坯制造的工艺性、机械加工工艺性和装配的工艺性。铸造夹具体上安装各种元件的表面应铸出凸台，以减少加工面积。夹具体毛面与工件之间应留有足够的间隙，一般为 4 ~ 15mm。夹具体结构应便于工件的装卸，如图 4-114 所示。

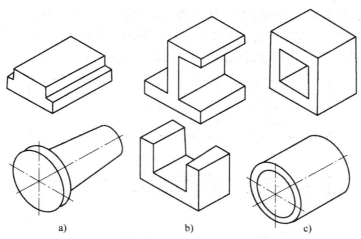

图 4-114　夹具体结构形式
a）开式结构　b）半开式结构　c）框架式结构

4）便于清除切屑。为防止加工中切屑聚积在定位元件工作表面或其他装置中，影响工件的正确定位和夹具的正常工作，在设计夹具体时要考虑切屑的排除问题。

如在夹具体上适当设置容屑沟，如图 4-115a 所示；若加工时产生的切屑比较多，可设计较大的容屑空间，如图 4-115b 所示；并使定位元件工作表面与夹具体表面之间按需要留出一定的距离，或在夹具体上设计出排屑斜面或缺口，使切屑自动地由斜面处滑出而排出夹具外，便于操作者排除切屑，如图 4-115c 所示。

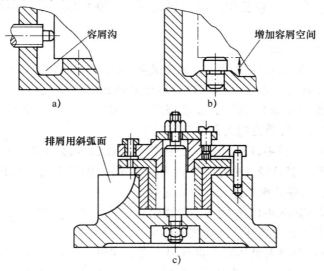

图 4-115　夹具体排屑措施

5）在机床上安装稳定可靠。夹具在机床上的安装都是通过夹具体上的安装基面与机床上相应表面的接触或配合实现的。当夹具在机床工作台上安装时，夹具的重心应尽量低，重心越高则支承面应越大；夹具底面四边应凸出，使夹具体的安装基面与机床工作台的接触良好。夹具体安装基面的形式如图 4-116 所示，图 4-116a 所示为周边接触；图 4-116b 所示为两端接触；图 4-116c 所示为四脚接触。接触边或支脚的宽度应大于机床工作台 T 形槽的宽度，应一次加工出来，并保证一定的平面精度；当夹具在机床主轴上安装时，夹具安装基面与机床主轴相应表面应有较高的配合精度，并保证夹具体安装稳定可靠。

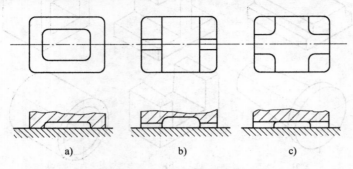

图 4-116　夹具体安装基面的形式
a）周边接触　b）两端接触　c）四脚接触

（2）夹具体的材料　夹具体的材料一般采用灰铸铁 HT150 或 HT200，用铸造方法制造，其优点是工艺性好，几乎不受零件大小、形状、质量和结构等复杂程度的限制；吸振性良好，可减小受力产生的振动；铸造夹具体承受抗压能力大等。缺点是需要有铸造条件。夹具体也可采用型材钢焊接制造。

（3）夹具体的壁厚　夹具体属单件生产，其结构尺寸根据工件、定位元件、夹紧装置、对刀、导向元件等机构和装置确定。铸件夹具体的壁厚一般为 15～25mm，夹具的尺寸和承受载荷较大时取较大值。加强肋的厚度一般为壁厚的 0.8 倍。型材钢的厚度规格（壁厚）可选择比铸件的稍小。

（4）夹具体毛坯的类型

1）铸造夹具体。如图 4-117a 所示，铸造夹具体的优点是工艺性好，可铸出各种复杂形状，具有较好的抗压强度、刚度和抗振性，但生产周期长，需进行时效处理，以消除内应力。常用材料为灰铸铁（如 HT200），要求强度高时用铸钢（如 ZG270—500），要求重量轻时用铸铝（如 ZL104）。目前铸造夹具体应用较多。

2）焊接夹具体。如图 4-117b 所示，它由铝板、型材焊接而成。这种夹具体制造方便、生产周期短、成本低、重量轻（壁厚比铸造夹具体薄）。但焊接夹具体的热应力较大，易变形，需经退火处理，以保证夹具体尺寸的稳定性。

3）锻造夹具体。如图 4-117c 所示，它适用于形状简单、尺寸不大、要求强度和刚度大的场合。锻造后也需经退火处理。此类夹具体应用较少。

4）型材夹具体。小型夹具体可以直接用板料、棒料、管料等型材加工装配而成。这类夹具体取材方便、生产周期短、成本低、重量轻，如各种心轴类夹具的夹具体。

5）装配夹具体。它由标准的毛坯件、零件及个别非标准件通过螺钉、销钉连接、组装而成。标准件由专业厂生产。此类夹具体具有制造成本低、周期短、精度稳定等优点，有利于夹具标准化、系列化，也便于夹具的计算机辅助设计。

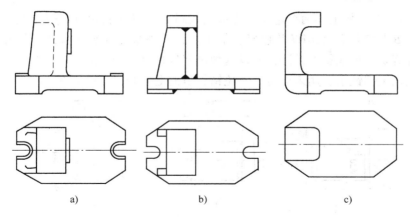

图 4-117 夹具体毛坯类型

5. 机床夹具与机床间的正确连接

钻床夹具一般放在钻床工作台中部。钻床夹具与机床间的正确位置主要是靠钻套轴心线与钻床主轴轴线重合保证。可采用钻头或量棒插入钻套内孔，调整夹具位置，使钻头或量棒在钻套内孔移动方便自如的方法来保证。也可用杠杆千分表找正钻套内孔与钻床主轴同心。钻套位置确定后，用螺栓压板将夹具压紧在钻床工作台上。

铣床夹具与机床的正确位置是靠夹具体底面上的两个定位键与机床工作台上的 T 形槽配合确定的，并用 T 形槽螺栓将夹具与机床固定夹紧。夹具体上需要有耳座。

卧式车床和外圆磨床夹具与机床主轴连接，其连接结构可参考标准过渡盘的结构尺寸。高速回转时注意平衡。

4.8.2 专用夹具设计举例

1. 钻床夹具设计举例

例 4-1 图 4-118 所示为钢套钻孔工序图，工件材料为 Q235A 钢，生产批量为 500 件，需要设计钻 $\phi5$mm 孔的夹具。

1）分析零件的工艺过程和本工序的加工要求，明确设计任务。从图 4-118 可知，需要加工的孔为 $\phi5$mm 未标注尺寸公差的孔，表面粗糙度值 Ra 为 6.3μm，孔与基准面 B 的距离尺寸为 (20 ± 0.1)mm。

此外，孔的中心线对基准 A 的对称度为 0.1mm，且外圆 $\phi30$mm 的表面、$\phi20H7$ 的孔、总长尺寸均已加工过。本工序所使用的加工设备为 Z525 立式钻床。

2）拟订定位方案，设计定位元件。从所加工的孔的位置尺寸 (20 ± 0.1)mm 及对称度来看，该工序的工序基准为端面 B 及孔 $\phi20H7$。定位方案如图 4-119a 所示，采用一台阶面加一个轴定位，心轴限制工件的四个自由度 $\vec{y}$、$\vec{z}$、$\hat{y}$、$\hat{z}$，台阶面限制

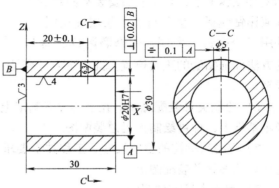

图 4-118 钢套钻孔工序图

$\bar{x}$、$\bar{y}$、$\bar{z}$ 三个自由度，故上述两个定位元件重复限制 $\hat{y}$、$\hat{z}$ 两个自由度，属于过定位。但由于工件定位端面 B 与定位孔 $\phi20H7$ 均已经精加工过，其垂直度要求比较高，另外定位心轴及台阶端面垂直度要求也能得到保证，所以这种过定位是可以采用的。

定位心轴在上部铣平，用来让刀，避免钻孔后的毛刺妨碍工件装卸。

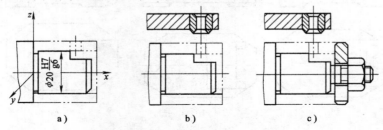

图 4-119　钢套的定位、导向、夹紧方案

3）导向和夹紧方案以及其他元件的设计。为了确定刀具相对于工件的位置，夹具上应设置钻套作为导向元件。由于只需要加工 $\phi5mm$ 的内孔，且生产批量较小，所以采用固定式钻套。钻套安装在钻模板上，钻模板采用固定式钻模板，钻模板与工件间留有排屑空间，以便于排屑，如图 4-119b 所示。由于工件的批量不大，宜用简单的手动夹紧装置，如图 4-119c 所示采用带开口垫圈的螺旋夹紧机构，使工件装卸迅速、方便。

4）夹具体的设计。图 4-120 所示为采用铸造夹具体的钢套钻孔钻模。夹具体 1 的 B 面作为安装基面，定位心轴 2 在夹具体 1 上采用过渡配合，用锁紧螺母 8 把其夹紧在夹具体上，用防转销钉 7 保证定位心轴缺口朝上，钻模板 3 与夹具体 1 用两个螺钉、两个销钉连接。夹具装配时待钻模板位置调整确定后，再拧紧螺钉，然后配钻，钻铰销钉孔，打入销钉定位。此方案结构紧凑，安装稳定，具有较好的抗压强度和抗振性，但生产周期长，成本略高。

图 4-113 所示为采用型材夹具体的钻模。夹具体由盘 1 及套 2 组成，它是由棒料、管料等型材加工装配而成的。定位心轴安装在盘 1 上，套 2 上部安装基面 B 的上部兼作钻模板。套 2 与盘 1 采用过渡配合，并用三个螺钉 7 紧固，用修磨调整垫圈 11

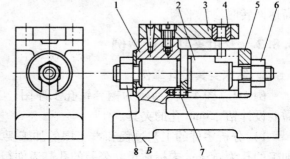

图 4-120　铸造夹具体的钢套钻孔钻模

1—夹具体　2—定位心轴　3—钻模板　4—固定钻套
5—开口垫圈　6—夹紧螺母　7—防转销钉　8—锁紧螺母

的方法保证钻套的正确位置。此方案取材容易，制造周期短，成本较低，且钻模刚度好，重量轻。

5）绘制夹具装配总图。在上述方案基础上绘制夹具草图，征求修改意见。在方案正式确定基础上，即可绘制夹具总装配图。

6）将必须标注的主要尺寸、工程技术要求、基准符号、配合代号及公差等级按规定标注在钻孔夹具总装配图上。

7）编制夹具零件明细栏。

8）对于非标零件进行零件图设计。

例 4-2 图 4-121a 所示为连杆小头孔加工的工序简图，零件材料为 45 钢，毛坯为模锻件，年产量为 500 件，所用机床为 Z535 立式钻床。试进行连杆零件小头孔加工的专用夹具设计。钻套孔径依次选取为：钻孔（$\phi17F7$）→扩孔（$\phi17.85F7$）→粗铰孔（$\phi17.94G7$）→精铰孔（$\phi18.013G6$）。

1）精度与批量分析。本工序有一定的位置精度要求，属于批量生产，适于使用夹具加工。考虑到生产批量不大，因此夹具结构应尽量简单，以降低成本。

2）确定夹具结构方案。

①确定定位方案，选择定位元件。本工序加工要求保证的位置精度主要是中心距（120 ± 0.05）mm 及平行度公差 0.05mm。根据基准重合原则，应选 $\phi36H7$ 孔为主要定位基准，即工序简图中规定的定位基准是恰当的。为使夹具结构简单，采用间隙配合的刚性心轴加小端面的定位方式（若端面 B 对 A 的垂直度误差较大，则端面处应加球面垫圈）。又为保证小

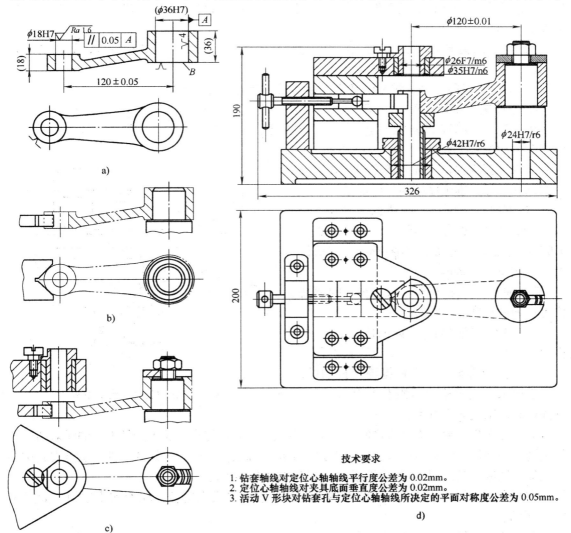

技术要求

1. 钻套轴线对定位心轴轴线平行度公差为 0.02mm。
2. 定位心轴轴线对夹具底面垂直度公差为 0.02mm。
3. 活动 V 形块对钻套孔与定位心轴轴线所决定的平面对称度公差为 0.05mm。

图 4-121 连杆小头孔专用夹具设计

头孔壁厚均匀，采用活动 V 形块来确定工件的角向位置，如图 4-121b 所示。

②确定导向装置。本工序小头孔的精度要求较高，一次装夹要完成钻—扩—粗铰—精铰 4 个工步，故采用快换钻套（机床上相应的采用快换夹头）；又考虑到要求结构简单且能保证加工精度，故采用固定钻模板，如图 4-121c 所示。

③确定夹紧机构。理想的夹紧方式应使夹紧力作用在主要定位面上，本例中可采用可胀心轴、液塑心轴等，但这样会使夹具结构复杂，成本较高。为简化结构，确定采用螺旋夹紧，即在心轴上直接加工出一段螺纹，并用螺母和开口垫圈锁紧，如图 4-121c 所示。

④确定其他装置和夹具体。为了保证加工时工艺系统的刚度和减小工件变形，应在靠近工件加工部位增加辅助支承。夹具体的设计应通盘考虑，使上述各部分通过夹具体联系起来，形成一套完整的夹具。此外，还应考虑夹具与机床的连接。因为是在立式钻床上使用，夹具安装在工作台上可直接用钻套找正并用压板固定，故只需在夹具体上留出压板压紧的位置即可。又考虑到夹具的刚度和安装的稳定性，夹具体底面设计成周边接触的形式，如图 4-121d 所示。

3）在绘制夹具草图的基础上绘制夹具总装图，标注尺寸和技术要求，如图 4-121d 所示。

4）对零件进行编号，填写明细栏和标题栏，绘制零件图（略）。

2. 铣床夹具设计举例

例 4-3　图 4-122 所示为一车床尾座顶尖套零件铣双槽工序图。试设计大批生产时加工键槽和油槽的铣床夹具。

根据工艺规程，在铣双槽之前，其他表面均已加工好。本工序的加工要求是：

1）键槽宽 12H11；槽侧面对 $\phi70.8h6$ 轴线的对称度为 0.10mm，平行度为 0.08mm；槽深控制尺寸为 64.8mm；键槽长度为（60±0.4）mm。

2）油槽半径为 3mm，圆心在轴的圆柱面上；油槽长度为 170mm。

3）键槽与油槽的对称面应在同一平面内。

（1）定位方案　若先铣键槽后铣油槽，按加工要求，铣键槽时应限制 5 个自由度，铣油槽时应限制 6 个自由度。

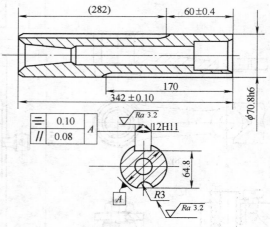

图 4-122　铣顶尖套双槽工序图

为了提高生产率，大批生产时可在铣床主轴上安装两把直径相等的铣刀，同时对两个工件铣键槽和油槽。每进给一次，即能得到一个键槽和油槽均已加工好的工件，这类夹具称多工位加工铣床夹具。图 4-123 所示为顶尖套铣双槽的两种定位方案。

方案Ⅰ：工件以 $\phi70.8h6$ 外圆在两个互相垂直的平面上定位，端面加止推销，如图 4-123a 所示。

方案Ⅱ：工件以 $\phi70.8h6$ 外圆在 V 形块上定位，端面加止推销，如图 4-123b 所示。

为保证键槽和油槽的对称面在同一平面内，两方案中的第二工位（铣油槽工位）都需要用一短销与已铣好的键槽配合，限制工件绕轴线的转动自由度。由于键槽和油槽的长度不等，要同时进给完毕，需将两止推销沿工件轴线方向错开适当的距离。

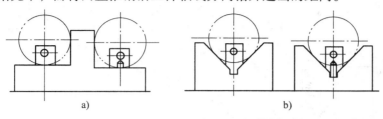

图 4-123 铣顶尖套双槽定位方案

比较以上两种方案，方案Ⅰ使工序尺寸 64.8mm 的定位误差为零，方案Ⅱ则使对称度的定位误差为零。由于工序尺寸 64.8mm 为未注公差，加工要求低，而对称度的公差小，故选用方案Ⅱ较好。从承受切削力的角度考虑，方案Ⅱ也较可靠。

（2）夹紧方案 根据夹紧力的方向应朝向主要限位面以及作用点应落在定位元件的支承范围内的原则，如图 4-124 所示，夹紧力的作用线应落在 β 区域内（N' 为接触点），夹紧力与垂直方向的夹角应尽量小，以保证夹紧稳定可靠。铰链压板的两个弧形面的曲率半径应大于工件的最大半径。

由于顶尖套较长，需用两块压板在两处夹紧。如果采用手动夹紧，工件装卸所花时间较多，不能适应大批生产的要求；若有气动夹紧，则夹具体积太大，不便安装在铣床工作台上，因此宜用液压夹紧，如图 4-125 所示。采用小型夹具用法兰式液压缸 5 固定在Ⅰ、Ⅱ工位之间，采用联动夹紧机构使两块压板 7 同时均匀地夹紧工件。液压缸的结构形式和活塞直径可参考夹具手册。

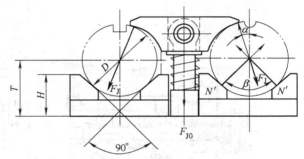

图 4-124 夹紧力的方向和作用点

（3）对刀方案 键槽铣刀需两个方向对刀，故应采用侧装直角对刀块 6。由于两铣刀的直径相等，油槽深度由两工位 V 形块定位高度之差保证。两铣刀的距离（125±0.03）mm 则由两铣刀间的轴套长度确定。因此，只需设置一个对刀块就能满足键槽和油槽的加工要求。

（4）夹具体和定位键 为了在夹具体上安装液压缸和联动夹紧机构，夹具体应有适当高度，中部应有较大空间。为保证夹具在工作台上安装稳定，应按照夹具体的高度比不大于1.25 原则确定其高度，并在两端设置耳座，以便固定。

为了保证槽的对称度要求，夹具体底面应设置定位键，两定位键的侧面应与 V 形块的对称面平行。为减小夹具的安装误差，宜采用 B 型定位键。

（5）夹具总图上的尺寸、公差和技术要求

1）夹具最大轮廓尺寸 S_L 为 570mm、230mm、270mm。

2）影响定位精度的尺寸和公差 S_D 为两组 V 形块的设计心轴直径 $\phi70.79$mm，两止推销的距离（112±0.1）mm，定位销 12 与工件上键槽的配合尺寸 $\phi12h8$。

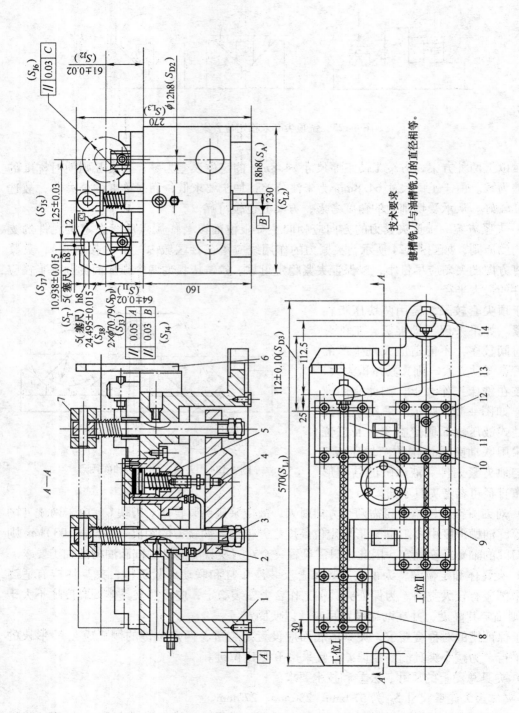

技术要求

键槽铣刀与油槽铣刀的直径相等。

图 4-125 双件铣双槽夹具

1—夹具体 2—浮动杠杆 3—螺杆 4—支钉 5—液压缸 6—对刀块 7—压板 8、9、10、11—V形块 12—定位销 13、14—止推销

3）影响夹具在机床上安装精度的尺寸和公差 S_A 为定位键与铣床工作台 T 形槽的配合尺寸 18h8（T 形槽为 18H8）。

4）影响夹具精度的尺寸和公差 S_J 为两组 V 形块的定位高度（64 ± 0.02）mm、（61 ± 0.02）mm；Ⅰ工位 V 形块 8、10 设计心轴轴线对定位键侧面 B 的平行度 0.03mm；Ⅰ工位 V 形块设计心轴轴线对夹具底面 A 的平行度 0.05mm；Ⅰ工位与Ⅱ工位 V 形块的距离尺寸（125 ± 0.03）mm；Ⅰ工位与Ⅱ工位设计心轴轴线间的平行度 0.03mm；对刀块的位置尺寸（10.938 ± 0.015）mm、（24.495 ± 0.015）mm。

5）影响对刀精度的尺寸和公差 S_T 为塞尺的厚度尺寸 5h8。

6）夹具总图上应标注下列技术要求：键槽铣刀与油槽铣刀的直径相等。

习　题

4-1　工件在夹具中定位、夹紧的任务是什么？

4-2　什么是欠定位？为什么不能采用欠定位？试举例说明。

4-3　试分析使用夹具加工零件时，产生加工误差的因素有哪些？它们与零件公差成何比例？

4-4　何谓"六点定位原理"？工件的合理定位是否要求一定要限制其在夹具中的六个自由度？试举例说明工件在夹具中的完全定位、不完全定位、欠定位和过定位（重复定位）。

4-5　根据下述各题的定位方案，试分析都限制了工件的哪几个自由度？是否属于重复定位或欠定位？若定位不合理时又如何改进？

1）连杆工件在夹具中的平面及 V 形块上定位，如图 4-126 所示。

2）套类工件在刚性心轴上定位，如图 4-127 所示。

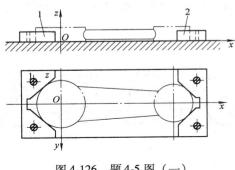

图 4-126　题 4-5 图（一）

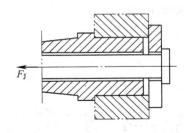

图 4-127　题 4-5 图（二）

3）轴类工件安装在两顶尖上定位（图 4-128a）及套类工件安装在自动定心的弹簧卡头上定位（图 4-128b）。

4）小轴工件在长 V 形块和圆头支钉中定位，如图 4-129 所示。

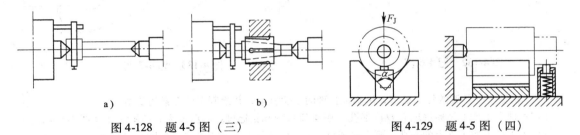

a）　　　　　　　b）

图 4-128　题 4-5 图（三）　　　　　　图 4-129　题 4-5 图（四）

5）T 形轴在三个 V 形块中定位，如图 4-130 所示。

6）轴类工件在自定心卡盘（接触部位较长）及后顶尖上定位（图 4-131a）；套类工件在两个锥台上定位（图 4-131b）及带有锥孔的工件在锥度心轴上定位（图 4-131c）。

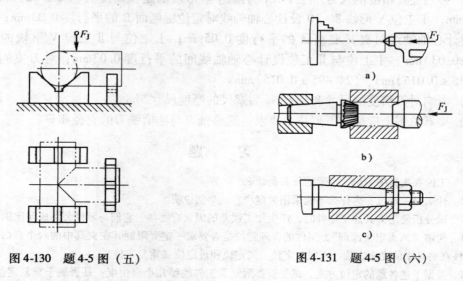

图 4-130 题 4-5 图（五）   图 4-131 题 4-5 图（六）

4-6 有一批圆柱形工件，欲在其上的一端铣一平面保持尺寸 A，可采用如图 4-132 所示的两种方案，即在自动定心的两长 V 形块中定位和在平面及长 V 形块中定位，试分析比较其优劣。

4-7 试分析图 4-133 中各工序（图 4-133a 所示为加工平面，图 4-133b、c 所示为小孔加工，图 4-133d、e 所示为铣槽）需要限制的自由度，选择工序基准和定位基准（并用定位符号在图上表示），分析各定位基准限制了哪些自由度。

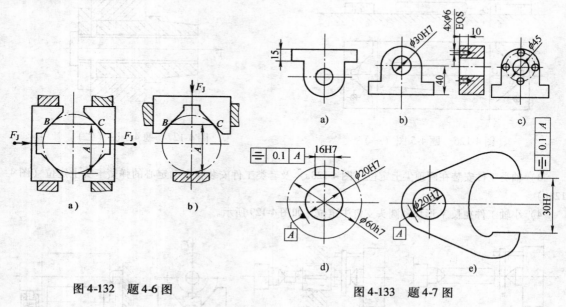

图 4-132 题 4-6 图   图 4-133 题 4-7 图

4-8 根据下列各题的加工要求，试确定合理的定位方案，并绘制定位方案的草图。

1）在球形工件上钻通过球心 O 的通孔（图 4-134a）和钻通过球心深度为 h 的不通孔（图 4-134b）。

2）加工长方形工件上的一孔，要求保证尺寸 l_1、l_2 并与工件底面垂直，如图 4-135 所示。

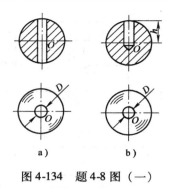

图 4-134　题 4-8 图（一）

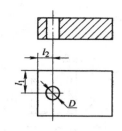

图 4-135　题 4-8 图（二）

3）如图 4-136 所示，在圆柱形工件上铣一与外圆中心对称且平行的通槽，并保证尺寸 h。

4）如图 4-137 所示，在工件上钻一与键槽对称的小孔 O_1，并保证尺寸 h。

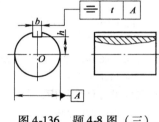

图 4-136　题 4-8 图（三）

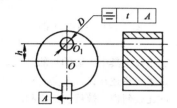

图 4-137　题 4-8 图（四）

5）如图 4-138 所示，在长方形工件上钻一深度为 h 且距两侧面尺寸为 l_1 和 l_2 的不通孔。

6）如图 4-139 所示，车削加工一偏心轴的轴颈 d，要求与后端面垂直、与两侧面对称且保证两轴颈中心距为 l。

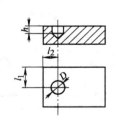

图 4-138　题 4-8 图（五）

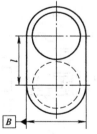

图 4-139　题 4-8 图（六）

4-9　何谓定位误差？定位误差是由哪些因素引起的？定位误差数值一般控制在零件有关尺寸公差的什么范围之内？

4-10　工件定位如图 4-140 所示，欲加工 C 面要求保证尺寸（20 ± 0.1）mm，试计算这种定位方案能否满足精度要求？若不能满足要求时应采取什么措施？

4-11　工件定位如图 4-141 所示，试分析计算能否满足图样要求？若达不到要求应如何改进？

4-12　如图 4-142 所示零件，锥孔和各平面均已加工好，现在铣床上铣键宽为 b 的键槽，要求保证槽的对称线与锥孔轴线相交，且与 A 面平行，还要求保证尺寸 h。图中所示定位是否合理？如不合理，应如何改进？

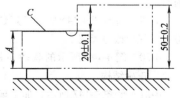

图 4-140　题 4-10 图

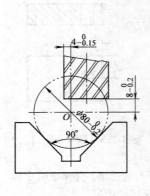

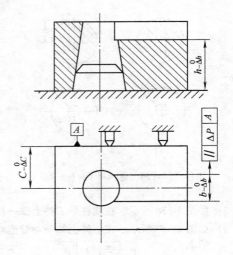

图 4-141　题 4-11 图　　　　　　　　　图 4-142　题 4-12 图

4-13　工件在夹具中夹紧的目的是什么？夹紧和定位有何区别？对夹具夹紧装置的基本要求是什么？

4-14　试举例论述在设计夹具时对夹紧力的三要素（力的大小、方向和作用点）有何要求。

4-15　试比较斜楔、螺旋、偏心和定心夹紧机构的优缺点，并举例说明它们的应用范围。

4-16　分析图 4-143 所示的夹紧力方向和作用点，并判断其合理性及提出改进意见。

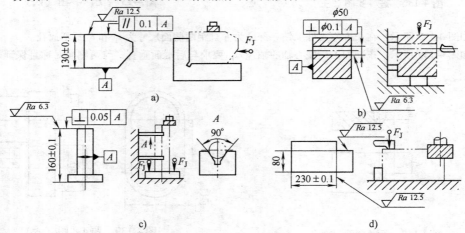

图 4-143　题 4-16 图

4-17　常用机动夹紧动力装置有哪些？各有何优缺点？

4-18　分析图 4-144 所示的螺旋压板夹紧机构有无缺点，若有，应如何改进？

4-19　指出图 4-145 所示各定位、夹紧方案及结构设计中不正确的地方，并提出改进意见。

4-20　图 4-146 所示的联动夹紧机构是否合理？为什么？若不合理，试绘出正确结构。

4-21　如图 4-147 所示，加工扇形工件上 3 个径向孔的回转分度式钻模。试分析钻模定位装置、夹紧装置和分度装置的结构。

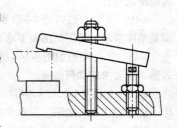

图 4-144　题 4-18 图

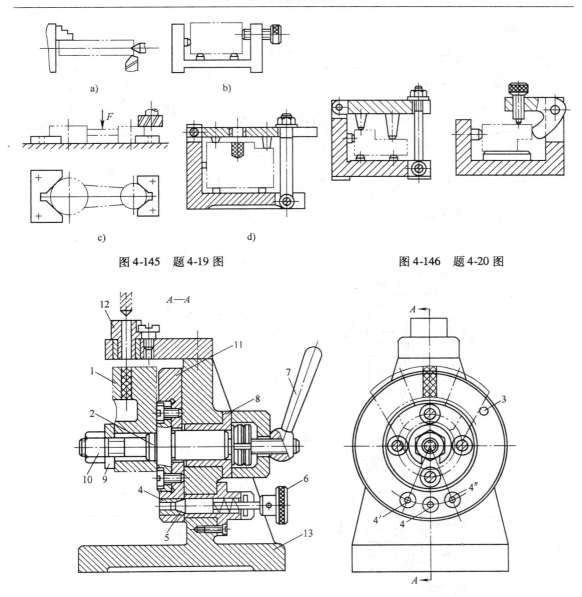

图 4-145 题 4-19 图 　　　　　图 4-146 题 4-20 图

图 4-147 题 4-21 图

1—工件 2—定位销轴 3—挡销 4—定位套 5—分度定位销 6—把手 7—手柄

8—衬套 9—开口垫圈 10—螺母 11—分度盘 12—钻模套 13—夹具体

4-22 需在图 4-148 所示支架上加工 $\phi 9H7$ 孔，工件的其他表面均已加工好。试对工件进行工艺分析，设计钻模（画出草图），标注尺寸并进行精度分析。

4-23 在 C620 车床上加工图 4-149 所示轴承座上的 $\phi 32K7$ 孔，A 面和两个 $\phi 9H7$ 孔已加工好，试设计所需的车床夹具，对工件进行工艺分析，画出车床夹具草图，标注尺寸并进行加工精度分析。

4-24 按图 4-150a 所示的工序加工要求，验证钻模总图（图 4-151b）所标注的有关技术要求能否保证加工要求。

4-25 根据图 4-151a 所示短轴零件简图和加工的位置精度要求，分析夹具结构和位置公差的标注（图 4-151b）是否合理。

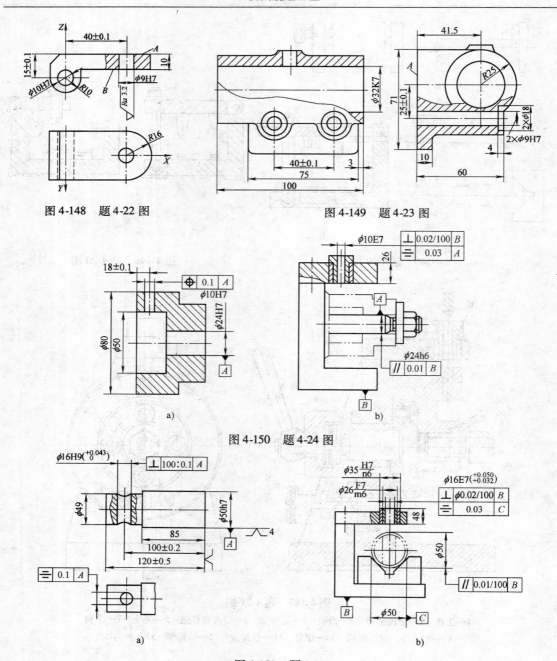

图 4-148　题 4-22 图

图 4-149　题 4-23 图

a)

b)

图 4-150　题 4-24 图

a)

b)

图 4-151　题 4-25

a）短轴零件图　b）钻床夹具位置公差标注示例

4-26　分析杠杆臂工序图（图 4-152a）以及钻两孔翻转式钻模（图 4-152b），指出各自的定位元件、导向元件和夹紧元件。

4-27　夹具体的结构形式有几种？

4-28　绘制夹具总装图时应注意哪些事项？

4-29　夹具体毛坯有哪些类型？如何选用？

4-30　数控机床夹具有哪些特点？试举例说明。

4-31　未来夹具技术的发展方向如何？

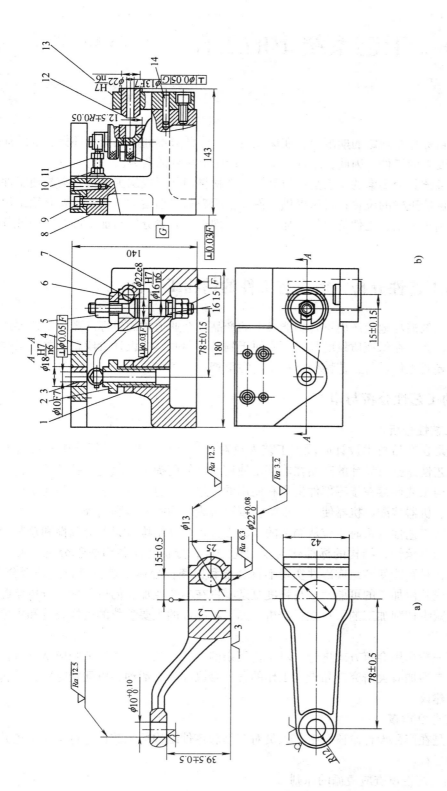

图 4-152 题 4-26 图

a) 杠杆臂工序图 b) 钻两孔翻转式钻模

1、10—锁紧螺母 2—辅助支承 3、12—钻套 4、13—钻模版 5、15—螺母 6—快换垫圈 7—定位销 8—夹具体
9—螺钉 11—可调支承 14—圆柱销 16—垫圈

第 5 章

工艺系统中的工件

工艺系统的目标是在规定的期限内，在保证质量、降低成本和满足安全环保要求的前提下，制造出满足要求的工件。因此，工件是工艺系统中最重要的要素。

工件和工艺系统其他要素的关系是：刀具对工件材料切削形成加工表面；夹具使工件在加工过程中始终保持正确的位置；机床提供工件加工所需的成形运动。本章主要介绍工件的结构、形状是否利于加工、工件材料的可加工性、工件加工质量分析与加工误差的统计分析等内容。

5.1 工件的工艺性分析、审查与工件的结构工艺性

优质、高效、低消耗地生产出符合功能要求的产品是企业追求的目标。产品不仅要达到规定的设计要求，而且在保证质量的同时，要便于制造。因此，在设计阶段就要关注工件的加工工艺问题，要对工件进行工艺性分析和工艺性审查。

5.1.1 工件的工艺性分析与审查

1. 工件的工艺性分析

工艺性分析是在产品技术设计阶段，工艺人员对产品结构工艺性进行分析和评价的过程。产品结构工艺性是指所设计的产品在能满足使用要求的前提下，制造、维修的可行性和经济性。零件结构工艺性存在于零部件生产和使用的全过程，包括材料选择、毛坯生产、机械加工、热处理、机器装配、机器使用、维护，直至报废、回收和再利用等。

在对工件进行工艺性分析时，应从制造的立场去分析产品结构方案的合理性和总装的可能性；分析结构的继承性，结构的标准化与系列化程度；分析产品各组成部分是否便于装配、调整和维修，是否能使各组成部件实现平行装配和检查；分析主要材料选用是否合理，主要件在本企业或外协加工的可能性，高精度复杂零件在本企业加工的可行性；分析装配时避免切削加工或减少切削加工的可行性；分析产品、零部件的主要参数的可检查性和主要装配精度的合理性。

工艺性分析一般采用会审方式进行。对结构复杂的重要产品，主管工艺师应从制订设计方案开始，要经常参加有关研究产品设计工作的各种会议和有关活动，以便随时对其结构工艺性提出意见和建议。

2. 工件的工艺性审查

工艺性审查是在产品设计阶段，工艺人员对产品和零件结构的工艺性进行全面审查并提出意见或建议的过程。

（1）工件的工艺性审查应遵循的原则

1）要保证提高材料利用率，要保证各种原材料的需要量符合国情，要减少使用可加工性差的材料，使材料得到充分利用；能就地取材，降低材料费用，便于组织生产与加工实施。

2）要保证高生产率方法即先进工艺方法的采用，如一些非切削工艺方法，冲压、冷挤压、精密铸造、精密锻造等，相对切削加工来说，可以提高生产率，降低成本。显然机械产品中能采用这些工艺的零件比例越大，则结构工艺性越好。同样对切削加工来说，采用费用低的方法制造的零件数越多，则产品结构工艺性越好（注意考虑批量因素）。

3）要保证加工方便，工件的几何形状尽量简单，本厂设备适应能力强。

4）要保证装配劳动量系数（装配劳动量和机械加工劳动量的比值）及钳配劳动量系数（修理工作劳动量和装配劳动量的比值）减小，以降低后续的装配劳动量，提高装配工作的机械化程度。

上述原则，要具体情况具体分析，灵活运用，不能顾此失彼。

（2）工件工艺性审查的主要内容

1）所选用的材料（包括牌号、规格）及毛坯形式是否适宜。按国家标准正确地标出材料的规格和牌号，所用的热处理方法和硬度要求必须与材料的性质相适应，规定的表面处理方法应适应零件的材料和使用要求。

2）选用的加工顺序和加工方法是否合理。

3）零件的几何形状、尺寸、公差和表面粗糙度是否合适。规定的表面粗糙度值是否合理。凡属非工作表面不要规定较高的表面粗糙度要求，未经热处理的材料、塑性大的材料不应要求较低的表面粗糙度值，如低碳钢要求表面粗糙度值 Ra 小于 $1.6\mu m$ 就较难达到，注意表面粗糙度要求要与有关尺寸精度相适应。

4）尺寸标注（通过尺寸链校核）是否正确。

5）检查零件的刚度和强度，以保证加工时的振动和变形不超过允许范围，保证运行时的可靠性。

6）加工、装配、检查时基准选择是否合理，是否经济可行。

5.1.2　工件的结构工艺性

1. 工件结构工艺性的概念

在机械设计中，不仅要保证所设计的机械产品具有良好的工作性能，而且要考虑能否制造、便于制造和尽可能降低制造成本。这种在机械设计中综合考虑制造、装配工艺、维修及成本等方面的技术，称为机械设计工艺性。机器及其零部件的工艺性主要体现于结构设计中，所以又称为结构设计工艺性。零件结构设计工艺性，简称零件结构工艺性，是指所设计的零件在满足使用要求的条件下制造的可行性和经济性。

在生产实践中常有一些工件，结构虽然满足使用要求，但加工、装配或维修却很困难，致使零件加工成本提高，生产周期延长，经济效益下降。有的工件甚至因结构不合理而根本无法加工或装配，以致造成人力、物力和财力的浪费。因此，在设计中对工件的结构工艺性必须引起足够的重视。

工件的结构设计一般应考虑以下几方面的问题：

1）结构设计必须满足使用要求。这是设计零件和产品的根本目的，也是考虑工件结构工艺性的前提。如果不能满足使用要求，即使结构工艺性再好，也毫无意义。

2）结构工艺性必须综合考虑，分清主次。机器的制造过程包括毛坯生产、切削加工、热处理和装配等阶段。在工件结构设计时，应尽可能使各个生产阶段都具有良好的工艺性。若不能同时兼顾，应分清主次，保证主要方面，照顾次要方面。因此，设计人员应具备比较全面的机械制造的基本工艺知识和实践经验。

3）结构设计必须考虑生产条件。结构工艺性的好坏，往往随生产条件的不同而改变。例如，图 5-1a 所示的铣床工作台端部结构，在小批生产时，其工艺性是好的。但随着生产的发展，产量的增加，要求在龙门刨床上一次同时加工多件，以提高劳动生产率。在这种情况下，图 5-1a 所示结构的工艺性就变得不好。因为刨 T 形槽时，由于 a 壁挡刀，致使刨刀在一次走刀中不能从一个工件切至下一个工件。若将油槽位置降低，使 a 壁顶面低于 T 形槽底面（图 5-1b），即可实现多件同时加工。

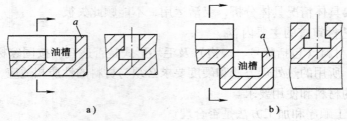

图 5-1　铣床工作台的结构工艺性

4）结构工艺性要与时俱进。结构工艺性的好坏不是一成不变的，而是随着新型工艺方法的出现而变化。例如，图 5-2 所示零件上的四个扇形通孔，孔壁表面粗糙度值 Ra 为 $1.6\mu m$，用一般的切削加工方法无法进行加工，其结构工艺性很差。但在电火花加工出现以后，这种型孔可以顺利加工。因此，要用发展的眼光看待结构工艺性问题。

2. 影响结构工艺性的因素

影响结构工艺性的因素主要有生产类型、制造条件和工艺技术的发展三个方面。

生产类型是影响结构工艺性的首要因素。单件、小批生产零件时，大都采用生产效率较低、通用性较强的设备和工艺装备，采用普通的制造方法，因此，机器和零部件的结构应与这类工艺装备和工艺方法相适应。在大批大量生产时，往往采用高效、自动化的生产设备和工艺装备，以及先进的工艺方法，产品结构必须适应高速、自动化生产的要求。常常同一种结

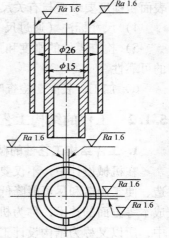

图 5-2　扇形通孔的加工

构，在单件小批生产中工艺性良好，而在大批大量生产中未必好，反之亦然。

机械零部件的结构必须与制造厂的生产条件相适应。具体生产条件应包括毛坯的生产能力及技术水平、机械加工设备和工艺装备的规格及性能、热处理设备条件与能力、技术人员和工人的技术水平以及辅助部门的制造能力和技术力量等。

随着生产的不断发展，新的加工设备和工艺方法的不断出现，以往认为工艺性不好的结

构设计，在采用了先进的制造工艺后，可能变得简便、经济。如电火花加工、电解加工、激光加工、电子束加工、超声波加工等特种加工技术的发展，使诸如陶瓷等难加工材料、复杂型面、精密微孔等加工变得容易；精密铸造、轧制成形、粉末冶金等先进工艺的不断采用，使毛坯制造精度大大提高；真空技术、离子氮化、镀渗技术等使零件表面质量有了很大的改善。

3. 工件结构工艺性的基本要求

1）机器零部件是为整机工作性能服务的，零件结构工艺性应服从整机的工艺性。

2）在满足工作性能的前提下，零件造型应尽量简单，同时应尽量减少零件的加工表面数量和加工面积；尽量采用标准件、通用件和外购件；增加相同形状和相同元素（如直径、圆角半径、配合、螺纹、键、齿轮模数等）的数量。

3）零件设计时，在保证零件使用功能和充分考虑加工可能性、方便性、精确性的前提下，应符合经济性要求，即应尽量降低零件的技术要求（加工精度和表面质量），以使零件便于制造。

4）尽量减少零件的机械加工余量，力求实现少或无切屑加工，以降低零件的生产成本。

5）合理选择零件材料，使其力学性能适应零件的工作条件，且成本较低。

6）符合环境保护要求，使零件制造和使用过程中无污染、省能源，便于报废、回收和再利用。

4. 工件结构工艺性举例

在机器制造过程中，工件切削加工所耗费的工时和费用最多。因此，工件结构的切削加工工艺性显得尤为重要。

（1）尽量采用标准化参数　在设计零件时，对于孔径、锥度、螺距、模数等参数，应尽量采用标准化数值，以便使用标准刀具和量具，并便于维修更换。

例 5-1　如图 5-3 所示的轴套，数量为 200 件，其孔加工应采用钻、扩、铰方案。但图 5-3a 所示的孔径和公差都是非标准的；图 5-3b 所示的孔径尺寸虽然标准，但公差值却是非标准的。以上两种情况都不便采用标准铰刀加工和标准塞规测量。图 5-3c 所示的尺寸和公差均为标准值，选用合理。

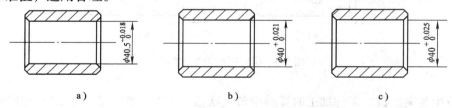

图 5-3　配合孔的尺寸和公差应取标准值

例 5-2　如图 5-4 所示的锥套，图 5-4a 所示的锥度和尺寸都是非标准的，既不能采用标准锥度塞规检验，又无法与标准外锥面配合使用。应采用标准锥度和直径，如图 5-4b、c 所示。其中图 5-4b 所示为莫氏锥度，图 5-4c 所示为米制锥度。

（2）便于在机床和夹具上安装

1）保证装夹方便可靠。工件切削加工只有在工件正确安装的基础上才能实现，所以设计的零件结构应使其装夹方便可靠。

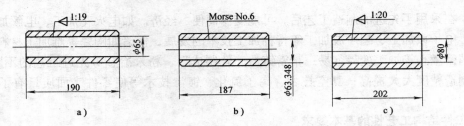

图 5-4 锥孔的尺寸和锥度应取标准值

例 5-3 图 5-5 所示为一种曲柄零件，图 5-5a 的结构因平面 D 太小，铣削或刨削平面 A、B、C 时不便于工件装夹。图 5-5b 的结构增加了两个工艺凸台 G 和 H，即可实现稳定可靠装夹。由于 G、H 的直径小于孔径，当两孔钻通时凸台自然脱落。此外，将 A、B、C 布置在同一平面上使加工和后面工序的装夹也较为方便。

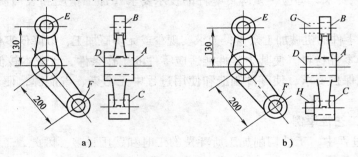

图 5-5 曲柄零件的结构

例 5-4 图 5-6 所示为一端带内螺纹的轴，图 5-6a 的结构虽已设计了供顶尖装夹用的 60°的坡口，但在加工过程中易损坏与 60°坡口相衔接的螺纹，应改成图 5-6b 的结构形式。

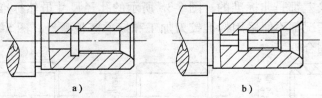

图 5-6 带内螺纹轴端的结构

2）减少装夹次数。工件加工时要减少装夹次数，以减少装夹误差，缩短辅助时间。并且有位置精度要求的各表面尽量在一次装夹中加工完成。

例 5-5 铣削图 5-7a 所示的两个键槽，需装夹、找正两次，而铣削图 5-7b 所示的两个键槽，只需装夹、找正一次。

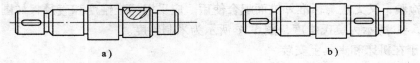

图 5-7 轴上多键槽的布置

例5-6　图5-8a 所示连接头有同旋向的内螺纹 *A* 和 *B*，需要两次装夹，调头加工。若改成图5-8b 所示的通孔，既可减少装夹次数，又可保证两端的螺纹在同一轴线上。

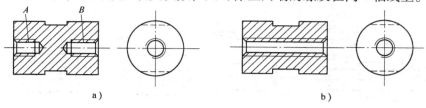

图5-8　连接头的结构

（3）便于加工，提高切削效率　使工件的结构便于加工，提高切削效率，是结构工艺性的重要要求之一。它包括的内容十分广泛，例如，工件结构应有足够的刚度，尽量减少内表面的加工，减少加工面积，减少机床调整次数，减少刀具种类，减少进刀次数，减少刀具切削时的空程，有利于进刀和退刀，有助于提高刀具刚性和寿命等。

例5-7　如图5-9a 所示的薄壁套筒常因夹紧力和切削力的作用而变形，若结构允许，可在一端或两端加凸缘，以增加工件刚度，如图5-9b、c 所示。

例5-8　图5-10 所示的套筒要与轴配合，若孔的长径比较大，应设计成图5-10b 的结构，而不设计成图5-10a 的结构，这样有利于保证配合精度。

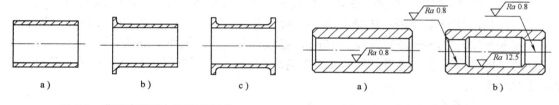

图5-9　薄壁套筒增加刚度的结构　　　　图5-10　减少配合孔的加工面积

例5-9　在图5-11 中，图5-11a、d 无法加工，因为螺纹刀具不能加工到根部；图5-11b、e 是可以加工的，但螺纹牙型不完整，为此 *l* 必须大于螺纹的实际旋合长度；图5-11c、f 设置螺纹退刀槽，退刀方便，且可在螺纹全长上获得完整的牙型。若螺纹为左旋，此退刀槽可供进刀用。

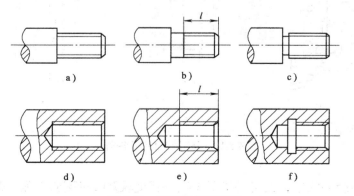

图5-11　螺纹尾部的结构

例 5-10　需要磨削的外圆面、外锥面、内圆面、内锥面和台肩面，其根部应有砂轮越程槽。在图 5-12 中，图 5-12a 不合理，图 5-12b 合理。

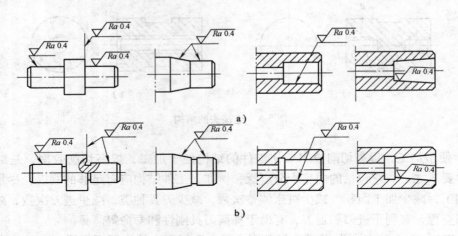

图 5-12　砂轮越程槽

（4）便于度量　零件的结构应便于检验时度量，包括尺寸误差和几何误差的度量。

例 5-11　图 5-13 所示为精密端盖，数量为 5 件，尺寸 $\phi180_{-0.025}^{0}$ mm 应用百分尺度量。由于该外圆的长度只有 5mm，测量头无法接触测量面（图 5-13a）。改进的方法有：若结构允许，加长 $\phi180_{-0.025}^{0}$ mm 外圆（图 5-13b）；若结构不允许，先加长 $\phi180_{-0.025}^{0}$ mm 外圆，待度量后再切除多余部分。应当指出，如果该端盖批量较大，可以制造专用卡规进行度量，其结构还是合理的。

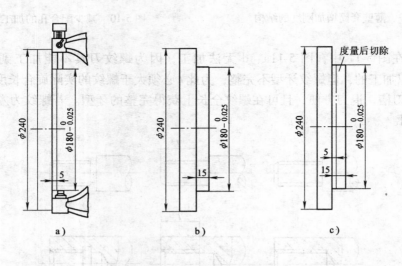

图 5-13　便于尺寸度量图例

例 5-12　在图 5-14a 中，孔与基准面 A 的平行度误差很难度量准确，图 5-14b 增设工艺凸台，使度量非常方便，也便于加工时工件的装夹。

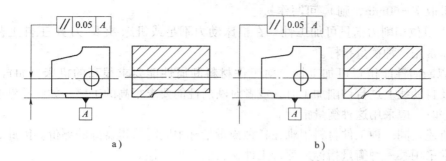

图 5-14　便于位置误差度量的图例

5.2　工件材料的可加工性

在切削加工中，工件材料切削的难易程度不同。因此，研究影响工件材料可加工性的影响因素，改善和提高工件材料的可加工性，对提高生产率和改善加工质量有着重要意义。

5.2.1　工件材料可加工性的衡量指标

在一定切削条件下，工件材料可加工性是指对工件材料进行切削加工的难易程度。而难易程度又要根据具体加工要求及切削条件而定。如低碳钢粗加工时，切除余量容易，精加工要获得较低的表面粗糙度值就较难；不锈钢在卧式车床上加工并不难，但在自动化生产的条件下，断屑困难，很难加工。因此，工件材料的可加工性是一个相对的概念。

1. 工件材料可加工性的衡量指标

既然可加工性是相对的，衡量可加工性的指标就不能是唯一的。因此，一般把可加工性的衡量指标归纳为以下几个方面。

（1）以加工质量衡量可加工性　一般零件的精加工，以表面粗糙度衡量可加工性，易获得很小的表面粗糙度值的工件材料，其可加工性高。

对一些特殊精密零件以及有特殊要求的零件，则以已加工表面变质层的深度、残余应力和硬化程度来衡量其可加工性。因为变质层的深度、残余应力和硬化程度对零件尺寸和形状的稳定性以及导磁、导电和抗蠕动等性能有很大的影响。

（2）以刀具寿命衡量可加工性　以刀具寿命来衡量可加工性，是比较通用的，这其中包括以下几方面内容。

1）在保证相同的刀具寿命的前提下，考察切削这种工件材料所允许的切削速度的高低。

2）在保证相同的切削条件下，比较切削这种工件材料时刀具寿命数值的大小。

3）在相同的切削条件下，衡量切削这种工件材料达到刀具磨钝标准时所切除的金属体积的多少。

最常用的衡量可加工性的指标是：在保证相同的刀具寿命的前提下，切削这种工件材料所允许的切削速度值 v_T。它的含义是：当刀具寿命为 T（min 或 s）时，切削该种工件材料所允许的切削速度值。v_T 越高，则工件材料的可加工性越好。一般情况下可取 $T = 60\mathrm{min}$。对于一些难切削材料，可取 $T = 30\mathrm{min}$ 或 $T = 15\mathrm{min}$。对于机夹可转位刀具，T 可以取得更小一些。如果取 $T = 60\text{min}$，则 v_{T} 可写作 v_{60}。

（3）以单位切削力衡量可加工性　在机床动力不足或机床-夹具-刀具-工件工艺系统刚性不足时，常用这种衡量指标。

（4）以断屑性能衡量可加工性　对工件材料断屑性能要求很高的机床，如自动机床、组合机床及自动线上进行切削加工时，或者对断屑性能要求很高的工序，如深孔钻削、不通孔镗削工序时，应采用这种衡量指标。

综上所述，同一种工件材料很难在各种衡量指标中同时获得良好的评价。因此，在生产实践中，常采用某一种衡量指标来评价工件材料的可加工性。

2. 工件材料可加工性的相对加工性

生产中通常使用相对加工性来衡量工件材料的可加工性。所谓相对加工性是以抗拉强度 $R_{\text{m}} = 0.637\text{GPa}$ 的 45 钢的 v_{60} 作为基准，写作 $(v_{60})_{\text{j}}$，其他被切削的工件材料的 v_{60} 与之相比的数值，记作 K_{v}，称为工件材料的相对加工性，即

$$K_{\text{v}} = \frac{v_{60}}{(v_{60})_{\text{j}}}$$

各种工件材料的相对加工性 K_{v} 乘以在 $T = 60\text{min}$ 时的 45 钢的切削速度 $(v_{60})_{\text{j}}$，则可得出切削各种工件材料的可用切削速度 v_{60}。

目前常用的工件材料，按相对加工性可分为 8 级，详见表 5-1。由表可知，K_{v} 越大，可加工性越好；K_{v} 越小，可加工性越差。

表 5-1　工件材料可加工性等级

加工性等级	名称及种类		相对加工性 K_{v}	代表性工件材料
1	很容易切削材料	一般非铁金属	>3.0	5-5-5 铜铅合金,9-4 铝铜合金,铝镁合金
2	容易切削材料	易削钢	2.5~3	退火 15Cr,$R_{\text{m}} = 0.373 \sim 0.441\text{GPa}$ 自动机钢,$R_{\text{m}} = 0.392 \sim 0.490\text{GPa}$
3		较易削钢	1.6~2.5	正火 30 钢,$R_{\text{m}} = 0.441 \sim 0.549\text{GPa}$
4	普通材料	一般钢及铸铁	1.0~1.6	45 钢,灰铸铁,结构钢
5		稍难切削材料	0.65~1.0	2Cr13 调质,$R_{\text{m}} = 0.8288\text{GPa}$ 85 钢轧制,$R_{\text{m}} = 0.8829\text{GPa}$
6	难切削材料	较难切削材料	0.5~0.65	45Cr 调质,$R_{\text{m}} = 1.03\text{GPa}$ 60Mn 调质,$R_{\text{m}} = 0.9319 \sim 0.981\text{GPa}$
7		难切削材料	0.15~0.5	50CrV 调质,1Cr18NiTi 未淬火,α 相钛合金
8		很难切削材料	<0.15	β 相钛合金,镍基高温合金

5.2.2　工件材料可加工性的影响因素及改善措施

1. 工件材料可加工性的影响因素分析

影响工件材料可加工性的因素很多，其中以工件材料的物理力学性能、化学成分、金相组织以及加工条件对可加工性的影响最大。工件材料可加工性的影响因素及影响结果分析见表 5-2。

表 5-2　工件材料可加工性的影响因素及影响结果分析

影响因素	结 果 分 析
硬度	1）常温硬度。同类材料中常温硬度高的可加工性低 2）高温硬度。工件材料的高温硬度越高，可加工性越低，如高温合金、耐热钢等材料 3）硬质点。工件材料中硬质点越多，可加工性越差 4）加工硬化。工件材料的加工硬化性能越高，可加工性越低
强度	工件材料的可加工性随其常温强度的提高而降低；常温强度相近的材料，其可加工性随高温强度的增加而下降
塑性/韧性	同类材料，强度相同时，塑性越大的材料可加工性越差；材料的韧性越高，断屑越困难，可加工性也越低
热导率	热导率低的材料，可加工性都低；金属材料热导率的顺序由高到低为：纯金属、非铁金属、碳素结构钢、铸铁、低合金结构钢、工具钢、耐热钢及不锈钢；非金属的导热性比金属差
化学成分	钢：钢中加入少量的硫、硒、铅、铋、磷等，对可加工性有利；加入能提高其强度和硬度的元素，如铬、镍、钼、钨、锰、硅、铝等超出一定量后，会导致可加工性下降 铸铁：加入能促进其石墨化的元素，如硅、铝、镍、铜、钛等，能提高铸铁的可加工性；而加入阻碍其石墨化的元素，如铬、钒、铂、磷、硫等，会降低可加工性
金属组织	钢中含有大部分铁素体和少部分珠光体时，切削速度和刀具寿命都较高，可加工性好；而钢中的马氏体、回火马氏体和索氏体等硬度较高的组织，会降低钢材的可加工性 铸铁中珠光体的比例高，对可加工性不利；而游离石墨的存在会提高铸铁的可加工性；铸铁表面带砂型的硬皮和氧化层，对刀具不利，可加工性较低
切削条件	主要是切削速度对工件材料可加工性的影响。在较低的切削速度范围内，不同工件材料的可加工性差别不大；而高速切削时，会有很大的不同

2. 改善工件材料可加工性的措施

为改善工件材料的可加工性以满足使用要求，在保证产品和零件使用性能的前提下，应通过各种途径，采取措施达到改善可加工性的目的。

（1）调整工件材料的化学成分　在钢中加入一些合金元素来改善其力学性能。铬能提高硬度和强度，但韧度要降低，易于获得较低的表面粗糙度值和较易断屑；镍能提高韧性及热强性，但热导率将明显下降；钒能使钢组织细密，在低碳时强度、硬度提高不明显，中碳时能提高钢的强度；钼能提高强度和韧性，对提高热强性有明显影响，但热导率将降低；钨对提高热强性及高温硬度有明显作用，但也显著地降低了热导率，在弹簧钢及合金工具钢中能提高强度和硬度；锰能提高强度和硬度，韧性略有降低；硅和铝容易形成氧化铝及氧化硅等高硬度的夹杂物，会加剧刀具磨损，同时硅能降低热导率。

钢中如加入硫、硒、铅、铋、磷等元素，对改善可加工性是有利的。如硫、铅使材料结晶组织中产生一种有润滑作用的金属夹杂物（如硫化锰），从而减轻钢对刀具的擦伤能力，减少了组织结合强度，从而改善可加工性。铅造成组织结构不连接，有利于断屑，铅能形成润滑膜，减小摩擦因数，一般易切钢常会有这类元素，不过这类元素会略微降低钢的强度。

铸铁的可加工性好坏主要决定于游离石墨的多少。当含碳量一定时，游离石墨多，则碳化铁就少。碳化铁很硬，会加速刀具的机械磨损，而石墨很软，且有润滑作用。所以铸铁的化学元素中，凡能促进石墨化的元素，如硅、铝、镍、铜、钛等都能改善铸铁的可加工性；反之，凡是阻碍石墨化的元素，如铬、钒、锰、钼、钴、磷、硫等都会降低其可加工性。同样成分的材料，当金相组织不同时，它们的物理力学性能就不同，因而可加工性就有差异。

（2）改变工件材料的金相组织　图 5-15 所示为几种不同显微组织的钢对刀具寿命的影响。由图可知，当钢中的显微组织中含珠光体比例越多时，切削速度越小，这是由于珠光体的强度、硬度都比铁素体高。回火马氏体的硬度又比珠光体高，故回火马氏体的可加工性比珠光体差。

金相组织对可加工性影响的另一方面是它的外形和大小。如珠光体有片状、球状、片状加球状、针状等，其中针状的硬度为最高，对刀具磨损最大；球状的硬度最低，对刀具磨损小。所以对高碳钢进行球化退火，可以改善其可加工性。

铸铁分为白口铸铁、麻口铸铁、灰铸铁和球墨铸铁等，其可加工性依次增高。这是因为它们的塑性依次递增而硬度递减的关系。

由此可知，通过热处理改变材料的金相组织是改善材料可加工性的主要方法。

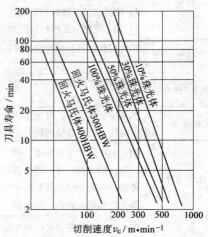

图 5-15　几种不同显微组织的钢对刀具寿命的影响

（3）选择可加工性好的材料状态　低碳钢塑性太大，可加工性不好，但经冷拔之后，塑性便大大降低，可以改善可加工性。锻造的坯件由于余量不均匀，而且不可避免地有硬皮，因而可加工性不好。若改用热轧钢，则可加工性可以得到改善。

（4）合理选择刀具材料　根据加工材料的性能和要求，应选择与之匹配的刀具材料。例如，切削含钛元素的不锈钢、高温合金和钛合金时，这些材料易与刀具材料中钛元素产生亲和作用，因此适宜用 YG（K）硬质合金刀具切削，其中选用 YG 类的细颗粒牌号，能明显提高刀具寿命。由于 YG（K）类的硬质合金刀具耐冲击性能较高，故也可以加工工程塑料和石材等非金属材料。Al_2O_3 基陶瓷刀具可用于切削各种钢和铸铁，尤其对切削冷硬铸铁效果良好。Si_3N_4 基陶瓷能高速切削铸铁、淬硬钢、镍基合金等。立方氮化硼铣刀高速铣削 60HRC 模具钢的效率比电火花加工高 10 倍，表面粗糙度值 Ra 达 $1.8 \sim 2.3 \mu m$。金刚石涂层刀具在加工未烧结陶瓷和硬质合金时，效率比用硬质合金刀具高数十倍。

（5）采用新的切削加工技术　随着切削加工的发展，研制成了一些新的加工方法，例如，加热切削、低温切削、振动切削、在真空中切削和绝缘切削等，其中有的新技术可有效地解决难加工材料的切削问题。例如，对耐热合金、淬硬钢和不锈钢等材料进行加热切削时，通过切削区域中工件的温度增高，来降低材料的抗剪强度，减小摩擦面间摩擦因数。因此，可减小切削力而易于切削。

5.3　机械加工质量

5.3.1　影响加工精度的因素及消减措施

1. 加工原始误差及其成因

在机械加工中由机床、刀具、夹具和工件所组成的系统称为工艺系统。工艺系统中存在的种种误差称为原始误差。不论是采用何种方法保证工件的加工精度，原始误差总是以不同方式和不同比例反映出来，使零件加工后产生误差。

根据误差的来源不同，原始误差可分为：

1）几何误差。工艺系统的几何误差取决于工艺系统的结构和状态。例如，加工方法的原理误差，由制造和磨损产生的机床几何误差和传动误差，调整误差，刀具、夹具和量具的制造误差，工件的安装误差等。

2）过程误差。这是与切削过程有关的误差。例如，工艺系统受力变形，工艺系统受热变形，工件内应力所引起的误差，刀具尺寸磨损等。

根据误差出现的规律不同，过程误差又可分为：

①系统误差。在一次调整后顺次加工一批工件时，误差大小和方向都不变或者按一定规律变化的误差。前者为常值系统误差，与加工顺序有关；后者为变值系统误差，与加工顺序无关。

②随机误差。在顺次加工一批工件时，误差大小和方向呈不规律变化的误差。

造成各类加工误差的原始误差见表 5-3。

表 5-3　造成各类加工误差的原始误差

系 统 误 差		随 机 误 差
常值系统误差	变值系统误差	
1）原理误差 2）刀具的制造与调整误差 3）机床几何误差（主轴回转误差中有随机成分）与磨损 4）机床调整误差（对一次调整而言） 5）工艺系统热变形（系统热平衡后） 6）夹具的制造、安装误差与磨损 7）测量误差（由量仪制造、对零不准、设计原理、磨损等产生） 8）工艺系统受力变形（加工余量、材料硬度均匀时） 9）夹具误差（机动夹紧）	1）刀具的尺寸磨损（砂轮、车刀、面铣刀、单刃镗刀等） 2）工艺系统受热变形（系统热变形前） 3）多工位机床回转工作台的分度误差和其上夹具安装误差	1）工艺系统受力变形（加工余量、材料硬度不均匀等） 2）工件定位误差 3）行程挡块的重复定位误差 4）残余应力引起的变形 5）夹紧误差（手动夹紧） 6）测量误差（由量仪传动链间隙、测量条件不稳定、读数不准等造成） 7）机床调整误差（多台机床加工同批工件、多次调整加工大批工件）

加工误差的性质是随条件而变化的。例如，对于一次调整加工出来的工件来说，调整误差为系统性常值误差，但是对于批量生产来说，由于工件需多次调整，这时每次调整所产生的误差具有随机性。再如，工艺系统热变形属于变值系统误差，但热平衡后此误差即变成常值系统误差。

2. 误差敏感方向

通常把加工误差最大的方向，即加工表面的法向称为误差敏感方向。

如图 5-16 所示，当刀具在工件的法向（y 向）产生误差 Δy 时，工件直径 D 将产生误差 ΔD_y，即

$$\Delta D_y = 2\Delta y$$

当刀具在工件的切向（z 向）产生误

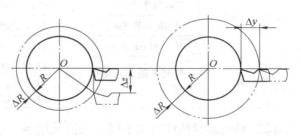

图 5-16　原始误差与表现误差

差 Δz 时，工件直径 D 将产生误差 ΔD_z，其相互关系为

$$(R + \Delta R)^2 = R^2 + \Delta z^2$$

经化简并略去 ΔR^2，得到

$$\Delta D_z \approx 2(\Delta z)^2/D$$

设 $D = 100\text{mm}$，$\Delta y = \Delta z = 0.1\text{mm}$，则

$$\Delta D_y = 0.2\text{mm}，\quad \Delta D_z = 0.0002\text{mm}$$

$$\Delta D_y = 1000\Delta D_z$$

可见，ΔD_y 对工件的影响很大，而 ΔD_z 可以忽略不计。

3. 影响加工精度的基本因素及消减途径

（1）影响尺寸精度的基本因素及消减途径　获得尺寸精度的方法有试切法、调整法、定尺寸刀具法、自动控制法。采用试切法加工的尺寸精度，主要取决于测量精度、机床进给精度和操作者的技术水平。采用调整法加工的尺寸精度，可能受测量精度、调整精度、机床进给精度、定程挡块重复精度及刀具磨损等诸多因素影响。采用定尺寸刀具法获得的尺寸精度主要与刀具本身精度、刀具磨损及机床主运动精度有关。采用自动控制法获得的尺寸精度，取决于测量系统的精度、控制系统的精度及反应速度。采用数控法获得的尺寸精度，主要取决于机床部件运动精度、数控系统精度与分辨率、刀具制造与安装误差、刀具磨损等。

影响尺寸精度的基本因素及消减途径见表5-4。

表 5-4　影响尺寸精度的基本因素及消减途径

获得尺寸精度的方法	影 响 因 素	消 减 途 径
试切法	试切测量误差	合理选择量具、量仪,控制测量条件
	微量进给误差	提高进给机构的制造精度、传动刚度,减小摩擦力,千分表控制进刀量,采用新型微量进给机构
	微薄切削层的极限厚度	选择切削刃钝圆半径小的刀具,精细研磨刀具刃口,提高刀具刚度
调整法	定程机构的重复定位误差	提高定程机构的刚度及操纵机构的灵敏性
	抽样误差	试切一组工件,提高一批工件尺寸分布中心位置的判断准确性
	刀具尺寸磨损	及时调整机床或更换刀具
	样件的尺寸误差,对刀块、导套的位置误差	提高样件的制造精度及对刀块、导套的安装精度
	工件的装夹误差	正确选择定位基准面,提高定位副的制造精度
	工艺系统热变形	合理确定调整尺寸,机床热平衡后调整加工
定尺寸刀具法	刀具的尺寸误差	刀具的尺寸精度应高于加工面尺寸精度
	刀具的磨损	控制刀具的尺寸磨损量,提高耐磨性
	刀具的安装误差	对刀具安装提出位置精度要求
	刀具的热变形	提高冷却润滑效果
自动控制法	控制系统的灵敏性与可靠性	1）提高自动检测精度 2）提高进给机构的灵敏性及重复定位精度 3）减小切削刃钝圆半径及提高刀具刚度

（2）影响形状精度的基本因素及消减途径　获得零件表面形状的方法有轨迹法、成形（刀具）法、非成形运动法（包括相切法和展成法）等。采用轨迹法加工时，已加工表面的

形状精度取决于工件和刀具间（回转和移动）相对成形运动的精度。采用成形法加工时，已加工表面的形状精度主要取决于切削刃的形状及其安装精度。采用非成形运动法加工时，已加工表面的形状精度取决于机床展成传动链的精度、部件运动精度及切削刃的形状精度。

影响形状精度的基本因素及消减途径见表 5-5。

表 5-5　影响形状精度的基本因素及消减途径

加工方法	影　响　因　素	消　减　途　径
轨迹法	（1）机床主轴回转误差 　　采用滑动轴承时，主轴颈的圆度误差（对于工件回转类机床）、轴承内表面的圆度误差（对于刀具回转类机床），会造成加工表面的圆度误差 　　采用滚动轴承时，轴承内、外滚道不圆，滚道有波纹，滚动体尺寸不等，轴颈与箱体孔不圆等会造成加工面的圆度误差；滚道的轴向圆跳动、主轴止推肩、过渡套或垫圈等轴向圆跳动会造成加工端面的平面度误差	1）提高主轴支承轴颈与轴瓦的形状精度 2）若为滚动轴承时，对前后轴承进行角度选配 3）对滚动轴承预加载荷，消除间隙 4）采用高精度滚动轴承或液体、气体静压轴承 5）采用固定顶尖支承工件，避免主轴回转误差的影响 6）刀具或工件与机床主轴浮动连接，采用高精度夹具镗孔或磨孔，使加工精度不受机床主轴回转误差的影响
	（2）机床导轨的导向误差 　　导轨在水平面或垂直面内的直线度误差、前后导轨的平行度误差造成工件与切削刃间的相对位移，若此位移沿被加工表面法线方向，会使加工表面产生平面度或圆柱度误差 　　导轨润滑油压力过大，引起工作台不均匀漂浮、导轨的磨损都会降低导向精度	1）选择合理的导轨形式和组合方式，适当增加工作台与床身导轨的配合长度 2）提高导轨的制造精度与刚度 3）保证机床的安装技术要求 4）采用液体静压导轨或合理的刮油润滑方式，适当控制润滑油压力 5）预加反向变形，抵消导轨制造误差
	（3）成形运动轨迹间几何位置关系误差会造成圆度、圆柱度误差	提高机床的几何精度
	（4）刀尖尺寸磨损在加工大型表面、难加工材料、精度要求高的表面、自动线或自动机连续加工时，会造成圆柱度等形状误差	1）精度研磨刀具并定时检查 2）采用耐磨性好的刀具材料 3）选择适当的切削速度 4）自动补偿刀具磨损
成形法	除成形运动本身误差及成形运动间位置关系误差外： 1）刀具的制造误差、安装误差与磨损直接造成加工表面的形状误差 2）加工螺纹时成形运动间的速比关系误差等造成的螺矩误差。造成速比关系误差的因素有：母丝杠的制造安装误差、机床交换齿轮的近似传动比、传动齿轮的制造与安装误差等	提高刀具的制造精度、安装精度、刃磨质量与耐磨性 1）采用短传动链结构 2）提高母丝杠的制造与安装精度 3）采用降速传动 4）提高末端传动件的制造与安装精度 5）采用校正装置（校正尺、偏心齿轮、行星校正机构、数控校正装置、激光校正装置）
	1）刀具回转误差，立柱导轨、工作台导轨误差，其间位置关系误差 2）刀具与工件两个回转运动的速比关系误差（分度蜗轮、蜗杆、传动齿轮等的制造与安装误差） 3）刀具的制造、刃磨与安装误差	1）根据加工要求选择机床 2）缩短传动链，采用降速传动，提高末端传动元件的制造与安装精度 3）采用校正机构（偏心校正机构，凸轮、摆杆校正机构） 4）按一定技术要求选择、重磨、安装刀具

（续）

加工方法	影 响 因 素	消 减 途 径
非成形 运动法	采用机床加工，刀具与工件间相对运动轨迹的复杂程度影响各点相互接触和干涉的机率，因而影响误差均化效果 采用手工刮研或研磨方法，需要适时地对工件进行检测，检具（标准平尺、平台等）误差、检测方法误差是重要的影响因素	1）采用运动轨迹复杂的加工方法 2）合理选用标准平台与平尺的形状和结构 3）采用材质与结构适当的研具 4）采用三板互研法提高夹具、研具精度 5）采用精磨量具、量仪，采用被加工零件或检具自检或互检的方法提高检测精度

（3）影响位置精度的基本因素及消减途径　在同一工序一次安装中所加工的表面之间的位置精度，主要受机床的几何误差、机床的热变形与受力变形、工件的夹紧变形等因素的影响。对于不同工序或不同安装中所加工的表面之间的位置精度，除了与上述因素有关外，还与定位基准是否与工序基准重合，是否采用同一基准以及工件在机床上的安装方式有关。

影响位置精度的基本因素及消减途径见表5-6。

表5-6　影响位置精度的基本因素及消减途径

装夹方式	影 响 因 素	消 减 途 径
直接装夹	工件定位基准面与机床装夹面直接接触 1）刀具切削成形面与机床装夹面的位置误差 2）工件定位基准面与加工面工序基准间位置误差	1）提高机床几何精度 2）采用加工面的工序基准面为定位基准 3）提高加工面的工序基准面与定位基准面间的位置精度
找正装夹	将工件装夹或支承在机床上，用找正工具按机床切削成形面调整工件，使其基准面处于正确位置 1）找正方法与量具的误差 2）找正基面与基线的误差 3）工人操作水平	1）采用与加工精度相适应的找正工具 2）提高找正基面与基线的精度 3）提高操作水平
夹具装夹	工件定位基准面与夹具定位元件相接触或相配合 1）刀具切削成形面与机床装夹面的位置误差 2）工件定位基准面与加工面工序基准间的位置误差 3）夹具的制造误差与刚度 4）夹具的安装误差与接触变形 5）工件定位基准面的位置误差	1）提高机床的几何精度 2）提高夹具的制造、安装精度和刚度 3）减少定位误差

4. 经济加工精度

不同的加工方法获得的加工精度是不同的，即使同一种加工方法，由于加工条件不同，所能达到的加工精度也是不同的。如精车加工一般可达 IT7 ~IT8 级精度，若由高级技师进行精细操作也可能达到 IT6 ~ IT7 级精度，但加工成本提高了。统计表明，任何加工方法，其加工误差与加工成本之间的关系如图 5-17 所示。这条曲线可分为三部分：

AB 段：加工误差小，精度高，但成本太高，不经济。

CD 段：曲线与横坐标几乎平行，说明零件精度很低。但加工成本不能无限制下降，它必须消耗这种加工方法的最低成本，所以既难以保证质量，又不经济。

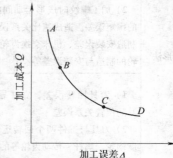

图 5-17　加工误差与加工成本

BC 段：可达到一定的加工精度，成本也不高，比较经济。

经济加工精度是指在正常加工条件下（采用符合质量标准的设备、工艺装备和标准技术等级的工人，不延长加工时间）所能保证的加工精度。经济表面粗糙度的概念类同于经济加工精度。各种加工方法的经济加工精度和表面粗糙度的参考数据见表 5-7 ~ 表 5-9。

表 5-7　各种外圆加工方法的经济加工精度和表面粗糙度

加工方法	加工情况	经济加工精度（IT）	表面粗糙度值 $Ra/\mu m$	加工方法	加工情况	经济加工精度（IT）	表面粗糙度值 $Ra/\mu m$
车	粗车	12 ~ 13	10 ~ 80	外磨	粗磨	8 ~ 9	1.25 ~ 10
	半精车	10 ~ 11	2.5 ~ 10		半精磨	7 ~ 8	0.63 ~ 2.5
	精车	7 ~ 8	1.25 ~ 5		精磨	6 ~ 7	0.16 ~ 1.25
	金刚石车（镜面车）	5 ~ 6	0.02 ~ 1.25		精密磨（精修整砂轮）	5 ~ 6	0.08 ~ 0.32
					镜面磨	5	0.008 ~ 0.08
				抛光			0.008 ~ 1.25
铣	粗铣	12 ~ 13	10 ~ 80	研磨	粗研	5 ~ 6	0.16 ~ 0.63
	半精铣	11 ~ 12	2.5 ~ 10		精研	5	0.04 ~ 0.32
	精铣	8 ~ 9	1.25 ~ 5		精密研	5	0.008 ~ 0.08
				超精加工	精	5	0.08 ~ 0.32
					精密	5	0.01 ~ 0.16
车槽	一次行程	11 ~ 12	10 ~ 20	砂带磨	精磨	5 ~ 6	0.02 ~ 0.16
	二次行程	10 ~ 11	2.5 ~ 10		精密磨	5	0.01 ~ 0.04
				滚压		6 ~ 7	0.16 ~ 1.25

表 5-8　各种孔加工方法的经济加工精度和表面粗糙度

加工方法	加工情况	经济加工精度（IT）	表面粗糙度值 $Ra/\mu m$	加工方法	加工情况	经济加工精度（IT）	表面粗糙度值 $Ra/\mu m$
钻	$\phi 15mm$ 以下	11 ~ 13	5 ~ 80	铰	半精铰	8 ~ 9	1.25 ~ 10
	$\phi 15mm$ 以上	10 ~ 12	20 ~ 80		精铰	6 ~ 7	0.32 ~ 5
					手铰	5	0.08 ~ 1.25
扩	粗扩	12 ~ 13	5 ~ 20	拉	粗拉	9 ~ 10	1.25 ~ 5
	一次扩孔（铸孔或冲孔）	11 ~ 13	10 ~ 40		一次拉孔（铸孔或冲孔）	10 ~ 11	0.32 ~ 2.5
	精扩	9 ~ 11	1.25 ~ 10		精拉	7 ~ 9	0.16 ~ 0.63
推	半精推	6 ~ 8	0.32 ~ 1.25	内磨	粗磨	9 ~ 11	1.25 ~ 10
	精推	6	0.08 ~ 0.32		半精磨	9 ~ 10	0.32 ~ 1.25
镗	粗镗	12 ~ 13	5 ~ 20		精磨	7 ~ 8	0.08 ~ 0.63
	半精镗	10 ~ 11	2.5 ~ 10		精密磨（精修整砂轮）	6 ~ 7	0.04 ~ 0.16
	精镗（浮动镗）	7 ~ 9	0.63 ~ 5	研磨	粗研	5 ~ 6	0.16 ~ 0.63
	金刚镗	5 ~ 7	0.16 ~ 1.25		精研	5	0.04 ~ 0.32
					精密研	5	0.008 ~ 0.08
珩	粗珩	5 ~ 6	0.16 ~ 1.25	挤	滚珠、滚珠扩孔器、挤压头	6 ~ 8	0.01 ~ 1.25
	精珩	5	0.04 ~ 0.32				

表5-9　各种平面加工方法的经济加工精度和表面粗糙度

加工方法	加工情况	经济加工精度(IT)	表面粗糙度值 $Ra/\mu m$	加工方法	加工情况		经济加工精度(IT)	表面粗糙度值 $Ra/\mu m$
周铣	粗铣	11 ~ 13	5 ~ 20	平磨	粗磨		8 ~ 10	1.25 ~ 10
	半精铣	8 ~ 11	2.5 ~ 10		半精磨		8 ~ 9	0.63 ~ 2.5
	精铣	6 ~ 8	0.63 ~ 5		精磨		6 ~ 8	0.16 ~ 1.25
端铣	粗铣	11 ~ 13	5 ~ 20		精密磨		6	0.04 ~ 0.32
	半精铣	8 ~ 11	2.5 ~ 10	刮	$(25 \times 25) mm^2$ 点数	8 ~ 10		0.63 ~ 1.25
	精铣	6 ~ 8	0.63 ~ 5			10 ~ 13		0.32 ~ 0.63
车	半精车	8 ~ 11	2.5 ~ 10			13 ~ 16		0.16 ~ 0.32
	精车	6 ~ 8	1.25 ~ 5			16 ~ 20		0.08 ~ 0.16
	细车(金刚石车)	6	0.02 ~ 1.25			20 ~ 25		0.04 ~ 0.08
刨	粗刨	11 ~ 13	5 ~ 20	研磨	粗研		6	0.16 ~ 0.63
	半精刨	8 ~ 11	2.5 ~ 0		精研		5	0.04 ~ 0.32
	精刨	6 ~ 8	0.63 ~ 5		精密研		5	0.008 ~ 0.08
	宽刃精刨	6	0.16 ~ 1.25					
插			2.5 ~ 20	砂带磨	精磨		5 ~ 6	0.04 ~ 0.32
拉	粗拉(铸造或冲压面)	10 ~ 11	5 ~ 20		精密磨		5	0.01 ~ 0.04
	精拉	6 ~ 9	0.32 ~ 2.5	滚压			7 ~ 10	0.16 ~ 2.5

5.3.2　加工表面质量

零件的加工表面质量包括表面几何学特征（表面粗糙度、波度、纹理）和表面层材质的变化（零件加工后在表面层内出现不同于基体材料的力学、物理及化学性能的变质层，如加工硬化、金相组织变化、残余应力、热损伤、疲劳强度变化、耐蚀性等）。

1. 已加工表面粗糙度

（1）切削加工表面粗糙度

1）影响切削加工表面粗糙度的因素。包括刀具切削刃轮廓通过切削运动在工件表面上留下的残留面积；切削刃在刃磨时和磨损后产生的不平整在加工表面上的复映；切削塑性金属，当条件适宜时出现的积屑瘤和鳞刺（已加工表面上出现的垂直于切削速度方向的鳞片状毛刺），以及沿副切削刃方向的塑性流动；在切削中出现挤裂切屑、单元切屑或崩碎切屑时，由于切屑单元的周期性断裂，或切削脆性材料时形成崩碎切屑的崩裂，产生的振动等。

由此可以看出，刀具的现状（几何参数、切削刃形状、刀具材料、刀面的表面粗糙度、磨损情况）、切削条件（背吃刀量、进给量、切削速度、切削液）、工件材料及热处理、工艺系统刚度和机床精度等，都会影响切削加工表面粗糙度。

2）改善切削加工表面粗糙度的一般措施：

①刀具方面。为了减少残留面积，刀具应采用较大的刀尖圆弧半径、较小的副偏角和合适的修光刃；选择合适的几何角度，有利于减小积屑瘤和鳞刺；降低刀具前后刀面与切削刃的表面粗糙度，以便提高切削刃的平整度；选用与工件材料适应性好的刀具材料，避免使用磨损严重的刀具，这些均有利于减小加工表面粗糙度。

②切削条件方面。选择合理的背吃刀量、进给量和切削速度，以较高的切削速度切削塑性材料可抑制积屑瘤和鳞刺出现；减小进给量；采用高效切削液，可获得好的表面粗糙度。

③工件材料方面。对加工表面粗糙度影响较大的是工件材料的塑性和金相组织。对于塑性大的低碳钢、低合金钢材料，宜预先进行正火处理，降低塑性，这样在切削加工后能得到较小的表面粗糙度；工件材料应有适宜的金相组织（状态、晶粒度大小及分布），否则，难以获得较满意的加工表面粗糙度。

④工艺系统刚度等方面。提高工艺系统的刚度，减少或消除加工过程中产生的振动，保证所需要的机床精度均能够取得较小的加工表面粗糙度。

（2）磨削加工表面粗糙度 磨削可得到较理想的表面粗糙度值，如精密磨削时可达 $Ra0.04 \sim 0.16\mu m$，超精密磨削时可达 $Ra0.01 \sim 0.04\mu m$，镜面磨削时，表面粗糙度值 $Ra \leqslant 0.01\mu m$。因此，对一些表面质量要求高的工件表面，常常用磨削作为终加工工序。

1）影响磨削加工表面粗糙度的因素。

①砂轮表面形状及磨削用量。

②由磨削过程中耕犁作用造成的沟纹隆起。

③由磨削工艺系统刚度不足而引起的磨削振纹。

④选用切削液和供液方式不妥。

2）改善磨削加工表面粗糙度的一般措施。当磨削过程中力和热的影响不大时，几何关系是决定磨削表面粗糙度的主要方面。此时，降低磨削表面粗糙度的措施有：选用较小的径向进给量；选择较大的砂轮速度和较小的轴向进给速度；工件速度应该低一些；采用细粒度砂轮；精细修整砂轮工作表面（选用较小的修整用量），使砂轮上磨粒锋利，也可达到较好的磨削效果；选取适宜的切削液和合理的供液方式都能得到低表面粗糙度值。

2. 已加工表面变质层

（1）加工硬化 切削加工会使工件表层数十至数百微米厚度内的显微硬度提高。切削或磨削过程中，工件表层金属在切削力作用下产生了很大的塑性变形，晶格扭弯、拉长和破碎，阻碍了金属的进一步变形，而使材料强化，强度和硬度增加，塑性下降，这一现象称为加工硬化。加工硬化现象对耐磨性是有利的，但过度的硬化则会使刀具磨损增加，并易出现疲劳裂纹。

评定加工硬化的指标有三项：表面层的显微硬度 HV、硬化层深度 h、硬化程度 N。其中

$$N = \frac{HV - HV_0}{HV_0} \times 100\%$$

式中 HV_0——金属原来的显微硬度。

造成加工硬化的原因有：

1）刀具的前角和后角的减小，后刀面磨损的加大，切削刃钝圆半径增大，修光刃长度过长等。

2）工件的塑性较高，使工件的强化指数增大。

3）切削用量中的进给量增加，加工硬化随之增大。切削速度的影响比较复杂，开始时随切削速度的增加，加工硬化逐渐下降；到一定高速以后，加工硬化反而逐渐增大。

总之，凡是增大变形与摩擦的因素都将加剧硬化程度；而凡是有利于软化的因素（如

高的切削温度和长的加热时间）都会减轻硬化程度。

（2）加工表面的残余应力　产生加工表面残余应力的原因：

1）机械应力引起的塑性变形。切削过程中，切削刃刃前方的工件材料受前刀面的挤压，使即将成为已加工表面层的金属在切削力方向产生压缩塑性变形，但又受到里层未变形金属的牵制，从而在表层产生剩余拉应力，里层产生剩余压应力。另外，刀具的后刀面与已加工表面产生很大的挤压与摩擦，使表层产生拉伸塑性变形，于是，在里层金属作用下，表层金属产生剩余压应力，相应的里层金属产生剩余拉应力。

2）热应力引起的塑性变形。切削或磨削时的强烈塑性变形与摩擦，使已加工表面层有很高的温度，并形成表里层很大的温度梯度。高温表层的体积膨胀，将受到里层金属的阻碍，从而使表层金属产生热应力。当热应力超过材料的热屈服强度时，将使表层金属产生压缩塑性变形。加工后表层金属冷却至室温时，体积的收缩又受到里层金属的牵制，因而使表层金属产生剩余拉应力，里层产生剩余压应力。在剩余拉应力超过材料的强度极限时，零件表层就会产生裂纹。

3）金相组织变化引起的体积变化。不同的金相组织具有不同的比体积。淬火钢件磨削时，若磨削温度过高而使表层处的马氏体转变成比体积较小的回火托氏体或索氏体，所引起的表层金属体积的收缩，将使表层产生剩余拉应力、次表层为剩余压应力；若磨削区温度高达材料相变点温度以上，工件表层的冷却速度又大于钢的临界冷却速度时，工件表层出现二次淬火马氏体，次表层为比体积较小的高温回火索氏体，这时二次淬火层出现剩余压应力而次表层则为拉应力。

已加工表面层出现的残余应力，是上述诸因素综合作用的结果，其大小、性质和分布则由起主导作用的因素所决定。影响残余应力的因素较为复杂。总的说来，凡能减少塑性变形和降低切削温度的因素都能使已加工表面的残余应力减小。

（3）磨削烧伤与磨削裂纹

1）磨削烧伤。磨削烧伤是指由于磨削时的瞬时高温使工件表层局部组织发生变化，并在工件表面的某些部分出现氧化变色的现象。磨削烧伤会降低材料的耐磨性、耐蚀性和疲劳强度，烧伤严重时还会出现（磨削）裂纹。

2）磨削裂纹。在磨削淬火高碳钢、渗碳钢、工具钢、硬质合金等工件时，容易在表层出现细微的裂纹，其延伸方向大体与磨削速度方向垂直或呈网状分布。

减少磨削烧伤与磨削裂纹的工艺措施：正确选用砂轮，如可采用较软的砂轮及大气孔砂轮；砂轮磨损后应及时修整；合理选择工艺参数，如减小每次行程的径向进给量，提高工件的转速；必要时可采用新工艺方法——低应力磨削；改善磨削时的冷却条件，采用有效的切削液和供液方法，使切削液渗透到磨削区。

5.3.3　常见加工质量问题分析

1. 车削细长轴时的加工质量问题

细长轴是指工件长度与其直径之比大于 25 的轴类工件。车削细长轴时，对工件的装夹方法以及刀具、机床、辅助工夹具及切削用量等要合理选择，精心调整，防止细长轴在车削过程中产生振动和变形。

车削细长轴时常见的工件缺陷和产生原因见表 5-10。

表 5-10 车削细长轴时常见的工件缺陷和产生原因

工件缺陷	产生原因及处理方法
弯曲	1）坯料弯曲，应进行校直和热处理 2）工件装夹不良，尾座顶尖和工件顶尖孔顶得过紧 3）刀具几何参数和切削用量选择不当，造成切削力过大，可减小背吃刀量，增加进给次数 4）切削时产生切削热，应采用冷却润滑 5）刀尖和跟刀架支承块间距离过大，应不超过 2mm
竹节形	跟刀架外侧支承块调整过紧，易在工件中段出现周期性直径变化，应调节压力，使支承块与工件保持良好接触，若支承爪在加工过程中磨损，也应及时调整接触压力
多边形	1）跟刀架支承块与工件表面接触不良，留有间隙，使工件中心偏离旋转中心；应合理选用跟刀架结构，正确修磨支承块弧面，使其与工件良好接触 2）因装夹、发热等各种因素造成的工件偏摆，导致背吃刀量变化。可利用托架，并改善托架与工件的接触状态
锥度	1）尾座顶尖与主轴中心线对床身导轨不平行 2）刀具尺寸磨损，可采用 0°后角车刀，磨出刀尖圆弧半径
表面质量不好	1）车削振动 2）跟刀架支承块材料选用不当，与工件接触和摩擦不良 3）刀具几何参数选择不当，可磨出刀尖圆弧半径，当工件长度与直径比较大时也可采用宽刀低速光车

2. 铣削加工中常见工件质量问题及解决办法

目前，铣削加工有两个发展方向，一是以提高生产率为目的的强力铣削，二是以提高精度为目的的精密铣削。由于模具钢、不锈钢、耐热合金等难加工材料的出现，对机床、刀具提出了新的要求。强力铣削要求机床具有较大的功率和很高的刚度，要求刀具具有良好的切削性能。近年来，随着新刀具材料的出现，铣削速度不断提高，产生了高速铣削。例如，对于中等强度的灰铸铁（150~220HBW），高速钢铣刀的切削速度为 15~20m/min，硬质合金铣刀的切削速度为 60~110m/min，而采用多晶立方氮化硼铣刀的切削速度为 300~800m/min。由于铣削效率比磨削高，采用精密铣削代替磨削提高了生产率。例如，用硬质合金刀片的面铣刀盘加工大型铸铁导轨时，精铣时直线度在 3m 长度内可达 0.01~0.02mm，表面粗糙度值 Ra 可达 1.6~0.8μm。

铣削加工常见部分质量问题及解决办法见表 5-11。

表 5-11 铣削加工常见部分质量问题及解决办法

序号	质量问题	产生原因	解决办法
1	工件产生鳞刺	过高的铣削力及铣削温度	1）铣削硬度在 34~38HRC 以下软材料时，增加铣削速度 2）改变刀具几何角度，增大前角并保持刀具刃口锋利 3）采用涂层刀片
2	工件产生冷硬层	铣刀磨钝，铣削厚度太小	1）刃磨或更换刀片 2）增加每齿进给量 3）采用顺铣 4）用较大后角的铣刀和正前角铣刀

（续）

序号	质量问题	产生原因	解决办法
3	表面粗糙度值偏大	铣削用量偏大，铣刀跳动；铣刀磨钝	1）降低每齿进给量 2）采用宽刃大圆弧修光齿铣刀 3）检查并消除工作台镶条间隙以及其他相对运动部件的间隙 4）检查主轴孔与刀杆配合及刀杆与铣刀配合，消除其间隙；在刀杆上加装惯性飞轮 5）检查铣刀刀齿跳动，调整或更换刀片，用油石研磨刃口，降低刃口表面粗糙度值 6）刃磨与更换可转位刀片的刃口或刀片，保持刃口锋利 7）铣削侧面时，用有侧隙角的错齿或镶齿三面刃铣刀
4	尺寸超差	立铣刀、键槽铣刀、三面刃铣刀自身摆动	1）检查铣刀刃磨后是否符合图样要求，及时更换已磨损的刀具 2）检查铣刀安装后的摆动是否已超过精度要求范围 3）检查铣刀刀杆是否弯曲，检查铣刀与刀杆套筒接触之间的端面是否平整或与轴线是否垂直，或有杂物毛刺未清除

3. 钻、扩、铰加工中常见工件质量问题及解决办法

钻、扩、铰加工中，由于钻头刃口崩刃、弯曲、钻尖磨钝、钻头几何参数不合理等各种因素的影响，会使加工孔产生尺寸、形状、表面质量等方面的缺陷，具体见表 5-12 ~ 表 5-14。

表 5-12　麻花钻加工中常见部分质量问题及解决办法

序号	质量问题	产生原因	解决办法
1	孔径增大，误差大	1）钻头左、右刃不对称，摆差大 2）钻头横刃太长 3）钻头刃口崩刃 4）钻头刃带上有积屑瘤 5）钻头弯曲 6）进给量太大 7）钻床主轴摆差大或松动	1）刃磨时保证钻头左、右切削刃对称，摆差在允许范围内 2）修磨横刃，减小横刃长度 3）及时发现崩刃情况，并更换钻头 4）将刃带上的积屑瘤用油石修整到合格 5）校直或更换 6）降低进给量 7）及时调整和维修机床
2	钻孔时产生振动或孔不圆	1）钻头后角太大 2）无导向套或导向套与钻头配合间隙过大 3）钻头左、右切削刃不对称，摆差大 4）主轴轴承松动 5）工件夹紧不牢 6）工件表面不平整，有气孔砂眼 7）工件内部有缺口、交叉孔	1）减小钻头后角 2）钻杆伸出过长时必须有导向套，采用合适间隙的导向套或先钻中心孔再钻孔 3）刃磨时保证钻头左、右切削刃对称，摆差在允许范围内 4）调整或更换轴承 5）改进夹具与夹紧装置 6）更换合格毛坯 7）改变工序顺序或改变工件结构

（续）

序号	质量问题	产 生 原 因	解 决 办 法
3	孔壁表面粗糙	1）钻头不锋利 2）后角太大 3）进给量太大 4）切削滚供给不足，切削液性能差 5）切屑堵塞钻头的螺旋槽 6）夹具刚度不够 7）工件材料硬度过低	1）将钻头磨锋利 2）采用适当后角 3）降低进给量 4）加大切削液流量，选择性能好的切削液 5）减小切削速度、进给量；采用断屑措施；或采用分级进给方式，使钻头退出数次 6）改进夹具 7）增加热处理工序，适当提高工件硬度

表 5-13　扩孔钻加工中常见部分质量问题及解决办法

序号	质量问题	产 生 原 因	解 决 办 法
1	孔径增大	1）扩孔钻切削刃摆差大 2）扩孔钻刃口崩刃 3）扩孔钻刃带上有积屑瘤 4）安装扩孔钻时，锥柄表面油污未擦拭干净，或锥面有磕碰痕迹	1）刃磨时保证摆差在允许范围内 2）及时发现崩刃情况，并更换钻头 3）将刃带上的积屑瘤用油石修整到合格 4）安装扩孔钻前必须将扩孔钻锥柄及机床主轴锥孔内部擦拭干净，锥面磕碰伤处用油石修光
2	孔表面粗糙	1）切削用量过大 2）切削液供给不足 3）扩孔钻过度磨损	1）适当降低切削用量 2）切削液喷嘴对准加工孔口，加大切削液流量 3）定期更换扩孔钻，刃磨时把磨损区全部磨去
3	孔位置精度超差	1）扩孔钻与导向套配合间隙大 2）机床主轴与导向套同轴度误差大 3）主轴轴承松动	1）减小配合间隙 2）校正机床与导向套位置 3）调整主轴轴承间隙

表 5-14　多刃铰刀铰孔加工中常见部分质量问题及解决办法

序号	质量问题	产 生 原 因	解 决 办 法
1	孔径小	1）铰刀外径尺寸设计值偏小 2）切削速度过低 3）进给量过大 4）铰刀主偏角过小 5）切削液选择不合适 6）铰刀已磨损，刃磨时磨损部分未磨去 7）铰薄壁钢件时，铰完孔后内孔弹性恢复，使孔径缩小 8）铰钢料时，余量太大或铰刀不锋利，也容易产生孔弹性恢复，使孔径缩小	1）更改铰刀外径尺寸 2）适当提高切削速度 3）适当降低进给量 4）适当增大主偏角 5）选择润滑性能较好的油性切削液 6）定期更换铰刀，正确刃磨铰刀切削部分 7）设计铰刀尺寸时应考虑此因素，或根据实际情况取值 8）进行试验性切削，取合适余量；将铰刀磨锋利
2	孔的位置精度超差	1）导向套磨损 2）导向套底端距工件太远，导向套长度短，精度差 3）主轴轴承松动	1）定期更换导向套 2）加长导向套，提高导向套与铰刀间的配合精度，缩短导向套底端距工件的距离 3）及时维修机床，调整主轴轴承间隙

（续）

序号	质量问题	产生原因	解决办法
3	铰孔后孔的中心线不直	1）铰孔前的钻孔不直，特别是孔径较小时，由于铰刀刚性差，不能纠正原有的弯曲度 2）铰刀主偏角过大，导向不良，使铰刀在铰削中容易偏离方向 3）切削部分倒锥过大 4）铰刀在断续孔中部间隙处移位 5）手铰孔时，在一个方向上用力过大，迫使铰刀向一边偏斜，破坏了铰孔的直线度	1）增加扩孔或镗孔工序，校正孔中心线 2）减小主偏角 3）改用合适的铰刀 4）改用有导向部分或加长切削部分的铰刀 5）注意正确操作

5.4　工件质量管理

　　产品质量的好坏，决定着企业经济效益的高低，直接影响企业的市场份额。"以质量求生存，以品种求发展"已成为广大企业的共识。

　　质量管理的发展，经历了产品质量检验、统计质量检验、全面质量管理到形成 ISO 系列标准的发展历程，并已逐步形成了架构清晰、术语准确、手段完备、流程合理的质量管理体系，标志着质量管理科学的诞生和实践。

5.4.1　质量管理体系架构

　　质量管理体系（Quality Management System，QMS）通常包括制定质量方针、目标，以及质量策划、质量控制、质量保证和质量改进等活动。质量管理体系一般由质量控制（QC）、质量保证（QA）、质量工程（QE）三个方面构成，如图 5-18 所示。质量管理体系架构中相关术语的中英文对照见表 5-15。

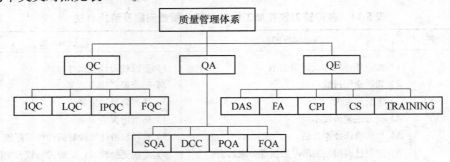

图 5-18　质量管理体系的一般架构

表 5-15　质量管理体系架构中相关术语的中英文对照

术语	英文全称	中文	术语	英文全称	中文
QC	Quality Control	质量控制	LQC	Line Quality Control	生产线质量控制
QA	Quality Assurance	质量保证	IPQC	In-process Quality Control	制程质量控制
QE	Quality Engineering	质量工程	FQC	Final Quality Control	最终质量控制
IQC	Incoming Quality Control	进料质量控制	SQA	Source（Supplier）Quality Control	供应商质量控制

（续）

术语	英 文 全 称	中文	术语	英 文 全 称	中文
DCC	Document Control Center	文件控制中心	FA	Failure Analysis	坏品分析
PQA	Process Quality Assurance	制程质量保证	CPI	Continuous Process Improvement	持续工序改善
FQA	Final Quality Assurance	最终质量保证	CS	Customer Service	客户服务
DAS	Defects Analysis System	缺陷分析系统	TRAINING		培训

5.4.2 质量检验

在 ISO 8402—1994 标准中对质量检验的定义是"为达到品质要求所采取的作业技术和活动"。有些推行 ISO 9000 的企业会设置这样的部门或岗位，负责 ISO 9000 标准所要求的有关品质控制的职能。担任这类工作的人员称为 QC 人员，相当于传统的检验员，包括进货检验员、制程检验员、最终检验员和出货检验员。作为质量管理的一部分，质量控制适用于对组织任何有关质量活动的控制，不仅局限于生产领域，还适用于产品的设计、采购、销售及人力资源的管理等。在制造企业，质量控制活动主要是企业内部的生产现场管理。

1. 抽样检验方案

抽样检验又称抽样检查，是从一批产品中随机抽取少量产品（样本）进行检验，据以判断该批产品是否合格的统计方法。它与全面检验不同之处，在于后者需对整批产品逐个进行检验，把其中的不合格品拣出来，而抽样检验则根据样本中的产品的检验结果来推断整批产品的质量。如果推断结果认为该批产品符合预先规定的合格标准，就予以接收；否则就拒收。所以，经过抽样检验认为合格的一批产品中，还可能含有一些不合格品。

（1）常用抽样方案　抽样检验的方法有以下三种：简单随机抽样、系统抽样和分层抽样。

1）简单随机抽样。是指一批产品共有 N 件，其中任意 n 件产品都有同样的可能性被抽到，如抽奖时摇奖的方法就是一种简单的随机抽样。简单随机抽样时必须注意不能有意识抽好的或差的，也不能为了方便只抽表面摆放的或容易抽到的。

2）系统抽样。是指每隔一定时间或一定编号进行，而每一次又是从一定时间间隔内生产出的产品或一段编号产品中任意抽取一个或几个样本的方法。这种方法主要用于无法知道总体的确切数量的场合，如每个班的确切产量，多见于流水生产线的产品抽样。

3）分层抽样。是指针对不同类产品有不同的加工设备、不同的操作者、不同的操作方法时对其质量进行评估的一种抽样方法。

（2）抽样方法的分类

1）计量抽样检验。有些产品的质量特性，如灯管寿命、棉纱拉力、炮弹的射程等，是连续变化的。用抽取样本的连续尺度定量地衡量一批产品质量的方法称为计量抽样检验。

2）计数抽样检验。有些产品的质量特性，如焊点的不良数、测试坏品数以及合格与否，只能通过离散的尺度来衡量，把抽取样本后通过离散尺度衡量的方法称为计数抽样检验。计数抽样检验中对单位产品的质量采取计数的方法来衡量，对整批产品的质量，一般采用平均质量来衡量。

（3）抽样的标准化与优化　制定各种类型的抽样标准，其内容包括抽样方案程序及图表。生产方和使用方只要商定出关于批质量的某个（或某些）特性值，根据抽样检验标准（简称抽样标准）即可得到所需的抽样方案。使用最广泛的标准是由国际标准化组织（ISO）

通过并颁布的两个国际标准：ISO 2859—1：1999：《计数抽样程序及表》和 ISO 3951—2006《不合格品率的计量抽样程序及图表》。其他国家或直接采用这些标准，或在它们的基础上修订出本国的抽样标准。中国也颁布过几个标准，如关于计数抽样的《中华人民共和国国家标准 GB/T 2828.1—2012》。

2. 进料检验（IQC）

对从供应商处采购的材料、半成品或成品零部件在加工和装配之前所进行的检验，称为进料检验。IQC 对于所购的物料，分为全检、抽检和免检等几种形式。这主要取决于：①物料对成品质量的重要程度；②供料厂商的质量保证级别；③物料的数量、单价、体积、检验费用；④实施 IQC 检验的允许时间；⑤用户的特殊要求。

（1）检验流程　IQC 进料/零件检验流程及作业内容见表 5-16。

表 5-16　IQC 进料/零件检验流程及作业内容

序号	流程	责任人	表单	作业内容
1	来料	仓管员	待检标志	仓管员指定物料存放位置，做待检标志
2	待检区	仓管员	原料入库交验单	仓管员以原料入库交验单给 IQC 报检
3	报检　检验方案	IQC	抽样检验流程　原材料检验过程　进料检验流程	IQC 按检验标准确定待检物料的检验方案
4	检验　合格判定（不合格《进料不合格处理流程》）　合格　品管部经理审核（不合格）　合格品标志	IQC　IQC/IQC 主管	进料检验记录表　进料标志（签）/进料检验质量异常表	按既定方案进行原料抽检，并记录进料检验记录表 IQC 依据检验结果进行合格与否判定，并做相应标志 不合格：IQC 填写进料检验质量异常表，按《进料不合理处理流程》处理 合格：IQC 将进料检验记录表交 IQC 主管审核
5	合格品标志	IQC	合格品标志（签）/原材料入库交验单	IQC 制作合格品标志，将原材料入库交验单、合格品标志返回给仓管员
6	入库	仓管员	合格品标志（签）/原材料入库交验单	将物料贴合格品标志，置于合格品存放区域

（2）检验项目　进料检验员在对来料进行检验前，首先要清楚该批货物的质量检测要项，不明之处要向质量工程师及进料检验主管咨询。必要时，进料检验员可以从来料中随机抽取两件来货样，交进料检验。主管签发来料检验临时样品，并附相应的质量检验测试说明。不可在不明来料检验与验证项目、方法和可接收质量水平的情况下进行验收。

一般的验收项目包括：①外观检验；②尺寸、结构性检验；③电气特性检验；④化学特性检验；⑤物理特性检验；⑥机械特性检验；⑦包装检验；⑧形式检验。

（3）检验方式 一般的检验方式包括：①外观检验：一般用目视、手感；②尺寸检验：如用游标卡尺、千分尺、塞规等进行检验；③结构性检验：如用拉力计、扭力计等进行检验；④特性检验：使用检测仪器或设备检验，如使用示波器来检验电气特性等。

3. 制程检验（IPQC）

制程检验是为了提早发现不良品，避免不良品产生，并且杜绝不良品流出。检验范围包括工厂内所有制程，包括压铸、折料、切边、删选、研扫、加工组装、包装及返工返修。

（1）首件检验 首件是指每个班次刚开始时或过程发生改变（如人员的变动、换料及换工装、机床的调整、工装刀具的调换修磨等）后加工的第一或前几件产品。对于大批量生产，"首件"往往是指一定数量的样品。

长期实践经验证明，首检制是一项尽早发现问题、防止产品成批报废的有效措施。通过首件检验，可以发现如工夹具严重磨损或安装定位错误、测量仪器精度变差、看错图样、投料或配方错误等系统性原因存在，从而采取纠正或改进措施，以防止批次性不合格品产生。

（2）制程检验 制程检验又称在制品控制，是品质管理的核心。在实施制程检验时要做好以下工作：

1）明确 IPQC 的控制范围。物料入库后至半成品入库前的控制。

2）设置控制点。考虑影响在制品的各种不稳定因素。

3）确定 IPQC 的作业步骤。包括确认首件必检、核对生产资料、实施 IPQC 巡检、制作 IPQC 巡检记录、质量异常的反馈与处理。

4. 成品检验

成品检验是对完工后的产品进行全面的检查与试验，目的是防止不合格品流到用户手中，避免对用户造成损失，也是为了保护企业的信誉。

成品检验的内容包括产品性能、精度、安全性和外观。只有成品检验合格后，才允许对产品进行包装。

对于制成成品后立即出厂的产品，成品检验也就是出厂检验。

对于制成成品后不立即出厂，而需要入库贮存的产品，在出库发货以前，尚需再进行一次"出厂检查"，如某些军工产品，完工检验常分为两个阶段进行，即总装完成后的全面检验与靶场试验后的再行复验。

5. 出货检验

出货检验（OQC）是指产品在出货之前为保证出货产品满足用户品质要求所进行的检验，经检验合格的产品才能予以放行出货。出货检验一般实行抽检，出货检验结果记录有时根据用户要求提供给用户。

5.4.3 质量控制

为达到质量要求所采取的作业技术和活动称为质量控制。

1. 计量值控制图与计数值控制图

控制图又称管理图，是对生产过程质量特性值进行测定、记录、评估，从而监察过程是否处于控制状态的一种用统计方法设计的图样。

控制图大体分为两大类：计量值控制图和计数值控制图，都是在生产过程中作出的。一般是每隔一定时间或一定数量的制品，从中随机抽取一个或几个组成样本，将检验的质量数据按照一定要求列表计算出中心线、上下控制线，即为控制图。然后逐一将制品样品的质量检测数据标入控制图，以控制工序状态。

对于计量值数据，其控制图类型有均值-极差控制图、中位数-极差控制图、单值-移动极差控制图、单值控制图和均值-标准偏差控制图。

计量值控制图主要用于质量特征是长度、质量、强度、密度、纯度、时间等计量值的情况。

常用的计数值控制图有不合格品率控制图（p 图）、不合格品数控制图（pn 图）、单位缺陷数控制图（u 图）和缺陷数控制图（c 图）。这些图不要求质量特征值 X 近似服从正态分布，但计数值一般服从二项分布。当质量特征难以计量测定，或者考察质量着眼于不合格品或缺陷时，宜采用计数值控制图。计数值控制图不像计量值控制图那么精密，但也有其长处，即比较省事，且可采用现成的统计资料。

各种控制图在应用条件和选择的统计量上有所区别，表 5-17 列出了各种控制图的应用场合、特点及其特征统计量。

表 5-17　控制图类型

根据类型	分布		控制图类型与代号	应用场合与用途
计量型	任意分布		单值-移动极差控制图（x-Rs）	一次只能收集到一个样本的数据，如生产效率及损耗率；制程的品质极为均匀，不需要多取样本，如液体浓度等；取得测定值既费时成本又高，如复杂的化学分析或有破坏性试验等。主要用于判断生产过程的均值是否处于或保持在所要求的水平
	正态分布		均值-极差控制图（x̄-R）	样本容量在 10 个以内，主要用来观察分析平均值和极差的变化，从而判断生产过程的均值和离散波动是否处于或保持在所要求的水平，监控制程品质状态的发展趋势
			均值-标准差控制图（x̄-σ）	样本容量在 10 个以上。利用上下控制极限来显示过程是否存在特殊干扰因素。这个控制极限是指测量得到数据的平均值上下 3 个标准差的位置的那两根线。如过程稳定，则 99.7% 的数据一定会落在上下控制极限范围内
			中位数-极差控制图（x̃-R）	样本容量在 10 个以上，来判断生产过程的数据及标准差是否处于或保持在所要求的水平。适用于产品批量大，加工过程稳定的情况。它显示过程输出的分布宽度，并预见过程变差的趋势；它还可以对几个过程的输出或同一过程的不同阶段的输出进行比较
计数型	计件型	二项分布	不合格品率控制图（p）	样本容量可变，只关注产品是否合格。常见的不良率有不合格品率、废品率、交货延迟率、缺勤率、差错率等
			不合格品数控制图（pn）	样本容量不可变，用于控制对象为不合格品数的场合。由于计算不合格品率需要进行除法，比较麻烦，所以样本大小相同的情况下，用此图比较方便
	计点型	泊松分布	单位缺陷数控制图（u）	样本容量不可变，仅关注产品的缺陷数。用于控制一部机器，一个部件一定的长度，一定的面积或任一定的单位中所出现的缺陷数目
			缺陷数控制图（c）	样本容量可变，仅关注产品的缺陷数。当样品的大小保持不变时用 c 控制图，而当样品的大小变化时则应换算为平均每单位的缺陷数后再使用 c 控制图

注：样本容量是指子组的样本数量，通俗地说就是一次抽样的样本个数。

表 5-17 中各符号的意义及计算公式如下：

1）$\bar{\bar{x}}$：总平均值，$\bar{\bar{x}} = \dfrac{1}{k}\sum\limits_{i=1}^{k}\bar{x}_i$，$\bar{x}_i$ 为第 i 组样本的平均值。

2）$\bar{R}$：极差平均值，$\bar{R} = \dfrac{1}{k}\sum\limits_{i=1}^{k}R_i$，$R_i$ 为第 i 组样本的极差。

3）$\bar{\sigma}$：均方差平均值，$\bar{\sigma} = \dfrac{1}{k}\sum\limits_{i=1}^{k}\sigma_i$，$\sigma_i^2 = \dfrac{1}{n-1}\sum\limits_{j=1}^{n}(x_{ij}-\bar{x}_i)$，$\sigma_i$ 为第 i 组样本的均方差。

4）$\bar{\tilde{x}}$：中位数平均值，$\bar{\tilde{x}} = \dfrac{1}{k}\sum\limits_{i=1}^{k}\tilde{x}_i$，$\tilde{x}_i$ 为第 i 组样本的中位数。

5）$\bar{x}$：$\bar{x}$-R 图中的特征量 x 的平均值，$\bar{x} = \dfrac{1}{k}\sum\limits_{i=1}^{k}x_i$，$k$ 为累计抽样的个数。

2. 常用控制图的类型与应用

引起加工误差的因素很多、很复杂。零件的实际加工误差，是加工过程中各项误差因素综合影响的结果。由于工艺系统的复杂性，在多数情况下采用理论方法逐项分析计算各种因素同时作用所产生的加工误差是不可能的。此时可运用数理统计原理，根据一批已加工零件的测量数据，进行分析、处理，来揭示误差的性质、大小、特点和规律。

在生产实践中，常用统计方法来研究加工精度，这种方法是以现场观察和实测为基础的。用概率论和数理统计的方法对这些资料进行处理，从而揭示各种因素对加工精度的综合影响。

（1）直方图

1）直方图的绘制方法。测量加工后 n 个工件的实际尺寸 X，按实际尺寸以组距 ΔX 分为 j 组，各组内的工件数目 m_i 称为频数，频数和工件总数的比值 m_i/n 称为频率。以尺寸为横坐标，频数（或频率）为纵坐标，即可绘制出尺寸分布的直方图。

如磨削 100 个工件，$X = \phi80_{-0.03}^{0}$mm，$\Delta X = 0.002$mm，工件尺寸的频数分布表见表 5-18。

表 5-18　频数分布表

组号 j	尺寸范围 /mm	频数分布				频数 m_i	频率 m_i/n
		5	10	15	20		
1	79.988 ~ 79.990					3	0.03
2	79.990 ~ 79.992					6	0.06
3	79.992 ~ 79.994					9	0.09
4	79.994 ~ 79.996					14	0.14
5	79.996 ~ 79.998					16	0.16
6	79.998 ~ 80.000					16	0.16
7	80.000 ~ 80.002					12	0.12
8	80.002 ~ 80.004					10	0.10
9	80.004 ~ 80.006					6	0.06
10	80.006 ~ 80.008					5	0.05
11	80.008 ~ 80.010					3	0.03
总计						100	1.00

根据表 5-18 中的数据即可绘制出如图 5-19 所示的直方图。

2）直方图的参数及特点。一批工件的尺寸，有一定的分布范围，其极差为全批工件中

最大尺寸与最小尺寸之差，用 R 表示。代入表 5-18 中数据，则有

$$R = X_{max} - X_{min} = (80.010 - 79.988)\,mm = 0.022mm$$

一批工件尺寸的平均值，可用每组内工件的频数和组距中值的尺寸来进行计算，平均尺寸 $\overline{X}$ 为

$$\overline{X} = \frac{X_1 m_1 + X_2 m_2 + \cdots + X_j m_j}{n}$$

$$= \frac{1}{n} \sum_{i=1}^{j} X_i m_i$$

其中，X_i 是各组尺寸范围的平均值。代入表 5-18 中数据，则有

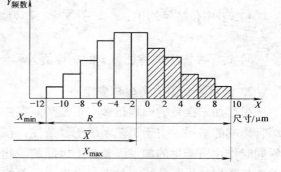

图 5-19　尺寸分布直方图

$$\overline{X} = \frac{79.889 \times 3 + 79.991 \times 6 + \cdots + 80.009 \times 3}{11}\,mm = 79.9985mm$$

平均尺寸 $\overline{X}$ 和公差带中心（79.985mm）相差 0.0135mm，并不重合。

从尺寸分布的直方图可以看出，尺寸分布的形状基本上是左右对称的"钟形"，中间多，两边少。大部分工件尺寸聚集在平均尺寸附近。另外，尺寸的极差小于公差 T，即

$$T/R = 0.03/0.022 = 1.36 > 1$$

这说明本工序的加工精度能保证公差的要求。但由于尺寸的分散中心（平均尺寸）和公差带中心偏离了 0.0135mm，所以出现了部分废品（图中阴影部分）。只要在调整时将尺寸调小 0.0135mm，就能使分布图在横坐标上平移一个距离，使整批工件的尺寸全部落在公差带范围内。

在应用统计法进行分析时，均方根差具有重要的作用。均方根差 σ 的计算式是

$$\sigma = \sqrt{\frac{(X_1 - \overline{X})^2 m_1 + (X_2 - \overline{X})^2 m_2 + \cdots + (X_j - \overline{X})^2 m_j}{n}} = \sqrt{\frac{1}{n} \sum_{i=1}^{j} (X_i - \overline{X})^2 m_i}$$

代入表 5-18 中数据，则有 $\sigma = 0.0048mm$。

（2）正态分布曲线　为便于分析研究，并导出一般规律，应建立数学模型对实际分布曲线进行数学描述。根据概率论理论可知，相互独立的大量微小的随机变量总和的分布，总是接近正态分布的。实践证明，用自动获得尺寸法在机床上加工一批工件时，在无某种优势因素的影响下，加工后尺寸的分布是符合正态分布的。

1）概率密度函数。正态分布的概率分布密度函数为

$$f(X) = \frac{1}{\sigma \sqrt{2\pi}} e^{-(X-\mu)^2/2\sigma^2} \quad (-\infty < X < +\infty, \ \sigma > 0)$$

式中的 μ 和 σ 分别是正态分布的算术平均值和均方根差，曲线如图 5-20 所示。

当采用理论分布曲线代替实际加工尺寸的分布曲线时，密度函数的各参数可分别取成

X——工件尺寸；

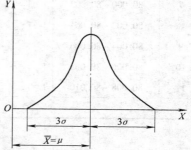

图 5-20　正态分布曲线

μ——工件的平均尺寸,$\mu = \overline{X} = \dfrac{1}{n}\sum\limits_{i=1}^{j}X_i m_i$;

σ——均方根差,$\sigma = \sqrt{\dfrac{1}{n}\sum\limits_{i=1}^{j}(X_i - \overline{X})^2 m_i}$;

n——工件总数。

为了使实际分布曲线能与理论分布曲线进行比较,在绘制实际分布曲线时,纵坐标不用频数而用分布密度,即

$$\text{分布密度} = \frac{\text{频数}}{\text{工件总数} \times \text{组距}} = \frac{\text{频率}}{\text{组距}}$$

在采用分布密度后,直方图中每一矩形面积就等于该组距内的频率,所有矩形面积的和将等于 1。

如果改变 μ 值,分布曲线将沿横坐标移动而不改变曲线的形状,所以 μ 是表征曲线位置的,如图 5-21 所示。又因为 $f(\mu)$ 与 σ 成反比,所以 σ 越小,则 $f(\mu)$ 越大,曲线的形状越陡;σ 越大,则曲线形状越平坦。由此可见,参数 σ 是表征曲线本身形状的,即表征尺寸分布特性的,如图 5-22 所示。

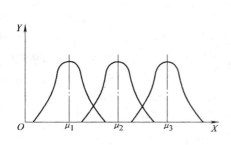

图 5-21 σ 不变时均值 μ 使分布曲线移动

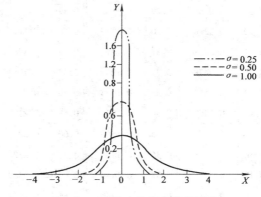

图 5-22 σ 影响分布曲线的形状

正态分布曲线下方所包含的面积为

$$A = \int_{-\infty}^{+\infty} f(X)\,\mathrm{d}X = \int_{-\infty}^{+\infty} \frac{1}{\sigma\sqrt{2\pi}}\mathrm{e}^{-(X-\mu)^2/2\sigma^2}\,\mathrm{d}X = 1$$

即相当于全部工件数,也即 100%。

2)标准正态分布曲线。算术平均值 $\mu = 0$,均方根差 $\sigma = 1$ 的正态分布曲线称为标准正态分布曲线。任何不同的 μ 与 σ 的正态分布都可以通过坐标变换 $Z = \dfrac{X - \mu}{\sigma}$ 变为标准正态分布。因此可用标准正态分布的函数值来求各种正态分布的函数值。

当横坐标用 Z 替代以后,新坐标下的概率分布密度函数为

$$f(Z) = \frac{1}{\sqrt{2\pi}}\mathrm{e}^{-Z^2/2}$$

如果要求从 0 到 Z 区间的频率，即为此区间内正态分布曲线与横坐标之间的面积，有

$$F(Z) = \int_0^Z f(Z)\mathrm{d}Z = \frac{1}{\sqrt{2\pi}}\int_0^Z \mathrm{e}^{-Z^2/2}\mathrm{d}Z$$

各种不同 Z 值的 $F(Z)$ 值，可由表 5-19 查出。

表 5-19　$F(Z)$ 数值表

Z	$F(Z)$	Z	$F(Z)$	Z	$F(Z)$	Z	$F(Z)$	Z	$F(Z)$	Z	$F(Z)$
0.00	0.0000	0.21	0.0832	0.41	0.1591	0.72	0.2642	1.30	0.4032	2.60	0.4953
0.01	0.0040	0.22	0.0871	0.42	0.1628	0.74	0.2703	1.35	0.4115	2.70	0.4965
0.02	0.0080	0.23	0.0910	0.43	0.1664	0.76	0.2764	1.40	0.4192	2.80	0.4974
0.03	0.0120	0.24	0.0948	0.44	0.1700	0.78	0.2823	1.45	0.4265	2.90	0.4981
0.04	0.0160	0.25	0.0987	0.45	0.1736	0.80	0.2881	1.50	0.4332	3.00	0.49865
0.05	0.0199	—	—	—	—	—	—	—	—	—	—
0.06	0.0239	0.26	0.1023	0.46	0.1772	0.82	0.2939	1.55	0.4394	3.20	0.49931
0.07	0.0279	0.27	0.1064	0.47	0.1808	0.84	0.2995	1.60	0.4452	3.40	0.49966
0.08	0.0319	0.28	0.1103	0.48	0.1844	0.86	0.3051	1.65	0.4505	3.60	0.499841
0.09	0.0359	0.29	0.1141	0.49	0.1879	0.88	0.3106	1.70	0.4554	3.80	0.499928
0.10	0.0398	0.30	0.1179	0.50	0.1915	0.90	0.3159	1.75	0.4599	4.00	0.499968
0.11	0.0438	0.31	0.1217	0.52	0.1985	0.92	0.3212	1.80	0.4641	4.50	0.499997
0.12	0.0478	0.32	0.1255	0.54	0.2054	0.94	0.3264	1.85	0.4678	5.00	0.49999997
0.13	0.0517	0.33	0.1293	0.56	0.2123	0.96	0.3315	1.90	0.4713	—	—
0.14	0.0557	0.34	0.1331	0.58	0.2190	0.98	0.3365	1.95	0.4744	—	—
0.15	0.0596	0.35	0.1368	0.60	0.2257	1.00	0.3413	2.00	0.4772	—	—
0.16	0.0636	0.36	0.1406	0.62	0.2324	1.05	0.3531	2.10	0.4821	—	—
0.17	0.0675	0.37	0.1443	0.64	0.2389	1.10	0.3643	2.20	0.4861	—	—
0.18	0.0714	0.38	0.1480	0.66	0.2454	1.15	0.3749	2.30	0.4893	—	—
0.19	0.0753	0.39	0.1517	0.68	0.2517	1.20	0.3849	2.40	0.4918	—	—
0.20	0.0793	0.40	0.1554	0.70	0.2580	1.25	0.3944	2.50	0.4938	—	—

当 $Z = 3.0$ 时，$X - \mu = \pm 3\sigma$ 以外的概率只有 0.27%，这个数值很小，一般可以忽略不计。因此，若尺寸分布符合正态分布并对称于公差带的中值，规定的公差 $T \geq 6\sigma$ 时，认为加工产生废品的概率可以忽略不计。

3）正态分布曲线的特点。正态分布曲线的特点可以归纳如下：

①正态分布曲线为钟形，曲线以 X 轴为渐近线，以 $X = \mu$ 这一直线为对称轴，并在 $X = \mu$ 处达到极大值。

②曲线与 X 轴围成的面积为 1，即概率为 100%，且工件尺寸大于和小于 $\overline{X}$ 的概率相等，某尺寸段内曲线下的面积即为工件实际尺寸落在此尺寸段内的概率。

③$X - \mu = \pm 3\sigma$ 时，曲线与 X 围成的面积为 0.9973，也就是说 99.73% 的工件尺寸落在 $\pm 3\sigma$ 范围内，仅有 0.27% 的工件尺寸落在了 $\pm 3\sigma$ 之外。因此常取正态分布曲线的实际分散

范围为 $\pm 3\sigma$，工艺上称该原则为"6σ"原则。

这是一个十分重要的概念，6σ 的数值表示某工序处于稳定状态时，加工误差正常波动的幅度。一般情况下，应使工件的尺寸公差 T 与 6σ 之间保持下列关系，即

$$T \geqslant 6\sigma$$

但是，考虑到变值系统误差的影响，总是使工件的尺寸公差 T 大于 6σ。

④曲线分散中心 μ 改变时，分布曲线将沿横坐标移动，但不改变曲线的形状。这是规律性常值系统误差的影响结果。

⑤参数 σ 决定正态分布曲线的形状。

4）正态分布曲线的应用。

①判断加工误差的性质。如果实际分布曲线服从正态分布，则说明加工过程中无显著的规律性变值误差参与；如果公差带中心与尺寸分布中心重合，则说明无规律性常值系统误差；如果两者不重合，则两中心之间的距离即为规律性常值误差；如果实际的尺寸分布不服从正态分布，则一定有显著的规律性变值误差。

②判断工序能力。工序能力是指工序在一定时间内处于稳定状态下的实际加工能力。由于工序处于稳定状态时，加工误差正常波动的范围为 6σ，因此工序能力可用下式判断

$$C_{\mathrm{p}} = \frac{T}{6\sigma}$$

其中，C_{p} 称为工序能力系数，它表示工序能力满足加工精度要求的程度。根据工序能力系数 C_{p} 的大小，可以将各种工序的工序能力划分为五级，见表 5-20。

表 5-20 工序能力等级表

工序能力系数	工 艺 等 级	工序能力判断
$C_{\mathrm{p}} > 1.67$	特级	工序能力很充分
$1.33 < C_{\mathrm{p}} \leqslant 1.67$	一级	工序能力足够
$1.00 < C_{\mathrm{p}} \leqslant 1.33$	二级	工序能力勉强
$0.67 < C_{\mathrm{p}} \leqslant 1.00$	三级	工序能力不足
$C_{\mathrm{p}} \leqslant 0.67$	四级	工序能力极差

应当明确，$C_{\mathrm{p}} \geqslant 1$ 只是保证无不合格品的必要条件，但不是充分条件。要想保证无不合格品，还必须保证工艺系统调整的正确。

③计算产品的合格率与废品率。

例 5-13 一批工件加工后的尺寸分布符合正态分布，参数 $\mu = 0$，$\sigma = 0.005\mathrm{mm}$，公差 $T = 0.02\mathrm{mm}$，公差带中值位于 $\mu = 0$ 处，求废品率。

解 因为公差为 $0.02\mathrm{mm}$，所以允许的分布范围 $X = \pm 0.01\mathrm{mm}$，$Z = 0.01/0.005 = 2$，查表得知

$$f(Z) = 0.4772$$

所以废品率 $P = 1 - 2 \times 0.4772 = 0.0456 = 4.56\%$。

例 5-14 在无心磨床上磨削销轴外圆，要求外径 $d = \phi 12^{-0.016}_{-0.043}\mathrm{mm}$，抽样一批零件，经实测计算后得到 $\overline{X} = 11.974\mathrm{mm}$，$\sigma = 0.005\mathrm{mm}$，其尺寸分布符合正态分布，试分析该工序的加工质量。

解 1）根据所计算 $\overline{X}$ 及 6σ 作图，如图 5-23 所示。

2）计算工序能力系数

$$C_p = \frac{T}{6\sigma} = \frac{0.027}{6 \times 0.005} = 0.9$$

工序能力系数 $C_p < 1$ 表明该工序的工序能力不足，产生不合格品是不可避免的。

3）计算不合格品。工件要求最小尺寸 $d_{min} = 11.957\text{mm}$，最大尺寸 $d_{max} = 11.984\text{mm}$。

工件可能出现的极限尺寸为 $A_{min} = \bar{X} - 3\sigma = 11.959\text{mm} > d_{min}$，故不会产生不可修复的废品。$A_{max} = \bar{X} + 3\sigma = 11.989\text{mm} > d_{max}$，故将产生可修复的废品。

不合格品率 $Q = 0.5 - F(Z) = 0.5 - F[(11.984 - 11.974)/0.005] = 0.5 - F(2) = 0.5 - 0.4772 = 2.28\%$

4）改进措施。重新调整机床，使尺寸分散中心与公差带中心重合，则可减小不合格品率。调整量 $\Delta = (11.974 - 11.9705)\text{mm} = 0.0035\text{mm}$（具体操作时，使砂轮向径向前进 $\Delta/2$ 的磨削深度即可。

在实际加工中，工件尺寸的分布有时并不近似于正态分布。如切削工具磨损严重时，其尺寸分布如图 5-24a 所示。因为在加工过程中每一段时间内工件的尺寸可能呈正态分布，但由于切削工具的磨损，不同时间尺寸分布的算术平均值是逐渐变化的，因此分布曲线出现平顶。当工艺系统出现较严重的热变形影响时，由于热变形在开始阶段变化较快，以后逐渐减慢，直至热平衡状态，因此分布曲线出现不对称的情况，如图 5-24b 所示。若将两次调整下加工的工件合在一起，分布曲线将出现双峰曲线。这是因为两次调整下，曲线的参数 μ 不可能完全相等，如图 5-24c 所示。

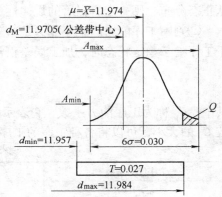

图 5-23　销轴直径尺寸分布图

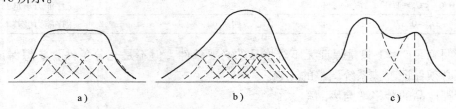

图 5-24　几种非正态分布曲线

由以上分析可知，利用分布曲线可以分析某一加工方法的加工精度，包括系统误差和随机误差的情况。但由于没有考虑工件加工的先后顺序，因此不能很好地把变值系统误差和随机误差区分开来。另外，工件只有在加工完毕后才能绘制分布曲线，因此不能在加工过程中提供控制工艺过程的信息。

（3）均值-极差控制图（$\bar{x}$-R 图）一个可靠的工艺过程必须具有精度稳定性和分布稳定性两方面的特征。精度稳定的工艺过程应无规律性变值误差的显著影响，而分布稳定的工艺过程，其分散范围（瞬时分散）应无明显变化。由于 $\bar{x}$ 图反映工艺过程精度的稳定性，而 R 图可以反映工艺过程分布的稳定性，因此，通常把这两种点图联合使用，称为 $\bar{x}$-R 图，以控制工艺过程。

1）$\bar{x}$ 图。顺次地，每隔一定时间抽样测量一组 m 个工件（通常 $m = 5 \sim 10$），以工件组序为横坐标，以每组工件实际尺寸或实际误差 x_i 的平均值 $\bar{x}_j$ 为纵坐标作点图即可。其中

$$\bar{x}_j = \frac{1}{m} \sum_{i=1}^{m} x_i$$

$\bar{x}$ 图反映瞬时分布中心的变化情况，说明规律性变值误差对加工精度影响的程度和影响方式。

2）R 图。测量方法同前，它也是以工件组序为横坐标，但以每组尺寸的极差 R_j 为纵坐标作点图。

R 图反映随机误差的大小和变化情况，说明尺寸的分布特征。

这里只介绍稳定工艺过程的质量控制。其方法是在 $\bar{x}$ 图和 R 图上分别画出上、下控制线 UCL 和 LCL，以及中心线 CL（此图称控制图）；然后，根据点子在控制线内的分布情况来推断工艺过程的稳定性和产生不合格品的可能性。

控制图中控制线的计算如下：

1）收集样本数据。按照加工的先后顺序，每隔一定时间随机地抽取相同数量的样本（如每次抽 5 件，构成一个样本），测出它们的实际尺寸或实际误差。然后计算每组平均值 $\bar{x}_j$ 和极差 R_j 做成数据表。

2）计算总平均值 $\bar{\bar{x}}$ 和极差平均值 $\bar{R}$

$$\bar{\bar{x}} = \frac{1}{k} \sum_{j=1}^{k} \bar{x}_j$$

$$\bar{R} = \frac{1}{k} \sum_{j=1}^{k} R_j$$

式中　k——样本数量。

3）确定 $\bar{x}$ 图的控制线

中心线：$CL = \bar{\bar{x}}$

上控制线：$UCL = \bar{\bar{x}} + D_1 \bar{R}$

下控制线：$LCL = \bar{\bar{x}} - D_1 \bar{R}$

4）确定 R 图的控制线

中心线：$CL = \bar{R}$

上控制线：$UCL = D_2 \bar{R}$

下控制线：$LCL = D_3 \bar{R}$

其中，系数 D_1、D_2、D_3 可按表 5-21 选取。

将以上结果标在 $\bar{x}$ 图和 R 图上即可，如图 5-25 所示。

表 5-21　系数 D、D_1、D_2、D_3

m	4	5	6	7	8	9	10
D	2.059	2.326	2.534	2.704	2.847	2.970	3.078
D_1	0.7285	0.5768	0.4833	0.4193	0.3726	0.3367	0.3082
D_2	2.2819	2.1145	2.0039	1.9242	1.8641	1.8162	1.7768
D_3	0	0	0	0.0758	0.1359	0.1838	0.2232

由于工艺系统中各种误差因素的影响，点图上的点总是波动的。如果加工过程主要受随机误差的影响，而规律性变值误差影响很小，则波动是随机性的波动，其幅度一般很小。这种波动称为正常波动，该工艺过程处于控制状态，或者说工艺是稳定的，其加工质量也是稳定的。一个稳定的工艺过程，若工序能力足够，且调整精度较高，加工中将不会出现不合格品。如果加工过程中存在某种占优势的规律性变值误差或变化较大的随机误差的影响，致使点图具有明显的上升或下降的趋势，以及波动幅度很大，则称这种波动为异常波动，该工艺过程是不稳定的。一旦出现异常波动，就应及时查明原因，予以消除，以免产生废品。

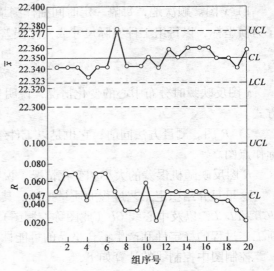

图 5-25 某零件的 $\bar{x}$-R 控制图

5.4.4 质量改进

质量管理活动可分为两种类型，一类是维持现有质量，其方法是"质量控制"；另一类是改进目前的质量，其方法是主动采取措施，使质量在原有的基础上有突破性的提高，即"质量改进"。

1. 质量改进的基础途径

质量改进的步骤本身就是 PDCA 循环。根据管理是一个过程的理论，美国的戴明博士把它运用到质量管理中来，总结出"计划（Plan）—执行（Do）—检查（Check）—处理（Action）"四阶段的循环方式，简称 PDCA 循环，又称"戴明循环"。可以分为以下 7 个步骤实现：

（1）明确问题 组织需要改进的问题会很多，经常提到的有质量、成本、交货期、安全、激励、环境等。选题时通常也围绕这几个方面进行，如降低不合格率、降低成本、保证交货期等。

质量改进首先要明确要解决的问题为什么比其他问题重要；问题的背景是什么，到目前为止情况如何；将不尽如人意的地方用具体的语言表现出来，有什么损失，并具体说明希望改进到什么程度；选定题目和目标值，如果有必要，将子题目也确定下来，并正式选定任务负责人；对改进活动的费用做出预算；拟订改进活动的时间表。

（2）掌握现状 质量改进要抓住问题的特征，需要调查的若干要点，如时间、地点、问题的种类、问题的特征等。

要解决质量问题，就要从人、机、物、料、法、环、测量等各个不同角度进行调查，去现场收集数据中没有包含的信息。

（3）分析问题原因 分析问题原因是一个设立假说、验证假说的过程。具体包含以下内容：

1）设立假说（选择可能的原因）。收集关于可能假说的全部信息，运用"掌握现状"阶段掌握的信息，消去已确认无关的因素，重新整理余下的因素。

2）验证假说（从已设定因素中找出主要原因）。收集新的数据或证据，制订计划来确定原因对问题的影响；综合全部调查到的信息，决定主要影响因素；如条件允许，可以将问题再现一次。

（4）拟订对策并实施　将现象的排除（应急对策）与原因的排除（永久对策）严格区分开来；先准备好若干对策方案，调查各自利弊，选择参加者都能接受的方案。

（5）确认效果　对质量改进的效果要正确确认，错误的确认会让人误认为问题已得到解决，从而导致问题的再次发生。反之，也可能导致对质量改进的成果视而不见，从而挫伤了持续改进的积极性。

具体做法是用同一种图表将采取对策前后的质量特征值、成本、交货期等和指标进行比较；如果改进的目的是降低不合格品率或降低成本，则要将特征值换算成金额，并与目标值进行比较；如果有其他效果，无论大小都要列举出来。

（6）防止再发生和标准化　对质量改进有效的措施，要进行标准化，纳入质量文件，以防止同样的问题再发生。为改进工作，应再次确认 5W1H，即 Why、What、Who、When、Where、How，并将其标准化，制订成工作标准；进行有关标准的准备和宣传；实施教育培训；建立保证严格遵守的质量责任制。

（7）总结　对改进效果不显著的措施及改进实施过程中出现的问题，要予以总结。总结本次质量改进过程中，哪些问题得到了顺利解决，哪些问题尚未解决；找出遗留问题；考虑为解决这些问题下一步应该怎么做。

2. 质量改进的支持工具

实施有效的质量改进，从项目确定到诊断、评价直至结果评审的全过程中，正确地运用有关的支持工具和技术能提高质量改进的成效。在质量改进中，应根据不同的数据资料类型、运用数字资料的工具和非数字资料的工具分析处理数据资料，为质量改进决策提供依据。表 5-22 所列为用于质量改进的工具和技术。

表 5-22　用于质量改进的工具和技术

序号	工具和技术	应用
1	调查表	系统地收集数据资料，以得到事实的清晰实况
适用于非数字资料的工具和技术		
2	分层法	将有关某一特定论题的大量观点、意见进行组织分类
3	水准对比	将一个过程与公认的领先过程进行比较，以识别质量改进的机会
4	头脑风暴法	识别可能解决问题的办法和潜在的质量改进机会
5	因果图	分析和表达因果图解关系，通过从症状→分析原因→寻找答案的过程，促进问题的解决
6	流程图	描述现存的过程，设计新的过程
7	树图	表示某个论题与其组成要素之间的关系
适用于数字资料的工具和技术		
8	控制图	诊断：评估过程的稳定性 控制：决定何时某一过程需要调整，何时该过程需要继续保持下去 确认：确认某一过程的改进
9	直方图	显示数据波动的形态，直观地传达过程行为的信息，决定在何处集中力量进行改进
10	排列图	按重要性顺序表示每一项目对整体作用的贡献，排列改进的机会
11	散布图	发现和确认两组相关数据之间的关系，确认两组相关数据之间预期的关系

组织中的全体人员都应接受应用质量改进工具和技术方面的培训，以改进自己的工作质量。培训应根据各部门、各人员的工作实际有针对性地进行，掌握相应的工具和技术，切忌生搬硬套。组织的质量管理部门应会同有关部门进行分析指导，根据使用部门的实际情况确定一种或几种方法或工具，用于对数据资料的分析和对工序进行监视控制，并对工具方法应用进行评价，以便判定工具方法使用的有效性。

3. 质量改进的活动形式

质量改进是一项涉及全组织参与的系统工程。中国企业在质量管理中采用了多种形式的质量活动，包括以下几种方法。

1）质量小组活动。质量小组活动，即 QC 小组活动。它是群众性质量管理活动的主体，也是质量改进的一种组织形式，具有容量大、形式多样、灵活、范围广、自主性强等优点。质量小组组建的形式包括班组 QC 小组、部门 QC 小组、大型课题 QC 小组等。

2）合理化建议和技术革新活动。它是一种更为广泛的群众性的质量管理活动，对提高企业技术素质、提高产品质量、降低消耗等方面起到了一定的作用。

3）科技攻关活动。

5.5　全面质量管理与 ISO 9000

5.5.1　全面质量管理

最早提出全面质量管理概念（Total Quality Management，TQM）的是美国通用电器公司质量管理部的部长菲根堡姆（A·V·Feigenbaum）博士。1961 年，菲根堡姆博士出版了一本著作，该书强调执行质量是公司全体人员的责任，应该使全体人员都具有质量的概念和承担质量的责任。因此，全面质量管理的核心思想是在一个企业内各部门中做出质量发展、质量保持、质量改进计划，从而以最为经济的水平进行生产与服务，使用户或消费者获得最大的满意度。

全面质量管理的基本方法可以概况为：一个过程，四个阶段，八个步骤。

一个过程，即企业管理是一个过程。企业在不同时间内，应完成不同的工作任务。企业的每项生产经营活动，都有一个产生、形成、实施和验证的过程。

四个阶段，根据管理是一个过程的理论，美国的戴明博士把它运用到质量管理中来，总结出"计划（Plan）—执行（Do）—检查（Check）—处理（Action）"四阶段的循环方式，简称 PDCA 循环，又称"戴明循环"。

八个步骤，即为了解决和改进质量问题，PDCA 循环中的四个阶段还可以具体划分为八个步骤。分别是：①分析现状，找出存在的质量问题；②分析产生质量问题的各种原因或影响因素；③找出影响质量的主要因素；④针对影响质量的主要因素，提出计划；⑤制订措施，执行计划；⑥检查计划的实施情况；⑦总结经验，巩固成绩，工作结果标准化；⑧提出尚未解决的问题，转入下一个循环。

在应用 PDCA 四个循环阶段、八个步骤来解决质量问题时，需要收集和整理大量的书籍资料，并用科学的方法进行系统的分析。最常用的七种统计方法为排列图、因果图、直方图、分层法、相关图、控制图及统计分析表。这套方法是以数理统计为理论基础，不仅科学可靠，而且比较直观。

5.5.2　ISO 9000

1. ISO 9000 族标准的内容

ISO 9000 族标准是国际标准化组织（英文缩写为 ISO）于 1987 年制定，后经不断修改完善而成的系列标准。现已有 90 多个国家和地区将此标准等同转化为国家标准。

一般地讲，组织活动由三方面组成：经营、管理和开发。在管理上又主要表现为行政管理、财务管理、质量管理等。ISO 9000 族标准主要针对质量管理，同时涵盖了部分行政管理和财务管理的范畴。

ISO 9000 族标准并不是产品的技术标准，而是针对组织的管理结构、人员、技术能力、各项规章制度、技术文件和内部监督机制等一系列体现组织保证产品及服务质量的管理措施的标准。

具体地讲，ISO 9000 族标准就是从以下四个方面来规范质量管理。

1）机构。标准明确规定了为保证产品质量而必须建立的管理机构及职责权限。

2）程序。组织的产品生产必须制定规章制度、技术标准、质量手册、质量体系操作检查程序，并使之文件化。

3）过程。质量控制是对生产的全部过程加以控制，是面的控制，不是点的控制。从根据市场调研确定产品、设计产品、采购原材料，到生产、检验、包装和贮运等，其全过程按程序要求控制质量。并要求过程具有标识性、监督性、可追溯性。

4）总结。不断地总结、评价质量管理体系，不断地改进质量管理体系，使质量管理呈螺旋式上升。

2. ISO 9000 质量管理体系认证的意义

企业组织通过 ISO 9000 质量管理体系认证具有如下意义：

1）可以完善组织内部管理，使质量管理制度化、体系化和法制化，提高产品质量，并确保产品质量的稳定性。

2）表明尊重消费者权益和对社会负责，增强消费者的信赖，使消费者放心，从而放心地采用其生产的产品，提高产品的市场竞争力，并可借此机会树立组织的形象，提高组织的知名度，形成名牌企业。

3）ISO 9000 质量管理体系认证有利于发展外向型经济，扩大市场占有率，是政府采购等招投标项目的入场券，是组织向海外市场进军的准入证，是消除贸易壁垒的强有力的武器。

4）通过 ISO 9000 质量管理体系的建立，可以举一反三地建立健全其他管理制度。

5）通过 ISO 9000 认证可以一举数得，非一般广告投资、策划投资、管理投资或培训可比，具有综合效益；还可享受国家的优惠政策及对获证单位的重点扶持。

3. ISO 9000 质理管理体系相关认证

ISO 9000 族标准认证，也可以理解为质量管理体系注册，就是由国家批准的、公正的第三方机构——认证机构，依据 ISO 9000 族标准，对组织的质量管理体系实施评介，向公众证明该组织的质量管体系符合 ISO 9000 族标准，提供合格产品，公众可以相信该组织的服务承诺和组织的产品质量的一致性。

ISO 9000 体系的相关认证文件包括：

1）ISO 9000：《质量管理体系——基础和术语》。

2）ISO 9001：《质量管理体系——要求》。

3）ISO 9002：《质量管理体系——生产、安装和服务的质量保证模式》（在 2000 年的版本已被 ISO 9001 取代）。

4）ISO 9003：《质量管理体系——最终检验和试验的质量保证模式》（在 2000 年的版本已被 ISO 9001 取代）。

5）ISO 9004：《质量管理体系——业绩改进指南》。

6）ISO 19011：《质量和环境管理体系审核指南》。

习　题

5-1　试举例说明原始误差、加工误差、系统误差和随机误差的概念以及它们之间的区别。

5-2　试举例说明在零件加工中获得尺寸精度的方法。在只考虑工艺系统本身误差影响的条件下，采用各种方法影响获得尺寸精度的主要因素是什么？

5-3　试举例说明在加工过程中各种力、磨损和残余应力对工件加工精度的影响。

5-4　举例说明表面粗糙度为什么会影响产品的配合精度和使用寿命？

5-5　何谓质量控制？在零件加工过程中如何进行质量控制？如何防止和减少加工过程中缺陷零件的产生？

5-6　机械加工过程中的工艺系统有哪些热源？什么是各种机床（车床、铣床、刨床、镗床和磨床等）、工件和刀具的主要热源？

5-7　举例说明工艺系统各部分热变形对零件加工精度都有哪些影响？在车、铣、刨、磨等各种加工中，哪些部分的热变形对被加工零件的加工精度影响最大？

5-8　磨削一批工件的内孔，若加工尺寸按正态分布，标准差 $\sigma = 5\mu m$，公差 $T = 20\mu m$，且公差带对称配置于分布曲线的中点，求该批工件的合格率与废品率，这些废品能否修复？

5-9　有一批小轴其直径尺寸为 $\phi(18 \pm 0.012)mm$，属正态分布。实测得到分布中心左偏公差带中心 $+5\mu m$，标准差 $\sigma = 5\mu m$，试求该批工件的合格率与废品率。

5-10　采用某种加工方法加工一批工件的外圆，若加工尺寸按正态分布，图样要求尺寸为 $\phi(20 \pm 0.007)mm$，加工后发现有 40% 的工件为合格品，且其中一半不合格品的尺寸小于零件的下极限偏差，试确定该加工方法所能达到的加工精度。

5-11　有一批零件，其内孔尺寸为 $\phi 70^{+0.03}_{0}mm$，属正态分布。尺寸分布中心与公差带中心重合，$\sigma = 5\mu m$。试求尺寸在 $\phi 70^{+0.03}_{+0.01}mm$ 之间的概率。

5-12　在无心磨床上用贯穿法磨削加工直径尺寸为 $\phi 20mm$ 的小轴，已知该工序的标准差 $\sigma = 0.003mm$。现从一批工件中任取 5 件，求得算术平均值为 $\phi 20.008mm$。试估算这批工件的最大尺寸及最小尺寸。

5-13　在车床上加工一批工件的孔，经测量实际尺寸小于要求的尺寸而必须返工的工件数占 22.4%，大于要求的尺寸而不能返修的工件数占 1.4%。若孔的直径公差 $\sigma = 0.2mm$，整批工件尺寸服从正态分布，试确定该工序的标准差 σ，并判断车刀的调整误差是多少。

5-14　概述质量改进的核心内容。

5-15　磨削某工件外圆时，图样要求直径为 $\phi 52^{-0.11}_{-0.14}mm$，每隔一定时间测定一组数据，共测得 12 组 60 个数据列于表 5-23（抽样检测时将比较仪尺寸按 51.86mm 调整到零）。试根据表中的统计抽样数据，计算：

1）计算整批零件的尺寸平均值及均方根偏差。

2）绘制实际尺寸的分布曲线。

3）计算合格率与不合格率（包括可修与不可修）。

4）绘制该批零件的质量控制图，并分析该工序的加工稳定性，讨论产生不合格品的原因及改进措施。

表 5-23　工件尺寸实测数据表

抽样组号		工件外径尺寸偏差/μm										
		1	2	3	4	5	6	7	8	9	10	11	12
工件序号	1	2	20	14	6	16	16	10	18	22	18	28	30
	2	8	8	8	10	20	10	18	28	16	26	26	34
	3	12	6	−2	10	16	12	16	18	12	24	32	30
	4	12	12	8	12	18	20	12	20	16	24	28	38
	5	18	8	12	10	20	16	26	18	12	24	28	36

5-16　图 5-26 中各零件在结构工艺性方面存在什么问题？如何改进？

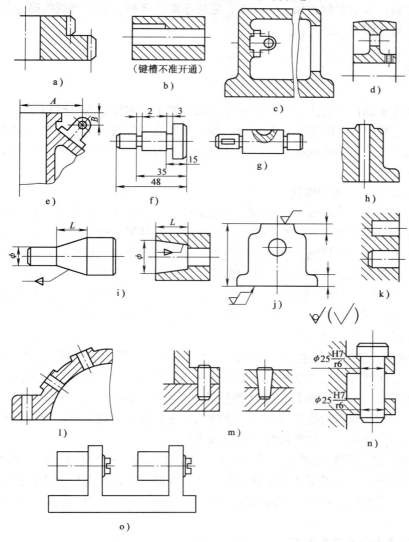

图 5-26　零件的结构工艺性

5-17　全面质量管理的基本方法是什么？

第6章 机械加工工艺规程设计

学习了机械加工工艺系统的基本知识以后，就要着手编制零件机械加工的工艺文件，即机械加工工艺规程。结合典型零件（包括轴类零件、箱体类零件和套类零件）加工，本章重点介绍两类工艺文件的编制方法，分别是机械加工工艺过程卡片和机械加工工序卡片。配合具体加工实例，本章对数控加工的特点、定位基准的选择、加工路线的确定等内容也作了较详细的分析与介绍。

6.1 概述

规定产品或零部件制造工艺过程和操作方法等的工艺文件称为机械加工工艺规程，简称工艺规程。工艺规程设计的主要任务是为被加工零件选择合理的加工方法和加工顺序，以便能按设计要求生产出合格的成品零件。它是以规定的表格形式设计成的技术文件，是指导企业生产的重要文件。

1. 机械加工工艺规程的作用

工艺规程设计是优化配置工艺资源，合理编排工艺过程的一门艺术。它是生产准备工作的第一步，也是连接产品设计与产品制造的桥梁。以文件形式确定下来的工艺规程是进行工装制造和零件加工的主要依据，它对组织生产、保证产品质量、提高生产率、降低成本、缩短生产周期及改善劳动条件等都有直接的影响，因此是生产中的关键性工作。

1）机械加工工艺规程是组织车间生产的主要技术文件。机械加工工艺规程是车间中一切从事生产的人员都要严格、认真贯彻执行的工艺技术文件，按照它组织生产，就能做到各工序科学地衔接，实现优质、高产、低消耗。

2）机械加工工艺规程是生产准备和计划调度的主要依据。有了机械加工工艺规程，在产品投入生产之前就可以根据它进行一系列的准备工作，如原材料和毛坯的供应，机床的调整，专用工艺装备（如专用夹具、刀具和量具）的设计和制造，生产作业计划的编排，劳动力的组织以及生产成本的核算等。有了机械加工工艺规程，就可以制订所生产产品的进度计划和相应的调度计划，使生产均衡、顺利地进行。

3）机械加工工艺规程是新建或扩建工厂、车间的基本技术文件。在新建或扩建工厂、车间时，只有根据机械加工工艺规程和生产纲领，才能准确地确定生产所需机床的种类和数量，工厂或车间的面积，机床的平面布置，生产工人的工种、等级、数量以及各辅助部门的安排等。

2. 设计工艺规程的基本要求

工艺规程的设计原则是在保证产品质量的前提下，努力提高生产率和降低工艺成本；在充分利用本企业现有生产条件的基础上，尽可能采用国内外先进生产技术，并保证具有良好和安全的劳动条件；同时工艺规程设计还应做到正确、完整、清晰和统一，所用术语、符号、单位、编号等都要符合最新的国家标准或相关的国际标准。

3. 设计工艺规程的主要依据

工艺规程设计时必须具备下列原始资料：

1）产品的全套技术文件。包括产品图样、技术说明书和产品验收的质量标准。

2）产品的生产纲领。

3）工厂的生产条件。包括毛坯的生产条件或协作关系，工厂的设备和工艺装备情况，专用设备和专用工艺装备的制造能力，工人的技术等级等。

4）各种技术资料。包括有关的手册、标准以及国内外先进的工艺技术资料等。

4. 制订工艺规程的主要步骤

工艺规程制订的步骤一般可按如下进行：

1）根据产品的生产纲领决定生产类型。这里主要是指在成批生产时，要确定零件的生产批量；在大批流水生产时，要确定各工序、各工步或工位上的生产节拍。

2）分析研究产品图样。首先要熟悉产品的性能、用途和工作原理，明确零件的作用，审查视图、尺寸、技术条件、零件的结构工艺性和材料选用等方面是否完整合理。若发现问题，可会同产品设计人员共同商讨，按规定手续作修改或补充。

3）选择毛坯。选择毛坯的种类和制造方法应根据图样要求、生产类型及毛坯生产车间的具体情况综合考虑，使零件的生产总成本降低，质量提高。

4）拟订工艺路线。主要包括选择定位基准及各表面的加工方法，划分加工阶段，工序的组合和安排等。

5）工序设计。包括确定加工余量，计算工序尺寸及公差，确定切削用量，计算工时定额及选择机床和工艺装备等。

6）填写工艺文件。按照标准格式和要求编制工艺文件。最常用的工艺文件有机械加工工艺过程卡片和机械加工工序卡片。两类工艺文件的格式及填写规则分别见表 6-1～表 6-4。

6.2　零件的工艺分析

6.2.1　零件图分析

对零件图进行工艺分析和审查的主要内容有：图样上规定的各项技术条件是否合理；零件的结构工艺性是否良好；图样上是否缺少必要的尺寸、视图或技术条件。过高的精度、过低的表面粗糙度值和其他过高的技术条件会使工艺过程复杂，加工困难。同时，应尽可能减少加工量，达到容易制造的目的。如果发现存在任何问题，应及时提出，与有关设计人员共同讨论研究，通过一定手续对图样进行修改。

对于较复杂的零件，很难将全部的问题考虑周全，因此必须在详细了解零件的构造后，再对重点问题进行深入的研究与分析。

1. 零件主次表面的区分和主要表面的保证

零件的主要表面是和其他零件相配合的表面，或是直接参与工作过程的表面。主要表面以外的表面称为次要表面。

表 6-1　机械加工工艺过程卡片

机械加工工艺过程卡片		产品型号	(1)	零件图号		共　页
		产品名称	(2)	零件名称		第　页　(6)

材料牌号 (1)	毛坯种类 (2)	毛坯外形尺寸 (3)	每毛坯可制件数	每台件数 (4)		备注 (5)	

工序号	工序名称	工序内容	车间	工段	设备	工艺装备	工时	
							准终	单件
(7)	(8)	(9)	(10)	(11)	(12)	(13)	(14)	(15)

描图		设计(日期)	审核(日期)	标准化(日期)	会签(日期)
描校					
底图号					
装订号					

标记	处数	更改文件号	签字	日期	标记	处数	更改文件号	签字	日期

表 6-2 机械加工工序卡片

机械加工工序卡片	产品型号		零件图号		共 页 第 页
	产品名称		零件名称		
(1)	车间	工序号	工序名称		材料牌号
	(2)	(3)	(4)		(5)
	毛坯种类	毛坯外形尺寸	每毛坯可制件数		每台件数
	(6)	(7)	(8)		(9)
	设备名称	设备型号	设备编号		同时加工件数
	(10)	(11)	(12)		(13)
	夹具编号		夹具名称		切削液
	(14)		(15)		(16)
	工位器具编号		工位器具名称		工序工时
	(17)		(18)		准终 (19) / 单件 (20)

工步号	工步内容	工艺装备	主轴转速/(r/min)	切削速度/(m/min)	进给量/(mm/r)	背吃刀量/mm	进给次数	工步工时	
								机动	辅助
(21)	(22)	(23)	(24)	(25)	(26)	(27)	(28)	(29)	(30)

		设计(日期)	审核(日期)	标准化(日期)	会签(日期)
描 图					
描 校					
底图号					
装订号	标记	处数	更改文件号	签字	日期
	标记	处数	更改文件号	签字	日期

表 6-3 机械加工工艺过程卡片的填写

空格号	填写内容
(1)	材料牌号按设计图样要求填写
(2)	毛坯种类填写铸件、锻件、钢条、板钢等
(3)	进入加工前的毛坯外形尺寸
(4)	每毛坯可制零件数
(5)	每台件数按产品图样要求填写
(6)	备注可根据需要填写
(7)	工序号
(8)	各工序名称
(9)	各工序和工步加工内容和主要技术要求，工序中的外协序也要填写，但只写工序名称和主要技术要求，如热处理的硬度和变形要求、电镀层的厚度等；产品图样标有配作、配钻时，应在配作前的最后一道工序另起一行注明，如："××孔与××件装配时配钻""××部位与××件装配后加工"等
(10)、(11)	分别填写加工车间和工段的代号或简称
(12)	填写设备的型号或名称，必要时可填写设备编号
(13)	填写工序（或工步）所使用的夹、模、辅具和刀、量具，其中属专用的，按专用工艺装备的编号（名称）填写；属标准的，填写名称、规格和精度，有编号的也可填写编号
(14)、(15)	分别填写准备与终结时间和单位时间定额

表 6-4 机械加工工序卡片的填写

空格号	填写内容
(1)	对一些难以用文字说明的工序或工步内容，应绘制工序示意图。对工序或工步示意图的要求：①根据零件加工或装配情况可画向视图、剖视图、局部视图，允许不按比例绘图；②加工表面应用粗实线表示，其他非加工表面用细实线表示；③标明定位基面、加工部位、精度要求、表面粗糙度、测量基准等；④标注定位夹紧符号，按 JB/T 5061—2006 选用；⑤其他技术要求，如具体的加工要求、热处理、清洗等
(2)	执行该工序的车间名称或代号
(3)~(9)	按机械加工过程卡片的内容填写
(10)~(12)	该工序所用设备的名称和型号
(13)	在机床上同时加工的件数
(14)、(15)	该工序所用的各种夹具的编号（或标准）和名称
(16)	机床所用的切削液的名称和牌号
(17)、(18)	该工步所用的工位器具的编号和名称
(19)、(20)	工序工时的准终、单件时间
(21)	工步号
(22)	各工步的名称、加工内容和主要技术要求
(23)	各工步所用的模辅具、刀具、量具
(24)~(28)	切削规范，一般工序可不填
(29)、(30)	分别填写本工序机动时间和辅助时间定额

　　主要表面的本身精度要求一般都比较高，而且零件的结构形状、精度、材料的加工难易
程度等，都会在主要表面的加工中反映出来。主要表面的加工质量对零件工作的可靠性与寿
命有很大的影响。因此，在制订工艺路线时，首先要考虑如何保证主要表面的加工要求。

　　根据主要表面的尺寸精度、几何精度和表面质量要求，可初步确定在工艺过程中应该采
用哪些最后加工方法来实现这些要求，并且对在最后加工之前所采取的一系列的加工方法也
可一并考虑。

　　如某零件的主要表面之一的外圆表面，尺寸精度为 IT6 级，表面粗糙度值 Ra 为 0.8μm，
需要依次用粗车、半精车和磨削加工才能达到要求。若对一尺寸精度要求为 IT7 级，并且还
有表面形状精度要求，表面粗糙度值 Ra 为 0.8μm 的内圆表面，则需采用粗镗、半精镗和磨
削加工的方法才能达到图样要求。其他次要表面的加工可在主要表面的加工过程中给以兼
顾。

2. 重要技术条件分析

　　技术条件一般指表面形状精度和表面之间的相互位置关系精度，静平衡、动平衡要求，
热处理、表面处理、探伤要求和气密性试验等。

　　重要的技术条件是影响工艺过程制订的重要因素之一，严格的表面相互位置精度要求
（如同轴度、平行度、垂直度等）往往会影响到工艺过程中各表面加工时的基准选择和先后
次序，也会影响工序的集中和分散。零件的热处理和表面处理要求，对于工艺路线的安排也
有重大的影响，因此应该根据不同的热处理方式，在工艺过程中合理安排它们的位置。

　　零件所用的材料及其力学性能对于加工方法的选择和加工用量的确定也有一定的影响。

3. 零件图上表面位置尺寸的标注

　　零件上各表面之间的位置精度是通过一系列工序加工后获得的。这些工序的加工顺序与
工序尺寸和相互位置关系的标注方式有直接关系。例如，图 6-1a 所示为坐标式标注法，这
种标注法的特点是所有表面的位置尺寸都从一个表面注起。为了使最终工序的尺寸能直接取
自零件图的尺寸，应首先将表面 A 加工好，其他表面的加工顺序可以是任意的，因为其他
表面之间并无尺寸联系。图 6-1b 所示为链接式标注法，在这种标注法中，位置尺寸是前后
衔接的，各表面加工顺序按尺寸标注的次序进行。即先加工好 A 面，其后加工顺序为 B、C、
D、E 面。这样，最终工序的工序尺寸就可以直接取自零件图的尺寸。图 6-1c 所示为混合式
标注法，这种标注法是坐标式和链接式组合而成的。绝大多数零件是采用这种方法标注尺寸
的。这种标注法的加工顺序可以是先加工 A 面，然后可任意加工 B、C、E 面，D 面应在 C
面加工后再进行。

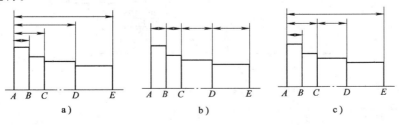

图 6-1　位置尺寸注法

　　由此可见，对零件图进行工艺分析时应从结构形状、技术要求、材料各方面进行分析，

尤其是对主要表面、重要技术条件和重要的位置尺寸的标注应作重点研究，从而掌握零件在加工过程中的工艺关键，以及次要工序的大致内容、数目与顺序，为具体地编制工艺规程奠定基础。

4. 零件图分析实例

现以某型号航空发动机的轴套零件为例，进行零件图的研究和工艺分析，如图 6-2 所示。

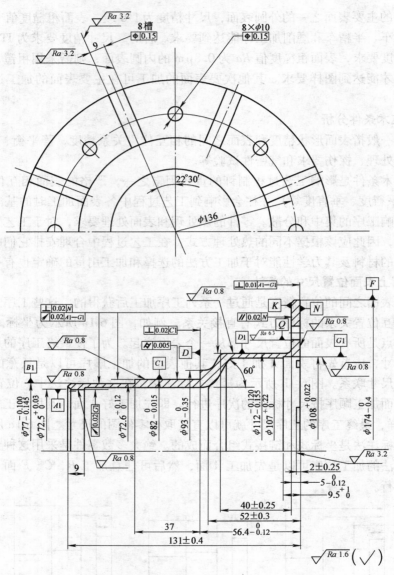

图 6-2　轴套零件图

轴套在中温（约 300℃）和高速（10000 ~ 15000r/min）下工作。轴套的内圆柱面 A1、G1 及端面 N 和轴配合，表面 B1、D1 和封严环配合，表面 C1、D 和轴承配合，轴套内腔及端面 N 上的 8 个槽是冷却空气的通道，8 个 ϕ10mm 的孔通过螺钉和轴连接。

　　轴套从结构形式来看，各个表面并不复杂，但从零件的整体结构来看，则是一个刚度很低的薄壁件，最小壁厚为 2mm。

　　从精度方面来看，主要工作表面的精度是 IT5 ~ IT8 级，$C1$ 的圆柱度为 0.005mm，工作表面的表面粗糙度值 Ra 为 0.8μm，非配合表面的表面粗糙度值 Ra 为 1.6μm（在高转速下工作，为提高零件的抗疲劳强度）。位置关系精度，如平行度、垂直度、圆跳动等，均在 0.01 ~ 0.02mm 范围内。

　　在材料方面，高合金钢 40CrNiMoA 要求进行淬火后回火，保持硬度为 32 ~ 36HRC，最后进行表面氧化处理。按零件图要求，毛坯采用模锻件。

　　1）零件上重要表面的加工方法选择。外圆表面 $B1$、$C1$、$D1$ 是配合表面，表面粗糙度值要求为 $Ra = 0.8$μm，所以是零件的主要表面，最后加工方法应选用磨削，以前的准备工序应为粗车及半精车；内圆柱面 $G1$ 为 φ108H6，$A1$ 表面为 φ72.5H7，它们的表面粗糙度值要求均为 $Ra = 0.8$μm，所以应选用粗镗、半精镗和磨削加工的方法来保证加工要求。

　　2）零件上主要技术条件的保证。重要技术条件是影响工艺路线制订的重要因素之一，特别是位置关系精度要求较高时，就会有较大的影响。

　　轴套上表面 $A1$ 对 $G1$ 的圆跳动为 0.02mm，则加工 $A1$ 和 $G1$ 时最好在一次安装中加工出来；外圆表面 $B1$、$C1$、$D1$ 对一组基准 $A1—G1$ 有 0.02mm 的圆跳动要求，这时，最好以 $A1—G1$ 为基准来加工这三个外圆表面。

　　3）热处理要求的影响。零件需要进行淬火后回火，所以主要表面的精加工都采用磨削加工的方法。

6.2.2　零件结构分析

　　机械零件的常见结构类型可分为回转体零件与非回转体零件两类。回转体零件以轴类和套类零件为典型；非回转体零件中，又以箱体零件的加工最为典型。机械零件不同的结构特点，决定了加工方法、毛坯类型、基准选择等各方面的不同。

1. 轴类零件

　　（1）轴类零件的功用与结构特点　轴类零件是机械加工中的典型零件之一。在机器产品中，轴类零件的功用是用来支承传动件（如齿轮、带轮、离合器等）、传递转矩和承受载荷。轴类零件是旋转体零件，其加工表面一般是由同轴的外圆柱面、圆锥面、内孔、螺纹和花键等组成。根据结构形状的不同，轴类零件可分为光轴、阶梯轴、空心轴和异型轴（如曲轴、偏心轴、凸轮轴等）四类，如图 6-3 所示。

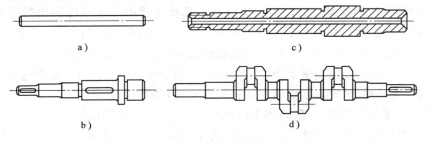

图 6-3　常见的轴类零件

a）光轴　b）阶梯轴　c）空心轴　d）曲轴

（2）轴的材料和毛坯　轴类零件以 45 钢、45Cr 钢用得最多，其价格也比较便宜，可通过调质改善力学性能。调质状态抗拉强度 $R_m = 560 \sim 750\text{MPa}$，屈服强度 $R_{eH} = 360 \sim 550\text{MPa}$。对于要求较高的轴，可用 40MnB、40CrMnMo 钢等，这些材料的强度高，如 40CrMnMo 钢调质状态的 $R_m = 1000\text{MPa}$，$R_{eH} = 800\text{MPa}$，但其价格较高。对于某些形状复杂的轴，也可采用球墨铸铁，如曲轴可用 QT600—02。

轴类零件常用的毛坯是圆钢料和锻件。对于光滑轴、直径相差不大的阶梯轴，多采用热轧或冷轧圆钢料。对于直径相差悬殊的阶梯轴，多采用锻件。这不仅节约材料，减少机加工工时，而且锻造毛坯能使纤维组织合理分布，从而得到较高的抗拉、抗弯强度。单件小批生产一般采用自由锻，大批大量生产多采用模锻。

（3）轴类零件的技术要求　零件的技术要求对零件的使用性能、寿命有很大影响。技术要求不同，其工艺方案、设备精度不同，加工成本差别很大。轴类零件的技术要求主要有：

1）尺寸精度。轴径和内孔等配合表面都有一定的尺寸精度要求。一般机械零件配合表面的精度等级通常为 IT6 ~ IT9，机床主轴等重要零件的配合面可高达 IT5 级。轴类零件的轴向尺寸一般要求较低。

2）形状精度。为保证配合质量，对轴径、基准内孔等重要表面的圆度、圆柱度的精度要求一般为 IT6 ~ IT9 级，形状精度的选择要与尺寸精度相适应。

3）位置精度。重要圆柱表面间的同轴度、径向圆跳动、轴心线与基准端面间的垂直度、轴向圆跳动等，一般为 IT5 ~ IT10 级。

4）表面粗糙度。对配合要求高的轴径，其内孔表面粗糙度值 Ra 一般为 $0.1 \sim 1.6\mu\text{m}$。零件的回转速度越高，要求表面粗糙度值越小，选择时要与形状精度相协调。

5）平衡。对于回转速度较高的零件或异形回转体，还要对其进行静、动平衡。

2. 套类零件

套筒类零件是指回转体零件中的空心薄壁件，在各类机器中应用广泛，通常起支承、导向、连接和轴向定位等作用。

套筒类零件按其结构形状来划分，大体可以分为短套筒和长套筒两大类，如图 6-4 所示。零件的主要表面为同轴度要求较高的内外圆表面；零件壁厚较薄且易变形；零件长度一般大于直径。套筒类零件的外圆表面多以过盈或过渡配合与机架或箱体孔配合，起支撑作用；零件的内孔，作为支承或导向的主要表面，常与运动轴、主轴、活塞、滑阀相配合。有些套筒的端面或凸缘端面有定位或承受载荷的作用。

（1）套筒类零件的材料　套筒类零件材料的选择主要取决于零件的功能要求、结构特点及使用时的工作条件。套筒类零件一般用钢、铸铁、青铜、黄铜或粉末冶金等材料制成。有些特殊要求的套筒类零件可采用双层金属结构或选用优质合金钢。双层金属结构是应用离心铸造法在钢或铸铁轴套的内壁上浇注一层巴氏合金等轴承合金材料，采用这种制造方法虽增加了一些工时，但能节省非铁金属，而且提高了轴套的使用寿命。

（2）套筒类零件的毛坯　套筒类零件的毛坯制造方式的选择与毛坯结构尺寸、材料、生产批量等因素有关。孔径较大（一般直径大于 20mm 时），常采用型材（如无缝钢管）、带孔的铸件或锻件；孔径较小（一般直径小于 20mm）时，一般多选择热轧或冷拉棒料，也可采用实心铸件；大批大量生产时，可采用冷挤压、粉末冶金等先进工艺，不仅节约原材料，而且生产率及毛坯精度均可提高。

（3）套筒类零件的热处理　套筒类零件的功能要求和结构特点决定了套筒类零件的热处理方法，包括渗碳淬火、表面淬火、调质、高温时效及渗氮。

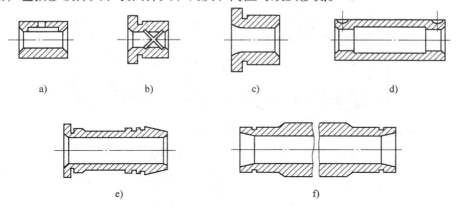

图 6-4　套筒类零件

a、b）滑动轴承　c）钻套　d）轴承衬套　e）气缸套　f）液压缸

（4）套筒零件的技术要求

1）内孔与外圆的同轴度要求。外圆直径精度通常为 IT7～IT5，表面粗糙度值 Ra 为 3.2～0.63μm，要求较高的表面粗糙度值可达 0.04μm；内孔作为套筒类零件支承或导向的主要表面，要求内孔尺寸精度一般为 IT7～IT6，为保证其耐磨性要求，对表面粗糙度要求较高（Ra 为 1.6～0.1μm，有的高达 0.025μm）。有的精密套筒及阀套的内孔尺寸精度要求为 IT5～IT4，也有的套筒（如液压缸、气压缸）由于与其配合的活塞上有密封圈，故对尺寸精度要求较低，一般为 IT8～IT9，但对表面粗糙度要求较高，Ra 一般为 2.5～1.6μm。

2）几何形状精度要求。通常将外圆与内孔的几何形状精度控制在尺寸公差以内；对精密套筒有时控制在孔径公差的 1/2～1/3，甚至更严。对较长套筒除圆度要求以外，还应有孔的圆柱度要求。套筒类零件外圆形状精度一般应在外径公差以内。

3）位置精度要求。主要应根据套筒类零件在机器中的功用和要求而定。如果内孔的最终加工是在套筒装配（如机座或箱体等）之后进行时，可降低对套筒内、外圆表面的同轴度要求。如果内孔的最终加工是在装配之前进行时，则内、外圆表面的同轴度要求较高，通常同轴度为 0.01～0.06mm。套筒端面（或凸缘端面）常用来定位或承受载荷，对端面与外圆和内孔轴线的垂直度要求较高，一般为 0.05～0.01mm。

3. 箱体类零件的结构和工艺特点

箱体类零件是机器的基础件之一，它将轴、套、传动轮等零件组装在一起，使各零件保持正确的位置关系，以满足机器或部件的工作性能要求。

箱体零件结构一般比较复杂，有许多精度较高的支承孔和平面，还有许多精度较低的紧固孔、油孔和油槽等。箱体不仅加工部位较多，而且加工难度也较大。

（1）箱体零件的结构特点　图 6-5 所示为几种箱体的结构简图，箱体零件具有如下结构特点：

1）形状复杂。箱体通常作为装配的基准件，在它上面安装的零件或部件越多，箱体的形状越复杂，因为安装时要有定位面、定位孔，还要有固定用的螺钉孔等；为了支承零部件，需要有足够的刚度，采用较复杂的截面形状和加强肋等；为了存储润滑油，需要有一定形状的空腔，还要有观察孔、放油孔等；考虑搬运吊装，还必须做出吊钩、凸耳等。

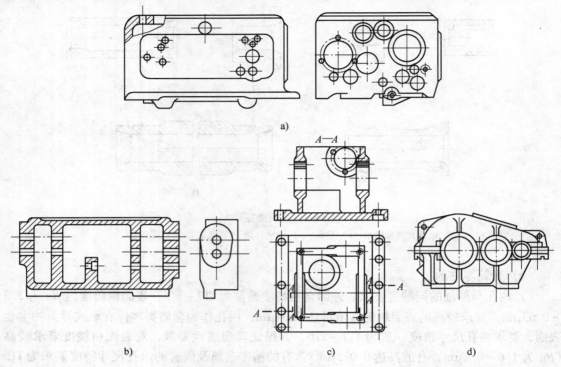

图 6-5　几种箱体的结构简图
a) 车床主轴箱　b) 车床进给箱　c) 减速器　d) 剖分式减速器

2) 体积较大。箱体内要安装和容纳相关的零部件，因此必须要求箱体有足够大的体积。例如，大型减速器箱体长达 4~6m、宽 3~4m。

3) 壁薄容易变形。箱体体积大，形状复杂，又要求减小质量，所以大都设计成腔形薄壁结构。但是在铸造、焊接和切削加工过程中往往会产生较大的内应力，引起箱体变形。即使在搬运过程中，由于方法不当也容易引起箱体变形。

4) 有精度要求较高的孔和平面。这些孔大都是轴承的支承孔，平面大都是装配的基准面，它们在尺寸精度、表面粗糙度、形状和位置精度等方面都有较高要求，其加工精度将直接影响箱体的装配精度及使用性能。

因此，一般说来，箱体不仅需要加工的部位多，而且加工难度也较大。据统计资料表明，一般中型机床厂用在箱体类零件的机械加工工时约占整个产品的 15%~20%。

(2) 箱体零件的材料、毛坯和热处理　由于灰铸铁有一系列技术上（如耐磨性、铸造性、可加工性以及吸振性都比较好）和经济上（原材料易得、成本低）的优点，常作为箱体类零件的材料。根据需要可选用 HT100~HT400 各种牌号的灰铸铁。常用牌号为 HT200（如 CA6140 主轴箱箱体材料）。箱体材料要根据具体条件和需要选择。例如，坐标镗床主轴箱选用耐磨铸铁；某些负荷较大的箱体，可采用铸钢件。只有单件生产或某些简易机床的箱体，为了缩短毛坯制造周期可采用钢材焊接结构。

Ⅱ级灰铸铁的总余量，大批大量生产时：平面为 6～10mm，孔（半径上）为 7～12mm；单件小批生产时：平面为 7～12mm，孔（半径上）为 8～14mm。成批生产时，小于 $\phi30mm$ 的孔不预先铸出；单件小批生产时，$\phi50mm$ 以上的孔才铸出。

为了尽量减少铸件内应力对以后加工质量的影响，零件浇注后应设退火工序，然后按有关铸件技术条件验收。

（3）箱体零件的结构工艺性　箱体加工表面数量多，要求高，机械加工劳动量大。因此，箱体机械加工的结构工艺性对实现优质、高产、低成本具有重要的意义。

1）箱体零件上的孔分类。

① 基本孔。箱体上的基本孔分为通孔、阶梯孔、交叉孔（图6-6）和不通孔 4 类。其中通孔的加工工艺性最好，通孔内又以长径比 $L/D \leq 1\sim1.5$ 的短圆柱孔工艺性为最好；深孔（$L/D>5$）的工艺性最差。阶梯孔的工艺性与"孔径比"有关。孔径相差越小则工艺性越好；孔径相差越大，且其中最小孔径又很小，则工艺性很差。

相贯通的交叉孔的工艺性也较差，如图 6-6a 所示，$\phi100^{+0.035}_{0}mm$ 孔与 $\phi70^{+0.03}_{0}mm$ 孔贯通相交，在加工主轴孔的过程中，当刀具进给到贯通部位时，由于刀具径向受力不均，使孔的轴线产生偏移。为保证加工质量，如图 6-6b 所示，$\phi70^{+0.03}_{0}mm$ 孔不铸通，当主轴孔加工完毕后再加工 $\phi70^{+0.03}_{0}mm$ 孔，以保证主轴孔的加工质量。

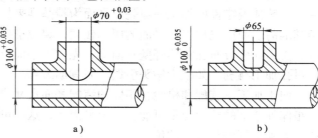

图6-6　相贯通的交叉孔的工艺性
a）交叉孔　b）交叉孔毛坯

不通孔的工艺性最差，因为在精镗或精铰不通孔时，要用手动送进，或采用特殊工具送进。此外，不通孔内端面的加工也特别困难，故应尽量避免。

②同轴线上的孔。箱体上同轴孔的排列方式有三种，如图6-7所示。图6-7a 所示为孔径大小向一个方向递减，且相邻两孔直径差大于孔的毛坯加工余量。这种排列方式可使镗孔时，镗杆从一端伸入，逐个加工或同时加工同轴线上的几个孔，对于单件小批生产，这种结构加工最为方便。图6-7b 所示为孔径大小从两边向中间递减，加工时刀杆可从两边进入，这样不仅可以缩短镗杆长度，提高了镗杆刚度，而且为双面同时加工创造了条件，所用大批量生产的箱体，常采用此种孔径分布。图6-7c 所示为孔径大小不规则排列，工艺性差，应尽量避免。

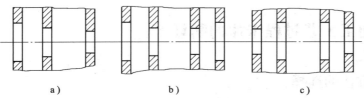

图6-7　同轴线上孔径的排列方式
a）孔径大小单向排列　b）孔径大小双向排列　c）孔径大小无规则排列

2）孔系分类。箱体上一系列有相互位置要求的孔称为孔系。孔系可分为平行孔系、同轴孔系和交叉孔系，如图6-8所示。

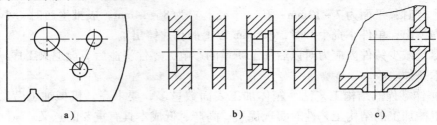

图6-8　孔系分类

a）平行孔系　b）同轴孔系　c）交叉孔系

（4）箱体加工的一般原则

1）先面后孔原则。先加工平面，后加工支承孔，是箱体类零件加工的一般规律。其原因在于：箱体类零件的加工一般是以平面为精基准来加工孔，按先基准、后其他的原则，作为精基准的表面应先加工；平面的面积较大，定位准确可靠，先面后孔容易保证孔系的加工精度；支承孔多分布在箱体外壁平面上，先加工平面可切去铸件表面的凹凸不平及夹砂等缺陷，对孔加工有利。如减少钻头引偏、刀具崩刃等。

为便于加工、装配和检验，箱体的装配基面尺寸应尽量大，形状应尽量简单。

箱体外壁上的凸台应尽可能在一个平面上，这样可以在一次进给过程中完成加工，简单方便，无须重复调整刀具的位置。

2）粗、精分开，先粗后精原则。由于箱体的结构形状复杂，主要表面的精度高，一般应将粗、精工序分开，并分别在不同精度的机床上加工。这样可以消除粗加工所造成的内应力、切削力、夹紧力和切削热对加工精度的影响，保证箱体的加工质量。此外，粗加工可以发现毛坯缺陷，及时报废或修补。

3）先主后次原则。紧固螺钉孔、油孔等小孔的加工，一般应放在支承孔粗加工半精加工之后、精加工之前进行。箱体上的紧固孔和螺纹孔的尺寸规格应尽量一致，以减少刀具数量和换刀次数。

4）合理安排时效处理。对普通精度的箱体类零件，一般在毛坯铸造之后安排一次人工时效即可；对一些高精度或形状特别复杂的箱体，应在粗加工之后再安排一次人工时效，以消除粗加工产生的内应力，保证箱体加工精度的稳定性。

此外，为保证箱体有足够的动刚度和抗振性，应酌情合理使用肋板、肋条，加大圆角半径，收小箱口，加厚主轴前轴承口厚度。

6.3　机械加工工艺过程卡片的制订

6.3.1　加工方法的选择

机械零件是由大量的外圆、内孔、平面或复杂的成形表面组合而成的。在分析研究零件图的基础上，应首先根据组成表面所要求的加工精度、表面粗糙度和零件的结构特点，选用相应的加工方法和加工方案予以保证。

1）工件的加工精度、表面粗糙度和其他技术要求。在分析研究零件图的基础上，根据各加工表面加工质量要求，选择合适的加工方法。常用查表或经验来确定，有时还要根据实际情况进行工艺验证。

2）工件材料的性质。例如，淬火钢的精加工常用磨削，非铁金属的精加工为避免磨削时堵塞砂轮，则要用高速精细车或精细镗（金刚镗）等方法进行加工。

3）工件的形状和尺寸。如套类零件，孔精度为 IT7 级，表面粗糙度值 Ra 为 1.6μm，常用磨削或拉削；箱体上精度为 IT7 级、表面粗糙度值 Ra 为 1.6μm 的孔常用镗孔或铰孔的方法进行加工。

4）生产类型、生产率和经济性。在大批大量生产中可选用高效率设备和专用工艺装备。如平面和孔加工可以采用拉削加工；单件小批生产则采用刨、铣平面和钻、扩、铰孔。

5）工厂设备、人员情况。选择加工方法时应首先考虑充分利用工厂现有设备，挖掘企业潜力，并注意设备负荷的平衡，避免少数设备超负荷而影响生产计划的完成。

表 6-5～表 6-7 列出了典型表面的加工方法及适用范围。

表 6-5　外圆表面加工方法及适用范围

序号	加　工　方　法	经济精度（IT）	表面粗糙度值 Ra/μm	适用范围
1	粗车	11～13	25～6.3	适用于淬火钢以外的各种金属
2	粗车→半精车	8～10	6.3～3.2	
3	粗车→半精车→精车	6～9	1.6～0.8	
4	粗车→半精车→精车→滚压（或抛光）	6～8	0.2～0.025	
5	粗车→半精车→磨削	6～8	0.8～0.4	适于淬火钢、未淬火钢
6	粗车→半精车→粗磨→精磨	5～7	0.4～0.1	
7	粗车→半精车→粗磨→精磨→超精加工	5～6	0.1～0.012	
8	粗车→半精车→粗磨→精磨→研磨	5 级以上	<0.1	
9	粗车→半精车→粗磨→精磨→超精磨（或镜面磨）	5 级以上	<0.05	
10	粗车→半精车→精车→金刚石车	5～6	0.2～0.025	适于非铁金属

表 6-6　内圆表面加工方法及适用范围

序号	加　工　方　法	经济精度（IT）	表面粗糙度值 Ra/μm	适用范围
1	钻	12～13	12.5	加工未淬火钢及铸铁的实心毛坯，也可用于加工非铁金属（但表面粗糙度值稍大），孔径<15mm
2	钻→铰	8～10	3.2～1.6	
3	钻→粗铰→精铰	7～8	1.6～0.8	
4	钻→扩	10～11	12.5～6.3	同上，但孔径>20mm
5	钻→扩→粗铰→精铰	7～8	1.6～0.8	
6	钻→扩→铰	8～9	3.2～1.6	
7	钻→扩→机铰→手铰	6～7	0.4～0.1	

（续）

序号	加 工 方 法	经济精度（IT）	表面粗糙度值 Ra/μm	适用范围
8	钻→(扩)→拉	7~9	1.6~0.1	大批量生产，精度视拉刀精度而定
9	粗镗（或扩孔）	11~13	12.5~6.3	毛坯有铸孔或锻孔的未淬火钢
10	粗镗（粗扩）→半精镗（精扩）	9~10	3.2~1.6	
11	扩（镗）→铰	9~10	3.2~1.6	
12	粗镗（扩）→半精镗（精扩）→精镗（铰）	7~8	1.6~0.8	
13	镗→拉	7~9	1.6~0.1	毛坯有铸孔或锻孔的铸件及锻件（未淬火）
14	粗镗（扩）→半精镗（精扩）→浮动镗刀块精镗	6~7	0.8~0.4	
15	粗镗→半精镗→磨孔	7~8	0.8~0.2	淬火钢或非淬火钢
16	粗镗（扩）→半精镗→粗磨→精磨	6~7	0.2~0.1	
17	粗镗→半精镗→精镗→金刚镗	6~7	0.4~0.05	非铁金属加工
18	钻→(扩)→粗铰→精铰→珩磨 钻→(扩)→拉→珩磨 粗镗→半精镗→精镗→珩磨	6~7	0.2~0.025	钢铁金属高精度大孔的加工
19	粗镗→半精镗→精镗→研磨	6级以上	0.1以下	
20	钻（粗镗）→扩（半精镗）→精镗→金刚镗→脉冲滚压	6~7	0.1	非铁金属及铸件上的小孔

表 6-7　平面加工方法及适用范围

序号	加 工 方 法	经济精度（IT）	表面粗糙度值 Ra/μm	适用范围
1	粗车	10~11	12.5~6.3	未淬硬钢、铸铁、非铁金属端面加工
2	粗车→半精车	8~9	6.3~3.2	
3	粗车→半精车→精车	6~7	1.6~0.8	
4	粗车→半精车→磨削	7~9	0.8~0.2	钢、铸铁端面加工
5	粗刨（粗铣）	12~14	12.5~6.3	不淬硬的平面
6	粗刨（粗铣）→半精刨（半精铣）	11~12	6.3~1.6	
7	粗刨（粗铣）→精刨（精铣）	7~9	6.3~1.6	
8	粗刨（粗铣）→半精刨（半精铣）→精刨（精铣）	7~8	3.2~1.6	
9	粗铣→拉	6~9	0.8~0.2	大量生产未淬硬的小平面
10	粗刨（粗铣）→精刨（精铣）→宽刃刀精刨	6~7	0.8~0.2	未淬硬的钢件、铸铁件及非铁金属件
11	粗刨（粗铣）→半精刨（半精铣）→精刨（精铣）→宽刃刀低速精刨	5	0.8~0.2	

（续）

序号	加　工　方　法	经济精度（IT）	表面粗糙度值 $Ra/\mu m$	适用范围
12	粗刨(粗铣)→精刨(精铣)→刮研	5 ~ 6	0.8 ~ 0.1	淬硬或未淬硬的钢铁金属工件
13	粗刨(粗铣)→半精刨(半精铣)→精刨(精铣)→刮研			
14	粗刨(粗铣)→精刨(精铣)→磨削	6 ~ 7	0.8 ~ 0.2	
15	粗刨(粗铣)→半精刨(半精铣)→精刨(精铣)→磨削	5 ~ 6	0.4 ~ 0.2	
16	粗铣→精铣→磨削→研磨	5 级以上	< 0.1	

　　在选择加工方法时，首先选定主要表面的最后加工方法，然后选定最后加工前一系列准备工序的加工方法，接着再选次要表面的加工方法。

　　在各表面的加工方法初步选定以后，还应综合考虑各方面工艺因素的影响。如轴套内孔 $\phi 76_0^{+0.03}$ mm，其精度为 IT7 级，表面粗糙度值 Ra 为 1.6μm，可以采用精镗的方法来保证，但 $\phi 76_0^{+0.03}$ mm 的内孔相对于内孔 $\phi 108_0^{+0.022}$ mm 有同轴度要求，因此，两个表面应安排在一个工序，均采用磨削来加工。

6.3.2　加工阶段的划分

　　工件各个表面的加工方法确定后，往往不是依次完成各个表面的加工，常常要把加工质量要求较高的主要表面的工艺过程，按粗、精分开的原则划分成几个阶段，其他加工表面的工艺过程也应作相应划分，并分别安排到由主要表面所确定的各个加工阶段中去，这样就可以得到由各个加工阶段所组成的、包含零件全部加工内容的零件的加工工艺过程。

　　加工阶段一般划分为以下 4 个阶段：

　　（1）粗加工阶段　其任务是切除大部分的加工余量，使各加工表面尽可能接近图样尺寸，并加工出精基准，因此主要问题是如何获得高的生产率。

　　（2）半精加工阶段　其任务是使主要表面消除粗加工留下来的误差，为精加工做好准备（达到一定的加工精度，保证一定的精加工余量），并完成次要表面加工（如钻孔、攻螺纹、铣键槽等）。半精加工一般在热处理之前进行。

　　（3）精加工阶段　其任务是保证各主要表面达到图样规定的加工质量和技术要求。

　　（4）光整加工阶段　其任务是进一步提高尺寸精度和降低表面粗糙度值（尺寸精度达到 IT6 级以上，$Ra < 1.6\mu m$），提高表面层的物理-力学性能，一般不能用来纠正被加工表面的几何形状误差和表面之间的相对位置误差。

　　有时若毛坯的加工余量特别大，表面极其粗糙，在粗加工前设有去皮加工阶段，称为荒加工。荒加工常常在毛坯准备车间进行。

　　划分加工阶段的必要性为：

　　（1）保证加工质量　粗加工阶段因切削力和切削热引起的变形，可在半精、精加工逐步得到纠正。粗加工阶段工件由于表面金属层被切除而内应力将重新分布会产生变形。粗、精加工分开后，一方面各阶段之间的时间间隔相当于自然时效，有利于内应力消除；另一方面不会破坏已精加工过的表面精度。

（2）合理的使用机床设备　粗加工时选用功率大、刚性好、一般精度的高效率机床；精加工时可采用高精度机床。这样能充分发挥机床设备各自的性能特点，延长高精度机床的使用寿命。

（3）便于及时发现毛坯缺陷　毛坯的各种缺陷如气孔、砂眼、裂纹和加工余量不足等，在粗加工后即可发现，便于及时修补或决定是否报废，以免后期发现而造成工时浪费。精加工、光整加工安排在后，可减少工件表面的损伤，有利于保证表面质量。

（4）便于安排热处理工序，使冷、热加工配合协调　例如，粗加工前可安排预备热处理，即退火或正火；粗加工后可安排时效或调质；半精加工之后安排淬火处理；淬硬后安排精加工工序。热处理引起的变形逐渐消除。冷、热加工工序交替进行，配合协调，有利于保证加工质量和提高生产效率。

上述加工阶段的划分并不是一成不变的，在应用时要灵活掌握。当加工质量要求不高，工件刚性足够，毛坯质量好，加工余量小时，可以少划分或不划分加工阶段。因为严格划分加工阶段，不可避免地要增加工序的数目，使成本提高。对于重型零件，由于安装运输费时，常常不划分加工阶段，而在一次装夹下完成全部粗、精加工。考虑到工件变形对加工质量的影响，在粗加工后松开夹紧机构，让变形恢复，然后用较小的力再夹紧工件，继续进行精加工。

6.3.3　毛坯选择

1. 毛坯选择的重要性

毛坯是根据零件所要求的形状、工艺尺寸等制成的机械加工对象。它是制订机械加工工艺规程的基础。毛坯的不同种类及制造方法对零件工艺过程影响很大，零件工艺过程中的工序数量、材料消耗、机械加工劳动量等在很大程度上取决于所选的毛坯，故正确选择毛坯具有重要的技术经济意义。

2. 毛坯选择的原则

在传统工艺设计中，选择毛坯主要考虑经济性问题，很少顾及毛坯生产对环境的影响。而在绿色制造过程中，选择毛坯不仅要考虑各种毛坯及制造方法的经济性，还要考虑它们对环境的影响，对资源、能源的消耗状况以及对社会生产可持续性的影响。在绿色制造思想指导下的毛坯选择应遵循以下原则：

（1）经济合理性原则　综合考虑毛坯制造和以此为基础的机械加工费用来确定毛坯的制造方式，以最终达到最佳的经济效益为目的。

（2）功能适应性原则　所选毛坯种类及制造方法要能可靠地保证毛坯在性能、质量、生产率等方面的要求。通常毛坯强度要求高的，多采用锻件。选择毛坯时，还要考虑零件的形状、尺寸等因素，否则难以保证毛坯的质量要求。如形状复杂和薄壁毛坯不能采用金属型铸造，否则会产生铸造缺陷；又如，尺寸较大的毛坯，不能采用模锻、压铸和精铸等毛坯制造方法。

（3）资源最佳利用原则　资源最佳利用原则包含两层意思：一是节省原材料消耗，二是充分利用现有设备资源。

（4）能量消耗最小原则　从使用的能源的类型、能量有效利用率等方面采取措施，节省能源，尽量减少能量的消耗，使生产中的能源消耗达到最小。

（5）环境保护原则 在毛坯生产过程中，无论在毛坯工艺设计、毛坯制造设备选择，还是在毛坯生产过程管理上，都应尽力采取措施避免产生环境污染，"零污染"是绿色制造追求的最终目标。在生产中尽力采用绿色的新材料、新工艺、新方法，如在锻造生产中采用非石墨型润滑材料，在砂型铸造中采用非煤粉型砂，可有效地避免产生污染。又如，在铸造生产中，用射压、静压造型机取代噪声极大的震击式造型机；在模锻生产中，用电液传动的曲柄热模锻压力机、高能螺旋压力机等新原理的设备取代老式噪声、振动、能耗都很大的模锻锤，可大大减小车间的噪声和振动污染。

（6）安全宜人原则 绿色制造还对生产过程中操作者的劳动保护提出要求，避免对操作者身心健康造成伤害。

综上所述，面向绿色制造的毛坯选择原则可以归纳为三类：一是经济性原则；二是功能适应性原则；三是环境协调性原则。这三类原则在毛坯选择过程中，互相作用，互相影响，共同影响毛坯的选择。

3. 毛坯种类

（1）铸件 适用于做形状复杂的零件毛坯。

（2）锻件 适用于要求强度较高、形状比较简单的零件。

（3）型材 热轧型材的尺寸较大，精度低，多用作一般零件的毛坯；冷拉型材尺寸较小，精度较高，多用于制造毛坯精度较高的中小型零件，适于自动机加工。

（4）焊接件 对于大件来说，焊接件简单方便，特别是单件小批生产可以大大缩短生产周期。但焊接件的零件变形较大，需要经过时效处理后才能进行机械加工。

（5）冲压件 适用于形状复杂的板料零件，多用于中小尺寸零件的大批、大量生产。

4. 毛坯发展趋势

随着资源保护和环境保护呼声越来越高，迫使毛坯制造工艺向精密成形工艺方向发展，即毛坯成形的形状、尺寸精度正从近净成形（Near Net Shape Forming）向净成形（Net Shape Forming）（即近无余量成形）方向发展。将来"毛坯"与"零件"的界限会越来越小，有的毛坯可能已接近或达到零件的最终形状和尺寸，磨削后即可装配。正因如此，精密毛坯制造工艺最近几年来得到快速发展，主要有精密铸造、精密锻造、精密冲裁、精密轧制、粉末冶金以及快速原型制造等先进工艺方法。

环境问题已成为国际社会关注的焦点，保护环境已成为人们的共识。生产绿色产品的绿色制造过程将成为未来工业制造过程的规范。目前，我国绿色产品的发展与世界发达国家相比，无论是在范围上还是在数量上都有很大的差距，尚处于初期阶段。要赶上世界发达国家水平，还要付出巨大努力。我国至今仍然沿用着粗放型经营的传统工业模式，能耗高、效益低、环境污染严重。因此，从理论和方法上开展系统的清洁化生产研究，促进我国绿色产品的迅速发展，适应国际市场的需求，迎接未来挑战，已是我国产业发展的当务之急。

6.3.4 工序组合原则

在选定了工件上各个表面的加工方法和划分了加工阶段之后，就要确定工序的数目，即工序的组合。工序的组合可采用工序集中原则和工序分散原则。

1. 工序集中

工序集中是使每道工序包括尽可能多的加工内容，因而使总工序数减少。

工序集中具有以下特点：

1）减少工件的安装次数，缩短了辅助时间，易于保证加工表面之间的位置精度。

2）便于采用高效的专用机床设备和工艺装备，提高生产率。

3）工序数目少，缩短了工艺流程，可简化生产组织与计划安排，减少设备数量，相应地减少工人人数和生产所需的面积。

4）操作、调整、维修费时费事，生产准备工作量大。

2. 工序分散

工序分散则正好相反，每道工序的加工内容较少，有些工序只包含一个工步，整个工艺过程安排的工序数较多。

工序分散主要有以下特点：

1）由于每台机床完成较少的加工内容，所以机床、夹具、刀具结构简单，调整方便，对工人的技术水平要求低。

2）便于选择合理的切削用量。

3）生产适应性强，转换产品较容易。

4）所需设备及工人人数多，生产周期长，生产所需面积大，运输量也较大。

在拟订工艺路线时，工序集中或分散的程度，主要取决于生产类型、零件的结构特点和技术要求。生产批量小时，多采用工序集中；生产批量大时，可采用工序集中，也可用工序分散。由于工序集中的优点较多，以及加工中心机床、柔性制造单元和柔性制造系统的发展，现代生产多趋于工序集中。

6.3.5　加工顺序的安排

在工艺规程设计过程中，工序的组合原则确定之后，就要合理地安排工序顺序，主要包括机械加工工序、热处理工序和辅助工序的安排。

1. 机械加工工序的安排

（1）基面先行　工件的精基准表面，应安排在起始工序先进行加工，以便尽快为后续工序的加工提供精基准。工件上主要表面精加工之前，还必须安排对精基准进行修整。若基准不统一，则应按基准转换顺序逐步提高精度的原则安排基准面加工。

（2）先主后次　先安排主要表面加工，后安排次要表面加工。主要表面指装配表面、工作表面等。次要表面包括键槽、紧固用的光孔或螺孔等。由于次要表面加工量较少，而且又和主要表面有位置精度要求，因此一般应放在主要表面半精加工结束后，精加工或光整加工之前完成。

（3）先粗后精　先安排粗加工，中间安排半精加工，最后安排精加工或光整加工。

（4）先面后孔　对于箱体、支架和连杆等工件，应先加工平面后加工孔。这是因为平面的轮廓平整，安放和定位比较稳定可靠。若先加工平面，就能以平面定位加工孔，保证平面和孔的位置精度。此外，平面先加工好，给平面上的孔加工也带来方便。刀具的初始工作条件能得到改善。

2. 热处理工序的安排

（1）预备热处理　一般安排在机械加工之前，主要目的是改善切削性能，使组织均匀，细化晶粒，消除毛坯制造时的内应力。常用的热处理方法有退火和正火。调质可提高材料的综合力学性能，也能为后续热处理工序作准备，可安排在粗加工后进行。

（2）去除内应力处理　安排在粗加工之后，精加工之前进行。包括人工时效、退火等。一般精度的铸件在粗加工之后安排一次人工时效，消除铸造和粗加工时产生的内应力，减少后续加工的变形；要求精度高的铸件，则应在半精加工后安排第二次时效处理，使加工精度稳定；要求精度很高的零件如丝杠、主轴等应安排多次去应力处理；对于精密丝杠、精密轴承等为了消除残留奥氏体，稳定尺寸，还需采用冰冷处理，一般在回火后进行。

（3）最终热处理　主要目的是提高材料的强度、表面硬度和耐磨性。变形较大的热处理如调质、淬火、渗碳淬火应安排在磨削前进行，以便在磨削时纠正热处理变形。变形较小的热处理如渗氮等，应安排在精加工后。表面的装饰性镀层和发蓝工序一般安排在工件精加工后进行。电镀工序后应进行抛光，以增加耐蚀性和美观。耐磨性镀铬则放在粗磨和精磨之间进行。

3. 辅助工序的安排

辅助工序包括工件的检验、去毛刺、倒棱边、去磁、清洗和涂防锈剂等。其中检验工序是主要的辅助工序，是保证质量的重要措施。除了每道工序操作者自检外，检验工序应安排在粗加工结束、精加工之前；重要工序前后；送外车间加工前后；加工完毕，进入装配和成品库前应进行最终检验，有时还应进行特种性能检验，如磁力探伤、密封性检验等。

6.3.6　定位基准选择

在制订工艺过程时，不但要考虑获得表面本身的精度，而且必须保证表面间的位置精度要求。这就需要考虑工件在加工过程中的定位、测量等基准问题。

零件图中通过设计基准、设计尺寸来表达各表面的位置要求。在加工时是通过工序基准及工序尺寸来保证这些位置要求的。而工序尺寸方向上的位置，是由定位基准来保证的。加工后工件的位置精度是通过测量基准进行检验的。

因此，基准选择主要是研究加工过程中的表面位置精度要求及其保证的方法。

1. 粗基准与精基准

在零件加工的第一道工序中，只能使用未经加工过的毛坯表面进行定位，这种未经加工过的基准就称为粗基准。在粗基准定位加工出光洁的表面以后，就可以采用已经加工过的表面进行定位，加工过的基准称为精基准。为了便于装夹和易于获得所需的加工精度，在工件上特意作出的定位表面称为辅助基准。

由于粗基准和精基准的情况和用途都不相同，所以在选择两者时考虑问题的侧重点不同。

2. 粗基准的选择

选择粗基准时，考虑的重点是如何保证各加工表面有足够的余量，不加工表面的尺寸、位置符合图样要求。因此粗基准的选择原则是：

（1）保证不加工表面与加工表面相互位置要求原则　若零件上有某个表面不需要加工，则应选择这个不需加工的表面作为粗基准。这样做能提高加工表面和不加工表面之间的相互位置精度。如图 6-9a 所示零件，为了保证壁厚均匀，粗基准选用不加工的内孔和内端面。

若零件上有很多不加工表面，则应选择其中与加工表面有较高相互位置精度要求的表面作为粗基准。如图 6-9b 所示的零件，径向有三个不加工表面，若要求 ϕ_2 与 $\phi50^{+0.1}_{0}$ mm 之间的壁厚均匀，则应取 ϕ_2 作为径向的粗基准。

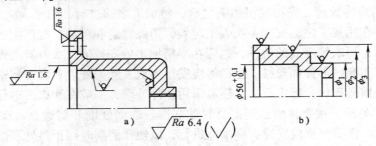

图 6-9　用不加工表面作粗定位基准

（2）保证各加工表面的加工余量合理分配的原则

1）为了保证重要加工表面的加工余量均匀，应选重要加工表面为粗基准。例如，床身导轨面不仅精度要求高，而且要求导轨表面有均匀的金相组织和较高的耐磨性，这就要求导轨面的加工余量较小而且均匀。原因是铸件表面不同深度处的耐磨性能相差很多，较大深度处耐磨性较低。因此，首先应以导轨面为粗基准加工床腿的底平面，然后再以床腿的底平面为精基准加工导轨面（图 6-10a）；反之，若选床脚平面为粗基准，会使导轨面的加工余量大而不均匀，降低导轨面的耐磨性（图 6-10b）。

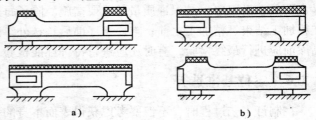

图 6-10　床身加工粗基准选择的两种方案比较
a）正确　b）不正确

当工件上有多个重要加工面要求保证余量均匀时，则应选择余量要求最严的面为粗基准。

2）应以余量最小的表面作为粗基准，以保证每个表面都有足够的加工余量。如图 6-11 所示的毛坯，表面 ϕA 的余量比 ϕB 大，采用表面 ϕB 作为粗基准就比较合适。

（3）保证定位准确、夹紧可靠以及夹具结构简单、操作方便原则　为了保证定位准确、夹紧可靠，首先要求选用的粗基准尽可能平整、光洁和有足够大的尺寸，不允许有锻造飞边、铸造浇冒口或其他缺陷，不能选分型面作为粗基准。

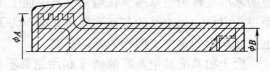

图 6-11　柱塞杆粗定位基准选择

（4）粗基准尽量不重复使用的原则　当毛坯精度较低时，如果在两次安装中重复使用同一粗基准，就会造成相当大的定位误差（有时可达几毫米）。因此，一般情况下粗基准只能使用一次。在用粗基准定位加工出其他表面后，就应以加工出的表面作为精基准进行其他表面的加工。

图 6-12 所示为铸件，内孔、端面及 $3 \times \phi 7mm$ 孔都需要加工。工艺路线为：车大端面→钻镗 $\phi 16mm$ 孔及 $\phi 18mm$ 空刀→钻 $3 \times \phi 7mm$ 孔，并且两次安装都选不加工面 $\phi 30mm$ 外圆为基准（都是粗基准），则 $\phi 16mm$ 孔的中心线与 $3 \times \phi 7mm$ 孔的中心尺寸（$\phi 48mm$ 圆柱面

轴线）必然有较大偏心。如果 $3 \times \phi 7mm$ 孔的加工选用 $\phi 16mm$ 孔和端面作精基准，就能较好地解决上述偏心问题。

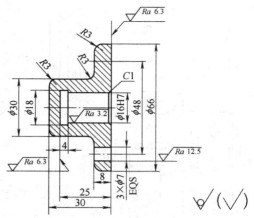

有的零件在前面工序中虽然已经加工出一些表面，但对某些自由度的定位来说，仍无精基准可以利用，在这种情况下使用粗基准限制必需限制的自由度，不属于重复使用粗基准。如图 6-13a 所示零件，虽然在上道工序中已将 $\phi 15H7$ 孔和端面加工完毕，但在钻 $2 \times \phi 6mm$ 孔时，为了保证钻孔与毛坯外形对称，除了用 $\phi 15H7$ 孔和端面作精基准定位外，还需用粗基准 $R8$ 圆弧面来限制绕 $\phi 15H7$ 孔轴线的转动自由度（图 6-13b）。

图 6-12　不重复使用粗基准

3. 精基准的选择

选择精基准时，主要是要解决两个问题，一是保证加工精度，二是使装夹方便。

1）基准重合原则。选择工序基准作为定位基准称为基准重合原则。这样可消除基准不重合误差，有利于提高加工精度。

2）基准统一原则。在工件加工过程中应尽可能选用统一的定位基准称为基准统一原则。例如，轴类零件加工常采用中心孔作为统一基准加工各外圆柱表面，不但能在一次安装中加工大多数表面，而且能保证各段外圆柱表面的同轴度要求以及端面与轴心线的垂直度要求。柴油机机体加工自动线上，通常以一面两孔作为统一基准进行平面和孔系的加工。

采用基准统一的原则，可以简化工艺过程，减少夹具种类，有利于保证各加工表面间的位置精度，避免基准转换而产生的定位误差。

3）自为基准原则。当精加工或光整加工工序要求余量尽可能小而均匀时，应选择加工表面本身作为精基准，即遵循"自为基准"原则。该加工表面与其他表面间的位置精度要求由先行工序保证。如用浮动铰刀铰孔、用圆拉刀拉孔、用珩磨头珩孔、用无心磨床磨外圆等，都是以加工表面自身作为精基准的例子。

4）互为基准原则。为了获得均匀的加工余量或较高的位置精度，可遵循"互为基准"原则，反复加工各表面。如加工精密齿轮时，当高频感应加热淬火把齿面淬硬后，需再进行磨齿。因其淬硬层较薄，所以磨削余量应小而均匀，这样就必须先以齿面为基准磨内孔，然后再以孔为基准磨齿面。

5）所选的定位基准，应能使工件定位准确、稳定、变形小、夹具结构简单。

上述基准选择的各项原则，都是在保证工件加工质量的前提下，从不同角度提出的工艺要求和措施，有时这些要求和措施会出现相互矛盾。在制订工艺规程时，应根据具体情况进行综合分析，分清主次，解决主要矛盾，灵活运用各项原则。

6.3.7　工艺路线的拟订

制订工艺路线是制订工艺过程的总体布局。其任务是确定工序的内容、数目和顺序。所以要分析影响工序内容、数目和顺序的各种因素。

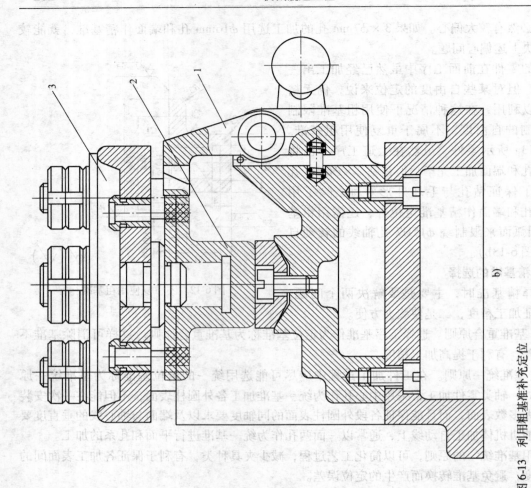

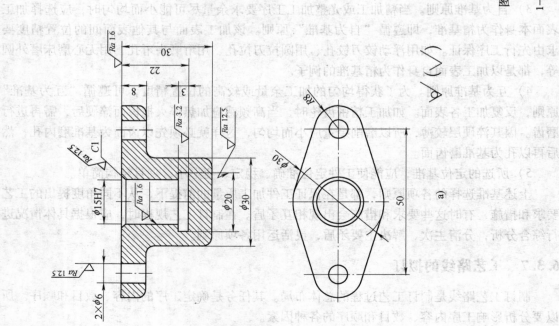

图 6-13　利用粗基准补充定位
a) 工件简图　b) 加工简图
1—V 形爪　2—工件　3—滑栓钻模

1. 制订工艺路线的原则

制订工艺路线时，在工艺上常采取下列措施来保证零件在生产中的质量、生产率和经济性要求：

1）合理地选择加工方法，以保证获得精度高、结构复杂的表面。

2）为适应零件上不同表面刚度和精度的不同要求，可将工艺过程划分成阶段进行加工，以逐步保证技术要求。

3）根据工序集中或工序分散的原则，合理地将表面的加工组合成工序，以利于保证精度和提高生产率。

4）合理地选择定位基准，以利于保证位置精度的要求。

5）正确地安排热处理工序，以保证获得规定的力学性能，同时有利于改善材料的可加工性和减小变形对精度的影响。

2. 工艺路线制订实例

在制订工艺路线时，首先要根据零件图、产量和生产条件来分析加工过程中的质量、生产率和经济性问题。

在分析的基础上，就可以着手制订工艺路线。制订工艺路线时要考虑表面加工方法的选择，阶段的划分，按工序集中或工序分散的原则将各表面加工组合成工序，选择定位基准，安排热处理及其他辅助工序等。

现以图 6-2 所示的轴套零件为例，分析其工艺路线的制订，其工艺路线见表 6-8。

表 6-8 轴套加工工艺路线

轴套工艺路线　　　符号:_∧_定位　　↓夹紧

工序 0
毛坯为模锻件 179 ~ 269HBW

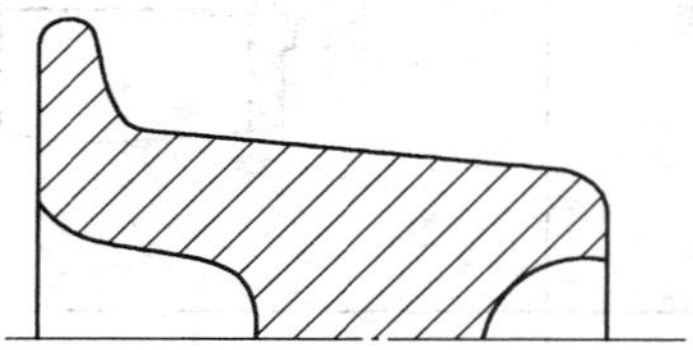

工序 5
粗车小端
√Ra 6.3

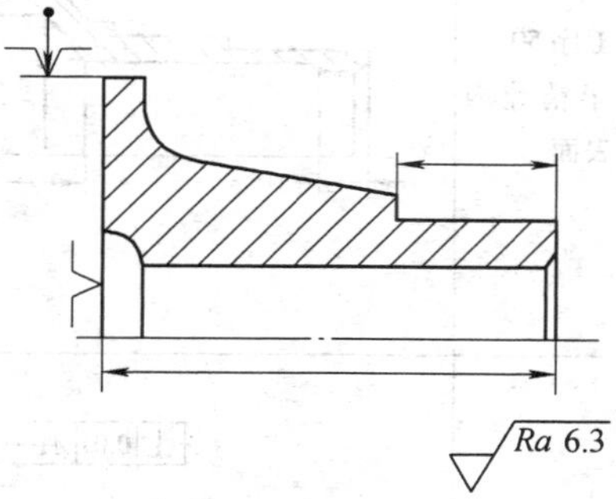

工序 10
粗车大端及内孔
√Ra 6.3

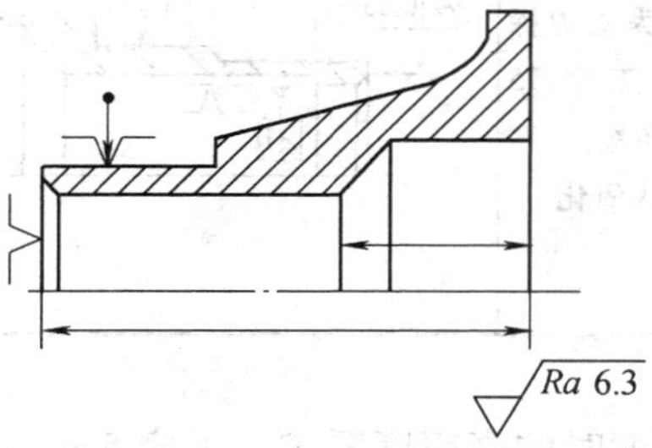

工序 15
粗车外圆
注：工序 20 为中检，工序 25 为热处理 285 ~ 321HBW
√Ra 6.3

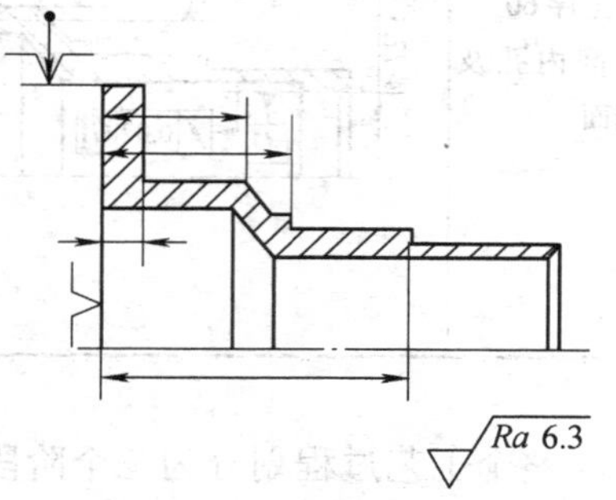

（续）

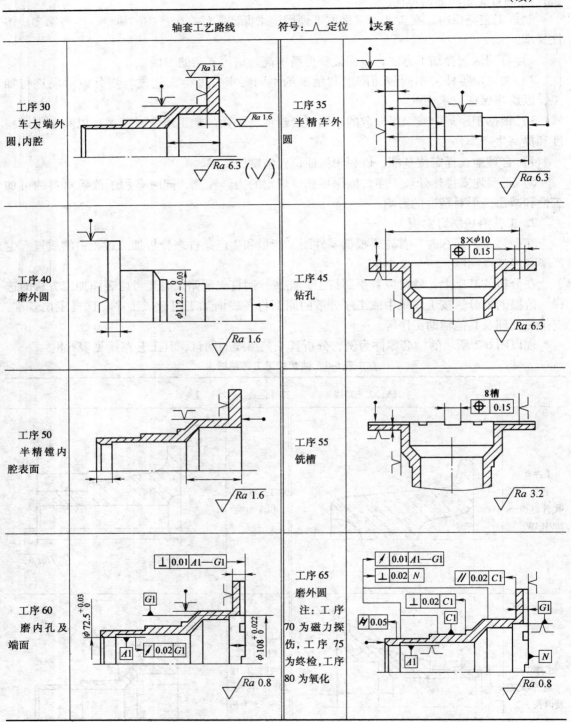

整个工艺过程划分为三个阶段，以保证低刚度时的高精度要求。工序 5～15 是粗加工阶段，工序 30～55 是半精加工阶段，工序 60 以后是精加工阶段。

毛坯采用模锻件，因内孔径不大，不能铸出通孔，所以余量较大。

（1）工序 5、10、15 这三个工序组成粗加工阶段。工序 5 采用 F 面和 N 面作为粗基准。因为 F 的外径较大，易于传递较大的转矩，而且其他外圆的起模斜度较大，不便于夹紧。径向取 F 定位，则轴向应选用 N 面为基准，这样可使夹具简单。工序 5 主要是加工外圆，为下一工序准备定位基准，同时切除内孔的大部分余量。

工序 10 是加工 F 面和 N 面，并加工大端内腔。这一工序的目的是切除余量，同时也为下一工序作定位基准的准备。

工序 15 是加工外圆表面，用工序 10 加工好的 F 面和 N 面作定位基准，切除外圆表面的大部分余量。

粗加工有三道工序，用相互作定位基准的方法，其目的是使加工时的余量均匀，并使加工后的表面位置比较准确，从而使后面工序的加工顺利进行。

（2）工序 20、25 工序 20 是中间检验。因下一工序为热处理工序，需要转换车间，所以一般应安排一个中间检验工序。

工序 25 是热处理。因为零件的硬度要求不高（285～312HBW），所以安排在粗加工阶段之后进行，不会给半精加工带来困难。同时，因为粗加工时余量较大，必须消除粗加工产生的内应力。

（3）工序 30、35、40 工序 30 的主要目的是修复基准。因为热处理后有变形，原来基准的精度遭到破坏。同时，半精加工的精度要求较高，也有必要提高定位基准的精度。所以把 F 面和 N 面加工准确。

另外，在工序 30 中，还安排了内腔表面的加工，这是因为工件的刚度较差，半精加工余量留得多一些，所以在这里先加工一次。

工序 35 是用修复后的定位基准，进行外圆表面的半精加工，完成外锥面的最终要求，其他表面留有余量，为精加工作准备。

工序 40 是磨削工序，其主要任务是提高 D1 的精度，为后面工序作定位基准用。

（4）工序 45、50、55 这三个工序是继续进行半精加工，定位基准均采用 D1 和 K。这是用同一基准的方法来保证小孔和槽的相对位置精度。为了避免在半精加工时产生过大的夹紧变形，所以这三道工序均采用 N 面作轴向夹紧。

这三道工序在顺序安排上，钻孔应在铣槽之前进行。因为保证槽和孔的角向相对位置时，用孔作角向定位基准比较合适。半精镗内腔也应在铣槽工序之前进行，其原因是镗孔口时可避免断续切削而改善加工条件。至于钻孔和镗内腔表面这两个工序的顺序，相互间没有多大影响，可任意安排。

在工序 50 和 55 中，由于工序要求的位置尺寸精度不高，所以虽然有定位误差存在，但只要在工序 40 中规定一定的加工精度，就可将定位误差控制在一定的范围内，这样，加工就不会有很大的困难。

（5）工序 60、65 这两个工序属于精加工工序。外圆与内孔的加工顺序，一般来说，采用"先孔后外圆"的方法，因为孔定位所用的夹具比较简单。

在工序 60 中，用 D1 和 K 面定位，用 D1 夹紧。为了减少夹紧变形，故采用均匀夹紧的方法。在工序中对 A1、G1 和 N 采用一次安装加工，其目的是为保证其同轴度和垂直度。

在工序 65 加工外圆表面时，采用 A1、G1 和 N 定位，虽然 A1 和 G1 同时作径向定位基准，是过定位的形式，但由于 $A1$ 和 $G1$ 是在一次安装中加工出来的，相互位置比较准确，不会因过定位而造成困难。所以为了较好地保证定位的稳定可靠，采用这一组表面作为定位基准。

（6）工序 70、75、80　工序 70 为磁力探伤，主要是检验磨削的表面裂纹，一般安排在机械加工以后进行。工序 75 为终检，检验工件的全部精度和其他有关要求。检验合格后的工件，最后进行表面保护（工序 80，氧化）。

由以上分析可知，影响工序内容、数目和顺序的因素很多，而且这些因素之间彼此有联系。所以在制订工艺路线时，要进行综合分析。另外，每一个零件的加工过程，都有其特点，主要的问题也各不相同。因此，要特别注意工艺关键的分析。如轴套是薄壁件，精度要求高，所以要特别注意变形对精度的影响。

3. 工艺路线优化

伴随着现代科学技术的飞速发展，制造系统正向集成化、智能化方向迈进。传统的工艺设计方法，已远远不能满足要求。计算机辅助工艺过程设计（CAPP）也就应运而生，它对于机械制造业具有重要意义。

在 CAPP 中，工艺路线的优化是一个极其重要而又复杂的内容，它包括两个优化过程：纵向的工序优化和横向的工步优化（如切削参数优化）。这两个层次的优化是互相影响的，必须并行优化才能达到工艺设计的全局优化。

由于工艺路线优化的影响因素众多，工艺路线安排很难用逻辑表达式表述，因此工艺路线优化是一个十分困难的问题。

很多研究人员在从事工艺过程优化方面的研究工作，如将遗传算法应用于工艺路线优化。利用遗传算法的全局搜索策略，通过遗传算法的复制、杂交、变异等操作进行工艺路线决策，从而更加智能地进行工艺路线排序。但这种解决方法存在一些弊端，如不能同时考虑到工序和工步，从而占用了较大的系统资源，且简单交叉和变异无法满足复杂的工艺路线优化，所以又有研究人员尝试基于遗传算法和动态规划法的工艺过程优化。该方法将工艺过程的优化分解为两个并行层次：工序层和工艺路线层，用改进的遗传算法求解工序层中的工艺参数优化问题，同时利用动态规划法实现工艺路线层次的优化，最后将两个层次优化有机结合，在局部优化的基础上进行整体优化，最终实现整个工艺过程的优化。

6.3.8　机床设备与工艺装备的选择

在设计工序时，需要具体选定所用的机床、夹具、切削工具和量具。

1. 机床的选择原则

机床的选择，对工序的加工质量、生产率和经济性有很大的影响，为使所选定的机床性能符合工序的要求，必须考虑下列因素：

1）机床的工作精度应与工序要求的加工精度相适应。

2）机床工作区的尺寸应与工件的轮廓尺寸相适应。

3）机床的生产率应与该零件要求的年生产纲领相适应。

4）机床的功率与刚度应与工序的性质和合理的切削用量相适应。

在选择时，应该注意充分利用现有设备，并尽量采用国产机床。为扩大机床的功能，必要时可进行机床改装，以满足工序的需要。

有时在试制新产品和小批生产时，较多地选用数控机床，以减少工艺装备的设计与制造，缩短生产周期和提高经济性。

在设备选定以后，有时还需要根据负荷的情况来修订工艺路线，调整工序的加工内容。

2. 夹具的选择

选择夹具时，一般应优先考虑采用通用夹具。在产量不大、产品多变的情况下，采用专用夹具，不但要增长生产周期，而且要提高成本。为此，研究夹具的通用化、标准化问题，如推广组合夹具以及成组夹具等，就有着十分重要的意义。

3. 切削工具的选择

切削工具的类型、构造、尺寸和材料的选择，主要取决于工序所采用的加工方法，以及被加工表面的尺寸、精度和工件的材料等。

为提高生产率和降低成本，应充分注意切削工具的切削性能，合理地选择切削工具的材料。

在一般情况下，应尽量优先采用标准的切削工具。在按工序集中原则组织生产时，常采用专用的复合切削工具。

4. 量具的选择

选择量具时，首先应考虑所要求检验的精度，以便正确地反映工件的实际精度。至于量具的形式，则主要取决于生产类型。在单件小批生产时，广泛地采用通用量具。在大批大量生产时，主要采用界限量规和高生产率的专用检验量具，以提高生产率。

6.4 机械加工工序卡片的制订

6.4.1 加工余量的确定

确定工序尺寸时，首先要确定加工余量。正确地确定加工余量具有很大的经济意义。若毛坯余量过大，不仅要浪费材料，而且要增加机械加工的劳动量，从而使生产率下降，产品成本提高。反之，若余量过小，一方面使毛坯制造困难，另一方面在机械加工时，也因余量过小而被迫使用划线、找正等工艺方法，也能产生废品。

1. 总加工余量和工序加工余量

为了得到零件上某一表面所要求的精度和表面质量，而从毛坯这一表面所切去的全部金属层的厚度，称为该表面的总加工余量。完成一个工序时从某一表面所切去的金属层称为工序加工余量。

总加工余量与工序加工余量的关系为

$$Z_0 = \sum_{i=1}^{n} Z_i$$

式中 Z_0——总加工余量；

Z_i——工序加工余量；

n——工序数目。

在加工过程中，由于工序尺寸有公差，实际切除的余量是有变化的。因此加工余量又有公称余量（名义加工余量）、最大加工余量和最小加工余量之分。通常所说的加工余量，是

指公称余量，其值等于前后工序的公称尺寸之差（图6-14），即

$$Z_1 = |L_2 - L_1|$$

对于最大加工余量和最小加工余量，因加工内、外表面的不同而计算方法各异。

（1）外表面加工

$$Z_{1max} = L_{2max} - L_{1min} = L_2 - (L_1 - \delta_1) = Z_1 + \delta_1$$

$$Z_{1min} = L_{2min} - L_{1max} = (L_2 - \delta_2) - L_1 = Z_1 - \delta_2$$

$$T_Z = Z_{1max} - Z_{1min} = \delta_1 + \delta_2$$

（2）内表面加工

$$Z_{1max} = L_{1max} - L_{2min} = (L_1 + \delta_1) - L_2 = Z_1 + \delta_1$$

$$Z_{1min} = L_{1min} - L_{2max} = L_1 - (L_2 + \delta_2) = Z_1 - \delta_2$$

$$T_Z = Z_{1max} - Z_{1min} = \delta_1 + \delta_2$$

式中　L_1、δ_1——本道工序公称尺寸及其公差；

　　　L_2、δ_2——前道工序公称尺寸及其公差；

　　　δ_Z——本工序余量公差。

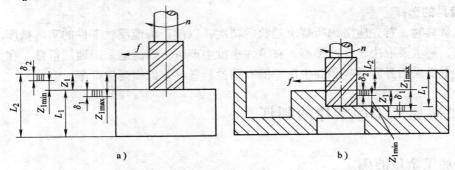

图6-14　公称余量（名义加工余量）、最大加工余量和最小加工余量

上述计算结果说明，实际的加工余量是变化的，其变化范围等于本工序与前工序的尺寸公差之和。

工序余量还有单面和双面之分。如图6-14所示的平面加工，余量 Z_1 为单面余量。对于图6-15所示的圆柱面加工（回转体类工件），则有单面余量和双面余量之分，即（$\phi_2 - \phi_1$）为双面余量，而 $\frac{1}{2}(\phi_2 - \phi_1)$ 为单面余量。一般来讲，回转体表面都采用双面余量进行分析与计算。

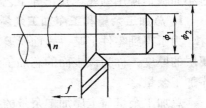

图6-15　单面与双面余量

2. 影响加工余量的因素

工序加工余量的大小，应当使被加工表面经过本工序加工后，不再留有前道工序的加工痕迹和缺陷。因此，在确定加工余量时，应考虑以下因素：

1）前道工序的表面质量。前道工序加工后，表面凹凸不平的最大高度 H_a 和表面缺陷层的深度 D_a 如图6-16所示，应当在本工序加工时切除。H_a 和 D_a 的大小与加工方法有关，可以查相关表得知。

2）前道工序的尺寸公差。由于在前道工序加工中，加工后的表面存在着尺寸误差和形状误差（如平面度、圆柱度等）。这些误差的总和，一般不超过前道工序的尺寸公差 δ_2。所以，当考虑加工一批工件时，为了纠正这些误差，本工序的加工余量中应计入 δ_2。

3）前道工序的位置关系误差。在前道工序加工后的位置关系误差，并不包括在尺寸公差范围内（如同轴度、平行度、垂直度），在考虑确定余量时，应计入这部分误差 ρ_2。ρ_2 的数值与加工方法有关，可根据资料或近似计算确定。

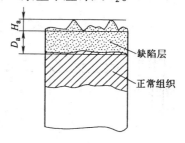

4）本工序的安装误差。本工序的安装误差 ε_1 包括定位误差和夹紧误差。由于这部分误差要影响被加工表面和切削工具的相对位置，因此也应计入加工余量。定位误差可以进行计算，夹紧误差可根据有关资料或近似计算获得。

图 6-16　表面缺陷层

以上分析的各方面的影响（H_{a2}、D_{a2}、δ_2、ρ_2、ε_1）实际上不是单独存在的，需综合考虑其影响。

对单面余量，其关系为

$$Z_1 \geqslant \delta_2 + (H_{a2} + D_{a2}) + |\vec{\rho_2} + \vec{\varepsilon_1}|$$

对双面余量，其关系为

$$2Z_1 \geqslant \delta_2 + 2(H_{a2} + D_{a2}) + 2|\vec{\rho_2} + \vec{\varepsilon_1}|$$

上述公式有助于分析余量的大小。在具体使用时，应结合加工方法本身的特点进行分析。如用浮动铰刀铰孔时，一般只考虑前道工序的尺寸公差和表面质量的影响；在超精研磨和抛光时，一般只考虑前道工序表面质量的影响。

此外，在加工过程中，还有其他因素的影响，如热处理变形等。由于加工情况复杂，影响因素多，目前尚难以用计算法来确定余量的大小，一般采用经验法或查表法确定。

6.4.2　工序尺寸的确定

工艺路线拟订以后，即应确定每道工序的加工余量、工序尺寸及其公差。加工余量可根据查表法确定。而在确定工序尺寸与公差的过程中，常会遇到两种情况，其一是在加工过程中，工件选定的定位基准与工序基准重合，可由已知的零件图的尺寸一直推算到毛坯尺寸，即采用"由后往前推"方法确定中间各工序的工序尺寸；其二是在工件的加工过程中，基准发生多次转换，需要建立工艺尺寸链来求解中间某工序的尺寸。

1. 工艺尺寸链

（1）尺寸链的定义与组成　用来决定某些表面间相互位置的一组尺寸，按照一定次序排列成封闭的链环，称为尺寸链。

在零件图或工序图上，为了确定某些表面间的相互位置，可以列出一些尺寸链，在设计图上的称为设计尺寸链，在工序图上的称为工艺尺寸链。图 6-17a 所示为某一零件的轴向尺寸图，底的厚度 F_1 由设计尺寸 A_1、A_2、A_3 所确定。尺寸 A_1、A_2、A_3 加上 F_1 就组成了一个设计尺寸链。图 6-17b 所示为该零件的两个工序简图，凸缘厚度 A_3 由工序尺寸 H_1、H_3 确定，尺寸 H_1、H_3 和 A_3 组成一个工艺尺寸链。工序尺寸 H_1、H_2 和 F_1 组成另一个工艺尺寸链。

尺寸链中的每一个尺寸称为尺寸链的环。每个环按其性质不同可分为两类，即组成环和封闭环。按其对封闭环的影响，组成环又可进一步划分为增环和减环。

1）组成环。直接形成的尺寸称为组成环，如设计图上直接给定的尺寸 A_1、A_2、A_3；在工序图上直接保证的尺寸 H_1、H_2、H_3 等。

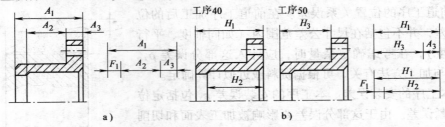

图6-17　设计尺寸链和工艺尺寸链

2）封闭环。由其他尺寸间接保证的尺寸称为封闭环。如设计尺寸链中，F_1 是由 A_1、A_2、A_3 所确定的，所以 F_1 是间接形成的，是这个设计尺寸链的封闭环。在工艺尺寸链中，A_3 是由 H_1、H_3 所决定的，所以 A_3 是该工艺尺寸链的封闭环。同理，在 H_1、H_2 和 F_1 组成的工艺尺寸链中，F_1 是封闭环。

3）增环和减环。组成环按其对封闭环的影响又可分为增环和减环。当组成环增大时，封闭环也随着增大，则该组成环称为增环；而当组成环增大时，封闭环随之减小，则该组成环称为减环。如在 A_3、H_1、H_3 组成的工艺尺寸链中，H_1 增大会使 A_3 增大，所以 H_1 是增环；而 H_3 增大反而使 A_3 减小，所以 H_3 是减环。

在一个尺寸链中，封闭环只有一个。可以有两个或两个以上的组成环，可以没有减环，但不能没有增环。

（2）增减环的判定法则　尺寸链计算的关键在于画出正确的尺寸链图后，先正确地确定封闭环，然后确定增环和减环。确定增、减环的方法如下：

如图6-18所示，先任意规定回转方向（顺时针或逆时针），然后从封闭环（$\overleftarrow{Z}$）开始，像电流一样形成回路。凡是箭头方向与封闭环相反者为增环（如尺寸 $11_{-0.1}^{\ 0}$ 和尺寸 $50_{-0.4}^{\ 0}$），以向右箭头表示，即表示为 $\overrightarrow{11}_{-0.1}^{\ 0}$、$\overrightarrow{50}_{-0.4}^{\ 0}$；凡是箭头方向与封闭环相同者为减环（如尺寸 $50_{-0.2}^{\ 0}$ 和尺寸 $12_{-0.3}^{\ 0}$），以向左箭头表示，表示为 $\overleftarrow{50}_{-0.2}^{\ 0}$ 和 $\overleftarrow{12}_{-0.3}^{\ 0}$。

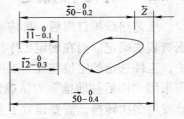

图6-18　增减环的判定法则

（3）尺寸链的主要特征　由于定位基准和工序基准不重合，往往必须提高工序尺寸的加工精度（图6-17b 中的 H_1、H_3）来保证图样尺寸 A_3 的加工精度。这里要注意尺寸 H_1、H_3 是在加工过程中直接获得的，而尺寸 A_3 是间接保证的。因而尺寸链的主要特征是：

1）尺寸链是由一个间接获得的尺寸和若干个对此有影响的尺寸（即直接获得的尺寸）所组成。

2）各尺寸按一定的顺序首尾相连。

3）尺寸链必然是封闭的。

4）直接获得的尺寸精度都对间接获得的尺寸精度有影响，因此直接获得的尺寸精度总是比间接获得的尺寸精度高。

（4）尺寸链的基本计算公式

1）极值法求解尺寸链。当尺寸链图已经建立，封闭环、增减环都已确定后，就可以进行尺寸链的计算。用极值法求解尺寸链的基本公式如下：

封闭环的公称尺寸等于增环的公称尺寸之和减去减环的公称尺寸之和，即

$$A_0 = \sum_{i=1}^{m} \vec{A}_i - \sum_{j=m+1}^{n-1} \overleftarrow{A}_j \tag{6-1}$$

封闭环的上极限尺寸等于增环的上极限尺寸之和减去减环的下极限尺寸之和，即

$$A_{0max} = \sum_{i=1}^{m} \vec{A}_{imax} - \sum_{j=m+1}^{} \overleftarrow{A}_{jmin} \tag{6-2}$$

封闭环的下极限尺寸等于增环的下极限尺寸之和减去减环的上极限尺寸之和，即

$$A_{0min} = \sum_{i=1}^{m} \vec{A}_{imin} - \sum_{j=m+1}^{} \overleftarrow{A}_{jmax} \tag{6-3}$$

由式（6-2）减去式（6-1），得

$$ES(A_0) = \sum_{i=1}^{m} ES(\vec{A}_i) - \sum_{j=m+1}^{n-1} EI(\overleftarrow{A}_j) \tag{6-4}$$

即封闭环的上极限偏差等于增环的上极限偏差之和减去减环的下极限偏差之和。

由式（6-3）减去式（6-1），得

$$EI(A_0) = \sum_{i=1}^{m} EI(\vec{A}_i) - \sum_{j=m+1}^{n-1} ES(\overleftarrow{A}_j) \tag{6-5}$$

即封闭环的下极限偏差等于增环的下极限偏差之和减去减环的上极限偏差之和。

由式（6-4）减去式（6-5），得

$$\delta(A_0) = \sum_{i=1}^{m} \delta(\vec{A}_i) + \sum_{j=m+1}^{n-1} \delta(\overleftarrow{A}_j) \tag{6-6}$$

即封闭环的公差等于各组成环公差之和。

式中　　A_0——封闭环的公称尺寸；

　　$\vec{A}_i$、$\overleftarrow{A}_j$——分别代表增环的公称尺寸和减环的公称尺寸；

A_{max}、A_{min}——环的上极限尺寸和下极限尺寸；

ES、EI——尺寸的上、下极限偏差；

　　　δ——尺寸公差；

n、m——分别代表包括封闭环在内的总环数和增环的数目。

极值法的特点是简单可靠，但在封闭环的公差较小且组成环数较多时，各组成环的公差将会很小，使加工困难，制造成本增加。因此，它主要用于组成环的环数少或组成环的环数虽多，但封闭环公差较大的场合。

2）概率法求解尺寸链。当生产量较大而组成环数较多（一般大于4）时，应用概率论理论计算尺寸链能扩大组成环的制造公差，降低生产成本。但计算较极值法复杂。

① 各环公差的计算。若组成环的误差遵循正态分布，则其封闭环也是正态分布的。如取封闭环公差 $\delta = 6\sigma$，则封闭环的公差 $\delta(A_0)$ 和组成环公差 $\delta(A_i)$ 之间的关系如下

$$\delta(A_0) = \sqrt{\sum_{i=1}^{n-1} \delta^2(A_i)}$$

设组成环的公差值相等，即 $\delta_i = \delta_M$，则可得到各组成环的平均公差值为

$$\delta_M(A_i) = \frac{\delta(A_0)}{\sqrt{n-1}} = \frac{\sqrt{n-1}}{n-1}\delta(A_0)$$

概率法与极值法相比，概率法计算将组成环的平均公差扩大了 $\sqrt{n-1}$ 倍。

②各环算术平均值的计算。根据概率论推知，封闭环的算术平均值等于各组成环的算术平均值的代数和。

当各组成环的尺寸分布遵循正态分布，且分布中心与公差带中心重合时，则各环的平均尺寸和平均偏差为

$$A_M(A_i) = A_i + \Delta_i$$

$$A_M(A_0) = \sum_{i=1}^{m} A_M(\overrightarrow{A_i}) - \sum_{j=m+1}^{n-1} A_M(\overleftarrow{A_j})$$

$$\Delta_i = \frac{ES(A_i) + EI(A_i)}{2}$$

$$\Delta_0 = \frac{ES(A_0) + EI(A_0)}{2} = \sum_{i=1}^{m} \Delta_i(\overrightarrow{A_i}) - \sum_{j=m+1}^{n-1} \Delta_j(\overleftarrow{A_j})$$

（5）尺寸链的最短路线原则　由式（6-6）可知，封闭环的公差等于所有组成环的公差之和。为了增加各组成环的公差，从而便于零件的加工制造，应使组成环的数目尽量减少，这就是尺寸链计算的最短路线原则。

（6）工艺尺寸链

1）工艺尺寸链的定义。在零件加工过程中，由有关工序尺寸、设计要求尺寸或加工余量等所组成的尺寸链称为工艺尺寸链。它是由机械加工工艺过程、加工的具体方法所决定的。加工时的装夹方式、表面尺寸形成方法、刀具的形状，都可能影响工艺尺寸链的组合关系。

2）工艺尺寸链的封闭环。工艺尺寸链的封闭环，是由加工过程和加工方法所决定的，是最后形成、间接保证的尺寸。当封闭环为设计尺寸时，其数值必须按要求严格保证；当封闭环为未注公差尺寸或余量时，其数值由工艺人员根据生产条件自行决定。

在大批大量生产中采用调整法加工，封闭环取决于工艺方案。封闭环的正确判断是计算工艺尺寸链的关键问题之一。

3）工艺尺寸链的组成环。工艺尺寸链的组成环，通常是中间工序的加工尺寸、对刀调整尺寸和进给行程尺寸等。其公差值可根据加工方法的经济加工精度决定。

4）工艺尺寸链的协调。经工艺尺寸链分析计算，发现原设计要求无法保证时，可以改进工艺方案，以改变工艺尺寸链的组成，变间接保证为直接保证；或采取措施，提高某些组成环的加工精度。

5）工艺尺寸链的计算方法。工艺尺寸链的结算，一般采用"极值法"。只有在大批大量生产条件下，当所计算的工序尺寸公差偏严而感到不经济时，可应用"概率法"。

2. 确定工序尺寸

（1）定位基准与工序基准重合时工序尺寸及公差的计算　在定位基准、工序基准重合时，某一表面需经多道工序加工，才能达到设计要求，为此必须确定各工序的工序尺寸及其

公差。

图 6-19 所示为加工外表面时各工序尺寸之间的关系。其中，L_1 为最终工序公称尺寸，L_5 为毛坯公称尺寸，L_2、L_3、L_4 为中间工序的公称尺寸。则前道工序的公称尺寸等于本工序的公称尺寸加上本工序的余量，即

$$L_2 = L_1 + Z_1$$
$$L_3 = L_2 + Z_2 = L_1 + Z_1 + Z_2$$
$$L_4 = L_3 + Z_3 = L_1 + Z_1 + Z_2 + Z_3$$
$$L_5 = L_4 + Z_4 = L_1 + Z_1 + Z_2 + Z_3 + Z_4$$

因此，在定位基准和工序基准重合的情况下，外表面加工时中间各工序的公称尺寸可由最终尺寸及余量推得。即采用"由后往前推"的方法，由零件图的公称尺寸，一直推算到毛坯的公称尺寸。各工序尺寸的公差则按经济加工精度确定，并按"入体原则"确定上、下极限偏差。

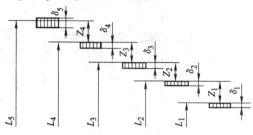

图 6-19　工序尺寸的确定

根据"由后往前推"的方法，已知零件图的尺寸，同理可以确定内表面加工时中间各工序的公称尺寸和极限偏差。应该注意内表面和外表面的区别，同时也应注意单面和双面余量问题。

例 6-1　某箱体主轴孔铸造尺寸公差等级为 IT10，其主轴孔设计尺寸为 $\phi100H7$（$^{+0.035}_{0}$），加工工序为粗镗—半精镗—精镗—浮动镗四道工序，试确定各中间工序尺寸及其公差。

解　各工序的公称余量及经济加工精度可查表得知，分别填入表 6-9 的第二列和第三列内；对于孔加工，按上道工序的公称尺寸等于本工序的公称尺寸减去本工序公称余量的关系逐一算出各工序公称尺寸，填入表 6-9 的第四列内；再按"入体原则"确定各工序尺寸的上、下极限偏差，填入表 6-9 的第五列内，毛坯公差一般按上、下极限偏差标注。

表 6-9　主轴孔各中间工序的尺寸及其公差　　　　　　　（单位：mm）

工序名称	工序公称余量	经济加工精度	工序公称尺寸	工序尺寸及其公差
浮动镗	0.1	H7（$^{+0.035}_{0}$）	100	$\phi100^{+0.035}_{0}$
精镗	0.5	H8（$^{+0.054}_{0}$）	$100 - 0.1 = 99.9$	$\phi99.9^{+0.054}_{0}$
半精镗	2.4	H10（$^{+0.14}_{0}$）	$99.9 - 0.5 = 99.4$	$\phi99.4^{+0.14}_{0}$
粗镗	5.0	H13（$^{+0.44}_{0}$）	$99.4 - 2.4 = 97.0$	$\phi97.0^{+0.44}_{0}$
毛坯	8.0	CT10（±1.6）	$97.0 - 5.0 = 92.0$	$\phi92.0\pm1.60$

（2）工艺尺寸换算　加工过程中，从一组基准转换到另一组基准，就形成了两组互相联系的尺寸和公差系统。工艺尺寸换算就是以适宜于制造的工艺尺寸系统去保证零件图上的设计尺寸系统，即保证零件图所规定的尺寸和公差。

因此，尺寸换算主要是在基准转换过程中由于基准不重合而引起的。在制订工艺过程

时，主要有以下几种形式的换算。

1）工序基准与设计基准不重合。在最终工序中，由于工序基准与设计基准不重合，工序的尺寸和公差，就无法直接取用零件图上的尺寸和公差，必须进行工艺尺寸换算。

例6-2　图6-20所示为某型压气机盘，图6-20a所示为零件图的部分尺寸要求，图6-20b所示为加工外形面的最终工序简图，图6-20c所示为有关尺寸链。试计算加工外形面时尺寸 H 的大小及公差。

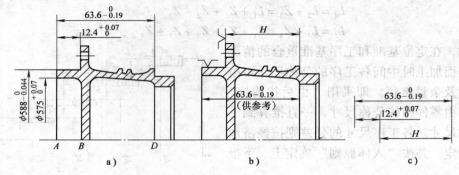

图 6-20　工序基准与设计基准不重合时的尺寸换算

解　在加工端面 D 时，其设计基准是 A 面，因工序基准要便于测量而选在 B 面。因此，尺寸 H 必须通过换算求得。

尺寸链的封闭环为 $63.6_{-0.19}^{\ 0}$ mm，尺寸 $12.4_{\ 0}^{+0.07}$ mm（已加工完毕）和 H 为增环，由尺寸链方程

$$\begin{cases} 63.6\,\mathrm{mm} = H + 12.4\,\mathrm{mm} \\ 0\,\mathrm{mm} = ES + 0.07\,\mathrm{mm} \\ -0.19\,\mathrm{mm} = EI + 0\,\mathrm{mm} \end{cases}$$

求得 $H = 51.2_{-0.19}^{-0.07}$ mm，换算成入体形式：$H = 51.13_{-0.12}^{\ 0}$ mm。

由于在尺寸换算后要压缩公差，当本工序经压缩后的公差较小而使加工可能产生废品时，则最好将原设计尺寸作为"供参考"尺寸一同标注在工序图上。

如上例中，尺寸 H 做成 50.94mm，按工序尺寸检验要报废，若尺寸 $12.4_{\ 0}^{+0.07}$ mm 做成上限 12.47mm 时，则总长尺寸是 63.41mm，仍能保证零件图的要求。所以，当工序尺寸的超差值小于或等于公差的压缩值时，有可能仍是合格品。因此，在这种情况下，需要进行复检，以防止出现"假废品"。

2）定位基准与工序基准不重合。

例6-3　图6-21所示为套筒零件（径向尺寸从略），加工表面 A 时，要求保证图样尺寸 $10_{\ 0}^{+0.2}$ mm。今在铣床上加工此表面，定位基准为 B，试计算此工序的工序尺寸 H_{EI}^{ES}。

解　此题属于定位基准与工序基准不重合的情况。因基准不重合，故铣削 A 面时其工序尺寸 H 就不能按图样尺寸来标注，而需经过换算后得到。图样尺寸 $30_{\ 0}^{+0.03}$ mm 和（60 ± 0.05）mm 在前面工序均已加工完毕，是由加工直接获得的，故可根据此加工顺序建立尺寸链图，计算 H_{EI}^{ES}。

从尺寸链图中可以看出，图样需要保证的尺寸 $10_{\ 0}^{+0.2}$ mm 是通过加工间接保证的，为封

闭环；尺寸 H_{EI}^{ES} 和 $30_{\ 0}^{+0.03}$ mm 为增环；尺寸 (60 ± 0.05) mm 为减环。

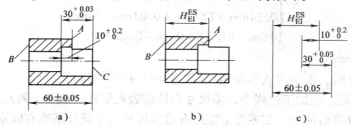

图 6-21　套筒工艺尺寸链

a）零件图　b）铣削工序图　c）尺寸链图

根据尺寸链计算公式求解

$$\begin{cases} 10\text{mm} = H + 30\text{mm} - 60\text{mm} \\ 0.2\text{mm} = ES + 0.03\text{mm} - (-0.05)\text{mm} \\ 0\text{mm} = EI + 0\text{mm} - 0.05\text{mm} \end{cases}$$

求得 $H_{EI}^{ES} = 40_{\ +0.05}^{\ +0.12}$ mm。

3）中间工序尺寸换算。

例 6-4　图 6-22a 所示为在齿轮上加工内孔及键槽的有关尺寸。该齿轮图样要求的孔径是 $\phi 40_{\ 0}^{+0.06}$ mm，键槽深度尺寸为 $43.6_{\ 0}^{+0.34}$ mm。有关内孔和键槽的加工顺序是：镗内孔至 $\phi 39.6_{\ 0}^{+0.1}$ mm；插键槽至尺寸 X；热处理；磨内孔至 $\phi 40_{\ 0}^{+0.06}$ mm。现在要求工序 2 插键槽尺寸 X 为多少，才能最终保证图样尺寸 $43.6_{\ 0}^{+0.34}$ mm？

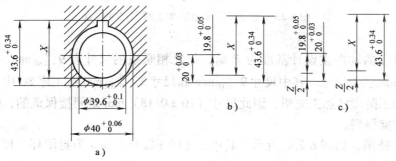

图 6-22　齿轮内孔键槽的尺寸关系

解　要解此题，可以有两种不同的尺寸链图，图 6-22b 所示的尺寸链是一个四环尺寸链，它表示 X 和其他三个尺寸的关系，其中 $43.6_{\ 0}^{+0.34}$ mm 为封闭环，这里看不到工序间余量与尺寸链的关系。图 6-22c 是把图 6-22b 的尺寸链分成两个三环尺寸链，并引进半径余量 $Z/2$。从图 6-22c 的左图可看到 $Z/2$ 是封闭环；在右图中，尺寸 $43.6_{\ 0}^{+0.34}$ mm 是封闭环，$Z/2$ 是组成环。由此可见，要保证尺寸 $43.6_{\ 0}^{+0.34}$ mm，就要控制余量 Z 的变化，而要控制这个余量的变化，就要控制它的组成环 $19.8_{\ 0}^{+0.05}$ mm 和 $20_{\ 0}^{+0.03}$ mm 的变化。工序尺寸 X 可以由图 6-22b 或图 6-22c 求出，前者便于计算，后者便于分析。

现通过图 6-22b 所示的尺寸链计算，尺寸链图中 X 和 $20_{\ 0}^{+0.03}$ mm 为增环，$19.8_{\ 0}^{+0.05}$ mm 为减环。利用公式计算

$$\begin{cases} 43.6\text{mm} = X + 20\text{mm} - 19.8\text{mm} \\ 0.34\text{mm} = \text{ES}(X) + 0.03\text{mm} - 0\text{mm} \\ 0\text{mm} = \text{EI}(X) + 0\text{mm} - 0.05\text{mm} \end{cases}$$

求得 $X = 43.4_{+0.05}^{+0.31}\text{mm}$。

标注工序尺寸时，采用"入体原则"，故 $X = 43.45_{0}^{+0.26}\text{mm}$。

4）多尺寸保证。在加工过程中，多尺寸保证的表现形式一般有下列几种：

①主设计基准最后加工。在零件上往往有很多尺寸与主设计基准有联系，而它本身的精度又比较高，一般都要进行精加工，而其他非主要表面在半精加工阶段均已加工完毕，所以常产生多尺寸保证问题而需要进行换算。

例 6-5　如图 6-23 所示，图 6-23a 所示为衬套零件的部分尺寸要求，图 6-23b 所示为最后几个有关的加工工序。计算小孔加工时的工序尺寸。

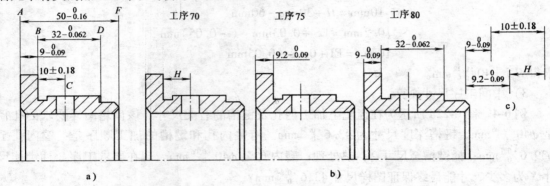

图 6-23　主设计基准最后加工时多尺寸保证

解　该衬套的轴向主设计基准为 B 面，与之相联系的尺寸有 $9_{-0.09}^{0}\text{mm}$、(10 ± 0.18) mm、$32_{-0.062}^{0}\text{mm}$ 三个尺寸。其中尺寸 $9_{-0.09}^{0}\text{mm}$ 和尺寸 $32_{-0.062}^{0}\text{mm}$ 在工序 80 中直接获得。而小孔在半精加工阶段已加工完毕，因此尺寸 (10 ± 0.18) mm 是间接保证的，钻孔尺寸需要进行换算后才能得到。

建立尺寸链图，如图 6-23c 所示。其中，(10 ± 0.18) mm 为封闭环，尺寸 $9.2_{-0.09}^{0}\text{mm}$ 和 H 为增环，$9_{-0.09}^{0}\text{mm}$ 为减环。根据尺寸链方程有

$$\begin{cases} 10\text{mm} = H + 9.2\text{mm} - 9\text{mm} \\ 0.18\text{mm} = \text{ES} + 0\text{mm} - (-0.09)\text{mm} \\ -0.18\text{mm} = -\text{EI} + (-0.09)\text{mm} - 0\text{mm} \end{cases}$$

求得 $H = (9.8 \pm 0.09)\text{mm}$。

②余量校核。工序余量一般可按手册进行选择。本工序尺寸的极限偏差和前道工序有关尺寸的极限偏差都会影响余量的变化。另外，余量是在确定工序尺寸时，同时被间接保证的。因此，余量作为尺寸链的"一环"，也是多尺寸保证的一种形式，需要通过换算来校核其大小是否合适。

例 6-6　如图 6-24 所示小轴，顶尖孔已钻好，其轴向尺寸的加工过程为：车端面 A；车肩面 B（保证尺寸 $49.5_{0}^{+0.3}\text{mm}$）；车端面 C，保证总长 $80_{-0.2}^{0}\text{mm}$；热处理；磨肩面 B，以 C

定位，保证尺寸 $30_{-0.14}^{0}$ mm。试校核磨肩面 B 的余量。

解　尺寸链图如图 6-24b 所示，因为余量是间接获得的，是封闭环；$A_1 = 49.5_{0}^{+0.3}$ mm 和 $A_3 = 30_{-0.14}^{0}$ mm 为减环；$A_2 = 80_{-0.2}^{0}$ mm 为增环。

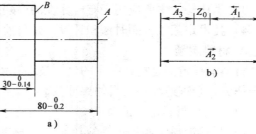

图 6-24　余量校核

根据尺寸链方程，得

$$\begin{cases} Z_0 = 80\text{mm} - 49.5\text{mm} - 30\text{mm} \\ \text{ES}(Z_0) = 0\text{mm} - (0 - 0.14)\text{mm} \\ \text{EI}(Z_0) = -0.2\text{mm} - (0.3 + 0)\text{mm} \end{cases}$$

求得 $Z_0 = 0.5_{-0.50}^{+0.14}$ mm，其中 $Z_{0\text{max}} = 0.64$ mm，$Z_{0\text{min}} = 0$ mm。

由于余量的最小值为零，因此在磨肩面 B 时，有的零件可能磨不着。所以必须加大最小余量，定义 $Z_{0\text{min}} = 0.1$ mm。为此必须变动中间工序尺寸 $49.5_{0}^{+0.3}$ mm（因为尺寸 $80_{-0.2}^{0}$ mm 和 $30_{-0.14}^{0}$ mm 为零件图上的设计尺寸，不能改动）来满足封闭环的变动需要。

根据尺寸链公式，列出方程

$$\begin{cases} 0.5\text{mm} = 80\text{mm} - A_1 - 30\text{mm} \\ +0.14\text{mm} = 0\text{mm} - [\text{EI}(A_1) - 0.14\text{mm}] \\ -0.4\text{mm} = -0.2\text{mm} - [\text{ES}(A_1) + 0\text{mm}] \end{cases}$$

求得 $A_1 = 49.5_{0}^{+0.2}$ mm。

即将中间工序尺寸改为 $A_1 = 49.5_{0}^{+0.2}$ mm，可以保证有合适的磨削余量。

6.4.3　工艺定额

工艺定额包括工时定额和材料定额两部分内容。

1. 工时定额

工时定额是为劳动消耗而规定的衡量标准。简单地说，工人制造单位产品所消耗的必要劳动时间；或是说，在一定的生产技术组织条件下，在合理地使用设备、劳动工具的基础上，完成一项工作所必需的时间消耗，称为工时定额。

（1）工时定额制订的目的　为了提高公司计划管理水平，增加公司经济效益，并为成本核算、劳动定员提供数据，体现按劳分配的原则，规定时间定额。

（2）工时定额制订的原则

1）制订工时定额应有科学依据，力求做到先进合理。

2）制订工时定额要考虑各车间、各工序、各班组之间的平衡。

3）制订工时定额必须贯彻"各尽所能，按劳分配"的方针。

4）制订工时定额必须要"快、准、全"。

5）同一工序、同一产品只有一个定额，称为定额的统一性。

（3）工时定额制订的方法

1）经验估工法。工时定额员和老工人根据经验对产品工时定额进行估算的一种方法，主要应用于新产品试制。

2）统计分析法。对多人生产同一种产品测出数据进行统计，计算出最优数、平均达到数、平均先进数，以平均先进数为工时定额的一种方法，主要应用于大批、重复生产的产品工时定额的修订。

3）类比法。主要应用于有可比性的系列产品。

4）技术定额法。测时法和计算法是目前最常用的两种方法。

2. 材料定额

材料消耗定额是指在一定的生产技术和生产组织的条件下，为制造单位产品或完成某项生产任务，合理地消耗材料的标准数量。

（1）制订材料定额的意义

1）材料消耗定额是正确地核算各类材料需要量，编制材料物资供应计划的重要依据。工业企业的材料物资供应计划，主要是根据计划期的生产任务和单位产品的消耗定额，先算出各类材料的需要量，再考虑到材料的内部资源而确定的。因此，消耗定额是确定材料需要量的依据，如果没有定额，计划指标就失去依据，也就不可能编制正确的材料物资供应计划。

2）材料消耗定额是有效地组织限额发料，监督材料物资有效使用的工作标准。有了先进合理的消耗定额，才能使企业供应部门按照生产进度，定时、定量地组织材料供应，实行严格的限额发料制度，并在生产过程中，对消耗情况进行有效地控制，监督材料消耗定额的贯彻执行，千方百计地节约使用材料。

3）材料消耗定额是制订储备定额和核定流动资金定额的计算尺度。工业企业在计算材料储备定额和流动资金的储备资金定额中，都有一个"每日平均需要量"的因素，而"每日平均需要量"又取决于每日平均生产量和单位产品的材料消耗定额两个因素。由此可见，单位产品材料消耗定额的高低，直接关系到材料储备定额和储备资金的数量。因此要制订切实可行的材料储备定额和储备资金定额，必须要确定先进合理的材料消耗定额。

（2）材料定额的表示方法 一般制造企业的材料消耗定额是用绝对数来表示的。例如，制造一台车床，需要多少千克的钢材；完成一台设备的维修，需要多少材料等。

（3）制订材料消耗定额的方法 通常制订材料定额的方法有技术分析法、统计分析法和经验估计法三种。

1）技术分析法。技术分析法是根据设计图样、工艺规格、材料利用等有关技术资料来分析计算材料消耗定额的一种方法。这种方法的特点是，在研究分析产品设计图样和生产工艺的改革，以及企业经营管理水平提高的可能性的基础上，根据有关技术资料，经过严密、细致地计算来确定的消耗定额。例如，在机械加工行业中，通常是根据产品图样和工艺文件，对产品的形状、尺寸、材料进行分析，先计算其净重部分，然后，对各道工序进行技术分析，确定其工艺损耗部分，最后，将这两部分相加，得出产品的材料消耗定额。

2）统计分析法。统计分析法是根据某一产品原材料消耗的历史资料与相应的产量统计数据，计算出单位产品的材料平均消耗量。在这个基础上考虑到计划期的有关因素，确定材料的消耗定额。

在用统计分析法来制订消耗定额的情况下，为了求得定额的先进性，通常可按以往实际消耗的平均先进数（或称先进平均数）作为计划定额。平均先进数就是将一定量时期内比总平均数先进的各个消耗数再求一个平均数，这个新的平均数即为平均先进数。

3）经验估计法。经验估计法主要是根据生产工人的生产实践经验，同时参考同类产品的材料消耗定额，通过与干部、技术人员和工人相结合的方式，来计算各种材料的消耗定额。

通常凡是有设计图样和工艺文件的产品，其主要原材料的消耗定额可以通过技术分析法计算，同时参照必要的统计资料和工人生产实践中的工作经验来制订。辅助材料、燃料等的消耗定额，大多可采用经验估计法或统计分析法来制订。

6.5　典型加工工艺与典型零件加工

6.5.1　典型车削工艺与轴类零件加工

1. 典型车削工艺

（1）工件装夹　车床加工范围很广，可车削内、外圆柱面、端面、锥面、切断、曲面及各种螺纹和滚花等；若配上附加装置，可车削各种特殊型面、油槽及绕弹簧等。

在卧式车床上加工工件，其装夹和定位方式，依据工件大小、形状、精度和生产批量不同而定。正确选用定位基准和装夹方法是保证加工质量的关键。常用的装夹方法见表 6-10。

表 6-10　卧式车床常用的装夹方法

方法	简　图	应　用
自定心卡盘装夹	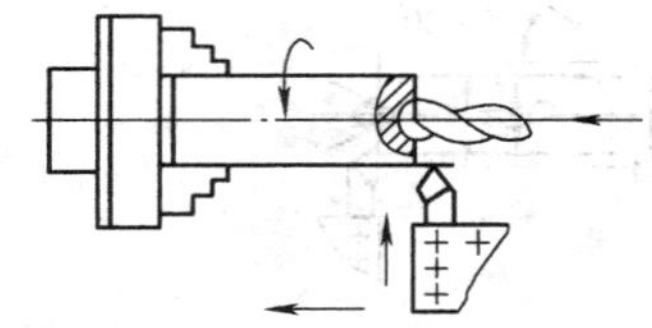	装夹方便，自定心好，精度高，适合于加工短小工件
单动卡盘装夹	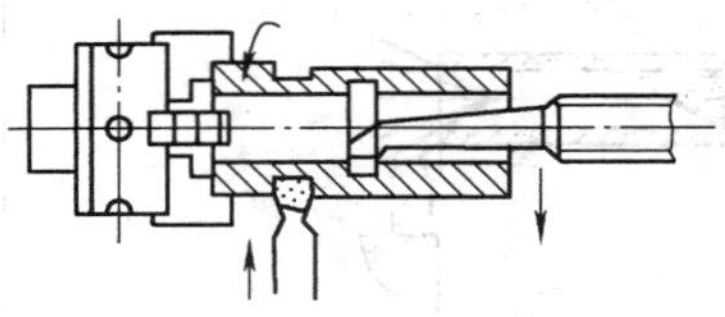	夹紧力大，需找正。适用于车削不规则装夹表面形状的工件
花盘角铁装夹	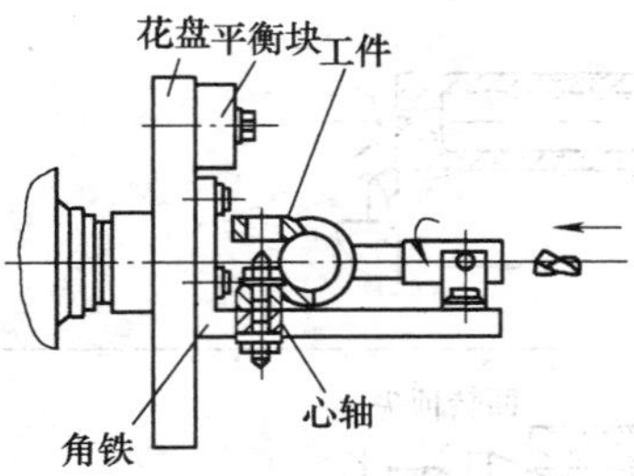	形状复杂和不规则的工件
夹或拨顶	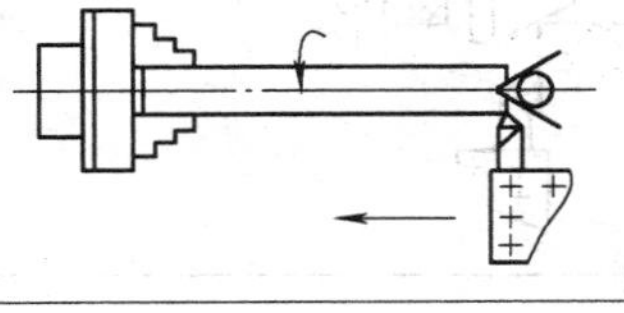	长径比大于 8 的轴类工件的粗、精车

（续）

方法	简 图	应 用
夹或拨顶		长径比大于 8 的轴类工件的粗、精车
内梅花顶尖拨顶	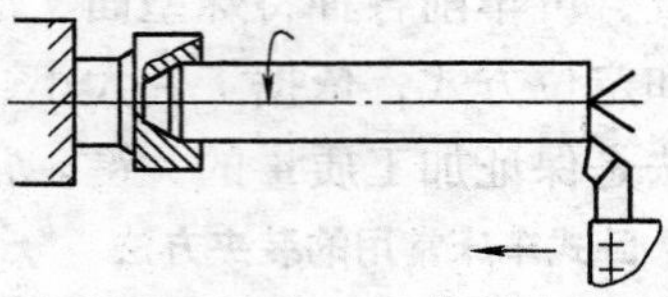 15~20°	一端有中心孔，且余量较小的轴类工件
外梅花顶尖拨顶	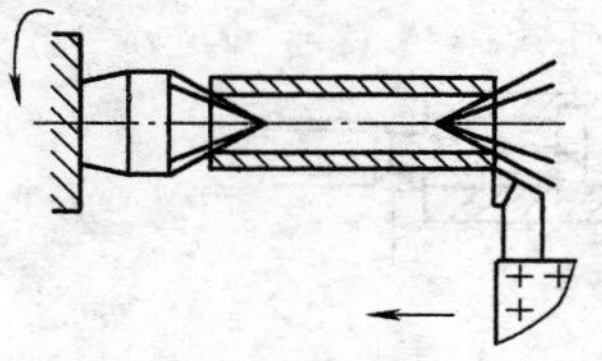	车削两端有孔的轴类零件
光面顶尖拨顶	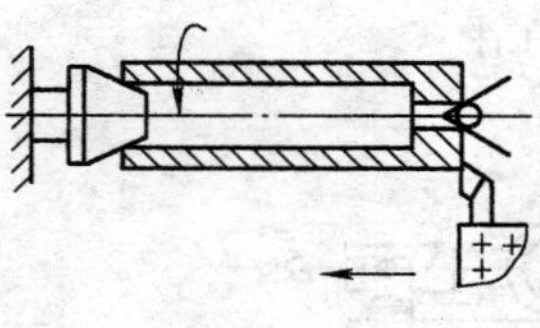 回转顶尖	车削余量较小，两端有孔的轴类零件

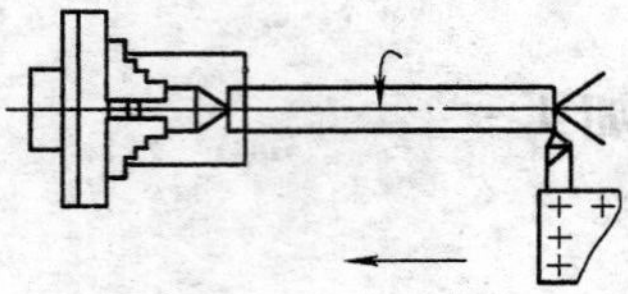

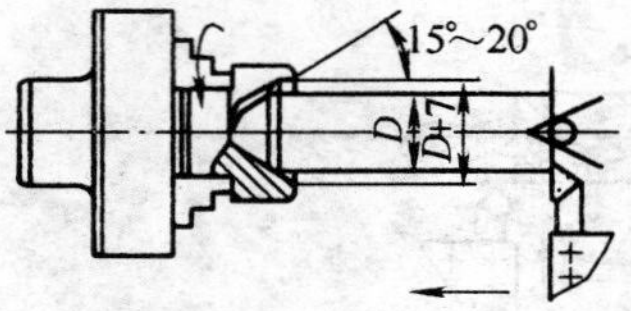

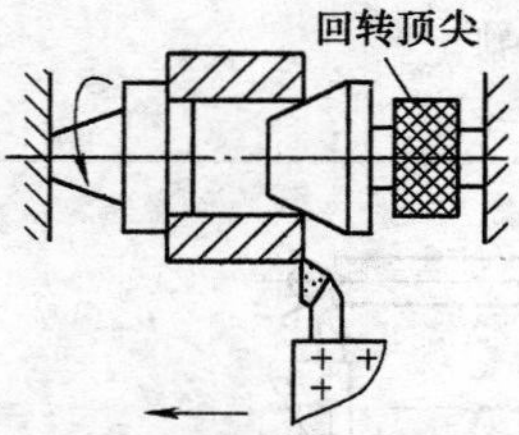

（续）

方　法	简　图	应　用
中心架装夹	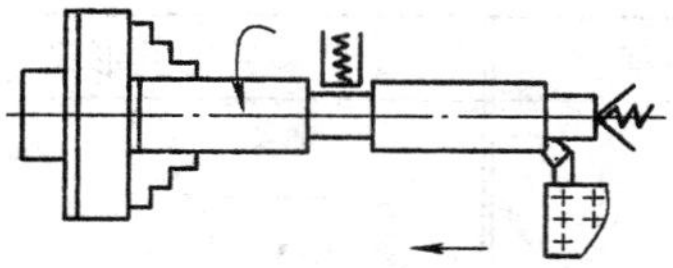	车削长径比较大的阶梯轴类零件
跟刀架装夹	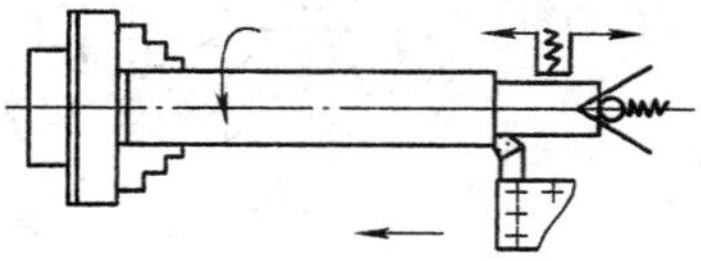	车削长径比较大的工件
尾座卡盘装夹	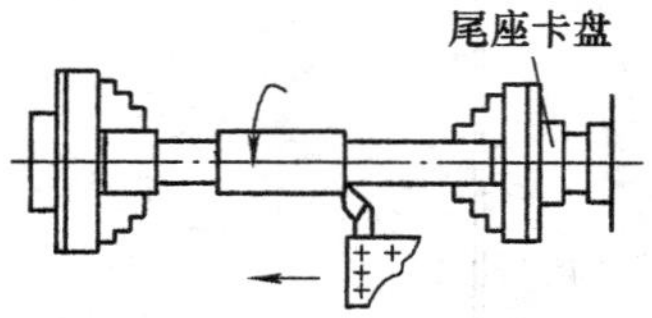 尾座卡盘 	除装夹轴类工件外，还可夹持形状各异的顶尖，以适应各种工件的装夹
内孔表面装夹	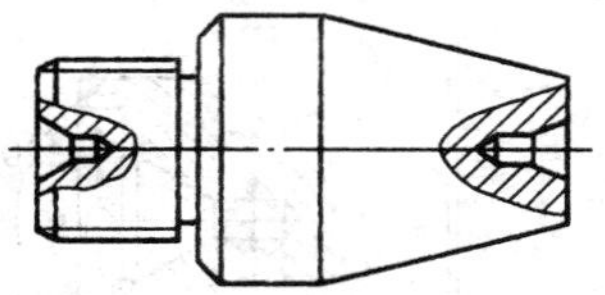 a）锥堵	轴端有小锥度锥孔的空心轴类工件
	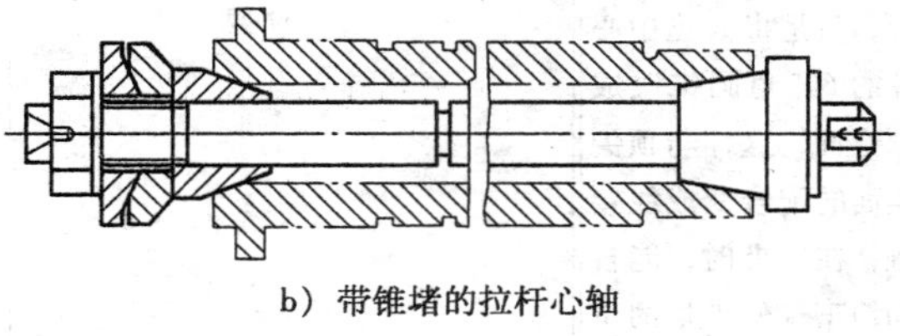 b）带锥堵的拉杆心轴	锥孔的锥度较大的工件
	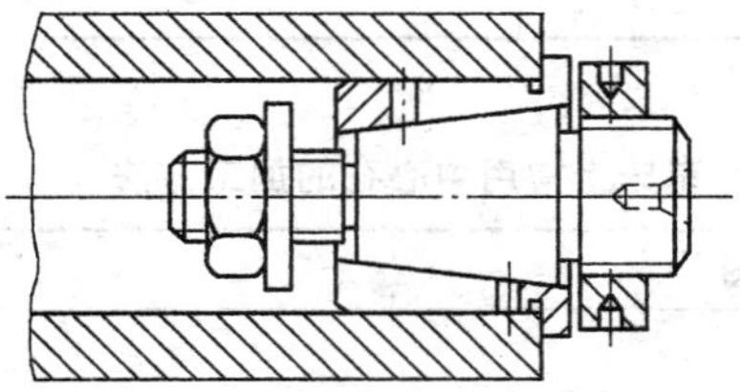 c）弹簧堵头	空心轴端无锥孔，也不允许做出锥孔的轴类工件

（2）典型表面加工

1）中心孔。中心孔是加工轴类零件的定位基准和检验基准，中心孔尺寸具体选用原则参见国家标准 GB/T 145—2001《中心孔》；目前应用的中心孔的几种主要类型见表 6-11，车床上常用中心孔的加工方法见表 6-12。

表 6-11　常见中心孔形式与应用范围

中心孔形式	应用范围	中心孔形式	应用范围
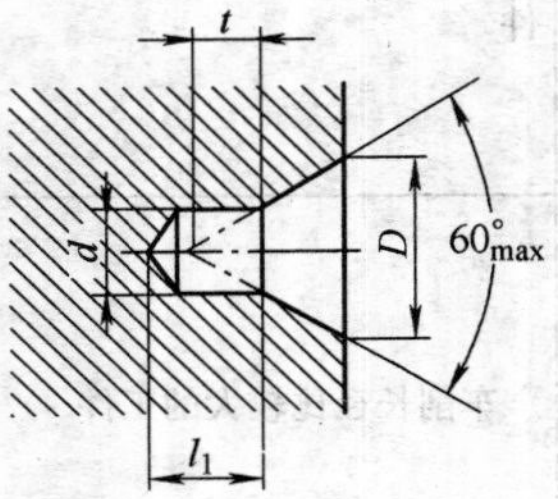 A 型	适合于中小型和不需要磨削的工件的粗加工	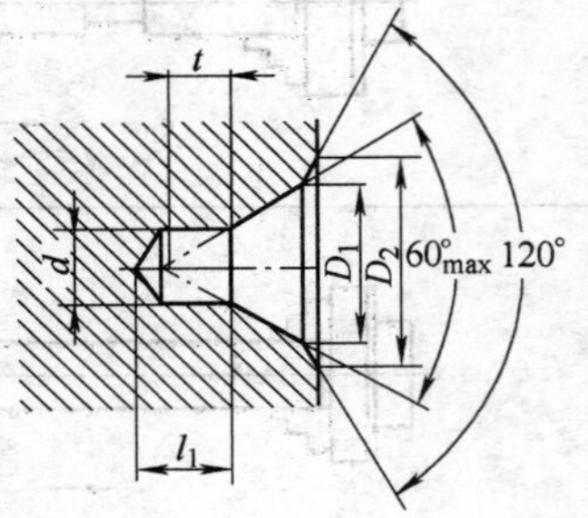 B 型	用于需要保留中心孔及重修中心孔后需继续加工的工件
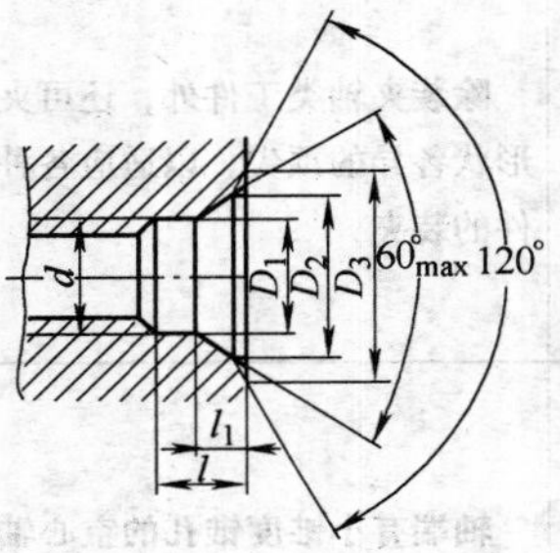 C 型	设计或工艺上的特殊需要，如吊环、连接其他零件等	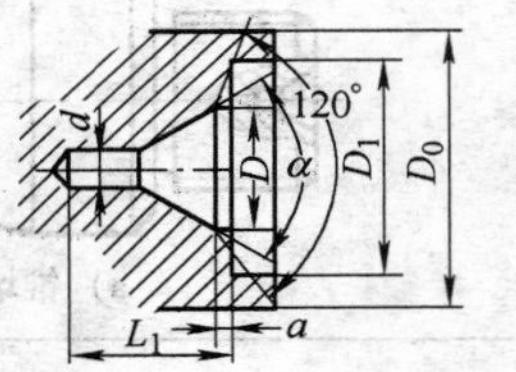 D 型	D 型中心孔和 B 型类似，只是在 120° 保护锥面外又增加了一段直径为 D_1 的圆柱面，以适应工件端面车削的要求
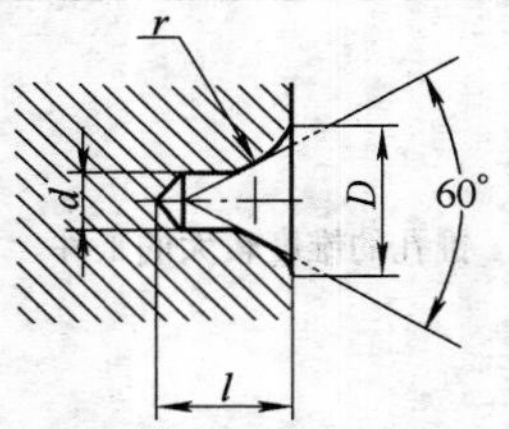 R 型	与 A 型中心孔相似，只是将 A 型中心孔的 60° 角圆锥改成圆锥面，这样与顶尖锥面的配合变成线接触，在装夹时，能自动纠正工件少量的位置误差		

表 6-12　车床上常用中心孔的加工方法

使用刀具	加工简图	应用
中心钻	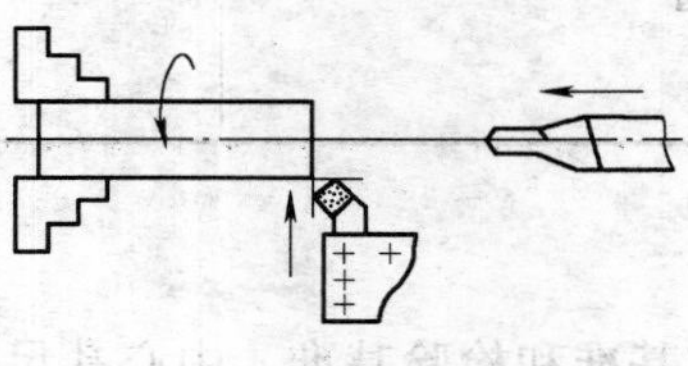	短轴上两端或一端的中心孔

(续)

使用刀具	加 工 简 图	应 用
中心钻	内回转顶尖 a) b) c) d)	长轴上两端或一端的中心孔 大而长工件的两端或一端的中心孔
钻头车刀	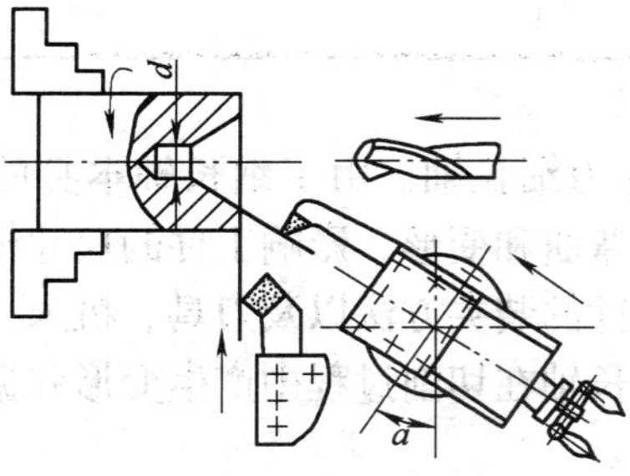 d a	车削中心孔同轴度高，适合加工直径 $d > 6mm$ 的中心孔
硬质合金挤研顶尖	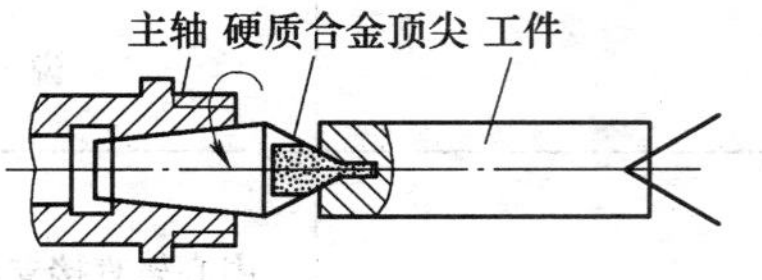 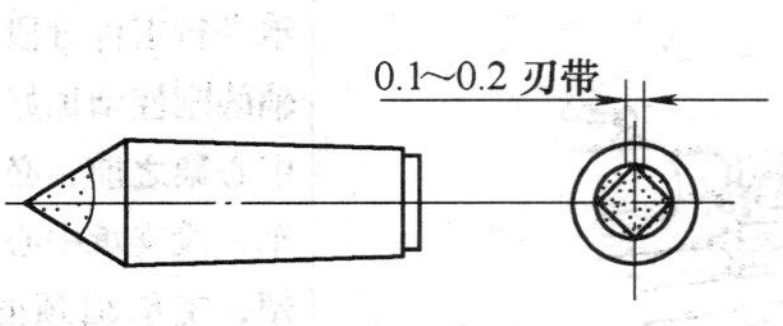 主轴 硬质合金顶尖 工件 a) 0.1～0.2 刃带 b) a）圆锥顶尖 b）四棱顶尖	主要用于零件磨削加工前的中心孔精修。用 60° 硬质合金顶尖对工件进行高速挤研，对硬质材料挤研速度为 200～400r/min，对软质材料挤研速度为 800～1200r/min，挤研时间为 2～5s

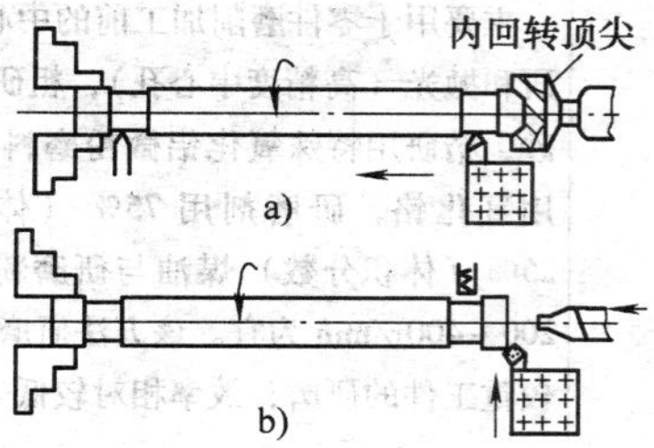

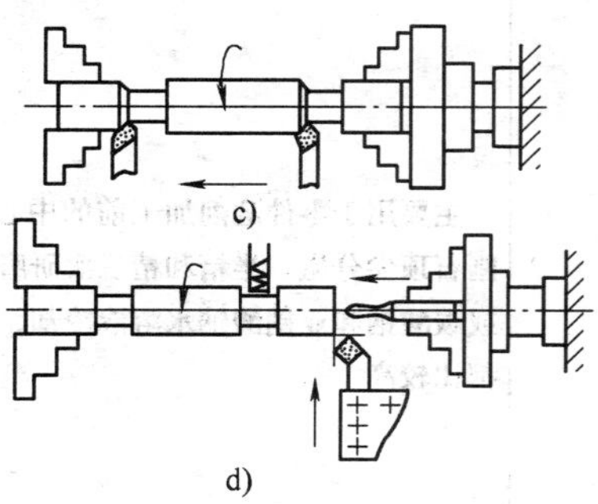

（续）

使用刀具	加 工 简 图	应 用
铸铁研磨顶尖	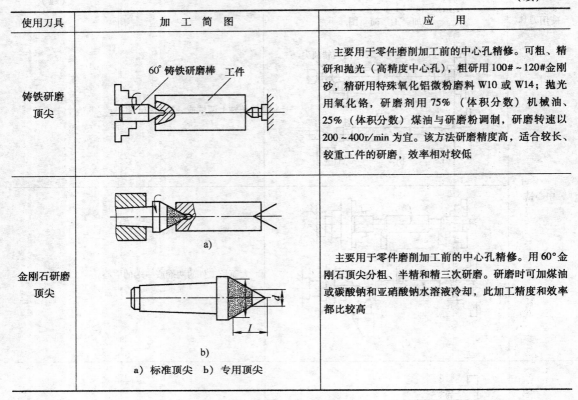	主要用于零件磨削加工前的中心孔精修。可粗、精研和抛光（高精度中心孔），粗研用 100# ～ 120# 金刚砂，精研用特殊氧化铝微粉磨料 W10 或 W14；抛光用氧化铬，研磨剂用 75%（体积分数）机械油、25%（体积分数）煤油与研磨粉调制，研磨转速以 200 ～ 400r/min 为宜。该方法研磨精度高，适合较长、较重工件的研磨，效率相对较低
金刚石研磨顶尖	a) b) a）标准顶尖　b）专用顶尖	主要用于零件磨削加工前的中心孔精修。用 60° 金刚石顶尖分粗、半精和精三次研磨。研磨时可加煤油或碳酸钠和亚硝酸钠水溶液冷却，此加工精度和效率都比较高

　　2）细长轴。一般长径比大于 25 的工件称为细长轴。由于细长轴本身的刚性差，在车削加工中工件受力、热及振动的影响，会产生弯曲和变形，影响工件的尺寸精度、形状精度和表面质量。因此，切削细长轴时，需要对工件的装夹方法以及刀具、机床、辅助工夹具及切削用量等进行合理选择，精心调整，防止细长轴在切削过程中产生变形和振动。车削细长轴常见的装夹方法及采用的相应对策见表6-13。

表 6-13　车削细长轴常见的装夹方法及采用的相应对策

使用夹具及附件	简 图	说 明
中心架	槽	中心架直接支承在工件中间，适用于允许调头接刀的车削。用该支承进行工件分段切削时，可使细长轴的刚性增加好几倍。但在工件用中心架之前，必须在工件毛坯中间车一段支承中心架支承爪的支承轴颈，支承轴颈的表面粗糙度值要小，圆柱度公差要小，否则会影响工件的加工精度

（续）

使用夹具及附件	简　图	说　明
中心架	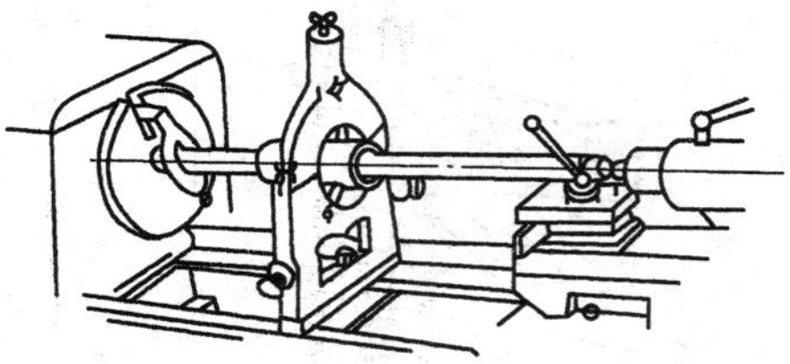	增加过渡套，使支承爪与过渡套的外表面接触，过渡套的两端各装有4个螺钉，用这些螺钉夹住毛坯表面，并调整套筒的轴线与主轴旋转轴向重合，即可切削
跟刀架	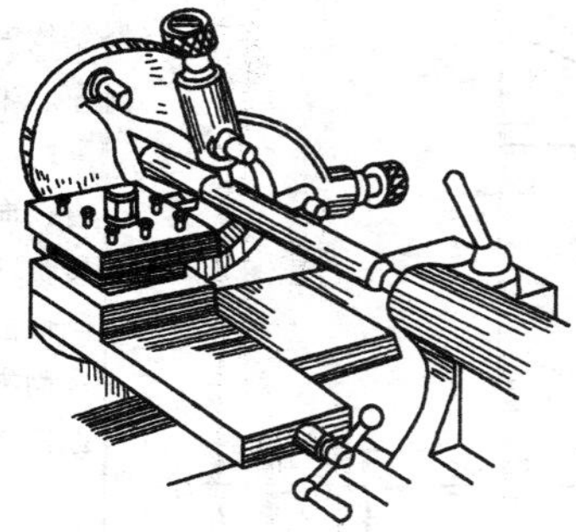 双支承跟刀架	用于不允许有调头接刀车削的工件；双支承跟刀架的支承柱窄，支承面小，刚性差，加工精度低，不适用于高速切削
	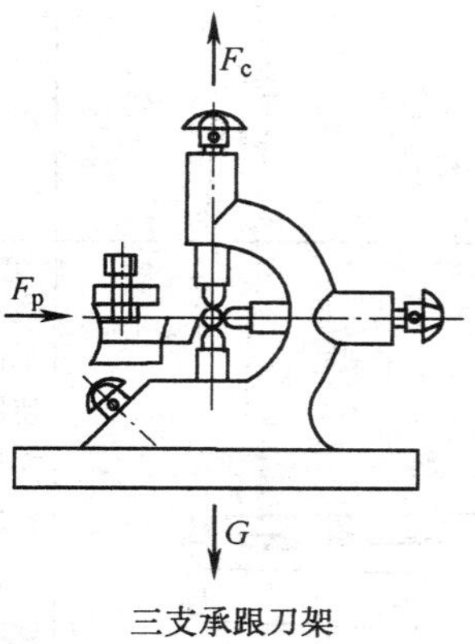 三支承跟刀架	三支承跟刀架能减少工件振动和变形，加工精度高，适合于高速切削。它有平衡主切削力 F_c、径向分力 F_p 和阻止工件自重 G 下垂的三个支承爪（如左图示）。各支承卡爪的触头由可以更换的耐磨铸铁制成，支承爪圆弧可以预先镗削加工制成，也可以在车削时利用工件粗车后的粗糙表面进行磨合。在调整跟刀架各支承压力时，力度要适中，并要供给充足的切削液，才能保证跟刀架支承的稳定和工件的尺寸精度
加注充分的切削液		车削细长轴时，不论是低速切削还是高速切削，为减少工件温升引起的变形，必须加注切削液进行充分冷却，同时切削液还可以防止跟刀架支承爪拉毛工件

（续）

使用夹具及附件	简　图	说　明
合理选择刀具的几何形状	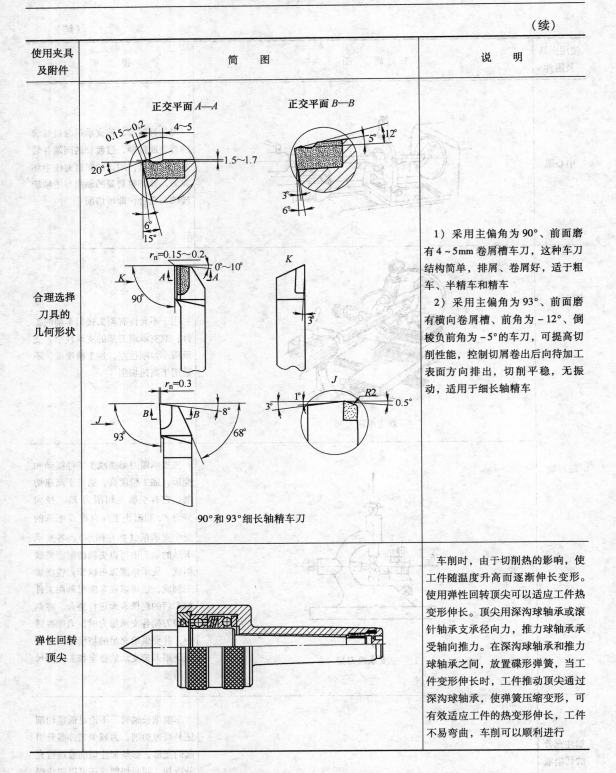	1）采用主偏角为90°、前面磨有4~5mm卷屑槽车刀，这种车刀结构简单，排屑、卷屑好，适于粗车、半精车和精车 2）采用主偏角为93°、前面磨有横向卷屑槽、前角为−12°、倒棱负前角为−5°的车刀，可提高切削性能，控制切屑卷出后向待加工表面方向排出，切削平稳，无振动，适用于细长轴精车
弹性回转顶尖		车削时，由于切削热的影响，使工件随温度升高而逐渐伸长变形。使用弹性回转顶尖可以适应工件热变形伸长。顶尖用深沟球轴承或滚针轴承承受径向力，推力球轴承承受轴向推力。在深沟球轴承和推力球轴承之间，放置碟形弹簧，当工件变形伸长时，工件推动顶尖通过深沟球轴承，使弹簧压缩变形，可有效适应工件的热变形伸长，工件不易弯曲，车削可以顺利进行

90°和93°细长轴精车刀

3）薄壁件。大型薄壁件的特点是工件尺寸大、壁薄、刚性差，装夹时容易产生变形，切削过程中容易产生振动和热变形。加工时主要从以下两个方面进行控制：

① 装夹。采用适当的装夹方法，减少夹紧变形。粗加工时，可采用十字支承夹紧，适当增加夹紧力，如图 6-25 所示。加工筒形薄壁件内、外圆时，可采用轴向压紧装夹，如图 6-26 所示。当工件较高，加工时会产生振动，可增加辅助支承装夹，如图 6-27 所示。加工大型薄壁铜套时，最好增加工艺头装夹，如图 6-28 所示。

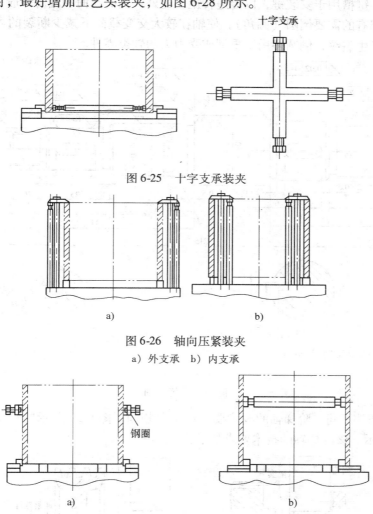

图 6-25　十字支承装夹

图 6-26　轴向压紧装夹

a）外支承　b）内支承

图 6-27　辅助支承装夹

a）外支承　b）内支承

②工艺安排。薄壁件加工时粗、精加工要分序进行，工件在粗加工后，经自然实效，消除粗加工后残留在工件中的残余应力。

2. 典型轴类零件加工

（1）阶梯轴的结构特点及技术要求　阶梯轴是轴类零件中用得最多的一种。随着用途的不同，阶梯轴的结构也不尽相同。阶梯轴一般由外圆、轴肩、螺纹、螺尾退刀槽、砂轮越程槽和键槽等组成，如图 6-29 所示。外圆多

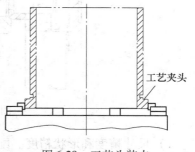

图 6-28　工艺头装夹

用于安装轴承、齿轮、带轮等（其中安装轴承的外圆称为支承轴颈，安装齿轮、带轮等传动件的外圆称为配合轴颈）；轴肩用于轴上零件和轴本身的轴向定位；螺纹用于安装各种锁紧螺母和调整螺母；螺尾退刀槽供加工螺纹退刀用；砂轮越程槽的作用是磨削时避免砂轮与工件台肩相撞；键槽用于安装键，以传递转矩。此外，轴的端面和轴肩一般有倒角，以便于装配；轴肩根部有的需要倒圆（圆角），使轴在较大交变载荷下减少断裂的可能性，在淬火过程中也不易产生裂纹，倒圆多用于重型或受力大的轴类零件。

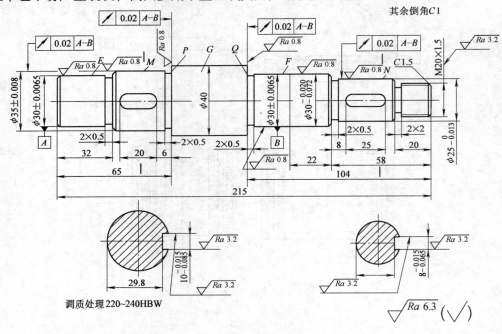

图 6-29　传动轴

由于使用条件不同，阶梯轴的技术要求也不尽相同。图 6-29 所示的传动轴的轴系装配图如图 6-30 所示。该阶梯轴的技术要求如下：

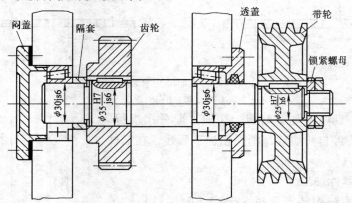

图 6-30　剖分式减速箱轴系装配图

1）尺寸精度和形状精度。配合轴颈尺寸公差等级通常为 IT8 ~ IT6，该轴配合轴颈 M、N 为 IT6；支承轴颈一般为 IT7 ~ IT6，精密的为 IT5，该轴支承轴颈 E、F 为 IT6；轴颈的形状精度（圆度、圆柱度）应限制在直径公差范围之内，要求较高的应在工作图上标明，该轴形状公差均未注出。

2）位置精度。配合轴颈对支承轴颈一般有径向圆跳动或同轴度要求，装配定位用的轴肩对支承轴颈一般有轴向圆跳动要求。径向圆跳动和轴向圆跳动公差通常为 0.01 ~ 0.03mm，该轴均为 0.02mm。

3）表面粗糙度。轴颈的表面粗糙度值 Ra 应与尺寸公差等级相适应。公差等级为 IT5 的轴颈，其 $Ra = 0.4 ~ 0.2 \mu m$；公差等级为 IT6 的轴颈，其 $Ra = 0.8 ~ 0.4 \mu m$；公差等级为 IT8 ~ IT7 的轴颈，其 $Ra = 1.6 ~ 0.8 \mu m$。装配定位用的轴肩，$Ra = 1.6 ~ 0.8 \mu m$。非配合的次要表面，$Ra = 6.3 \mu m$。该轴的轴颈和定位轴肩的 $Ra = 0.8 \mu m$，键槽两侧面 $Ra = 3.2 \mu m$，其余表面 $Ra = 6.3 \mu m$。

4）热处理。轴的热处理要根据其材料和使用要求确定。对于传动轴，正火、调质和表面淬火用得较多。该轴要求调质处理。

（2）阶梯轴的加工　该传动轴的材料为 45 钢，批量生产。由于各外圆直径相差不大，其毛坯可选择 $\phi 45mm$ 的热轧圆钢料。该传动轴首先车削成形，对于精度较高、表面粗糙度值较小的外圆 E、F、M、N 和轴肩 P、Q，在车削之后还应磨削。车削和磨削时以两端的中心孔作为定位基准，中心孔可在粗车之前进行加工。因此，该传动轴的工艺过程主要有加工中心孔、粗车、半精车和磨削四个阶段。

要求不高的外圆在半精车时加工到规定尺寸；退刀槽、越程槽、倒角和螺纹在半精车时加工；键槽在半精车之后进行铣削；调质处理安排在粗车和半精车之间，调质后要修研一次中心孔，以消除热处理变形和氧化皮；在磨削之前，一般还应再次修研中心孔，以进一步提高定位基准的精度。

综合上述分析，传动轴的工艺过程如下：下料→车两端面，钻中心孔→粗车各外圆→调质→修研中心孔→半精车各外圆，切槽，倒角→车螺纹→铣键槽→修研中心孔→磨削→检验。其工艺过程见表6-14。

表 6-14　传动轴的工艺过程

工序号	工种	工 序 内 容	定位基准	装夹方式	设备
10	下料	$\phi 45mm \times 220mm$			
20	车	车端面见平，钻中心孔；调头，车另一端面，控制总长215mm，钻中心孔	毛坯外圆表面	自定心卡盘	车床
30	车	粗车三个台阶，直径上均留3mm余量；调头，粗车另一端三个台阶，直径上均留3mm余量	两中心孔	顶尖、鸡心夹头	车床
40	热处理	调质处理保证220~240HBW			
50	钳	修研两端中心孔			车床
60	车	半精车三个台阶，$\phi 40mm$ 车到图样规定尺寸，其余直径上留余量0.5mm；切槽2mm×0.5mm两个，倒角C1两个。调头，半精车余下的三个台阶，其中螺纹台阶车到 $\phi 20_{-0.2}^{-0.1}mm$，其余直径上留余量0.5mm；切槽2mm×0.5mm两个，2mm×2mm一个，倒角C1两个，C1.5一个	两中心孔	顶尖、鸡心夹头	车床

（续）

工序号	工种	工 序 内 容	定位基准	装夹方式	设备
70	车	车螺纹 M20×1.5	两中心孔	顶尖、鸡心夹头	车床
80	铣	铣两个键槽	两端面	铣床夹具	立铣
90	钳	修研两端中心孔			车床
100	磨	磨外圆 E、M 到图样规定尺寸，靠磨轴肩 P；调头，磨外圆 F、N 到图样规定尺寸，靠磨轴肩 Q	两中心孔	顶尖、鸡心夹头	外圆磨床
110	检	检验			

6.5.2 孔加工工艺及套筒类零件加工

由于孔加工是对工件内表面的加工，对加工过程的观察、控制困难，加工难度要比外圆表面等开放型表面的加工大得多。孔的加工过程主要有以下特点：

1）孔加工刀具多为定尺寸刀具，如钻头、铰刀等，在加工工程中，刀具磨损造成的形状和尺寸的变化会直接影响被加工孔的精度。

2）由于受被加工孔直径大小的限制，切削速度很难提高，影响加工效率和加工表面的质量，尤其是在对较小的孔进行精密加工时，为达到所需的速度，必须使用专门的装置，这对机床的性能也提出了更高的要求。

3）刀具的结构受孔的直径和长度的限制，刚性较差。在加工时，由于轴向力的影响，容易产生弯曲变形和振动，孔的长径比越大，刀具刚性对加工精度的影响越大。

4）孔加工时，刀具一般是在半封闭的空间工作，切屑排除困难；切削液难以进入加工区域，散热条件不好。切削区热量集中，温度较高，影响刀具寿命和加工质量。

1. 一般孔的钻、扩、铰加工工艺

在机械制造中，机器零件中的孔广泛采用钻、扩、铰加工工艺。工件上有些孔要求不高（如机床主轴箱上的紧固孔），只需安排一次钻削工序就可达到要求；有些孔要求高（如汽车发动机连杆螺栓孔等），它们在钻孔之后还要安排扩孔、铰孔等工序。

加工实例：加工直摇臂的两端孔，其工序图如图 6-31 所示。工件的年生产纲领为 1000 件/年，属小批生产。表 6-15 列出了直摇臂孔加工工序各工步的加工内容和选用的机床。工装采用简易钻模、快换夹头及标准刀具、量具。

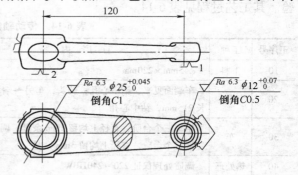

图 6-31　直摇臂工序图

2. 镗孔、磨孔加工工艺

（1）镗孔　镗孔是用镗刀使孔径扩大并达到加工要求的加工方法。

1）镗孔的工艺特点。镗孔适合于未淬硬表面的加工，可作铰孔、磨孔前的粗加工，也可作精加工。加工精度可达到 IT8～IT6 级，表面粗糙度值 Ra 为 6.3～0.8μm。在中小批生产中对非标准孔、大直径孔、短孔、不通孔常采用镗孔。非铁金属工件孔的精加工也常采用镗孔。镗孔具有较强的误差修正能力，不但能修正上道工序所造成的孔的中心线偏斜误差，而且能够保证被加工孔和其他表面的位置精度。但镗杆采用浮动连接时，孔的位置精度由镗模保证。

表 6-15　直摇臂孔加工工序内容编排

工步	加 工 内 容	设备型号	切 削 用 量		
			f/(mm/r)	n/(r/min)	v/(m/min)
1	钻 $\phi22$mm 孔		0.28	272	18.8
2	钻倒角 2.5×45°		0.28	195	16.5
3	扩 $\phi24.6$mm 孔	Z3025 摇臂钻床	0.36	195	15.6
4	铰 $\phi25^{+0.045}_{0}$mm 孔，表面粗糙度值 Ra 为 6.3μm		0.48	195	9.18
5	钻 $\phi11.6$mm 孔		0.17	545	19.85
6	钻倒角 0.7×45°		0.17	545	22.25
7	铰 $\phi12^{+0.07}_{0}$mm 孔，表面粗糙度值 Ra 为 6.3μm		0.36	392	8.86

2）精细镗孔。精细镗孔与镗孔方法基本相同，由于最初是使用金刚石作镗刀，所以又称金刚镗。这种方法常用于非铁金属合金及铸铁的套筒零件内孔的终加工或作珩磨和滚压孔前的预加工。

因天然金刚石成本较高，目前普遍用硬质合金 YT30、YT15 或 YG3X 代替，或者采用人工合成的金刚石和立方氮化硼。后者加工钢质套筒比金刚石有更多的优点。为达到加工精度高与表面粗糙度值小的要求，减少切削变形对加工表面的影响，切削速度较高（一般加工钢件为 200m/min，加工铸铁件为 100m/min，加工铝合金材料为 300m/min），加工余量较小（0.2~0.3mm），进给量小（0.03~0.08mm/r）。另外，采用了精度高、刚度大、转速高的金刚镗床，以保证加工质量。

精细镗在良好的条件下，加工精度可达 IT7~IT6 级，表面粗糙度值 Ra 为 1.25~0.16μm。精细镗孔的尺寸控制可采用微调镗刀头。

（2）磨孔　磨孔是对淬火钢套类零件进行精加工的主要方法。磨削方式有中心内圆磨削、无心内圆磨削和行星式内圆磨削三种。

1）中心内圆磨削。用于加工中、小型零件。可在内圆磨床或万能外圆磨床上进行，可加工通孔、阶梯孔、孔端面、锥孔及轴承内滚道等，如图 6-32 所示。磨孔能修正前工序加工所导致的轴心线歪斜和偏移，因而磨孔不但能获得高的尺寸精度、形状精度，而且能提高孔的位置精度。

2）无心内圆磨削。用于加工短套类零件，使用两支承无心磨专用夹具，可使工件获得高的形状精度。

3）行星式内圆磨削。用于加工质量大、形状不对称的工件内孔，使用行星式磨床或在其他机床上安装行星式磨头进行磨削。

3. 深孔钻削工艺

在机械制造业中，一般将孔深超过孔径 5 倍的圆柱孔（内圆柱面）称为深孔。而孔深与孔径的比值，称之为"长径比"或"深径比"。相对而言，长径比不大于 5 的圆柱孔，可称为"浅孔"。

深孔零件大致可分为两大类：回转体工件（轴类），要求钻出与外圆基准同轴的深孔，如图 6-33a ~ c 所示；不属于第一类的其他各种工件，如图 6-33d ~ l 所示。

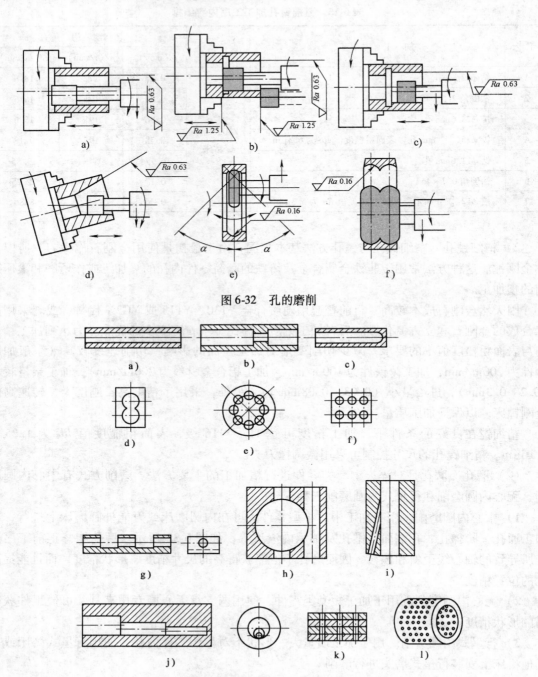

图 6-32　孔的磨削

图 6-33　深孔零件的不同形式

a)、b)、c) 同轴孔　d) 重叠孔　e)、f) 坐标孔系　g) 断隔孔　h)、i) 相交、相割孔
j) 内切孔系　k) 层叠板深孔　l) 密布孔

（1）深孔钻削方法　当采用标准麻花钻、特长麻花钻钻削深孔时，一般都采用分级进给的方法，即在钻削过程中，使钻头加工一定时间或一定深度后退出工件，借以排出切屑，并冷却刀具，然后重复进刀或退刀，直至加工完毕。这种钻削方法适用于加工直径较小的深孔，生产率和加工精度都比较低。

分级进给除了手动控制外，还有自动循环控制。

（2）深孔加工举例

1）加工对象和工序安排。零件年生产纲领为 3000 件，材料为 45 钢，模锻件，锻后正火；加工主轴孔前已进行了下列工序：车端面钻中心孔→粗车外圆→调质处理→半精车外圆。

本工序安排在半精车外圆后进行，以轴颈作定位基面，如图 6-34 所示。

2）机床设备选择。深孔加工机床有通用机床、专用机床及由车床改制而成的机床，多是卧式机床。

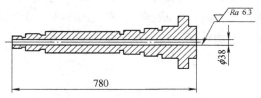

图 6-34　主轴内孔加工工序图

3）刀具选用喷吸钻（属内排屑深孔钻头）。

4）切削用量选择。按深孔加工切削用量表并结合 C630 车床实际，选用切削用量为：$a_p = 19\text{mm}$，$f = 0.17\text{mm/r}$，$n = 750\text{r/min}$，$v = 89.5\text{m/min}$。

4. 孔系加工

（1）平行孔系的加工　平行孔系的加工，主要是考虑如何保证各孔间的位置精度，包括各孔轴线之间、轴线与基准之间的尺寸精度和平行度等。采用的加工方法有找正法（划线法、心轴和量规找正法、样板找正法）、镗模法（图 6-35）和坐标法。

（2）同轴孔系的加工　成批生产中箱体同轴孔系的同轴度几乎都由镗模保证。大批量生产中，可采用组合机床从箱体两边同时加工，孔系的同轴度由机床两端主轴间的同轴精度保证；单件小批生产中，其同轴度可用下面几种方法来保证：

1）利用已加工孔作为支承导向。如图 6-36 所示，当箱体前壁上的孔加工好后，在孔内装一导向套，支承和引导镗杆加工后壁的孔，以保证两孔的同轴度要求。这种方法只适于加工箱壁较近的孔系。

2）利用铣镗床后立柱上的导向套支承导向。镗杆由两端支承，刚性好。但此法调整麻烦，镗杆很长，故只适于大型箱体加工。

3）采用调头镗。当箱体孔壁相距较远时，可采用调头镗，工件在一次装夹下，镗好一

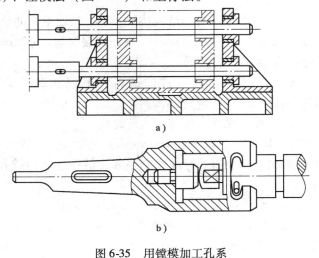

图 6-35　用镗模加工孔系

a）镗模　b）镗杆活动连接头

面孔后，将镗床工作台回转180°，调整工作台位置，使已加工孔与镗床主轴同轴，然后加工另一面上的孔。

（3）交叉孔系的加工　交叉孔系的主要技术要求是控制有关孔的垂直度，主要的保证工艺有镗模法和找正法。在卧式铣镗床上找正主要依靠机床工作台上的90°对准装置。90°对准装置是挡铁装置，结构简单，对准精度低（T68铣镗床的出厂精度为0.04mm/900mm，相当于8″）。目前国内有些铣镗床如TM617，采用了端面齿定位装置，90°定位精度达5″，还有的用了光学瞄准仪。

5. 套筒类零件加工实例

图6-37所示为一个较为典型的轴承套零件，材料为ZCuSn5Pb5Zn5，每批数量为400件。加工时，应根据工件的毛坯材料、结构形状、加工余量、尺寸精度、形状精度和生产纲领，正确选择定位基准、装夹方法和加工工艺过程，以保证达到图样要求。

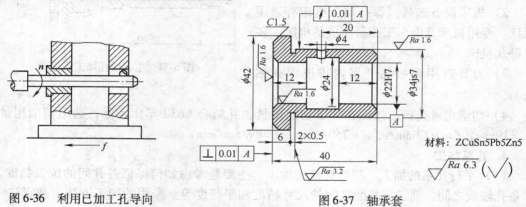

图6-36　利用已加工孔导向　　　　　　　　　　图6-37　轴承套

（1）分析轴承套的结构技术要求　该轴承套的长径比$L/D < 5$，属短套筒类。$\phi22$mm内孔是重要加工表面，$\phi34$mm外圆和左端面均与$\phi22$mm内孔有较高的位置精度要求；零件壁厚较薄，加工中易变形。

（2）明确轴承套零件的材料和毛坯状况　该轴承套零件材料为（铸造）锡青铜ZCuSn5Pb5Zn5，毛坯选择棒料。

（3）拟订轴承套的加工工艺路线

1）确定加工方案。$\phi22$mm内孔是重要加工表面，精度为IT7级，需经粗加工、半精加工、精加工三个加工阶段才能完成，最终要求由铰孔保证。加工顺序为：钻孔→车孔→铰孔。

轴承套外圆为IT7级精度，采用精车可以满足加工要求。

2）划分加工阶段。该轴承套加工划分为三个加工阶段，即粗车（外圆）、钻孔；车孔、铰孔；精车（外圆）。

3）选择定位基准。由于外圆对内孔的径向跳动要求在0.01mm内，用软卡爪（未经淬火的卡爪，或硬爪上焊上一块软钢料或堆焊铜料）装夹无法保证。因此精车外圆应以内孔为定位基准，使轴承套在小锥度心轴上定位，用两顶尖装夹，如图6-38所示。这样可以使定位基准和设计基准一致，容易达到图样要求。

对于短套筒零件，可直接夹紧外圆加工内孔，加工外圆时可采用心轴或气压胀胎夹具。

4) 加工顺序安排。应遵循加工顺序安排的一般原则，如先粗后精、先主后次等。

该轴承套零件的加工工艺路线为：毛坯→粗加工外圆、端面和孔→半精、精加工内孔和端面→精加工外圆→钻油孔。轴承套机械加工工艺过程见表 6-16。

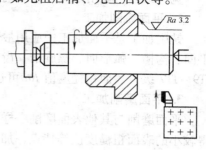

图 6-38　心轴装夹轴承套

6.5.3　平面加工工艺及支架、箱体类零件加工

平面加工方法有刨、铣、拉、磨等，刨削和铣削常用作平面的粗加工和半精加工，而磨削则用作平面的精加工。此外，还有刮研、研磨、超精加工、抛光等光整加工方法。采用哪种加工方法比较经济合理，需根据零件的形状、尺寸、材料、技术要求、生产类型和工厂现有设备水平来决定。

表 6-16　轴承套机械加工工艺过程

工序号	工序名称	工 序 内 容		定位与夹紧
10	下料	棒料，按 5 件合一下料		
20	钻中心孔	车端面，钻中心孔		自定心卡盘夹外圆
		调头，车另一端面，钻中心孔		
30	粗车	车外圆 $\phi42$mm，长度 45mm	5 件同时加工，尺寸均相同	中心孔
		车外圆 $\phi34$js7 至 $\phi35$mm，保证 $\phi42$mm 长 6.5mm		
		车退刀槽 2×0.5mm		
		车端面保证总长 40.5mm		
		车分割槽 $\phi20$mm×3		
		两端倒角 $C1.5$		
40	钻	钻 $\phi22$H7 孔至 $\phi20$mm 成单件		软爪夹 $\phi42$mm 外圆
50	车、铰	车端面，总长 40mm 至尺寸		软爪夹 $\phi42$mm 外圆
		车内孔 $\phi22$H7，留 0.2mm 铰削余量		
		车内槽 $\phi24$mm×16 至尺寸		
		粗、精铰 $\phi22$H7 至尺寸		
60	精车	精车 $\phi34$js7 至尺寸		$\phi22$H7 小锥度心轴
70	钻	钻径向 $\phi4$mm 油孔		$\phi34$js7 外圆及端面
80	检验	检验入库		

1. 平面刨削加工

刨削加工分为粗刨和精刨，精刨后的表面粗糙度值 Ra 可达 $1.6 \sim 3.2\mu m$，两平面间的尺寸精度为 IT7～IT9 级，直线度为 $0.04 \sim 0.12$mm/m。

宽刃细刨是在普通精刨基础上进行的，使用高精度的龙门刨刀和宽刃细刨刀，以低切速和大进给量在工件表面切去一层极薄的金属。由于切削力、切削热和工件变形均很小，因而可获得比普通精刨更高的加工质量。宽刃细刨表面粗糙度值 Ra 可达 $0.8 \sim 1.6\mu m$，直线度可达 0.02mm/m。

宽刃细刨主要用来代替手工刮研各种导轨平面，可使生产率提高几倍，应用较为广泛。

2. 平面铣削加工

铣削加工是平面加工中应用最普遍的一种方法，利用各种铣床、铣刀及附件，可以铣削平面、沟槽、弧形面、螺旋槽、齿轮、凸轮和成形面。一般经粗铣、精铣后，尺寸精度可达 IT9 ~ IT7 级，表面粗糙度值 Ra 可达 12.5 ~ 6.3μm。

3. 平面磨削加工

平面磨削与其他表面磨削一样，具有切削速度高、进给量小、尺寸精度易于控制及能获得较小的表面粗糙度值等特点，加工精度一般可达 IT5 ~ IT7 级，表面粗糙度值 Ra 可达 1.6 ~ 0.2μm。平面磨削的加工质量比刨削和铣削的都高，而且可以加工淬硬零件，因而多用于零件的半精加工和精加工。生产批量较大时，箱体的平面常用磨削来精加工。

对于工艺系统刚度较大的平面磨削，可采用强力磨削，不仅能对高硬度材料和淬火表面进行精加工，而且能对带硬皮、余量较均匀的毛坯平面进行粗加工。同时，平面磨削可在电磁工作台上同时安装多个零件，进行连续加工，因此，在精加工中对需保持一定尺寸精度和相互位置精度的中、小型零件的表面来说，平面磨削不仅加工质量高，而且能获得较高的生产率。

平面磨削方式有周磨和端磨两种。

1）周磨。如图 6-39a 所示，砂轮的工作面是圆周表面，磨削时砂轮与工件接触面积小，发热少，散热快，排屑与冷却条件好。因此可获得较高的加工精度和表面质量。通常适用于加工精度要求较高的零件。但由于周磨采用间断的横向进给，因而生产率较低。

2）端磨。如图 6-39b 所示，砂轮工作面是端面，磨削时磨头轴伸出长度短，刚性好；磨头又主要承受轴向力，弯曲变形小，因此可以采用较大的磨削用量；砂轮与工件接触面积大，同时参加磨削的磨粒多，故生产率高。但散热和冷却条件差，且因砂轮端面沿径向各点圆周速度不等而产生磨损不均匀，故磨削精度较低。一般适用于大批生产中精度要求不太高的零件表面加工，或直接对毛坯进行粗磨。为减小砂轮与工件接触面积，将砂轮端面修磨成内锥面形，或使磨头倾斜一微小角度，这样可以改善散热条件，提高加工效率，磨出的平面中间略成凹形，但由于倾斜角度很小，下凹量极微。

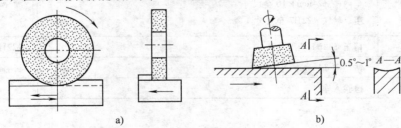

图 6-39 周磨与端磨
a）周磨 b）端磨

4. 支架箱体类零件加工实例

图 6-40 所示为坐标镗床变速箱壳体图。零件材料为 ZL106，生产类型为中批生产。

（1）分析变速箱壳体的技术要求和主要加工面 本例所示的变速箱壳体的外形尺寸为 360mm × 325mm × 108mm，属小型箱体，内腔无加强肋，孔多壁薄，刚性较差。

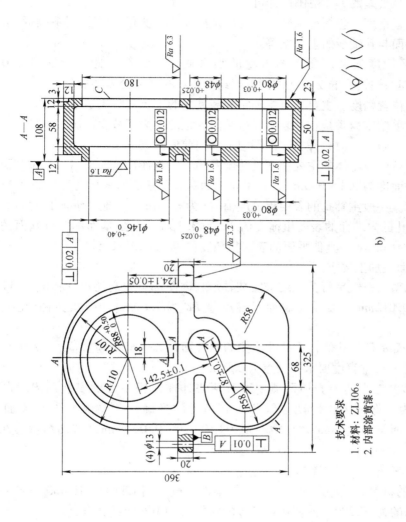

技术要求
1. 材料：ZL106。
2. 内部涂黄漆。

图 6-40　坐标镗床变速箱壳体图
a）实物图　b）视图

1）箱体零件的主要技术要求。

①孔径精度。主轴孔的尺寸公差等级为 IT6，其余孔为 IT8～IT7。孔的形状精度未作规定，一般控制在孔径公差的 1/2 范围内即可。

②孔与孔的位置精度。包括孔系轴线之间的距离尺寸精度和平行度，同一轴线上各孔的同轴度，以及孔端面与孔轴线的垂直度等。

孔系之间的平行度误差，会影响齿轮的啮合质量。一般孔距公差为（±0.025～±0.060）mm，而同一轴线上的支承孔的同轴度约为最小孔尺寸公差的一半。

③孔和平面的位置精度。主要孔对主轴箱安装基面的平行度，决定了主轴与床身导轨的相互位置关系。这项精度通常是在总装时通过刮研保证的。为了减少刮研工作量，一般规定在垂直和水平两个方向上，只允许主轴前端向上和向前偏。

④主要平面的精度。箱体的主要平面是装配基面，并且往往是加工时的定位基面。一般箱体主要平面的平面度为 0.1～0.3mm，各主要平面对装配基面的垂直度为 0.1/300。

⑤表面粗糙度。一般主轴孔的表面粗糙度值 Ra 为 0.4μm，其他各纵向孔的表面粗糙度值 Ra 为 1.6μm；孔的内端面的表面粗糙度值 Ra 为 3.2μm；装配基面和定位基面的表面粗糙度值 Ra 为 2.5～0.63μm，其他平面的表面粗糙度值 Ra 为 10～2.5μm。

2）主要加工面及加工要求。

①三组平行孔系。三组平行孔系用来安装轴承，因此都有较高的尺寸精度（IT7）和形状精度（圆度为 0.012mm）要求，表面粗糙度值 Ra 为 1.6μm，彼此之间的孔距公差为 ±0.1mm。

②端面 A。端面 A 是与其他相关部件连接的结合面，其表面粗糙度值 Ra 为 1.6μm；端面 A 与三组平行孔系有垂直度要求，公差为 0.02mm。

③装配基面 B。在变速箱壳体两侧中段有两块外伸面积不大的安装面 B，它是该零件的装配基面。为了保证齿轮传动位置和传动精度的准确性，要求 B 面和 A 面的垂直度为 0.01mm，B 面与 φ146mm 大孔中心距为（124.1±0.05）mm，表面粗糙度值 Ra 为 3.2μm。

（2）明确箱体零件毛坯状况

1）箱体零件的材料、毛坯及热处理。箱体零件一般选用 HT100～HT400 的各种牌号的灰铸铁，而最常用的为 HT200。该变速箱壳体的材料为 ZL106 铝硅钛合金。

2）确定毛坯类型。根据零件形状和材料确定采用铸造毛坯。因该零件的生产批量为小批生产，且结构比较简单，因此选用木模手工造型的方法生产毛坯。采用这种方法生产的毛坯，铸件精度较低，铸孔留的余量较大而且不均匀，这个问题在制订工艺规程时要给予充分的重视。

（3）拟订变速箱壳体零件的加工工艺路线

1）确定加工方案。根据零件材料为非铁金属、孔的直径较大、各表面加工精度要求较高的实际情况，确定各表面的加工工艺路线如下：

孔加工工艺路线：粗镗→半精镗→精镗。

平面加工工艺路线：粗铣→精铣。

由于 B 面和 A 面有较高的垂直度要求，采用铣削不易保证精度要求，故在铣削后还要增加一道精加工工序。考虑到该表面面积较小，在小批生产条件下，可采用刮削的方法来保证加工要求。

2）划分加工阶段。该零件加工要求较高，刚性较差，为减少加工过程中不利因素对加工质量的影响，整个加工过程划分为粗加工、半精加工、精加工三个阶段。

根据孔系位置精度要求较高的情况，零件上的三个孔应安排在一道工序一次装夹中加工出来。同时，考虑到零件位置精度的要求，其他平面的加工也应适度集中。

3）选择定位基准。在小批生产中，毛坯精度较低，一般采用划线找正装夹。本例中，根据粗基准选择原则，选 C 面和两个相距较远的毛坯孔为粗基准，并通过划线找正的方法兼顾其他各加工面的余量分布。

选择精基准时，考虑到箱体零件的加工表面之间有较高的位置精度要求，故应首先考虑采用基准统一的定位方案。由零件分析可知，B 面是该零件的装配基面，用它来定位可以使很多加工要求实现基准重合。但是，由于 B 面较小，用它作主要定位基准易出现装夹不稳定的情况，故改用面积较大、要求也较高的 A 面作主要定位基面，限制 3 个自由度；用 B 面限制两个自由度；用加工过的 $\phi146$mm 孔找正，实现零件定位。

4）加工工序安排。根据"先基面、后其他"和"先面后孔"的原则，在工艺过程的开始阶段首先将 A 面、B 面两个定位基面加工出来；对于次要表面（如小孔、扇形窗口等）的加工安排在加工过程的各个阶段完成。由于该变速箱壳体零件的加工精度在加工过程中较易保证，故只在零件加工完成后安排一道检验工序。

（4）确定加工余量和工序尺寸

1）确定各工序的加工余量及公差。以工件顶面 A 和底面 C 的加工为例，从相关的工艺手册查到加工余量和公差数值，即

$Z_{毛坯A} = 4.5$mm（铸件顶面）；$Z_{毛坯C} = 3.5$mm（铸件底面）；$Z_{粗铣} = 2.5$mm。

粗铣经济加工精度 IT12：$\delta_{粗铣} = 0.35$mm；

精铣经济加工精度 IT10：$\delta_{精铣} = 0.14$mm。

2）计算工序尺寸。

顶面 A 和底面 C 之间的毛坯尺寸 $= 108$mm $+ 4.5$mm $+ 3.5$mm $= 116$mm。

粗铣顶面 A 后，获得的工序尺寸 $= 116$mm $- Z_{粗铣} = 116$mm $- 2.5$mm $= 113.5$mm。

粗铣底面 C 后，获得的工序尺寸 $= 113.5$mm $- 2.5$mm $= 111$mm。

顶面 A 的精铣余量 $= 4.5$mm $- 2.5$mm $= 2$mm。

底面 C 的精铣余量 $= 3.5$mm $- 2.5$mm $= 1$mm。

顶面 A 精铣后的工序尺寸 $= 111$mm $- 2$mm $= 109$mm。

底面 C 精铣后的工序尺寸 $= 109$mm $- 1$mm $= 108$mm $=$ 顶面 A 和底面 C 之间的设计尺寸。

3）确定切削用量和时间定额。确定各工序的切削用量主要由查表法确定，时间定额通过经验或实验确定。

（5）选择设备工装　根据单件小批生产类型的工艺特征，选择通用机床进行零件加工。工艺装备选择时，应采用标准型号的刀具和量具。夹紧装置选择时，为加工方便，可根据需要选用部分专用夹具。

（6）变速箱壳体加工工艺路线　根据以上分析，拟订变速箱壳体加工工艺路线，见表 6-17。

表 6-17　变速箱壳体加工工艺路线

工序序号	工序名称	工 序 内 容	设备	工艺装备
10	铸	铸造		
20	划线	以 $\phi146$mm、$\phi80$mm 两孔为基准，适当兼顾轮廓，划出各平面的轮廓线	钳工台	
30	粗、精铣	按线找正，粗、精铣 A 面及其对面 C，保证尺寸 108mm	X52	面铣刀
40	粗、精铣	A 面定位，按线找正，粗、精铣安装面 B，留刮研余量 0.2mm	X52	面铣刀
50	划线	划三孔及 $R88$mm 扇形缺圆窗口线		
60	粗镗	以 A 面、B 面为定位基准，按线找正，粗镗三对孔及 $R88$mm 扇形缺圆孔	T68	通用角铁镗刀
70	钻	钻 B 面安装孔 $\phi13$mm	Z525	钻模、钻头
80	刮	刮研 B 面，达 6～10 点（25mm×25mm），保证尺寸 20mm、垂直度 0.01mm，四边倒角		平板、刮刀
90	半精镗	半精镗三对孔及 $R88$mm 扇形缺圆孔	T68	镗模、镗刀
100	涂装	内腔涂黄色漆		
110	精镗	精镗三对孔达图样要求	T68	镗模、镗刀
120	检验	检验入库		

6.6　数控加工工艺

数控加工工艺，就是用数控机床加工零件的工艺方法。在对零件进行数控加工工艺设计时，首先要进行零件数控加工内容的选择。

1）普通机床无法加工的内容作为首选内容（如内腔成形面）。

2）普通机床加工困难，质量也难以保证的内容作为重点选择的内容（如表面粗糙度要求一致的锥面、端面的车削）。

3）普通机床加工效率低、工人劳动强度大的内容，可在数控机床尚存富余能力的基础上选择加工，即作为可选加工。

此外，在选择和决定数控加工内容时，还要考虑生产批量、生产周期、工序周转情况及生产条件等。总之，要尽量合理地使用数控机床，达到使产品质量、生产率及综合经济效益明显提高的目的，要防止将数控机床降格为普通机床使用。

关于零件数控加工工艺性问题，主要注意以下几点：

1）尺寸标注应符合数控加工的特点。在数控编程中，所有点、线、面的尺寸和位置都是以编程原点为基准的。因此零件图样上最好直接给出坐标尺寸，或尽量以同一基准引注尺寸。

2）几何要素的条件应完整、准确。在程序编制中，编程人员必须充分掌握构成零件轮廓的几何要素参数及各几何要素间的关系。因为在自动编程时要对零件轮廓的所有几何元素进行定义，手工编程时要计算出每个节点的坐标，无论哪一点不明确或不确定，编程都无法进行。

3）定位基准可靠。在数控加工中，加工工序往往较集中，以同一基准定位十分重要。因此往往需要设置一些辅助基准，或在毛坯上增加一些工艺凸台。

4）统一几何类型及尺寸。零件的外形、内腔最好采用统一的几何类型及尺寸，这样可以减少换刀次数，还可能应用控制程序或专用程序以缩短程序长度。零件的形状尽可能对称，以便于利用数控机床的镜向加工功能来编程，以节省编程时间。

6.6.1 数控加工工序设计

1. 加工工序与工步划分

（1）工序的划分 与普通机床加工相比，数控加工常采用工序集中的原则。数控加工工序的划分有以下几种方式：

1）按定位方式划分工序。这种方法一般适合于加工内容不多的简单工件，加工完成后就能达到待检状态，通常以一次安装作为一道工序。如图 6-41 所示的轴承内圈的加工，图 6-41a 图以大端外径和端面定位装夹，除大端外径、端面及两个倒角外，其余所有表面均在这次装夹内完成加工。由于滚道和内径在一次安装中加工出来，因而壁厚差大为减小，且加工质量稳定。图 6-41b 图以内孔和小端面定位装夹，车削大外圆、大端面及倒角。

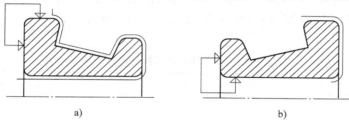

a) b)

图 6-41 轴承内圈两道工序的加工方案

a）以大端外径和端面定位装夹 b）以内孔和小端面定位装夹

2）按所用刀具划分工序。有些零件虽然能在一次安装中加工出很多待加工面，但为了减少换刀次数，缩短空行程时间，可按刀具集中的方法划分工序，在加工中尽可能用同一把刀加工出可加工的所有部位，然后再换一把刀加工其他部位，即以同一把刀加工的内容划分工序。在专用数控机床和加工中心上常用这种方法。

3）按粗、精加工划分工序。根据工件的加工精度要求、刚度和变形等因素，一般来说，在一次安装中不允许将工件的某一表面粗、精加工不分地加工至最终精度要求，然后再加工其他表面。此时可用不同的机床或不同的刀具分两道工序进行加工，即将零件的粗、精加工分开，先粗加工，后精加工。

对于图 6-42 所示的工件，应先切除整个工件的大部分余量，再将其各表面精车至要求的加工精度和表面粗糙度要求。

（2）工步的划分 划分工步主要从加工精度和效率两方面考虑。合理的工艺不仅要加工出符合图样要求的零件，同时应使机床的功能得到充分发挥。因此，在一个工序内往往需要采用不同的刀具和切削用量，对工件的不同表面进行加工。对于较

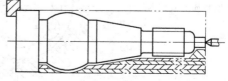

图 6-42 车削加工的工件

复杂的工序，为了便于分析和描述，常在工序内又细分为工步。以下以加工中心为例来说明工步划分的原则。

1）同一加工表面按粗加工、半精加工、精加工依次完成，还是全部加工表面都先粗加工后精加工分开进行，主要应根据零件的精度要求考虑。若零件加工尺寸精度要求较高，考虑到零件尺寸、精度、刚性等因素，可采用前者；若零件的加工表面位置精度要求较高，则建议采用后者。

2）对于既要加工平面又要加工孔的零件，可以采用"先面后孔"的原则划分工步。

3）按所用刀具划分工步。某些机床工作台回转时间比换刀时间短，可采用刀具集中的方法划分工步，以减少换刀次数，缩短辅助时间，提高加工效率。

4）在一次安装中，尽可能完成所有能加工表面的加工，有利于保证表面相互位置精度要求。

2. 进给路线的确定

所谓进给路线，是指数控机床在加工过程中刀具中心相对于被加工工件的运动轨迹和方向。确定进给路线就是确定刀具的运动轨迹和方向。

进给路线的设定是很重要的环节，它不仅包括加工时的加工路线，还包括刀具到位、对刀、换刀和退刀等一系列过程的刀具运动路线。表 6-18 所列为数控加工中几种进给路线的制订实例。

表 6-18　数控加工进给路线制订实例

加工类型	图　例	说　明
外轮廓加工	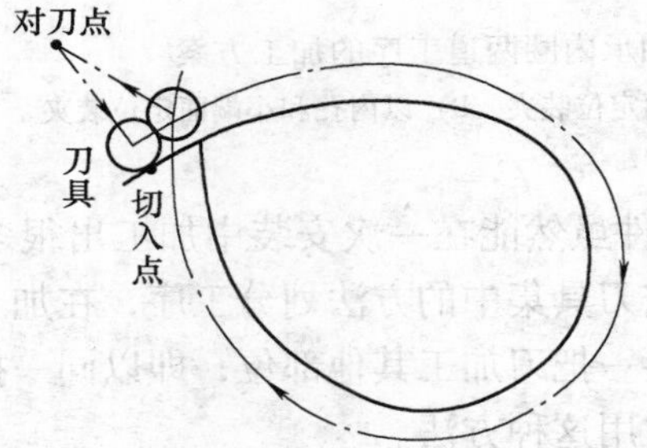	铣刀应沿工件轮廓曲线的延长线切向切入和切出工件表面，不能沿法向直接切入工件，以避免因切削力的变化而使加工表面产生刀痕，保证零件轮廓光滑
内圆弧加工	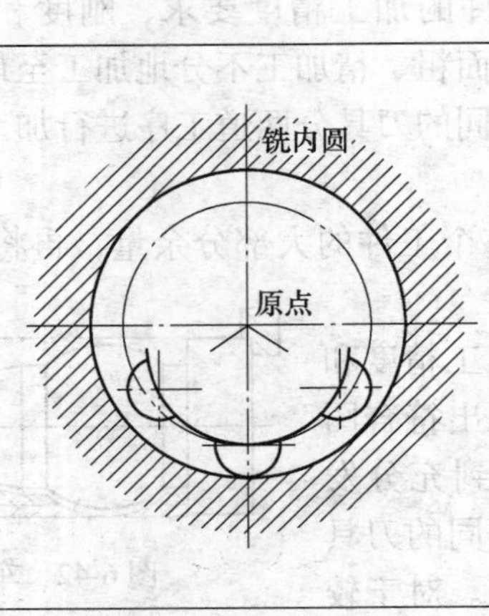	遵守切向切入和切出的原则，最好安排从圆弧过渡到圆弧的进给路线，以提高内圆弧的加工精度和表面质量

（续）

加工类型		图　例	说　明
内凹槽轮廓加工（1—工件凹槽轮廓2—铣刀）	行切法	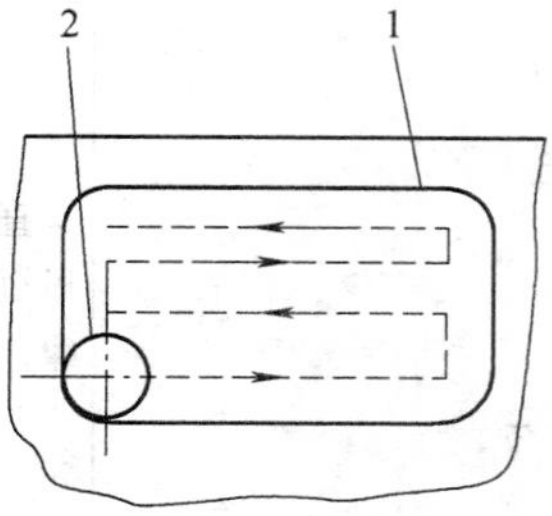 1—工件凹槽轮廓　2—铣刀	进给路线短，不留死角，不伤轮廓，减少了重复进给的搭接量，但在每两次进给的起点与终点间留下了残留面积，降低了表面粗糙度值
	环切法	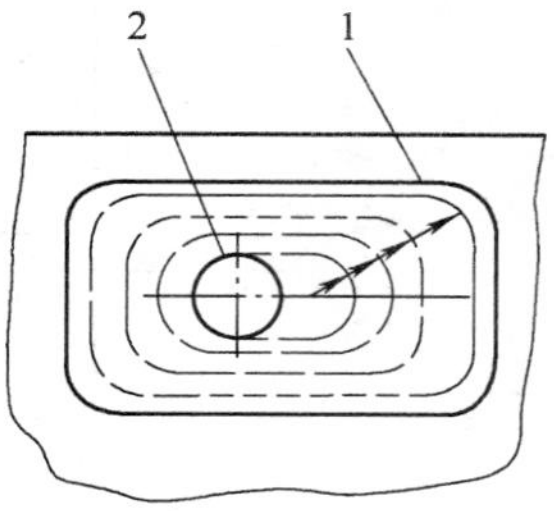 1—工件凹槽轮廓　2—铣刀	表面粗糙度好于行切法，但进给路线长，编程时刀位点计算较为复杂
	综合法	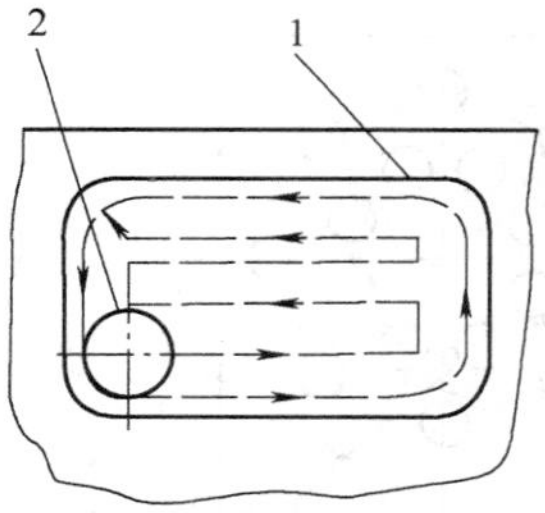 1—工件凹槽轮廓　2—铣刀	综合了行、环切法的优点，既能使总的进给路线最短，又能获得较好的表面粗糙度
曲面加工	y向行切	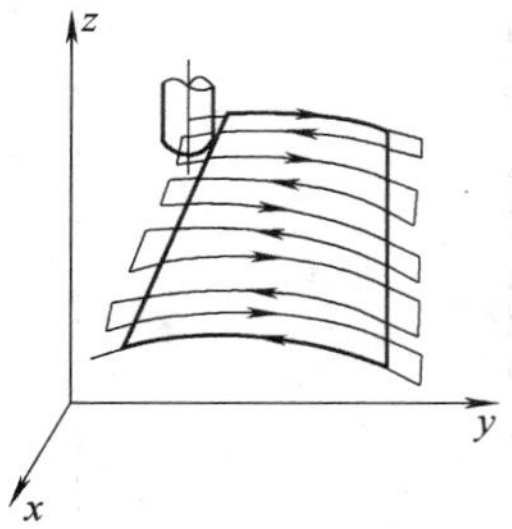	符合这类工件表面数据的给出情况，便于加工后检验，叶形的准确度高

（续）

加工类型		图　例	说　明
曲面加工	x向行切	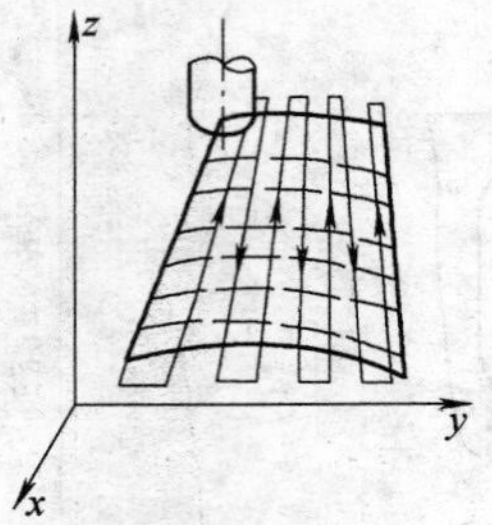	直线进给，刀位点计算简单，程序段短，加工过程符合直纹面的形成规律，可以准确保证母线的直线度
	环切	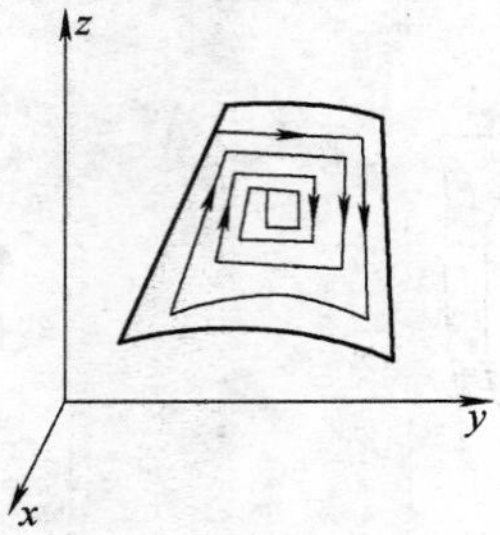	一般应用于凹槽加工中，在型面加工中由于编程繁琐，一般不用
点位控制		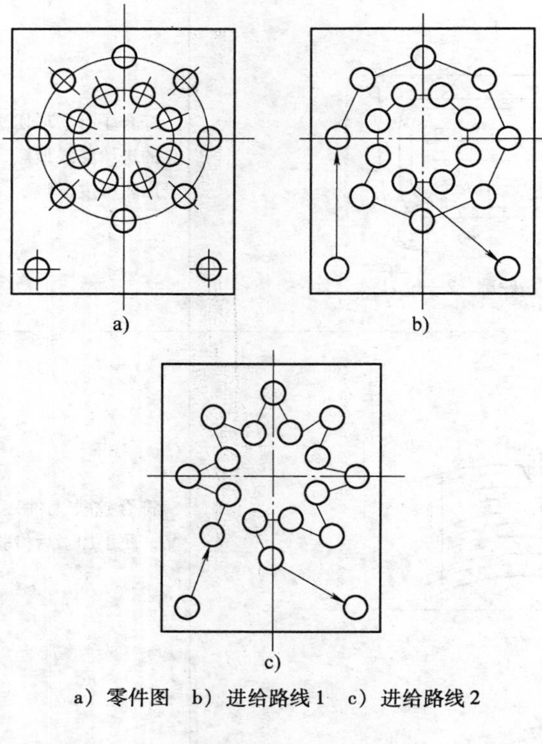 a）零件图　b）进给路线1　c）进给路线2	数控加工图 a 所示的零件，以图 c 所示的进给路线为最佳（不是图 b），使得进给路线最短，节省空行程时间

加工过程中，由于工件、刀具、夹具、机床组成的工艺系统会暂时处于弹性变形的动态平衡状态中，因而若进给停顿或退刀，则切削力明显减小，会改变系统的平衡状态，刀具会在进给停顿处的工件表面留下划痕。因此，在轮廓加工中应避免进给停顿。

3. 机床及刀具、夹具的选择

（1）数控机床选择　对工件进行工艺分析后，还应根据零件的形状和尺寸大小以及精度要求合理选择数控机床。

1）数控机床种类的选择主要根据零件的形状。若被加工件是圆柱形、圆锥形、各种成形回转表面、螺纹以及各种盘类工件并需进行钻、扩、镗孔加工，则可选数控车床；箱体、箱盖、壳体、平面凸轮等，可选用数控铣镗床或立式加工中心；复杂曲轴、叶轮、模具，可选用三坐标联动数控机床；复杂的箱体、泵体、阀体、壳体，可选用卧式数控铣镗床或卧式加工中心。

2）数控机床规格的选择主要考虑工作台的大小、刀库容量、坐标数量、坐标行程和主电动机功率等。

3）数控机床的精度主要应根据零件关键表面的加工精度选择。

（2）刀具的选用原则

1）应尽可能选择通用的标准刀具，不用或少用特殊的非标准刀具。

2）尽量使用不重磨刀片，少用焊接式刀片。

3）大力推广标准的模块化刀夹（刀柄和刀杆等）。

4）不断推进可调式刀具（如浮动可调镗刀头）的开发和应用。

刀具确定好后，要把刀具规格、专用刀具代号和该刀所要加工的内容列表记录下来。

（3）数控加工夹具的选用

1）单件小批生产时，优先选用通用夹具、可调夹具和组合夹具，以缩短生产准备时间，节省生产费用。

2）成批生产时，可考虑采用专用夹具，但力求结构简单。

4. 切削用量的确定

（1）背吃刀量 a_p　在机床、工件和刀具刚度允许的情况下，数控加工背吃刀量就等于加工余量。为了保证零件的加工精度和表面粗糙度要求，一般应留有一定的余量进行精加工。数控机床的精加工余量可略小于普通机床。车削和镗削加工时，精加工余量通常为 0.1 ~0.5mm；铣削时，精加工余量通常为 0.2 ~0.8mm。

（2）切削宽度 b_D　一般与刀具直径 d 成正比，与背吃刀量成反比。经济型数控加工中，一般切削宽度的取值范围为：$b_D = (0.6 ~0.9)d$。

（3）切削速度 v　提高切削速度 v 也是提高生产率的一个措施，但切削速度 v 与刀具寿命的关系比较密切，故切削速度 v 的选择主要取决于刀具寿命。另外，切削速度与加工材料也有很大关系。例如，用立铣刀铣削合金钢 30CrNi2MoVA 时，v 可取 8m/min 左右；而用同样的立铣刀铣削铝合金时，v 可取 200m/min。

（4）主轴转速 n　主轴转速一般根据切削速度 v 来选定。

数控机床的控制面板上一般备有主轴转速修调（倍率）开关，可在加工过程中对主轴转速进行整数倍调整。

（5）进给速度 v_f　v_f 是数控机床切削用量中的重要参数，应根据零件的加工精度和表面粗糙度要求以及刀具和工件材料选择。v_f 的增加也可以提高生产率。

确定进给速度的原则：加工表面粗糙度要求低时，v_f 可取大些，一般在 $100 \sim 200\text{mm/}$min 范围内选取；在切断、加工深孔或采用高速钢刀具时，宜选择较低的进给速度，一般在 $20 \sim 50\text{mm/min}$ 范围内选取；刀具空行程时，特别是远距离"回零"时，可以选定该机床数控系统设定的最高进给速度。在加工过程中，v_f 也可以通过机床控制面板上的修调开关进行人工调整，但是最大进给速度要受设备刚度和进给系统性能等因素的限制。

5. 对刀

装刀与对刀是数控机床加工中极其重要并十分棘手的一项基本工作。对刀的好坏，将直接影响加工程序的编制及零件的尺寸精度。通过对刀或刀具预调，还可同时测定各号刀的刀位偏差，有利于设定刀具补充量。

对刀一般分为手动对刀和自动对刀两大类。目前，绝大多数数控机床（特别是车床）采用手动对刀，其基本方法有定位对刀法、光学对刀法、ATC 对刀法和试切对刀法。在前三种对刀法中，均因可能受到手动和目测等多种误差的影响，其对刀精度十分有限，所以往往通过试切对刀以得到更加准确和可靠的结果。数控机床常用的试切对刀方法如图 6-43 所示。

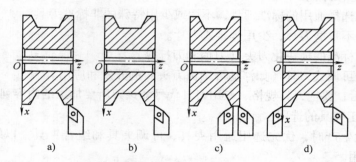

图 6-43　数控机床常用的试切对刀方法
a）x 方向对刀　b）z 方向对刀　c）两把刀 x 方向对刀　d）两把刀 z 方向对刀

6.6.2　套类零件数控车削加工

1. 零件图工艺分析

图 6-44 所示为一轴承套零件图，材料为 45 钢，属单件小批生产。该零件主要由内外圆柱面、内锥面、内外圆弧面及外螺纹等表面组成，有两处直径和一处轴向尺寸的加工精度要求较高，外圆柱面的表面粗糙度值 Ra 为 $1.6\mu\text{m}$，无热处理和硬度要求。

2. 工艺措施

（1）定位装夹　加工内孔时以外圆定位，用自定心卡盘夹紧；加工外轮廓时，为保证在一次装夹中加工出全部外轮廓，需要设计一圆锥心轴（图 6-45），加工时用自定心卡盘和顶尖一夹一顶装夹，以提高工艺系统的刚性。在镗 1:20 锥孔、$\phi32\text{mm}$ 孔及斜角 15° 的锥孔时，由于内孔尺寸较小，可以调头装夹。

（2）加工顺序　除尽可能做到由内到外、由粗到精、由近到远以及在一次装夹中加工出较多的工件表面外，因本轴承套左、右端面分别为多个尺寸的设计基准，故应先将其车出来。在加工内、外轮廓时，可先加工内孔各表面，然后加工外轮廓表面。

（3）走刀路线　本零件的生产类型为单件小批生产，因此其走刀路线可以不考虑最短进给路线或最短空行程路线。车削外轮廓表面时，走刀路线可根据尺寸标注的要求，分别从左、右端面沿零件轮廓进行，如图 6-46 所示。

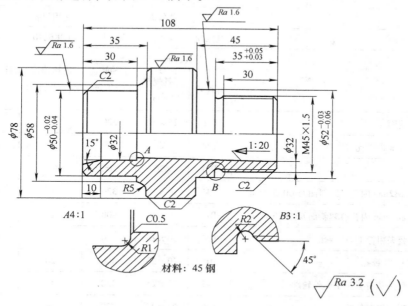

图 6-44　轴承套零件图

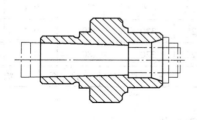

图 6-45　外轮廓车削装夹方案

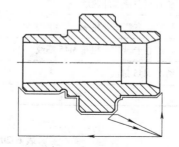

图 6-46　外轮廓加工走刀路线

（4）刀具选择　由于外轮廓表面是台阶，因而车刀的主偏角应为 90°~93°；为防止副后刀面与工件表面发生干涉，应选择较大的副偏角，必要时可作图检验。本例中选 $\kappa_r' = 55°$。

（5）切削用量选择　背吃刀量在粗、精加工中应有所不同。粗加工时，在工艺系统刚性和机床功率允许的条件下，尽可能取较大的背吃刀量，以减少进给次数；精加工时，为保证零件的加工精度和表面粗糙度要求，背吃刀量一般取 0.1~0.4mm 较为合适。进给量和切削速度应根据被加工表面质量、刀具材料和工件材料，参考切削用量手册或有关资料并结合机床使用说明书选取，然后根据切削速度和进给速度的公式进行计算。

3. 数控加工工序卡和数控加工刀具卡

零件图、数控加工工序卡和刀具卡是编制数控加工程序的主要依据。根据前述分析进行编制，见表 6-19 和表 6-20。

表 6-19　轴承套数控加工工序卡

(工厂)		产品型号		零件名称	轴承套	程序号		
		零件图号		材料	45 钢	编制		
工序号				夹具名称		使用设备		车间
				自定心卡盘和自制心轴		CJK6240		
工步	工 步 内 容	刀具/mm		主轴转速 /(r/min)	进给速度 /(mm/min)	背吃刀量 /mm	备注
		刀具号	刀具规格 /mm				
1	车平端面	T01	25×25	320		1	手动
2	钻 φ5mm 中心孔	T02	φ5	950		2.5	手动
3	钻底孔	T03	φ26	200		13	手动
4	粗镗 φ32mm 内孔、15°斜面及 C0.5 倒角	T04	20×20	320	40	0.8	自动
5	精镗 φ32mm 内孔、15°斜面及 C0.5 倒角	T04	20×20	400	25	0.2	自动
6	调头装夹粗镗 1:20 锥孔	T04	20×20	320	40	0.8	自动
7	精镗 1:20 锥孔	T04	20×20	400	20	0.2	自动
8	心轴装夹从右至左粗车外轮廓	T05	25×25	320	40	1	自动
9	从左到右粗车外轮廓	T06	25×25	320	40	1	自动
10	从右至左精车外轮廓	T05	25×25	400	20	0.1	自动
11	从左至右精车外轮廓	T06	25×25	400	20	0.1	自动
12	自定心卡盘装夹粗车 M45 螺纹	T07	25×25	320	480	0.4	自动
13	精车 M45 螺纹	T07	25×25	320	480	0.1	自动
编制		审核		批准		年　月　日　　共　页		第　页

表 6-20　轴承套数控加工刀具卡

产品名称或代号				零件名称	轴承套	零件图号	
序号	刀具号	刀具规格名称	数量	加工表面		刀尖半径/mm	备注
1	T01	45°硬质合金端面车刀	1	车端面		0.5	25mm×25mm
2	T02	φ5mm 中心钻	1	钻 φ5mm 中心钻			
3	T03	φ26mm 钻头	1	钻底孔			
4	T04	镗刀	1	镗内孔各表面		0.4	20mm×20mm
5	T05	93°右偏刀	1	从右至左车外表面		0.2	25mm×25mm
6	T06	93°左偏刀	1	从左至右车外表面			25mm×25mm
7	T07	60°外螺纹车刀	1	车 M45 螺纹			25mm×25mm
编制		审核		批准		年　月　日　　共　页	第　页

6.7　工艺过程的智能成本管理与控制

6.7.1　企业开展成本管理的必要性

机械制造工艺设计所要解决的基本问题是如何用最小的劳动（活劳动和物化劳动）消耗，生产出符合规定质量要求的产品。因此，必须重视成本分析。

改革开放 30 多年来，中国虽然利用低价优势成为当之无愧的世界制造中心，但在全球生产链当中，尚处于附加值低、技术含量低、高能耗、高污染的位置。与发达国家和著名的跨国公司相比，中国企业的竞争力现状表现为：产品质量不高、品牌与形象竞争力差、市场营销体系竞争力弱、创新能力不足、资产规模小、管理水平差距大。中国企业的管理落后，尤其是企业的战略管理、成本管理、质量管理、营销管理等方面，很难适应全球化的国际激烈竞争。

目前我国中小企业成本控制存在以下普遍问题：

1）由于生产资料价格不断上涨，造成中小企业资产价值流失严重，价值补偿不足，而且中小企业本身管理水平不高，使物流管理出现失控，导致能源的严重浪费，产品损失成本增加。

2）中小企业的生产设备陈旧，工艺技术落后，所用原材料普遍质量低。同时，运输管理不善，以及生产过程中产生大量次品、废品，从而使损失成本进一步加大。

3）由于核算人员观念落后，以及为达到某一目的人为调节成本数字，致使中小企业成本信息核算失真，虚盈实亏。

4）中小企业管理者成本管理观念落后，没有充分认识到经济效益与成本管理、市场竞争与成本管理的关系。大多数管理者认为成本是会计工作，而不是管理工作；不能认识到成本受到竞争水平、产品组合及其差异性、产品的数量与复杂性等多种因素的影响，更没有准确的、及时的、具有预警功能的成本管控系统的帮助。

5）缺乏对信息的有效管理，以至信息失效导致企业成本增加。在微利或同行业投标竞价中不能够有效掌握其产品的精益成本信息而失去有竞争力的订单，从而导致企业市场竞争力不强。

6）成本控制过多集中于业务层面，同时也存在忽视管理层面和决策层面的隐性成本要素的计量与分析。

7）对于生产过程不稳定、工艺复杂、多产品共用的资源，不能精益计算，成本控制不强，导致消耗更多的资源，进一步拖累成本的降低。

那么中小企业究竟靠什么达到控制成本的目的呢？靠优秀的管理，靠先进的信息技术的支持。

6.7.2　商业智能（Business Intelligence，BI）

1. 商业智能的定义

有关企业成本管理与控制的内容属于商业智能（Business Intelligence，简称 BI）领域。随着企业客户关系管理（CRM）、企业资源计划（ERP）和供应链管理（SCM）等信息系统的引入，企业不停留在事务的处理过程，而注重有效利用企业的数据为准确和更快的决策提供支持的需求越来越强烈，由此带动的对商业智能的需求将是巨大的。

可以认为，商业智能是对商业信息的搜集、管理和分析过程，目的是使企业的各级决策者获得知识或洞察力（Insight），促使他们作出对企业更有利的决策。商业智能一般由数据仓库、联机分析处理、数据挖掘、数据备份和恢复等部分组成。商业智能的实现涉及软件、硬件、咨询服务及应用，其基本体系结构包括数据仓库、联机分析处理和数据挖掘三个部分。

因此，把商业智能看成是一种解决方案应该比较恰当。商业智能的关键是从许多来自不同的企业运作系统的数据中提取出有用的数据并进行清理，以保证数据的正确性，然后经过抽取（Extraction）、转换（Transformation）和装载（Load），即 ETL 过程，合并到一个企业级的数据仓库里，从而得到企业数据的一个全局视图，在此基础上利用合适的查询和分析工具、数据挖掘工具、联机事务处理（On-line Transaction Processing，OLTP）工具等对其进行分析和处理（这时信息变为辅助决策的知识），最后将知识呈现给管理者，为管理者的决策过程提供支持。

2. BI 的特点

BI 的特点包括以下几项：

1）商业智能是（主要）基于已有数据进行的。

2）商业智能主要的作用是辅助企业的业务管理与决策，改进企业运作。

3）商业智能主要的内涵是对数据进行分析，提供给需要的人。

4）商业智能是多种技术的综合体。

3. BI 的基础技术

（1）ETL 即数据抽取（Extraction）、转换（Transformation）和装载（Load）的过程，也就是将原来不同形式、分布在不同地方的数据，转换到一个整理好、统一的存放数据的地方（数据仓库）。

ETL 可以通过专门的工具来实现，也可以通过任何编程或类似的技术来实现。

（2）数据仓库 一个标准的定义是：数据仓库是一个面向主题、集成、时变、非易失的数据集合，是支持管理部门的决策过程。

（3）查询 找出所需要的数据。由于需求的多样性和复杂程度的差异，查询可能是最简单地从一张表中找出"所有姓张的人"，到基于非常复杂的条件、对关系非常复杂的数据进行查找和生成复杂的结果。

（4）报表分析 以预先定义好的或随时定义的形式查看结果和分析数据。将人工或自动查询出来的数据，以所需要的形式（包括进行各种计算、比较，生成各种展现格式，生成各种图表等）展现给用户，甚至让用户可以进一步逐层深入钻取这些数据，乃至灵活地按照各种需求进行新的分析并查看其结果。

（5）联机分析处理（OLAP） 系数据库之父 E. F. Codd 于 1993 年提出的一种数据动态分析模型，它允许以一种称为多维数据集的多维结构，访问来自商业数据源经过聚合和组织整理的数据，从多个不同的角度立体地同时对数据进行分析。

（6）数据挖掘 一种在大型数据库中寻找你感兴趣或是有价值信息的过程。相比上面几个部分，数据挖掘是最不确定的。

4. BI 的作用

传统的报表系统技术上已经相当成熟,大家熟悉的 Excel、水晶报表(一款 BI 软件,用于设计和产生报表)、Reporting Service 等都已经被广泛使用。但是,随着数据的增多,需求的提高,传统报表系统面临的挑战也越来越多。

1)数据太多,信息太少。

2)难以交互分析、了解各种组合。

3)难以挖掘出潜在的规则。

4)难以追溯历史,数据形成孤岛。

因此,随着时代的发展,传统报表系统已经不能满足日益增长的业务需求了,企业期待着新的技术。数据分析和数据挖掘的时代正在来临。

商业智能系统在产生各种工作报表和分析报表的基础上,实现以下分析:

(1)销售分析 主要分析各项销售指标,如毛利、毛利率、交叉比、销进比、盈利能力、周转率、同比、环比等;而分析维又可从管理架构、类别品牌、日期、时段等角度观察,这些分析维又采用多级钻取,从而获得相当透彻的分析思路;同时根据海量数据产生预测信息、报警信息等分析数据;还可根据各种销售指标产生新的透视表。

(2)商品分析 商品分析的主要数据来自销售数据和商品基础数据,从而产生以分析结构为主线的分析思路。主要分析数据有商品的类别结构、品牌结构、价格结构、毛利结构、结算方式结构、产地结构等,从而产生商品广度、商品深度、商品淘汰率、商品引进率、商品置换率、重点商品、畅销商品、滞销商品、季节商品等多种指标。通过对这些指标的分析来指导企业商品结构的调整,加强所营商品的竞争能力和合理配置。

(3)人员分析 系统通过对公司的人员指标进行分析,特别是对销售人员指标(销售指标为主,毛利指标为辅)和采购人员指标(销售额、毛利、供应商更换、购销商品数、代销商品数、资金占用、资金周转等)的分析,以达到考核员工业绩,提高员工积极性,并为人力资源的合理利用提供科学依据。主要分析的主题有员工的人员构成、销售人员的人均销售额、个人销售业绩、各管理架构的人均销售额、毛利贡献、采购人员分管商品的进货多少、购销代销的比例、引进的商品销量如何等。

商业智能帮助企业的管理层进行快速、准确的决策,迅速地发现企业中的问题,提示管理人员加以解决。但商业智能软件系统不能代替管理人员进行决策,不能自动处理企业运行过程中遇到的问题。因此商业智能系统并不能为企业带来直接的经济效益,但必须看到,商业智能为企业带来的是一种经过科学武装的管理思维,给整个企业带来的是决策的快速性和准确性,发现问题的及时性,以及发现那些对手未发现的潜在的知识和规律,而这些信息是企业产生经济效益的基础。

6.7.3 商业智能的应用

商业智能作为一种提供企业智能的手段,能够增强企业的竞争力,为企业带来价值,所以正吸引着越来越多的企业。商业智能目前应用的行业有银行、保险、证券、通信、制造、零售、医疗、电子政务、能源和烟草等,尤其是金融、通信和制造业等信息化比较成熟的行业。

SAP 公司的 Business Objects 商业智能解决方案可通过多种方式为制造企业提供帮助,

使它们能够通过严密跟踪采购，预测与快速响应不断变化的需求，改善顾客管理；通过集成、分析和跟踪分散数据源的数据，快速响应瞬息万变的市场；通过综合工程设计、生产和市场部门的决策流程，缩短新产品的上市时间；通过分析预测订单、订货时间、使用吞吐量、订单履行率，快速识别商机和威胁，从而改善规划和调度流程；通过分析产品历史制定和保持质量保证体系，不断更新和提高质量目标，与市场保持更加密切的关系；根据订单履行时间、质量和准确性等关键度量，分析和跟踪供应商绩效，从而改善采购。

IBM 公司的制造业运营分析系统 MOAS 是为制造业量身打造的商业智能解决方案。MOAS 为决策者提供了一个掌控企业真实全貌的信息化平台，帮助制造型企业通过制定智慧的决策来驱动卓越的业务绩效。MOAS 是基于 Cognos（IBM）BI 平台建立的，提供了 KPI 仪表盘、营销分析、库存分析、采购分析和人力资源分析等功能。

决策是一个多方面因素综合作用的过程。商业智能对决策主体起到了辅助作用，但不可能代替其决策。商业智能不是万能的，就目前的技术水平，商业智能还难以提供决策所需的所有要素，尤其是面对未知的、不确定的和无法量化的决策因素时，需要人机协同。

习　题

6-1　试叙述基准、设计基准、工序基准、定位基准、测量基准和装配基准的概念，并举例说明它们之间的区别。

6-2　试举例说明在零件加工过程中，定位基准（包括粗基准和精基准）选择的原则。

6-3　试举例说明若在零件加工过程中不划分粗加工、半精加工和精加工等阶段时，将对零件的加工精度产生哪些影响？

6-4　试举例说明在不同生产批量下，各种典型表面（外圆、内孔、平面、齿形等）的合理加工方案。

6-5　图 6-47 所示为车床主轴箱体的一个视图，图中 I 孔为主轴孔，是重要表面，加工时要求余量均匀。试选择加工主轴孔的粗、精基准。

6-6　试分析图 6-48 所示各零件的粗、精基准（其中，图 6-48a 所示为齿轮零件简图，毛坯为模锻件；图 6-48b 所示为液压缸体零件简图，毛坯为铸件；图 6-48c 所示为飞轮简图，毛坯为铸件）。

6-7　图 6-49 所示为主轴箱体零件，试计算前主轴孔（$\phi 160^{+0.022}_{+0.004}$ mm，$Ra = 0.2\mu m$）加工中各道工序的工序尺寸及其公差。

6-8　在大批生产中，加工图 6-49 所示的车床主轴箱零件时，常以箱体上顶面及其上两个定位销孔定位加工主轴孔，试通过换算重新标注工序尺寸。

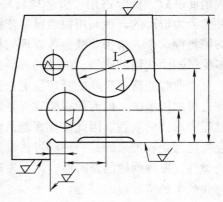

图 6-47　题 6-5 题图

6-9　中批生产图 6-50 所示箱体零件，其工艺路线为粗、精刨底面→粗、精刨顶面→粗、精铣两端面→在卧式镗床上镗孔：①粗镗、半精镗、精镗 $\phi 80H7$ 孔；②将工作台准确移动（100 ± 0.03）mm，粗镗、半精镗、精镗 $\phi 60H7$ 孔。试分析上述工艺路线存在哪些问题，并提出改进方案。

6-10　图 6-51 床身的主要加工内容如下：

加工导轨面 A、B、C、D、E、F：粗铣、半精刨、粗磨、精磨；加工底面 J：粗铣、半精刨、精刨；加工压板面及齿条安装面 G、H、I：粗刨、半精刨；加工主轴箱安装定位面 K、L：粗铣、精铣、精磨；其他：划线，人工时效，导轨面高频淬火。

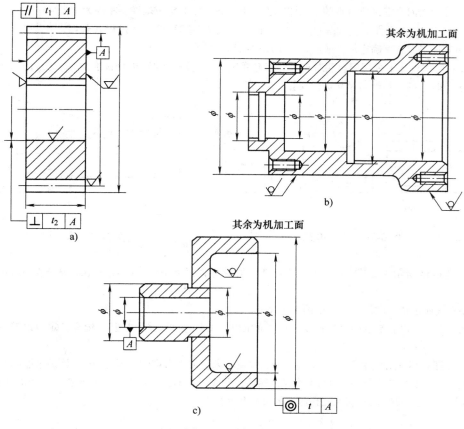

图 6-48　题 6-6 图

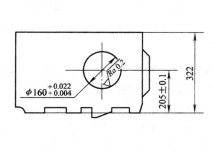

图 6-49　题 6-7 图

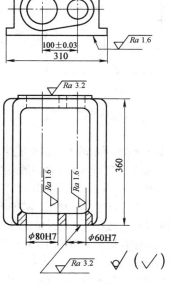

图 6-50　题 6-9 图

试将上述加工内容安排成合理的工艺路线，并指出各工序的定位基准。零件为小批生产。

6-11 在成批生产条件下，试编制溜板箱Ⅶ轴零件（图 6-52）的工艺过程（包括定位基准选择、确定各加工表面的加工方案、确定加工顺序、画工序简图）。

6-12 在卧式铣床上采用调整法对车床溜板箱Ⅶ轴零件（图 6-52）进行铣削加工。在加工中选取大端端面轴向定位时，试对其轴向尺寸进行换算。

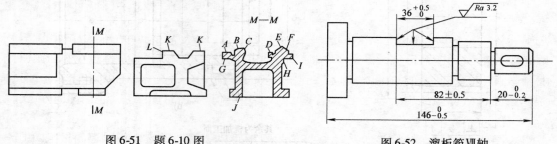

图 6-51 题 6-10 图   图 6-52 溜板箱Ⅶ轴

6-13 图 6-53 所示为套筒零件，加工表面 A 时要求保证尺寸 $10^{+0.20}_{0}$ mm，若在铣床上采用调整法加工时：

1）以左端面定位，试标注此工序的工序尺寸。

2）试分别画出以右端端面定位及以大孔底面定位的工艺尺寸链图，从基准选择和定位误差最小分析，上述方案中哪个最好？

6-14 如图 6-54 所示零件，先以左端外圆定位在车床上加工右端端面及 $\phi65$ mm 外圆至图样要求尺寸，$\phi30$ mm 内孔镗孔至 $\phi50$H8 并保证孔深尺寸 L，然后再调头以已加工的右端端面及外圆定位加工其他表面至图样要求尺寸，试计算在调头前镗孔孔深 L 的尺寸及其公差。

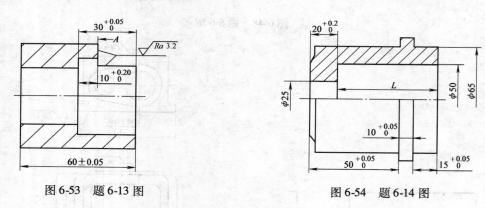

图 6-53 题 6-13 图   图 6-54 题 6-14 图

6-15 如图 6-55 所示的大型圆筒零件，其内孔 $\phi820^{+0.40}_{0}$ mm 已加工好，要求保证尺寸 $450^{0}_{-0.50}$ mm。为便于度量，现需改为度量 a 和 b 之间的距离，试计算并重新标注本工序的工序尺寸。

6-16 如图 6-56 所示的零件，其加工过程如下：

1）以 A 面及外圆定位车 D 面、$\phi20$ mm 外圆及 B 面，保持尺寸 $20^{0}_{-0.20}$ mm。

2）调头以 D 面定位车 A 面及钻镗内孔至 C 面。

3）以 D 面定位精磨 A 面至图样要求尺寸 $30^{0}_{-0.50}$ mm。

试确定上述各道工序的加工余量及工序尺寸。

6-17 中批生产图 6-57 所示零件，毛坯为铸件（孔未铸出），试拟订其机械加工工艺路线（按工序号、工序内容及要求、定位基准等列表表示），并绘制工序图。

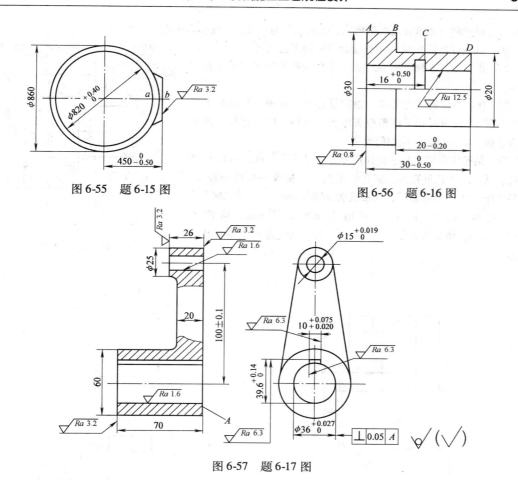

图 6-55　题 6-15 图

图 6-56　题 6-16 图

图 6-57　题 6-17 图

6-18　批量生产图 6-58a、b 所示的零件，试拟订其机械加工工艺路线（按工序号、工序内容及要求、定位基准等列表表示），并绘制工序图。

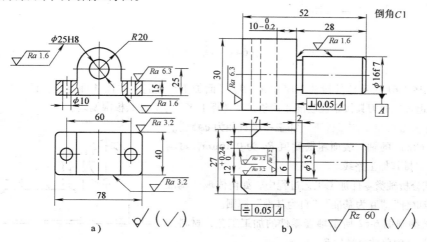

图 6-58　题 6-18 图

a）支架（HT200）　b）接头（45 钢）

6-19 对于精度要求较高的阶梯轴，在磨削前为什么要安排修研中心孔工序？

6-20 试制订如图 6-59 所示连接套零件的工艺过程。

6-21 拟订如图 6-58、图 6-59 所示零件的数控加工工艺方案和工序卡片。

6-22 图 6-60a 所示为某零件轴向设计尺寸简图，其部分工序图如图 6-60b、c、d 所示。试校核工序图上所标注的工序尺寸及公差是否正确，如有错误，应如何改正？

6-23 某箱体零件上有一设计尺寸为 $\phi72.5^{+0.03}_{0}$ mm，材料为 45 钢的孔，其加工工艺过程为：扩孔→粗镗→半精镗→精镗→磨削。已知各工序尺寸及公差如下：模锻孔为 $\phi59^{+1}_{-2}$ mm；扩孔为 $\phi64^{+0.46}_{0}$ mm；粗镗为 $\phi68^{+0.30}_{0}$ mm；半精镗为 $\phi70.5^{+0.19}_{0}$ mm；精镗为 $\phi71.8^{+0.046}_{0}$ mm；精磨为 $\phi72.5^{+0.03}_{0}$ mm。试计算各工序加工余量及余量公差。

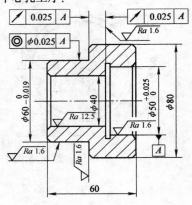

图 6-59 题 6-20 图

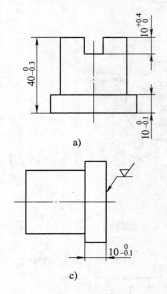

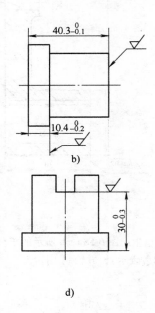

图 6-60 题 6-23 图

6-24 如图 6-61 所示零件镗孔工序在 A、B、C 面加工后进行，并以 A 面定位。设计尺寸为（100 ± 0.15）mm，但加工时刀具按定位基准 A 调整。试计算工序尺寸 L 及其极限偏差。

6-25 在大批大量生产条件下，加工一批直径为 $\phi45^{0}_{-0.005}$ mm，长度为 68mm 的轴，表面粗糙度值 Ra 为 0.16μm，材料为 45 钢，试安排其加工路线。

6-26 试分析轴类零件加工工艺过程中，如何体现"基准统一""基准重合""互为基准""自为基准"原则。

6-27 试编制图 6-62 所示轴套零件的加工工艺，材料为 45 钢，生产类型为单件小批生产。

6-28 箱体类零件定位基准的选择有何特点？它与生产类型有什么关系？

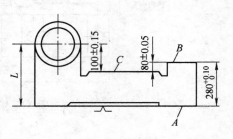

图 6-61 支座零件简图

6-29　箱体类零件常用什么材料制成？箱体类零件加工工艺要点是什么？

6-30　何谓孔系？孔系的加工方法有哪几种？试举例说明各种加工方法的特点和适用范围。

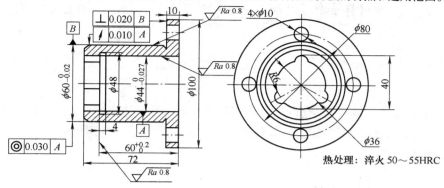

图 6-62　轴套零件

机器装配是整个机械产品制造过程中的最后一个阶段，是决定产品（机器）质量的关键环节。在机械产品的装配工作中，如何保证和提高装配质量，达到经济高效的目的，是机械装配工艺研究的核心。

7.1　机械装配工艺基础

机械装配是根据产品设计的技术规定和精度要求等，将构成产品的零件结合成组件、部件，直至产品的过程。机械装配工艺是机械制造工艺中的重要组成部分，是根据产品结构、制造精度、生产批量、生产条件和经济情况等因素，将这一过程具体化（文件化、制度化）。机械装配工艺必须保证生产质量稳定、技术先进、经济合理。

7.1.1　零件加工精度与装配精度的关系

1. 机器的装配精度

装配精度包括零部件间的配合精度和接触精度、位置尺寸精度和位置精度、相对运动精度等。

（1）零部件间的配合精度和接触精度　零部件间的配合精度是指配合面间达到规定的间隙或过盈的要求。配合精度影响配合性质和配合质量，已由国家标准《极限与配合》来解决。例如，轴和孔的配合间隙或配合过盈的变化范围。

零部件间的接触精度是指配合表面、接触表面和连接表面达到规定的接触面积大小与接触点分布的情况。接触精度影响接触刚度和配合质量。例如，导轨接触面间、锥体配合和齿轮啮合处等，均有接触精度要求。

（2）零部件间的位置尺寸精度和位置精度　零部件间的位置尺寸精度是指零部件间的距离精度，如轴向距离精度和轴线距离（中心距）精度等。例如，卧式车床床头和尾座两顶尖的等高度属此项精度。

零部件间的位置精度包括平行度、垂直度、同轴度和各种跳动。如卧式车床规定的主轴的各种跳动精度指标。

（3）零部件间的相对运动精度　零部件间的相对运动精度是指有相对运动的零部件间在运动方向和运动位置上的精度。运动方向上的精度包括零部件间相对运动时的直线度、平行度和垂直度等。如卧式车床规定的溜板移动在水平面内的直线度、尾座移动对床鞍移动的平行度等。运动位置上的精度即传动精度，是指内联系传动链中始末两端元件间相对运动（转角）的精度。如滚齿机滚刀主轴与工作台的相对运动精度和车床车螺纹时的主轴与刀架移动的相对运动精度等。

上述各种装配精度之间存在一定的关系。配合精度和接触精度是距离精度和位置精度的基础，而位置精度又是相对运动精度的基础。

2. 零件加工精度对装配精度的影响

机械产品的质量，是以其工作性能、使用寿命等综合指标来评定的。机械产品的质量主要取决于三个方面：机械结构设计的正确性，机械零件的加工质量，机械的装配精度。机械产品设计时，首先需要正确地确定整机的装配精度，根据整机的装配精度，逐步规定各部件、组件的装配精度，以确保产品的质量及制造经济性。同时，装配精度也是选择装配方法、制订装配工艺的重要依据。机械产品的装配精度，必须依据国家标准、企业标准或其他有关的资料予以确定。

零件的加工精度是保证装配精度的基础。一般情况下，零件的加工精度越高，装配精度也越高。例如，车床主轴定心轴颈的径向跳动这一指标，主要取决于滚动轴承内环上滚道的径向跳动和主轴定心轴颈的径向跳动。因此，要合理地控制这些相关零件的加工精度，才能满足装配精度的要求。

对于某些要求高的装配精度项目，如果完全由零件的加工精度来直接保证，则零件的加工精度将提得很高，从而给零件的加工造成很大的困难，甚至用现代的加工方法还无法满足。在实际生产中，希望能按经济加工精度来确定零件的精度要求，使之易于加工，而在装配时采用相应的装配方法和装配工艺措施，使装配出的机械产品仍能达到高的装配精度要求。这种方法特别适用于精密的机械产品装配工作。

如图 7-1 所示的锥齿轮组件，锥齿轮用键固定在台阶轴上，台阶轴两端由一对圆锥滚子轴承支承并装入套内，右端用法兰盖和垫圈靠螺钉固定，并压紧圆锥滚子轴承，否则锥齿轮和台阶轴将会产生轴向窜动，而且会影响锥齿轮的径向圆跳动。从装配尺寸要求来看，尺寸 L_0 应正好为零，这样才能满足要求，但实际却很难做到。一般通过监测、调整和修配后才能达到装配要求。设计该组件时，必须考虑到增加补偿件，以便装配时调整并修配。这

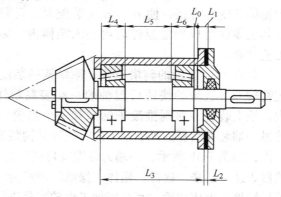

图 7-1　锥齿轮组件

个补偿件就是厚度为 L_2 的垫圈，通常称为补偿垫圈，其厚度应加大以便留有补偿量（一般为 0.02mm）。装配时先不装补偿垫圈，将法兰盖用螺钉均匀压紧圆锥滚子轴承，再用塞尺测量出法兰盖与套端面之间的间隙，此间隙即为补偿垫圈的厚度，按此尺寸配磨。

上例涉及的是尺寸精度问题，在产品和部件的装配过程中，还会遇到相互位置精度的装配工艺问题，如平行度、垂直度等。

7.1.2　产品结构的装配工艺性

产品结构工艺性是指所设计的产品在能满足使用要求的前提下，制造、维修的可行性和经济性。其中，装配工艺性对产品结构的要求，主要是装配时易保证装配精度、缩短生产周期、减少劳动量等。产品结构装配工艺性包括零部件一般装配工艺性和零部件自动装配工艺

性等内容。

1. 零部件一般装配工艺性要求

1）产品应划分成若干单独部件或装配单元，在装配时应避免有关组成部分的中间拆卸和再装配。

把机器划分成独立装配单元，对装配过程有下述好处：

①可以组织平行装配作业，各单元装配互不妨碍，缩短装配周期，或便于组织多厂协作生产。

②机器的有关部件可以预先进行调整或试车，各部件以较完善的状态进入总装，这样既可保证总机的装配质量，又可以减少总装配的工作量。

③机器局部结构改进后，整个机器只是局部变动，使机器改装起来方便，有利于产品的改进和更新换代。

④有利于机器的维护检修，给重型机器的包装、运输带来很大方便。

还有一些精密零部件，不能在使用现场进行装配，而只能在特殊（如高度洁净、恒温等）环境里进行装配和调整，然后以部件的形式进入总装。例如，精密丝杠车床的丝杠就是在特殊的环境下装配的，以便保证机床的精度。

如图 7-2 所示传动轴的安装，箱体孔径 D_1 小于齿轮直径 d_2，装配时必须先在箱体内装配齿轮，再将其他零件逐个装在轴上，装配不方便。应增大箱体孔壁的直径，使 $D_1 > d_2$。装配时，可将轴及其上零件组成独立组件后再装入箱体内，装配工艺性好。

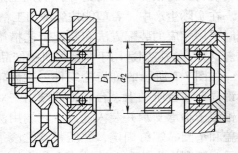

图 7-2　传动轴的装配工艺性

如图 7-3a 所示的转塔车床，原结构的装配工艺性较差，机床的快速行程轴的一端装在箱体 5 内，轴上装有一对圆锥滚子轴承和一个齿轮，轴的另一端装在溜板的操纵箱 1 内，这种结构装配很不方便。为此，将快速行程轴分拆成两个零件，如图 7-3b 所示，一端为带螺纹且较长的光轴 2，另一端为较短的阶梯轴 4，两轴用联轴器 3 连接起来。这样，箱体、操纵箱便成为两个独立的装配单元，分别进行装配。而且由于长轴被分拆成两段，其机械加工也较容易进行。

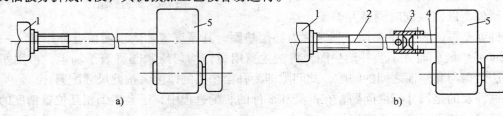

a)　　　　　　　b)

图 7-3　转塔车床的两种结构对比

a）改进前结构　b）改进后结构

1—操纵箱　2—光轴　3—联轴器　4—阶梯轴　5—箱体

2）避免装配时的手工修配和切削加工。多数机器在装配过程中，难免要对某些零部件进行修配，这些工作大多由手工完成，不仅要求高的技术，而且难以事先明确工作量。因此，对装配过程影响很大。在机器结构设计时，应尽量减少装配时的工作量。

为了在装配时尽量减少修配工作量，首先要尽量减少不必要的配合面。因为配合面过多、过大，零件机械加工就困难，装配时修刮量也必然增加。

图7-4所示为车床主轴箱与床身的装配结构，主轴箱若采用图7-4a所示山形导轨定位，装配时，基准面修刮工作量很大。现采用图7-4b所示的平导轨定位，则装配工艺得到明显的改善。

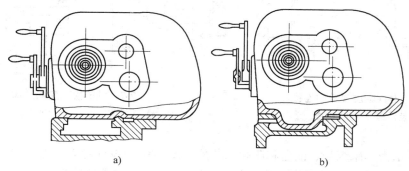

图7-4　主轴箱与床身的不同装配结构形式
a）改进前结构　b）改进后结构

机器装配时要尽量减少切削加工，否则不仅影响装配工作的连续性，延长装配周期，而且要在装配车间增加机械加工设备。这些设备既占用车间面积，又易引起装配工作的杂乱。此外，机械加工所产生的切屑如清除不彻底，残留在装配的机器中，极易增加机器的磨损，甚至产生严重的事故而损坏整个机器。

图7-5所示为两种不同的轴润滑结构，图7-5a所示的结构需要在轴套装配完成后，在箱体上配钻油孔，使装配产生机械加工工作量。图7-5b所示的结构为在轴套上预先加工好油孔，便可消除装配时的机械加工工作量。

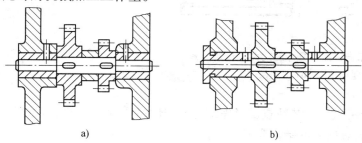

图7-5　两种不同的轴上油孔结构
a）改进前结构　b）改进后结构

3）装配件应有合理的装配基面，以保证它们之间的正确位置。例如，两个有同轴度要求的零件连接时，应有合理的装配基面，图7-6a所示的结构不合理，而图7-6b所示的结构合理。

4）便于装配、拆卸和调整。机器的结构设计应使装配工作简单、方便。其重要的一点是组件的几个表面不应该同时装入基准零件（如箱体零件）的配合孔中，而应该先后依次进入装配。

在图7-7中，若轴上的两个轴承同时装入箱体零件的配合孔中，则既不好观察，导向性又不好，使装配十分困难。如改成图7-7b所示的结构，轴上右轴承先行装入，当其装入3～5mm后，左轴承才开始装入孔中。

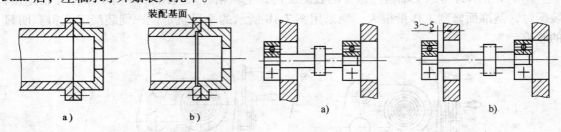

图7-6　有同轴度要求的连接件　　　　　　　图7-7　轴依次装配的结构
　　　装配基面的结构图　　　　　　　　　　　a）改进前结构　b）改进后结构

图7-8所示为车床床身、油盘和床腿的装配。图7-8a中设计者为了美观，将固定螺栓放置在床腿空腔内，这使装配工作十分困难，经图7-8b所示改进设计后，螺栓置于外侧，使装配变得非常方便。

图7-9所示为泵体孔中镶嵌衬套的情况。图7-9a所示的结构衬套更换时难以拆卸，若改成图7-9b所示的结构，在泵体上设置三个螺孔，需拆卸的衬套可用螺钉顶出。

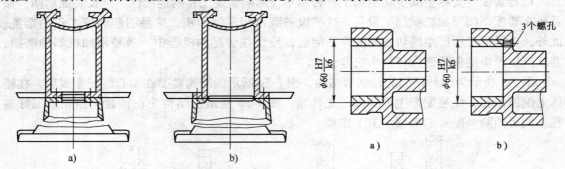

图7-8　车床床身、油盘和床腿的两种连接方式　　　图7-9　便于轴承拆卸的结构
　　　a）改进前结构　b）改进后结构

5）注意工作特点、工艺特点，考虑结构合理性；质量大于20kg的装配单元或其组成部分的结构中，应具有吊装的结构要素。

6）各种连接结构形式应便于装配工作的机械化和自动化。

在机器设计过程中，一些容易被忽视的"小问题"如果处理不好，将给装配工作造成较大的困难。例如，扳手空间过小，造成扳手放不进去或旋转范围过小，螺栓拧紧困难，如图7-10a、b所示。图7-10c是由于螺栓长度L_0大于箱体凹入部分的高度L，螺栓无法装入螺孔中；若螺栓长度过短，则拧入深度不够，连接不牢固。

2. 零部件自动装配工艺性要求

1）最大限度地减少零件的数量，有助于减少装配线的设备。因为减少一个零件，就会减少自动装配过程中的一个完整工作站，包括送料器、工作头、传送装置等。

2）应便于识别，能互换，易抓取，易定向，有良好的装配基准，能以正确的空间位置就位，易于定位。

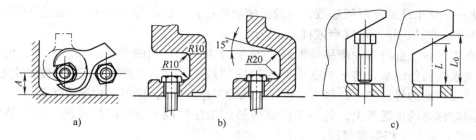

图 7-10 装配时应考虑装配工具与连接件的位置

3）产品要有一个合适的基础零件作为装配依托，基础零件要有一些在水平面上易于定位的特征。

4）尽量将产品设计成叠层形式，每一个零件从上方装配；要保证定位，避免机器转体期间在水平力的作用下偏移；还应避免采用昂贵费时的固定操作。

7.1.3 装配组织形式与装配节拍

1. 装配组织形式

（1）装配组织形式的分类　装配组织形式随生产规模不同而各具特点，也与装配机械化和自动化的程度有密切关系。

1）工作位置采用固定式或移动式。

2）由一组（个）工人完成整个装配任务，或多组（个）工人分别承担一定的作业，互相配合来完成整个装配任务。

（2）不同生产规模下装配组织形式的特点

1）单件小批生产。同一类品种的生产缺乏连续性和稳定性，品种多又无重复性。手工操作的各工序都不固定在一定的台位上进行，工作台位很少专用化。装配对象的位置常固定不动。

2）成批生产。生产的品种规格有限，产品周期地变化和重复，是最普遍的生产规模。装配工在工作中可实行专业化。装配对象固定不动，也可组成作业人员流动的流水装配。有时也采用移动式装配，即装配对象从一个工位向下一个工位传送。

3）大批大量生产。产品连续生产，稳定不变或基本稳定不变。采用移动式装配，每个工位安排固定的装配工作。

（3）各种装配组织形式的选用和比较　表 7-1 列出了装配组织形式的特征并加以比较。这些组织形式，结合具体生产情况可以混合使用。如装配系列产品中有相当数量的通用部件，相应可用机械化、自动化装配，产品总装配则可在工作台或流水线上进行。

2. 装配生产节拍和时间定额

（1）装配的生产节拍　在生产规模不大、机械化程度不高的单件、小批生产时，一般以固定工作台位手工作业为主。当产品的批量增大时，为提高设备利用率和劳动生产率，以及便于生产管理等，需采用流水线装配。在流水线上，连续装配两个产品所用的时间间隔，

称为装配生产节拍 τ（单位为 min）。计算方法如下

$$\tau = 60F/N$$

式中　F——流水线的年时间基数，一般机械制造厂，一班制为 1970h，二班为 3820h；

N——产品的年产量（台或件）。

若在流水线上进行多种产品装配时，则 N 为年多种产品的产量之和。另外，由于更换产品，流水线需作调整，将 τ 乘以 0.85～0.95 的系数，大小与调整的复杂程度和次数有关。

在连续移动的传送带上，每一工位完成装配工序时间 t，应与 τ 相等或接近。

在间隙移动的传送带上，每一工位完成装配工序时间 t 加上产品移动一个工位的时间（传送时间）应与 τ 相等或接近。

表 7-1　装配组织形式的特征和比较

机械化程度	生产规模	装配方法和组织形式	使用效果	备注
手工	单件大产品或特殊订货产品	一般都用手工或普通工具操作。仅从经济上考虑，一般不采用特制夹具和装备，依靠操作者的技术素质来保证装配质量	生产率低，必须密切注意经常检测、调整，才能保持质量稳定	
夹具或工作台位	成批生产（仪器以至飞机）	各工位配有装配夹具、模具和各种工具，以完成规定的工作。可分部件装配和总装配，或采用不分工的装配方式，也可组成装配对象固定而操作者流动的流水线	能适当提高生产率，能满足质量要求，需用设备不多	工作台位之间一般不用机械化输送
人工流水线	小批或成批轻型产品	每个操作者只完成一定的工作，装配对象用人工依次移动（可带随行夹具），装备按装配工作顺序布置	生产率较高，操作者的熟练程度可稍低，装备费用较低	工艺相似的多品种可变流水线，可采用自由节拍移动或工位间具有灵活的传送，即柔性装配传送线或机械化传送线
机械化传送线	成批或大批生产	通常按产品专用，有周期性间歇移动和连续移动两类传送线	生产率较高，节奏性强，待装零部件不能脱节，装备费用较高	
半自动、自动装配线（机）	大批大量生产	半自动装配上下料用手工。全自动装配包括上下料为自动。装配线（机）均需要专门设计制造	生产率高，质量稳定，产品变动灵活性差，对零件及装备维修要求都高，装备费用昂贵	全部装配过程可在单独或几个连接起来的装配线（机）上完成

（2）装配的时间定额　在一定的生产条件下，规定装配成一个产品，或装配成一个部件，或完成一道装配工序所消耗的时间，称为时间定额。时间定额是安排生产计划和成本核算的主要依据。在设计新工厂时，时间定额用于计算装配设备、装配台位、装配场地的面积等；将时间定额乘以装配台位的工作密度（一个装配台位或一道装配工序，同时进行装配作业的人数），用以计算装配作业人员的数量。

装配时间定额由下述几项组成：基本时间、辅助时间、布置作业场地时间、作业人员生理需要时间、准备与结束时间。

积极采用新工艺、新技术，增大产品投入批量，提高机械化、自动化装配程度，才能缩

短时间定额并提高劳动生产率。

7.2　装配工艺方案选择

装配工艺方案的选择主要是指，按产品结构、零件大小、制造精度、生产批量等因素，选择装配工艺的方法、装配组织形式及装配的机械自动化程度。

7.2.1　装配工艺配合法

装配工艺配合法以装配零件的尺寸（包括角度）精度为依据。选择时，可找出装配的全部尺寸（包括角度）链，合理计算，把封闭环的公差值分配给各组成环，确定各环的公差及极限尺寸。这里，组成环是配合零件的尺寸，而封闭环则是间隙、过盈或其他装配精度特性。

装配工艺配合法可分为五种：完全互换法、不完全互换法、分组选配法、调整法及修配法。其中互换法和选配法须根据配合件公差和装配公差的关系来确定；调整法可按经济加工精度确定组成环的公差，并选定一个或几个适当的调节件（调节环），来达到装配精度要求；修配法也是按经济加工精度确定组成环的公差，并在装配时根据实测的结果，改变尺寸链中某一预定修配件（修配环）的尺寸，使封闭环达到规定的装配精度。各种装配工艺配合法的特点和适用范围见表 7-2。

表 7-2　装配工艺配合法的特点和适用范围

配合法	工艺特点	适用范围	注意事项
完全互换法	1）配合件的公差之和，小于或等于规定的装配公差 2）装配操作简单 3）便于组织流水作业 4）有利于维修工作 5）对零件的加工精度要求较高	适用零件数量较少、批量大、零件可用经济加工精度制造的产品；或虽零件数较多、批量较小，但装配精度要求不高者 汽车、拖拉机、中小型柴油机和缝纫机等产品中的一些部件装配，应用较广	
不完全互换法	1）配合件公差平方和的平方根，小于或等于规定的装配公差 2）仍具有完成互换法的 2）、3）、4）条特点 3）会出现极少数超差配合	适用于零件略多、批量大，装配精度有一定要求；零件加工公差比完全互换法适当放宽 如上述完全互换法产品中其他一些部件的装配	装配时要注意检查，对不合格的零件须退修，或更换能补偿偏差的零件
分组选配法	1）零件的加工误差比装配要求的公差大数倍，以尺寸分组选配来达到配合精度 2）以质量分级进行分组选配 3）增加对零件的测量分组、贮存和管理工作	适合于大批量生产中零件少、装配精度要求较高，又不便采用其他调整装置时 如中小型柴油机的活塞和活塞销、活塞和缸套的配合；滚动轴承内外圈和滚动体的配合；连杆活塞组件质量分级选配	1）严格加强对零件的组织管理工作 2）一般分组以 2～4 组为宜 3）为避免库存积压选配剩余的零件，可调整下批零件的加工公差

（续）

配合法	工艺特点	适用范围	注意事项
调整法	1）零件按经济精度加工，装配过程中调整零件之间的相对位置，使各零件相互抵消其加工误差，取得装配精度 2）选用尺寸分级的调整件，如垫片、垫圈、隔圈等调整间隙，选用方便，流水作业均适用 3）选择可调件或调整机构，如斜面、螺纹等调整有关零件的相对位置，以获得最小的装配累积误差	适用于零件较多、装配精度高，但不宜采用选配法时 应用面较广，如安装滚动轴承的主轴用隔圈调整间隙；锥齿轮副以垫片调整侧隙；以及机床导轨的镶条和内燃机气门的调节螺钉	1）调整件的尺寸的分组数，视装配精度要求而定 2）选择可调件时应考虑防松措施 3）增加调整件或调整机构易影响配合副的刚度
修配法	1）预留修配量的零件，在装配过程中通过手工装配或机械加工，获得高要求的装配精度。很大程度上依赖操作者的技术水平 2）复杂精密的部件或产品，装配后作为一个整体，进行一次配合精加工，消除其积累误差	单件小批生产中，装配要求高的场合下采用 如主轴箱底面用磨削或刮研与床身配合；汽轮机叶轮装上主轴时，修配调节环控制轴向尺寸 平面磨床工作台进行自磨	1）一般应选择易于拆装，且修配面较小的零件作为修配件 2）尽可能利用精密加工方法代替手工修配，如配磨或配研

7.2.2　装配尺寸链

1. 装配尺寸链的概念

机械产品的装配精度是由相关零件的加工精度和合理的装配方法共同保证的。装配尺寸链是查找影响装配精度的环节、选择合理的装配方法和确定相关零件加工精度的有效工具。

图 7-11a 所示为 CA6140 卧式车床主轴的局部装配图。双联齿轮在主轴上是空套的，其径向配合间隙 D_0，决定于衬套内径尺寸 D 和配合处主轴的尺寸 d，且 $D_0 = D - d$。这三者构成了一个最简单的装配尺寸链，其孔轴配合要求和尺寸公差的确定，可按国家标准《极限与配合》选用，不必另行计算。其次，双联齿轮在轴向也需要有适当的间隙，以保证转动灵活，又不至于引起过大的轴向窜动。故规定此轴向间隙量 A_0 为 0.1 ~ 0.35mm，A_0 的大小决定于 A_1、A_2、A_3、A_4、A_5 各尺寸的数值，即

$$A_0 = A_1 - A_2 - A_3 - A_4 - A_5$$

上述尺寸组成的尺寸链称为装配尺寸链，如图 7-11b 所示。装配尺寸链中的尺寸均为长度尺寸，且处于平行状态，这种装配尺寸链称为直线装配尺寸链。通过对装配尺寸链的解算可确定 A_1、A_2、A_3、A_4 和 A_5 的尺寸和上下极限偏差，并保证 A_0 的要求。

可见，装配尺寸链是在机器的装配过程中，由相关零件的有关尺寸（表面或轴线间距离）或相互位置关系（平行度、垂直度或同轴度等）所组成的尺寸链。装配尺寸链的基本特征是封闭图形，其中组成环由相关零件的尺寸或相互位置关系所组成。组成环可分为增环和减环，其定义与工艺尺寸链相同。封闭环为装配过程中最后形成的一环，即装配后获得的精度或技术要求，这种精度要求是装配完成后才最终形成和保证的。

2. 装配尺寸链的建立方法

建立装配尺寸链时，应将装配精度要求确定为封闭环，然后通过对产品装配图进行装配

关系分析，查明其相应的装配尺寸链的组成。具体方法为：取封闭环两端的零件为起始点，沿着装配精度要求的方向，以装配基准面为联系线索，分别查找出装配关系中影响装配精度要求的那些相关零件，直至找到同一个基准零件，甚至是同一个基准表面为止。这样，所有相关零件上直接连接两个装配基准面间的位置尺寸或位置关系，便是装配尺寸链的全部组成环。

例如，图 7-12a 所示是传动箱的一部分。齿轮轴在两个滑动轴承中转动，因此两个轴承的端面处应留有间隙。为了保证获得规定的轴向间隙，在齿轮轴上装有一个垫圈（为便于检查将间隙均推向右侧）。

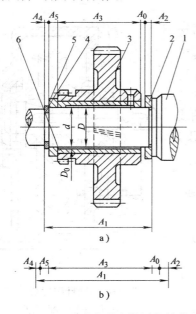

图 7-11　CA6140 卧式车床主轴局部的装配简图
a) 局部装配图　b) 尺寸链图
1—主轴　2—隔套　3—双联齿轮　4—弹性挡圈
5—垫圈　6—轴套

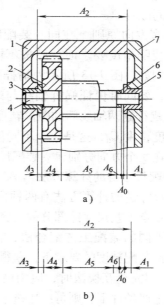

图 7-12　传动轴轴向装配尺寸链的建立
a) 结构简图　b) 尺寸链图
1—传动箱体　2—大齿轮　3—左轴承　4—齿轮轴
5—右轴承　6—垫圈　7—箱盖

影响传动机构轴向间隙的装配尺寸链的建立可按下列步骤进行：

（1）判别封闭环　传动机构要求有一定的轴向间隙，但传动轴本身的轴向尺寸并不能完全决定该间隙的大小，而是要由其他零件的轴向尺寸来共同决定。因此轴向间隙是装配精度所要求的项目，即为封闭环，此处用 A_0 表示。

（2）判别组成环　传动箱中，沿间隙 A_0 的两端可以找到相关的六个零件（传动箱由七个零件组成，其中箱盖与封闭环无关），影响封闭环大小的相关尺寸为 A_1、A_2、A_3、A_4、A_5、A_6。

（3）画出尺寸链图　图 7-12b 所示即为装配尺寸链图，从中可清楚地判别出增环和减环，便于进行求解。

3. 查找组成环的原则

建立装配尺寸链的关键是查找组成环。通过上述实例分析，可归纳出查找组成环的原则有以下几点：

（1）封闭原则　组成环以封闭环两端为起点进行查找，一直查到形成封闭的尺寸组成为止。

（2）环数最少原则　以零件的装配基准为联系查找相关零件，再以相关零件上装配基准间尺寸（或联系）为相关尺寸，该相关零件上的相关尺寸作为组成环就能满足环数最少原则。此时每个相关零件上只有一个组成环。在加工和装配中采取一定措施后，也可用组件或部件的相关尺寸替代若干相关零件的相关尺寸，从而减少组成环的环数。

（3）精确原则　当装配精度要求较高时，组成环中除了长度尺寸外，还会有几何公差环和配合间隙环。

（4）多方向原则　在同一装配结构中，不同的位置方向都有装配精度要求时，应按不同方向分别建立装配尺寸链。例如，图 7-13 所示为蜗杆副传动结构，为保证正确啮合，要同时保证蜗杆轴线与蜗轮中间平面的重合精度 A_0、蜗杆副两轴线间的距离精度 B_0 和蜗杆副两轴线间的垂直度精度 C_0，这是 3 个不同位置方向的装配精度，因而需要在 3 个方向分别建立装配尺寸链。

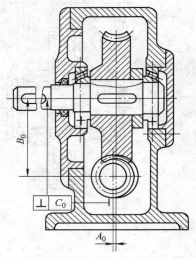

图 7-13　蜗杆副传动结构
中的三个装配精度

4. 装配尺寸链的计算方法

装配尺寸链的计算方法有两种，即极值法和概率法，可参考第 6 章工艺尺寸链部分的内容。

针对不同的装配工艺配合法，合理运用尺寸链的公式，在保持装配精度的要求下，获得制造的经济性。

1）采用完全互换法时，应用极大、极小计算法，在大批大量生产条件下，则可应用概率法。

2）采用不完全互换法时，应用概率计算法。

3）采用分组选配法时，组内互配件公差一般均按极大、极小计算法。

4）采用修配法或调整法时，大部分情况下都采用极大、极小计算法来确定修配量或调整量。如是在大批大量生产条件下采用调整法，也可应用概率法。

7.2.3　典型装配尺寸链的解法

1. 完全互换法

（1）极值解法

例 7-1　图 7-11a 所示为车床主轴的局部装配图，要求装配后轴向间隙 $A_0 = 0.1 \sim 0.35\text{mm}$。已知各组成环的公称尺寸为：$A_1 = 43\text{mm}$，$A_2 = 5\text{mm}$，$A_3 = 30\text{mm}$，$A_4 = 3\text{mm}$（标准件），$A_5 = 5\text{mm}$，现采用完全互换法装配。试确定各组成环公差和极限偏差。

解　采用完全互换法装配，装配尺寸链应用极值法进行解算。

1）画出装配尺寸链图，如图 7-11b 所示，校验各环公称尺寸。依题意，轴向间隙为 $0.1 \sim 0.35\text{mm}$，则封闭环 $A_0 = 0\text{mm}$，封闭环公差 $T_0 = 0.25\text{mm}$。本装配尺寸链共有 5 个组成环，其中 A_1 为增环，A_2、A_3、A_4、A_5 为减环，封闭环 A_0 的公称尺寸为

$$A_0 = \overrightarrow{A_1} - (\overleftarrow{A_2} + \overleftarrow{A_3} + \overleftarrow{A_4} + \overleftarrow{A_5}) = 43\text{mm} - (5 + 30 + 3 + 5)\text{mm} = 0\text{mm}$$

由计算可知，各组成环公称尺寸的已定数值正确。

2）确定各组成环的公差。封闭环公差 $\delta_0 = 0.25\text{mm}$，组成环的平均公差 δ_{av} 为

$$\delta_{av} = \frac{\delta_0}{n-1} = \frac{0.25}{6-1}\text{mm} = 0.05\text{mm}$$

根据各组成环公称尺寸大小与零件加工难易程度，以各环平均公差为基础，确定各组成环公差。

A_1 和 A_3 尺寸大小和加工难易程度大体相当，故取 $\delta_1 = \delta_3 = 0.06\text{mm}$；$A_2$ 和 A_5 尺寸大小和加工难易相当，故取 $\delta_2 = \delta_5 = 0.045\text{mm}$；$A_4$ 为标准件，其公差为已定值 $\delta_4 = 0.04\text{mm}$。

$\Sigma\delta_i = \delta_1 + \delta_2 + \delta_3 + \delta_4 + \delta_5 = (0.06 + 0.045 + 0.06 + 0.04 + 0.045)\text{mm} = 0.25\text{mm} = \delta_0$

从计算可知，各组成环公差之和未超过封闭环公差。

3）确定各组成环的极限偏差。在组成环中选择一个组成环为协调环，协调环极限偏差按尺寸链公式求得，其余组成环的极限偏差按"入体原则"分布。协调环不能选取标准件或公共环，应选易于加工、测量的零件。本例将 A_3 作为协调环，其余组成环的极限偏差为 $A_1 = 43_{\ 0}^{+0.06}\text{mm}$，$A_2 = 50_{-0.045}^{\ \ 0}\text{mm}$，$A_4 = 3_{-0.04}^{\ \ 0}\text{mm}$，$A_5 = _{-0.045}^{\ \ 0}\text{mm}$。

协调环 A_3 的上、下极限偏差（ES_3、EI_3）计算如下：

$$+0.35\text{mm} = 0.06\text{mm} - (-0.045\text{mm} + \text{EI}_3 - 0.045\text{mm} - 0.04\text{mm})$$

$$\text{ES}_3 = \delta_3 - \text{EI}_3 = 0.06\text{mm} + (-0.16)\text{mm} = -0.10\text{mm}$$

求得 $A_3 = 30_{-0.16}^{-0.10}\text{mm}$。

（2）概率解法

例 7-2 已知条件与例 7-1 相同，现采用不完全互换法装配，试确定各组成环公差和极限偏差。

解 1）画装配尺寸链图，校验各环公称尺寸，其方法与例 7-1 相同。

2）确定各组成环公差和极限偏差。因为该产品在大批大量生产条件下，工艺过程稳定，各组成环、封闭环尺寸趋近正态分布，则各组成环的平均公差为

$$\delta_{av} = \frac{\delta_0}{\sqrt{n-1}} = \frac{0.25}{\sqrt{6-1}}\text{mm} \approx 0.112\text{mm}$$

然后，以 δ_{av} 作参考，根据各组成环公称尺寸的大小和加工难易程度确定各组成环的公差。取 $\delta_1 = 0.15\text{mm}$，$\delta_2 = \delta_5 = 0.10\text{mm}$，$\delta_4 = 0.04\text{mm}$（标准件）。

选 A_3 为协调环，其公差 δ_3 可按下式计算

$$\delta_3 = \sqrt{\delta_0^2 - \sum_{i=1}^{n-2}\delta_i^2} = \sqrt{0.25^2 - (0.15^2 + 0.10^2 + 0.10^2 + 0.04^2)}\text{mm} \approx 0.13\text{mm}$$

除协调环 A_3 外，其他组成环均按"入体原则"确定其极限偏差，即 $A_1 = 43_{\ 0}^{+0.15}\text{mm}$，$A_2 = A_5 = 5_{-0.10}^{\ \ 0}\text{mm}$，$A_4 = 3_{-0.04}^{\ \ 0}\text{mm}$。

计算协调环 A_3 的上、下极限偏差 ES_3、EI_3。各组成环中间偏差为：$\Delta_1 = 0.075\text{mm}$，$\Delta_2 = \Delta_5 = -0.05\text{mm}$，$\Delta_4 = -0.02\text{mm}$；封闭环的中间偏差 $\Delta_0 = 0.225\text{mm}$，先计算协调环的中间偏差 Δ_3：

$$0.225\text{mm} = 0.075\text{mm} - (-0.05\text{mm} + \Delta_3 - 0.02\text{mm} - 0.05\text{mm})$$

$$\Delta_3 = -0.03\text{mm}$$

协调环 A_3 的上、下极限偏差 ES_3、EI_3 为

$$ES_3 = \Delta_3 + \frac{\delta_3}{2} = \left(-0.03 + \frac{0.13}{2} \right) mm = +0.035mm$$

$$EI_3 = \Delta_3 - \frac{\delta_3}{2} = \left(-0.03 - \frac{0.13}{2} \right) mm = -0.095mm$$

于是 $A_3 = 30 _{-0.095}^{+0.035} mm$。

2. 选配法

如图 7-14a 所示活塞销孔与活塞销的连接情况。根据装配技术要求，活塞销孔 D 与活塞销外径 d 在冷态装配时，应有 $0.0025 \sim 0.0075mm$ 的过盈量，配合公差为 $0.005mm$。若活塞销孔与活塞销采用完全互换法装配，且按 "等公差" 的原则分配孔与销的直径公差，则其各自的公差只有 $0.0025mm$。考虑到活塞销同时与活塞销孔、连杆小头孔有配合要求，且配合性质不同，因此采用基轴制配合，则活塞销尺寸为 $d = 28 _{-0.0025}^{0} mm$，相应活塞销孔尺寸为 $D = 28 _{-0.0075}^{-0.0050} mm$。显然加工是十分困难的。

现将它们的公差按同方向放大 4 倍（$d = 28 _{-0.010}^{0} mm$，$D = 28 _{-0.015}^{-0.005} mm$），用高效率的无心磨床和金刚镗床去加工，然后用精密量具测量，并按尺寸大小分成四组，涂上不同的颜色，以便进行分组装配。具体的分组情况如图 7-14b 所示并见表 7-3。

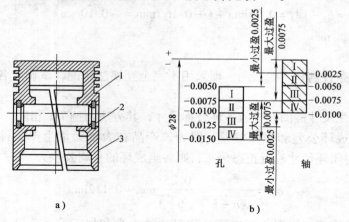

a)   b)

图 7-14 活塞销孔与活塞销的连接

1—活塞销 2—挡圈 3—活塞

表 7-3 活塞销与活塞销孔分组装配情况 （单位：mm）

分组组别	标志颜色	活塞销直径 $d = 28 _{-0.010}^{0}$	活塞孔直径 $D = 28 _{-0.015}^{-0.005}$	配 合 性 质	
				最大过盈	最小过盈
I	红	$\phi 28 _{-0.0025}^{0}$	$\phi 28 _{-0.0075}^{-0.0050}$	0.0075	0.0025
II	白	$\phi 28 _{-0.0050}^{-0.0025}$	$\phi 28 _{-0.0100}^{-0.0075}$		
III	黄	$\phi 28 _{-0.0075}^{-0.0050}$	$\phi 28 _{-0.0125}^{-0.0100}$		
IV	绿	$\phi 28 _{-0.0100}^{-0.0075}$	$\phi 28 _{-0.0150}^{-0.0125}$		

采用分组装配法应当注意以下几点：

1）为了保证分组后各组的配合公差符合原设计要求，配合件公差增大的方向应当相同，增大的倍数要等于分组数。

2）为了便于配合件分组、保管，运输及装配工作，分组不宜过多。

3）分组后配合件尺寸公差放大，但几何公差、表面粗糙度值不能扩大，仍按原设计要求制造。

4）分组后应尽量使组内相配零件数相等，如不相等，待不配套的零件集中一定数量后，专门加工一些零件与其相配。

3. 修配法

修配环在修配时对封闭环尺寸变化（装配精度）的影响分两种情况：一种是使封闭环尺寸变小，另一种是使封闭环尺寸变大。因此，用修配法解尺寸链时，应根据具体情况分别进行。

（1）修配环被修配时，封闭环尺寸变小的情况（简称"越修越小"） 由于各组成环均按经济加工精度制造，加工公差增大，从而导致封闭环实际误差值 δ_c 大于封闭环规定的公差值 δ_0，即 $\delta_c > \delta_0$，如图 7-15a 所示。为此，要通过修配方法使 $\delta_c \leqslant \delta_0$。但是，修配环处于"越修越小"的状态，所以封闭环实际尺寸最小值 A'_{0min} 不能小于封闭环最小尺寸 A_{0min}。因此，δ_c 与 δ_0 之间的相对位置如图 7-15a 所示，即 $A'_{0min} = A_{0min}$。

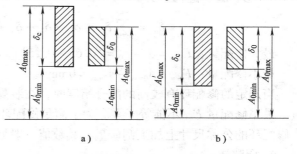

图 7-15　修配环调节作用示意图
a）越修越小　b）越修越大

根据封闭环实际尺寸的最小值 A'_{0min} 和公差增大后的各组成环（包括修配环）之间的关系，按极值法计算可求出修配环的一个极限尺寸（修配环为增环时可求出下极限尺寸，为减环时可求出上极限尺寸）。即

$$A'_{0min} = A_{0min} = \sum_{i=1}^{m} \overrightarrow{A}_{imin} - \sum_{i=m+1}^{n-1} \overleftarrow{A}_{imax}$$

修配环的公差可按经济加工精度给出。求出修配环的一个极限尺寸后，另一个极限尺寸也可以确定。

（2）修配环被修配时，封闭环尺寸变大的情况（简称"越修越大"） 修配前 δ_c 相对于 δ_0 的位置如图 7-15b 所示，即 $A'_{0max} = A_{0max}$。修配环的一个极限尺寸可按下式计算

$$A'_{0max} = A_{0max} = \sum_{i=1}^{m} \overrightarrow{A}_{imax} - \sum_{i=m+1}^{n-1} \overleftarrow{A}_{imin}$$

修配环的另一个极限尺寸，在公差按经济加工精度给定后也随之确定。

（3）修配量 F_{max} 的确定　修配量可由 δ_c 与 δ_0 之差直接算出，即

$$F_{max} = \delta_c - \delta_0$$

例 7-3 已知条件与例 7-1 相同，现采用修配法装配，试确定各组成环公差和极限偏差。

解 1）画装配尺寸链图，确定封闭环为 $A_0 = 0^{+0.35}_{+0.10}$ mm，并校验各环公称尺寸，其方法

与例 7-1 相同。

2）选择修配环。按修配环的选择原则，选垫圈 A_5 为修配环。

3）确定各组成环（除修配环）公差和极限偏差，并确定修配环公差。根据经济加工精度和"入体原则"确定 $A_1 = 43^{+0.20}_{0}$ mm，$A_2 = 5^{0}_{-0.10}$ mm，$A_3 = 30^{0}_{-0.20}$ mm，$A_4 = 3^{0}_{-0.05}$ mm。修配环 A_5 的公差为 $\delta_5 = 0.10$ mm。

4）确定修配环的极限尺寸。修配环垫圈 A_5 通过去除材料的方法修配加工后，使主轴部件轴向装配间隙即封闭环尺寸变大，属于"越修越大"的情况，所以封闭环实际尺寸最大值 A'_{0max} 不能大于封闭环设计最大尺寸 A_{0max}，即 $A'_{0max} = A_{0max}$。然后按极限值法计算公式确定修配环垫圈 A_5 的上、下极限偏差。修配环垫圈 A_5 在装配尺寸链中属减环，故

$$0.35\text{mm} = 0.20\text{mm} - (-0.10\text{mm} - 0.20\text{mm} - 0.05\text{mm} + \text{EI}_5)$$

$$\text{EI}_5 = 0.20\text{mm}$$

$$\text{ES}_5 = \text{EI}_5 + \delta_5 = (0.20 + 0.10)\text{mm} = 0.30\text{mm}$$

求得 $A_5 = 5^{+0.30}_{+0.20}$ mm。

5）修配量 F_{max} 的计算。

$$\delta_c = \sum_{i=1}^{n-1} \delta_i = \delta_1 + \delta_2 + \delta_3 + \delta_4 + \delta_5 = 0.65\text{mm}$$

最大修配量：$F_{max} = \delta_c - \delta_0 = (0.65 - 0.25)\text{mm} = 0.40\text{mm}$

最小修配量：$F_{min} = A'_{0max} - A_{0max} = 0\text{mm}$

当选定的修配环有较高的配合精度时，在装配时对修配环要进行刮研，因此要留有刮研量。最小修配量 F_{min} 不能等于零。为了满足修配环具有最小修配量（即刮研量）的要求，可在修配环的公称尺寸上加上刮研量，其数值一般为 $0.10 \sim 0.20$ mm。

4. 调整法

调整法与修配法相似，各组成环按经济加工精度加工，但所引起的封闭环累积误差的扩大，不是装配时通过对修配环的补充加工来实现补偿，而是采用调整的方法改变某个组成环（称补偿环或调整环）的实际尺寸或位置，使封闭环达到其公差和极限偏差的要求。

根据调整方法的不同，常见的调整法可分为以下几种：

（1）可动调整法 在装配尺寸链中，选定某个零件为调整环，根据封闭环的精度要求，采用改变调整环的位置，即移动、旋转或移动旋转同时进行，以达到装配精度，这种方法称为可动调整法。

在机械产品装配中，可动调整法的应用较多。图 7-16 所示为卧式车床横刀架采用楔块来调整丝杆 3 和螺母的间隙。该装置中，将螺母分成前螺母 1 和后螺母 4，前螺母的右端做成斜面，在前、后螺母之间装入一个左端也做成斜面的楔块 5。调整间隙时，先将前螺母固定螺钉放松，然后拧紧楔块的调节螺钉 2，将楔块向上拉，由于前螺母右端斜面和楔块左端斜面的作用，使前螺母向左移动，从而消除丝杆和螺母之间的间隙。

可动调整法不但调整方便，能获得比较高的精度，而且可以补偿由于磨损和变形等所引起的误差，使机械产品恢复

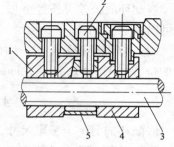

图 7-16 采用楔块调整丝杆和
螺母间隙装置
1—前螺母 2—调节螺钉 3—丝杆
4—后螺母 5—楔块

原有精度。所以，在一些传动机械或易磨损机构中，常用可动调整法。但是，可动调整法因可动调整件的出现，削弱机构的刚性，因而在刚性要求较高或机构比较紧凑、无法安排可动调整件时，可采用其他的调整法。

（2）固定调整法　在装配尺寸链中选择一个组成环为调整环，调整环的零件是按一定尺寸间隔制成的一组零件。装配时根据封闭环超差的大小，从中选出某一尺寸的调整环零件来进行补偿，从而保证规定的装配精度，这种方法称为固定调整法。作为调整环的零件应加工容易，装拆方便，通常选用的有垫圈、垫片、轴套等。固定调整法关键在于确定调整环的组数和各组尺寸，下面通过实例来说明。

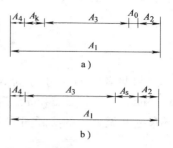

图 7-17　固定调整法实例
a）装配尺寸链　b）空位示意

例 7-4　已知条件与例 7-1 相同，试按固定调整法装配确定调整件的组数及各组尺寸。

解　1）画装配尺寸链图。确定封闭环为 $A_0 = 0^{+0.35}_{+0.10}$ mm，如图 7-17a 所示。

2）选择调整环。按调整环选择原则，选垫圈 A_5 为调整环。

3）确定组成环公差和极限偏差。根据经济加工精度和"入体原则"确定 $A_1 = 43^{+0.20}_{0}$ mm，$A_2 = 5^{0}_{-0.10}$ mm，$A_3 = 30^{0}_{-0.20}$ mm，$A_4 = 3^{0}_{-0.04}$ mm，调整环 $A_k = A_5$，其公差取 $\delta_5 = 0.05$ mm。

4）计算调整环的调整范围 δ_s。当组成环 A_1、A_2、A_3、A_4 装入车床主轴部件，而调整环 A_k（A_5）尚未装入，这时反映在装配尺寸链上，则出现了一个空位 A_s，如图 7-17b 所示。A_s 的公称尺寸为

$$A_s = \vec{A_1} - (\overleftarrow{A_2} + \overleftarrow{A_3} + \overleftarrow{A_4}) = [43 - (5 + 30 + 3)]\,\mathrm{mm} = 5\,\mathrm{mm}$$

A_s 的极限尺寸为

$$A_{s\max} = \vec{A_{1\max}} - (\overleftarrow{A_{2\min}} + \overleftarrow{A_{3\min}} + \overleftarrow{A_{4\min}}) = 5.54\,\mathrm{mm}$$

$$A_{s\min} = \vec{A_{1\min}} - (\overleftarrow{A_{2\max}} + \overleftarrow{A_{3\max}} + \overleftarrow{A_{4\max}}) = 5\,\mathrm{mm}$$

调整环调整范围 δ_s 为

$$\delta_s = A_{s\max} - A_{s\min} = (5.54 - 5.00)\,\mathrm{mm} = 0.54\,\mathrm{mm}$$

则空位尺寸 $A_s = 5^{+0.54}_{0}$ mm。

5）确定调整环的分级数 m。欲使该部件达到装配精度 $\delta_0 = (0.35 - 0.1)\,\mathrm{mm} = 0.25\,\mathrm{mm}$，则调整环的尺寸（若调整环没有制造误差）须分为 δ_s/δ_0 级。但由于调整环 A_k 本身具有公差 $\delta_5 = 0.05$ mm，故调整环的补偿能力为 $\delta_0 - \delta_5 = (0.25 - 0.05)\,\mathrm{mm} = 0.20\,\mathrm{mm}$，调整环尺寸的级数 m 则为

$$m = \frac{\delta_s}{\delta_0 - \delta_5} = \frac{0.54}{0.25 - 0.05} = 2.7$$

分级应取整数，一般均向数值大的方向圆整。本例 m 取 3。当调整环的尺寸分为 2.7 级时，每一级调整环的补偿能力为 0.2 mm，现圆整后取分级数 $m = 3$，故需对原有的补偿能力（即级差）进行修正。修正后的级差为 $\delta_s/m = (0.54/3)\,\mathrm{mm} = 0.18\,\mathrm{mm}$。

6）计算调整环各级尺寸 A_{ki}。当空隙 A_s 为最小时，则应用最小尺寸级别的调整环（设其尺寸为 A_{k1}）装入。A_{k1} 在装配尺寸链中为减环，其尺寸可按下式计算

$$0.1\text{mm} = 43\text{mm} - (5\text{mm} + 30\text{mm} + 3\text{mm} + A_{k1max})$$

$$A_{k1max} = 4.9\text{mm}$$

因为调整环 A_{ki}（A_5）的公差 δ_5 为 0.05mm，所以 $A_{k1min} = A_{k1max} - \delta_5 = 4.85\text{mm}$，即

$$A_{k1} = 4.9_{-0.05}^{0}\text{mm}$$

$$A_{k2} = (4.9 + 0.18)_{-0.05}^{0}\text{mm} = 5.08_{-0.05}^{0}\text{mm}$$

$$A_{k3} = (5.08 + 0.18)_{-0.05}^{0}\text{mm} = 5.26_{-0.05}^{0}\text{mm}$$

与调整环的尺寸分为 3 级相对应，空位 A_s 也分 3 级，即 $5.00 \sim 5.18\text{mm}$；$5.18 \sim 5.36\text{mm}$；$5.36 \sim 5.54\text{mm}$。现将车床主轴部件调整环尚未装入后空位尺寸和选用对应的调整环尺寸及调整后的实际间隙列入表 7-4。

表 7-4　　调整环的尺寸系列　　　　　　　　　（单位：mm）

分组	空位尺寸	调整环尺寸（A_5）	调整后的实际间隙
1	$5.00 \sim 5.18$	$49_{-0.05}^{0}$	$0.1 \sim 0.33$
2	$5.18 \sim 5.36$	$5.08_{-0.05}^{0}$	$0.1 \sim 0.33$
3	$5.36 \sim 5.54$	$5.26_{-0.05}^{0}$	$0.1 \sim 0.33$

从表 7-4 中可以清楚地看出，不同档次的空位大小应选用不同尺寸级别的调整件，从而均能保证装配精度在 $0.1 \sim 0.35\text{mm}$ 范围内。

7.3　编制装配工艺规程

装配工艺规程是指导装配生产的技术文件，是制订装配生产计划和技术准备，以及设计或改建装配车间的重要依据。装配工艺规程对保证装配质量，提高装配生产效率，缩短装配周期，减轻工人的劳动强度，缩小装配占地面积和降低成本等都有重要的影响。

1. 机器装配的基本概念

任何机器都是由零件、套件、组件、部件等组成的。为保证进行有效的装配工作，通常将机器划分为若干能独立装配的部分，称为装配单元。装配单元一般分为：

（1）零件　零件是组成机器的最小单元，它是由整块金属或其他材料制成的。零件一般都预先装成套件、组件、部件后才装到机器上，直接装入机器的零件并不多。

（2）套件　套件是在一个基准零件上，装上一个或若干个零件构成的。它是最小的装配单元。如装配式齿轮（图 7-18），由于制造工艺的原因，分成两个零件，在基准零件 1 上套装齿轮 3 并用铆钉 2 固定。为此进行的装配工作称为套装。

（3）组件　组件是在一个基准零件上，装上若干套件及零件而构成的。如机床主轴箱中的主轴，在基准轴件上装上齿轮、套、垫片、键及轴承的组合件称为组件。为此进行的

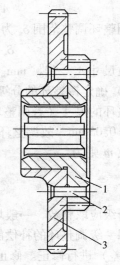

图 7-18　套件——装配式齿轮
1—基准零件　2—铆钉　3—齿轮

装配工作称为组装。

（4）部件　部件是在一个基准零件上，装上若干组件、套件和零件构成的。部件在机器中能完成一定的、完整的功能。把零件、套件、组件装配成部件的过程称为部装。如车床的主轴箱装配就是部装。主轴箱箱体为部装的基准零件。

在一个基准零件上，装上若干部件、组件、套件和零件就成为整个机器。把零件和部件装配成最终产品的过程，称为总装。如卧式车床就是以床身为基准零件，装上主轴箱、进给箱、溜板箱等部件及其他组件、套件、零件所组成。

2. 装配工艺系统图

在装配工艺规程制订过程中，表明产品零部件间相互装配关系及装配流程的示意图称为装配系统图。每一个零件用一个方框表示，在表格上标明零件名称、编号及数量。这种方框不仅可以表示零件，也可以表示套件、组件和部件等装配单元。

现以图 7-20 所示的某减速器（图 7-19）低速轴组件为例，说明它的装配工艺系统图绘制方法。其绘制好的装配工艺系统图如图 7-21 所示。

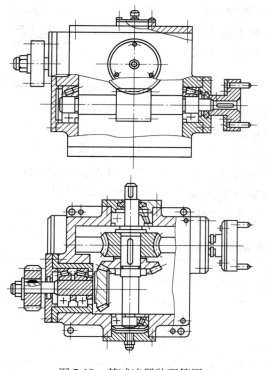

图 7-19　某减速器装配简图

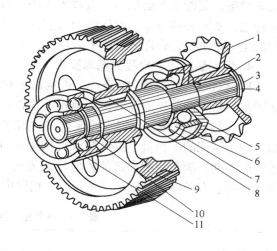

图 7-20　某减速器低速轴组件

1—链轮　2、8—键　3—轴端挡圈　4—螺栓
5—可通盖　6、11—球轴承　7—低速轴
9—齿轮　10—套筒

1）先画一条竖线。

2）竖线上端画一个长方格，代表基准件。在长方格中注明装配单元的名称、编号和数量。

3）竖线的下端也画一个长方格，代表装配的成品。

4）竖线自上而下表示装配的顺序。直接进行装配的零件画在竖线的右边，组件画在竖线的左边。

从装配工艺系统图可清楚地看出成品的装配顺序以及装配所需零件的名称、编号和数量，因此装配工艺系统图可起到指导和组织装配工艺的作用。

3. 制订装配工艺规程的原始资料

（1）产品图样及验收技术条件　产品图样包括总装配图、部件装配图及零件图等。从装配图上可以了解产品和部件的结构、装配关系、配合性质、相对位置精度等装配技术要求，从而决定装配的顺序和装配的方法。某些零件图是作为在装配时对其补充加工或核算装配尺寸链时的依据。验收技术条件主要规定了产品主要技术性能的检验、试验工作的内容和方法，是制订装配工艺规程的主要依据之一。

（2）产品的生产纲领　生产纲领决定了产品的生产类型。各种生产类型的装配工艺特征见表 7-5，在装配工艺规程设计时可作参考。

（3）现有生产条件和标准资料　它包括现有装配设备、工艺设备、装配车间面积、工人技术水平、机械加工能力及各种工艺资料和标准等，以便能切合实际地从机械加工和装配的全局出发制订合理的装配工艺规程。

4. 编制装配工艺规程的基本要求

1）保证产品的装配质量。从机械加工和装配的全过程达到最佳效果的前提下，选择合理和可靠的装配方法。

2）提高生产率。合理安排装配顺序和装配工序，尽量减少钳工装配的工作量。提高装配机械化和自动化程度，缩短装配周期，满足装配规定的进度计划要求。在充分利用本企业现有生产条件的基础上，尽可能采用国内外先进工艺技术。

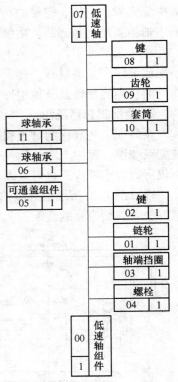

图 7-21　减速器低速轴组件
装配工艺系统图

表 7-5　各种生产类型的装配工艺特征

装配工艺特征	生 产 类 型		
	单件小批生产	中批生产	大批大量生产
产品特点	产品经常变换，很少重复生产	产品周期重复	产品固定不变，经常重复
组织形式	采用固定式装配或固定流水装配	重型产品采用固定流水装配，批量较大时采用流水装配，多品种平行投产时用变节拍流水装配	多采用流水装配线和自动装配线，有间隙移动、连续移动和变节拍移动等方式
装配方法	常用修配法，互换法比例较少	优先采用互换法，装配精度要求高时，灵活应用调整法（环数多时）和修配法以及分组法（环数少时）	优先采用完全互换法，装配精度要求高时，环数少，用分组法；环数多，用调整法
工艺过程	工艺灵活掌握，也可适当调整工序	适合批量大小，尽量使生产均衡	工艺过程划分较细，力求达到高度的均衡性

（续）

装配工艺特征	生产类型		
	单件小批生产	中批生产	大批大量生产
设备及工艺装备	一般为通用设备及工艺装备	较多采用通用设备及工艺装备，部分是高效的工艺装备	宜采用专用、高效设备及工艺装备，易于实现机械化和自动化
手工操作量和对工人技术水平的要求	手工操作比例大，需要技术熟练的工人	手工操作比例较大，需要有一定熟练程度的技术工人	手工操作比例小，对操作工技术要求较低
工艺文件	仅有装配工艺过程卡	有装配工艺过程卡，复杂产品要有装配工序卡	有装配工艺过程卡和工序卡
应用实例	重型机械、重型机床、汽轮机和大型内燃机等	机床、机车车辆等	汽车、拖拉机、内燃机、滚动轴承、手表和缝纫机等

3）减少装配成本。要减少装配生产面积，减少工人的数量和降低对工人技术等级要求，减少装配投资等。

4）装配工艺规程应做到正确、完整、协调、规范。所使用的术语、符号、代号、计量单位、文件格式等要符合相应标准的规定，并尽可能与国际标准接轨。

5）在充分利用本企业现有装配条件的基础上，尽可能采用国内外先进的装配工艺技术和装配经验。

6）制订装配工艺规程时要充分考虑安全生产和防止环境污染问题。

5. 制订装配工艺规程的步骤

根据上述要求和原始资料，可以按下列步骤制订装配工艺规程。

1）研究产品的装配图和验收技术条件。审核产品图样的完整性、正确性；分析产品的结构工艺性；审核产品的装配技术要求和验收标准；分析与计算产品装配尺寸链。

2）确定装配方法和组织形式。装配的方法和组织形式主要取决于产品的结构特点（尺寸和重量等）和生产纲领，并应考虑现有的生产条件和设备条件。

3）划分装配单元，确定装配顺序。将产品划分为套件、组件及部件等装配单元是制订装配工艺规程中最重要的一个步骤，这对结构复杂的大批大量生产的产品尤为重要。无论哪一级装配单元，都要选定某一零件或比它低一级的装配单元作为装配基准件。装配基准件通常应是产品的基体或主干零部件。基准件应有较大的体积和重量，有足够的支承面，以满足陆续装入零部件的作业要求和稳定性要求。例如，床身零件是床身组件的装配基准零件；床身组件是床身部件的装配基准组件；床身部件是机床产品的装配基准部件。

在划分装配单元，确定装配基准零件以后，即可安排装配顺序，并以装配系统图的形式表示出来。具体来说一般是先难后易、先内后外、先下后上，预处理工序在前。

4）划分装配工序。装配顺序确定后，就可将装配工艺过程划分为若干工序，其主要工作如下：

①确定工序集中与分散的程度。

②划分装配工序，确定工序内容。

③确定各工序所用的设备和工具，如需专用夹具与设备，应拟订设计任务书。

④制订各工序装配操作规范，如过盈配合的压入力、变温装配的装配温度以及紧固件的力矩等。

⑤制订各工序装配质量要求与检测方法。

⑥确定工序时间定额，平衡各工序节拍。

6. 填写工艺文件

在单件小批生产时，通常不制订装配工艺卡片，工人按装配图和装配系统图进行装配。成批生产时，应根据装配系统图分别制订部装和总装的装配工艺卡片。卡片的每一工序内应简要地说明工序的工作内容、所需设备和工夹具的名称及编号、工人技术等级、时间定额等。

表7-6所列为某减速器（图7-19）的装配工序综合卡，表7-7所列为锥齿轮组件的装配工艺过程卡片，表7-8所列为锥齿轮套件的装配工序卡片。

表7-6　某减速器的装配工序综合卡

减速器总装配简图	装配技术要求
	1）零、组件必须正确安装，不得装入图样未规定的垫圈等其他零件 2）固定连接件必须保证将零、组件紧固在一起 3）旋转机构必须转动灵活，轴承间隙合适 4）啮合零件的啮合必须符合图样要求 5）各零件轴线之间应有正确的相对关系

工厂	装配工艺卡			产品型号	部件名称	装配图号
					轴承套	
车间名称	工段		班组	工序数量	部件数	净重
装配车间				5	1	

工序号	工步号	装配内容	设备	工艺装备		工人等级	工序时间
				名称	编号		
I	1	将蜗杆组件装入箱体	压力机				
	2	用专用量具分别检查箱体孔和轴承外圈尺寸					
	3	从箱体孔两端装入轴承外圈					
	4	装上右端轴承盖组件，并用螺钉拧紧，轻敲蜗杆轴端，使右端轴承消除间隙					
	5	装入调整垫圈和左端轴承盖，并用百分表测量间隙确定垫圈厚度，然后将上述零件装入，用螺钉拧紧。保证蜗轮、蜗杆轴向间隙为 0.01～0.02mm					
II	1	试装	压力机				
	2	用专用量具测量轴承、轴等配合零件的外圈及孔尺寸					
	3	将轴承装入蜗轮轴两端					
	4	将蜗轮轴通过箱体孔，装上蜗轮、锥齿轮、轴承外圈、轴承套、轴承盖组件					

（续）

工序号	工步号	装配内容	设备	工艺装备 名称	工艺装备 编号	工人等级	工序时间
II	5	移动蜗轮轴，调整蜗杆与蜗轮正确的啮合位置，测量轴承端面至孔端面距离，并调整轴承盖台肩尺寸	压力机				
	6	装上蜗轮轴两端轴承盖，并用螺钉拧紧					
	7	装入轴承套组件，调整两锥齿轮正确的啮合位置（使齿背齐平），分别测量轴承套肩面与孔端面的距离以及锥齿轮端面与蜗轮端面的距离，并调好垫圈尺寸，然后卸下各零件					
III	1	最后装配	压力机				
	2	从大轴孔方向装入蜗轮轴，同时依次将键、蜗轮、垫圈、锥齿轮、带齿垫圈和圆螺母装在轴上。然后在箱体轴承孔两端分别装入滚动轴承及轴承盖，用螺钉拧紧并调整好间隙。装好后，用手转动蜗杆时，应灵活无阻滞现象					
	3	将轴承套组件与调整垫圈一起装入箱体，并用螺钉紧固					
IV		安装联轴器及箱盖零件					
V		运转试验 清理内腔，注入润滑油，连上电动机，接通电源，进行空运转试车。运转30min后，要求传动系统噪声及轴承温度不超过规定要求，以及符合其他各项技术要求					
						共	张

编号	日期	签章	编号	编制	移交	批准	第 张

表7-7 锥齿轮组件的装配工艺过程卡片

（工厂名称）	装配工艺卡片		产品型号		部件图号		共1页
			产品名称	减速器	部件名称	锥齿轮组件	第1页
工序号	工序名称		工序内容	装配部门	设备及工艺装备	辅助材料	工时定额
10	组装		分组件装配：锥齿轮与衬垫的装配 以锥齿轮轴为基准，将衬套套装在轴上				
20	组装		分组件装配：轴承盖与毛毡的装配 将已剪好的毛毡塞入轴承盖槽内		锥度心轴		
30	组装		分组件装配：轴承套与轴承外圈的装配 1）用专用量具分别检查轴承套孔及轴承外圈尺寸 2）在配合面上涂上润滑油 3）以轴承套为基准，将轴承外圈压入孔内至底面		压力机、塞规、卡板		

（续）

工序号	工序名称	工序内容	装配部门	设备及工艺装备	辅助材料	工时定额
40	部装	轴承套组件装配 1）以锥齿轮组件为基准，将轴承套分组件套装在轴上 2）在配合面上加润滑油，将轴承内圈压装在轴上，并紧贴衬垫 3）套上隔圈，将另一轴承内圈压装在轴上，直至与隔圈接触 4）将另一轴承外圈涂上油，轻压至轴承套内 5）装入轴承盖分组件，调整端盖处的垫圈，使轴承间隙符合要求后，拧紧三个螺钉 6）安装平键，套装齿轮、垫圈，拧紧螺母，注意配合面加润滑油 7）检查锥齿轮转动的灵活性及轴向窜动		压力机		
			编制（日期）	审核（日期）	会签（日期）	批准（日期）
标记	处所	更改文件号　　签字　　日期				

表 7-8　锥齿轮套件的装配工序卡片

某企业某车间	装配工序卡 装配车间某班组	产品名称		图样更改标记		合件号	
		每台件数				合件名称	锥齿轮总成
		共　页　第　页				合件质量	

工序号	简图	工序内容	零件		设备和夹具			工具			工序定额
			号码	数量	名称	编号	数量	名称	编号	数量	
2	1—压头　2—心轴 3—主动锥齿轮　4—轴承内圈(7613E)　5—夹具	压轴承 1）把轴承内圈及滚子总成7613E放到夹具上 2）按顺序从滚道上取下主动锥齿轮插入轴承孔内 3）放上心轴，用液压机把主动锥齿轮压至轴承端面 4）取下合件，把主动锥齿轮的齿轮端一左一右，放到滚道上	7613E	1	单柱校正压装液压机拆卸器			压头、心轴			
更改根据		设计		校对		审核		检查科会签	分厂批准		总厂批准
标记及数目											
签名及日期											

图 7-22 ~ 图 7-24 所示分别为卧式车床尾座部件装配图、尾座部件装配单元系统图和尾座部件装配工艺系统图，表 7-9 所示为卧式车床尾座部件装配工艺过程卡片。

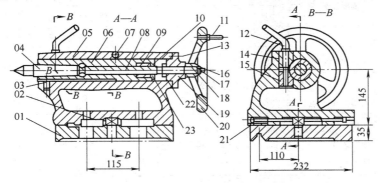

图 7-22　卧式车床尾座部件装配图

01—滑板　02—销子　03—键　04—顶尖　05—尾座　06—空心套　07—油杯　08—丝杠
09、16—螺母　10、13、21—螺钉　11—手柄　12—锁紧手柄　14—上紧圈　15—下紧圈
17—垫　18—平键　19—端盖　20—手轮　22—推力球轴承　23—盖

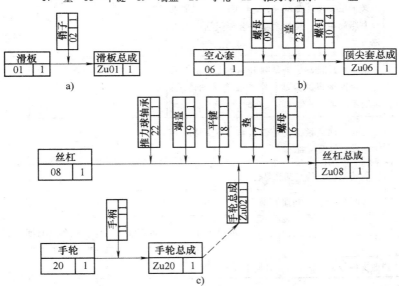

图 7-23　卧式车床尾座部件装配单元系统图

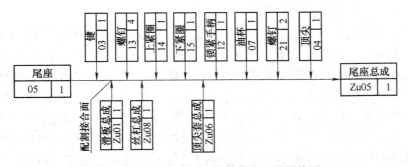

图 7-24　卧式车床尾座部件装配工艺系统图

表 7-9　卧式车床尾座部件装配工艺过程卡片

（工厂名称）	装配工艺卡片	产品型号		部件图号			共 1 页
		产品名称		部件名称	卧式车床尾座部件		第 1 页
工序号	工序名称	工序内容		装配部门	设备及工艺装备	辅助材料	工时定额
10		将尾座去毛刺、清洗、吹干			锉子、煤油		
20		装上滑板总成 Zu01 进行刮配，每 $25\,mm^2$ 上不得少于 8 点			刮刀、平板	红丹	
30		拆下丝杠总成上的端盖 19，将它装入尾座，配钻攻 4 个螺孔 M10，清除切屑，再装到丝杠上			摇臂钻		
40		装上键 03					
50		装上丝杠总成 Zu08，并加锂基脂润滑油到推力球轴承 22 中				锂基脂润滑油	
60		装上顶尖套总成 Zu06，螺母 09 中事先加入锂基脂润滑油，旋转手柄要轻便灵活，无卡滞现象				锂基脂润滑油	
70		装上上紧圈 14、下紧圈 15，拧上锁紧手柄 12，再拆检查圆弧面与空心套的接触情况，如有不均匀，进行圆弧面修刮					
80	检	检查手柄夹紧位置是否正确，必要时拆下上紧圈，再磨顶面					
90		装油杯 07，检查圆珠是否卡死					
100		装两个螺钉 21 和顶尖 04					
		编制（日期）	审核（日期）		会签（日期）		批准（日期）
标记	处所	更改文件号	签字	日期			

7.4　人机工效学的应用

人机工效学是研究操作者工作效能的综合学科。它根据人的心理、生理和身体结构等因素，研究人、机械、环境相互间的合理关系，使处于人—机—环境系统下的人能安全、健康、舒适地工作。人机工效学研究的基本内容有：①人体各部分的尺寸，人的视觉和听觉的正常生理值，人工作时的姿势，人体活动范围、动作节奏和速度，劳动条件引起工作疲劳的程度，以及人的能量消化和补充；②机器的显示器（仪表刻度、光学信号、标记、警报声响、示波屏幕等），控制器（把手、操纵杆、驾驶盘、按钮的结构形式和色调等），以及其他与人发生联系的各种装备（桌椅、工作台等）；③所处环境的温度、湿度、声响、振动、照明、色彩、气味等。

1. 装配工艺中的人机工效学评价

装配工艺中的人机工效学研究，是一种反复求证的过程，如图 7-25 所示，即首先是根据产品装配要求形成初步的装配工艺，然后对其进行人机工效学的评定。根据评定结果调整装配工艺（有可能的话可调整产品设计）和增加机械化设备，形成新的装配工艺设计。对新的装配工艺方案再进行人机工效学的评定。以此反复，直至最后确定可以实施的装配工艺文件。需要提出的是，即使在总装配工艺的实施阶段，仍可以根据人机工效学对装配工艺进行调整。

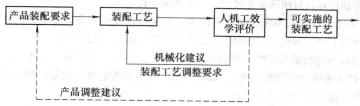

图 7-25　人机工效学的实施流程

对装配工艺方案的人机工效学评价，可以从两部分入手——产品特性因素和工艺设定因素。

（1）产品特性因素　由产品的结构性因素组成，包括由此所产生的部件划分、材料搬运、运输方式、装配工具使用等。尽管产品因素可以通过设计的手段予以改进，但往往这些因素是作为产品特点而存在，所以在装配工艺中，应该承认这些因素，通过科学的先进的装配工艺手段来进行调整，解决人机工效学方面的不足。

（2）工艺设定因素　由装配作业过程中的因素组成，其中大部分直接涉及对操作者的影响。在装配工艺的设计中，反复调整这些因素，可使人机工效学得到充分发挥。

2. 根据人机工效学评价调整装配工艺

首先要对整个装配过程进行分解，不仅要分解到每个装配工序，而且要分解到每一个装配动作；然后根据人机工效学原理，判别每一个动作的合理性、有效性和必要性。判别的方法可逐项进行。如果对于同一个操作者、同一个工位、同一个工序时间中，累积统计的需"调整"和"尚可"的作业动作太多，则说明这个工位、这个操作者的劳动强度过大，必须要对此进行调整。这种调整应该将注意力集中在改进工艺方法，或增加机械化设备，或分散作业内容等方面，至少可以增加休息次数的安排。

由于产品的多样性和特殊性，对于整个装配工艺过程的分析，目前尚缺乏可以参照、比较的人机工效学评价模式。一般而言，对于整个装配工序的人机工效学分析，应该注重于各装配工序之间，各操作人员之间的平衡。这种平衡既包含有装配时间、装配节拍上的平衡，也包含劳动强度上的平衡，动作姿势上的平衡，以及对机械化设备使用上的平衡。

习　　题

7-1　装配精度一般包括哪些内容？装配精度与零件的加工精度有何区别？它们之间又有何关系？试举例说明。

7-2　装配尺寸链是如何构成的？装配尺寸链封闭环是如何确定的？它与工艺尺寸链的封闭环有何区别？

7-3　说明装配尺寸链中的组成环、封闭环、协调环、补偿环和公共环的含义，各有何特点？

7-4　何谓装配单元？为什么要把机器划分成许多独立的装配单元？

7-5　轴和孔配合一般采用什么方法装配？为什么？

7-6　装配尺寸链建立的最短路线原则有什么实际指导意义？

7-7　现有一轴、孔配合，配合间隙要求为 $0.04 \sim 0.26$mm，一直轴的尺寸为 $\phi 50_{-0.10}^{\ 0}$mm，孔的尺寸为 $\phi 50_{\ 0}^{+0.20}$mm。若用完全互换法进行装配，能否保证装配精度要求？用不完全互换法能否保证装配精度要求？

7-8　设有一轴、孔配合，若轴的尺寸为 $\phi 80_{-0.10}^{\ 0}$mm，孔的尺寸为 $\phi 80_{\ 0}^{+0.20}$mm，试用完全互换法和不完全互换法装配，分别计算其封闭环公称尺寸、公差和分布位置。

7-9　图 7-26 所示为车床床鞍与床身导轨装配图，为保证床鞍在床身导轨上准确移动，装配技术要求规定，其配合间隙为 $0.1 \sim 0.3$mm。试用修配法确定各零件有关尺寸及其公差。

7-10　图 7-27 所示为传动轴装配图。现采用调整法装配，以右端垫圈为调整环 A_k，装配精度要求 $A_0 = 0.05 \sim 0.20$mm（双联齿轮的轴向圆跳动量）。试采用固定调整法确定各组成零件的尺寸及公差，并计算加入调整垫片的组数及各组垫片的尺寸及公差。

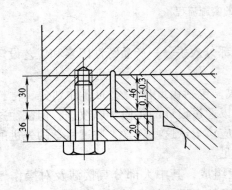

图 7-26　题 7-9 图

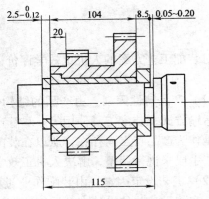

图 7-27　题 7-10 图

7-11　图 7-28 所示为锥齿轮减速器简图，试查明和建立影响轴承盖与轴承外环端面之间的间隙 $0.05 \sim 0.10$mm 尺寸链。

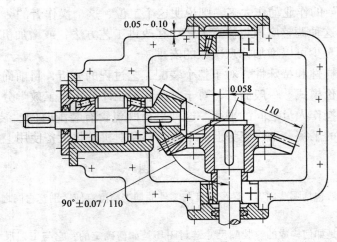

图 7-28　锥齿轮减速器简图

7-12　图 7-29 所示为 CA6140 车床主轴法兰装配图，根据技术要求，主轴前端法兰与主轴箱端面之间保持间隙 $N=0.38\sim0.95$mm，试查明影响装配精度的有关零件上的尺寸，并求出其上、下极限偏差。

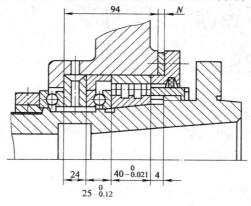

图 7-29　主轴局部装配图

7-13　回转式钻模拆装示意图如图 7-30 所示，试编制该钻模的装配工艺规程。

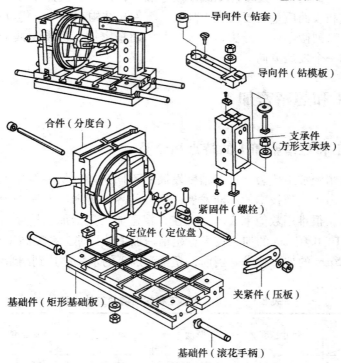

图 7-30　回转式钻模拆装示意图

第8章

精密加工和纳米加工

根据加工零件的尺寸来分类，可分为宏尺度加工、中尺度加工和微尺度加工。

通常的机械加工大多指宏尺度加工，零件的技术性能要求大多反映在宏观结构或表层结构上，尺寸相对较大，加工的范畴较广。又可分为特大型、重型、一般型和小型产品的加工。

微尺度加工是指微纳米加工，尺寸相对来说在微米、亚微米和纳米级，主要用精密和超精密加工技术、微细加工技术和纳米加工技术来加工。强调了微观结构，其领域相对较窄。

介于两者之间的称之为中尺度加工或中尺寸加工，为便于区分，可称之为"微小机械"加工，其加工精度和表面质量的要求是很高的，零件从结构和尺寸上仍以精密和超精密加工为主，需要开发一系列微小加工方法、微小精密和超精密加工机床及其工艺装备才能胜任，是当前值得注意的一个发展方向。

8.1 精密加工和超精密加工

8.1.1 精密加工和超精密加工的特点和分类

精密加工和超精密加工代表了加工精度发展的不同阶段，从一般加工发展到精密加工，再到超精密加工。由于生产技术的不断发展，划分的界限将随着发展进程而逐渐向前推移，因此划分是相对的，很难用数值来表示。现在，精密加工是指加工精度为 $1 \sim 0.1 \mu m$、表面粗糙度值 Ra 为 $0.1 \sim 0.01 \mu m$ 的加工技术；超精密加工是指加工精度高于 $0.1 \mu m$，表面粗糙度值 Ra 小于 $0.025 \mu m$ 的加工技术。当前，超精密加工的水平已达到纳米级，形成了纳米加工技术，见表8-1。

表8-1 当前精密加工和超精密加工的水平 （单位：μm）

加工类别 \ 项目	尺寸精度	圆度	圆柱度	平面度	表面粗糙度值 Ra
精密加工	2.5 ~ 0.75	0.70 ~ 0.20	1.25 ~ 0.38	1.25 ~ 0.38	0.10 ~ 0.025
超精密加工	0.30 ~ 0.25	0.12 ~ 0.02	0.25 ~ 0.13	0.25 ~ 0.13	≤0.025

从加工精度的具体数值来分析，精密加工又可分为微米加工、亚微米加工、纳米加工等。亚微米加工是指加工精度为 $0.1 \mu m$ 级的加工。

1. 精密加工和超精密加工的特点

（1）创造性原则 对于精密加工和超精密加工，采用现有机床已不能满足被加工零件的精密要求，要研制专门的超精密机床，或在现有机床上通过工艺手段或附加仪器设备来达到加工要求，这就是创造性原则。

（2）微量切除（极薄切削）　超精密加工时，背吃刀量极小，是微量切除和超微量切除，因此对刀具刃磨、砂轮修整和机床精度均有很高的要求。

（3）综合制造工艺系统　精密加工和超精密加工要达到高精密和高质量，涉及被加工材料的结构及质量、加工方法的选择、工件的定位与夹紧方式、加工设备的技术性能和质量、工具及材料选择、测试设备、恒温、净化、防震的工作环境，以及人的技艺等诸多因素，因此，精密加工和超精密加工是一个系统工程，不仅复杂，而且难度很大。

（4）精密特种加工和复合加工方法　精密加工和超精密加工方法中，不仅有传统加工方法，如超精密车削、铣削和磨削等，而且有精密特种加工方法，如精密电火花加工、激光加工、电子束加工、离子束加工等，还有各种精密复合加工方法。

（5）自动化程度高　现代的精密加工和超精密加工广泛应用计算机技术、在线检测和误差补偿、适应控制和信息技术等，自动化程度高，同时自动化能减少人为因素影响，提高加工质量。

（6）加工检测一体化　精密加工和超精密加工中，不仅要进行离线检测，而且有时要采用在位检测（工件加工完成后，机床停车，工件先不要卸下，在机床上进行检测）、在线检测（在加工过程中进行实时检测）和误差补偿，以提高检测精度。

2. 精密加工和超精密加工的分类

根据加工方法的机理和特点，精密加工和超精密加工方法可分为三大类：

（1）机械超精密加工技术　如金刚石刀具超精密切削、金刚石微粉砂轮超精密磨削、精密研磨和抛光等一些传统加工方法。

（2）非机械超精密加工技术　如微细电火花加工、微细电解加工、微细超声加工、电子束加工、离子束加工、激光束加工等一些非传统加工方法，也称为特种加工方法。

（3）复合超精密加工方法　其中包括传统加工方法的复合、特种加工方法的复合以及传统加工方法与特种加工方法的复合（如机械化学抛光、精密电解磨削、精密超声珩磨等）。

现按刀具切削加工、磨料加工、特种加工和复合加工等四个方面列出常用精密加工和超精密加工方法，见表 8-2～表 8-5。

表 8-2　常用精密加工和超精密加工方法 I　（切削加工）

分类	加工方法		加工工具	精度(μm)/表面粗糙度值 Ra(μm)	被加工材料	应　用
刀具切削加工	切削	精密、超精密车削	天然单晶金刚石刀具、人造聚晶金刚石刀具、立方碳化硼刀具、陶瓷刀具、硬质合金刀具	$1\sim0.1/0.05\sim0.08$	金刚石刀具、非铁金属及其合金等软材料、其他材料刀具、各种材料	球、磁盘、反射镜
		精密、超精密铣削				多面棱体
		精密、超精密镗削				活塞销孔
		微孔钻削	硬质合金钻头、高速钢钻头	$20\sim10/0.2$	低碳钢、铜、铝、石墨、塑料	印刷电路板、石墨模具、喷嘴

表 8-3　常用精密加工和超精密加工方法 II （磨料加工）

分类		加工方法	加工工具	精度（μm）/表面 粗糙度值 Ra（μm）	被加工材料	应　用
磨料加工	磨削	精密、超精密砂轮磨削	氧化铝、碳化硅、立方 碳化硼、金刚石等磨料	5 ~ 0.5/ 0.05 ~ 0.008	非铁金属材料、硬 脆材料、非金属材料	外圆、孔、平面
		精密、超精密砂带磨削				平面、外圆磁盘、磁头
	研磨	精密、超精密研磨	铸铁、硬木、塑料等研 具 氧化铝、碳化硅、金刚 石等磨料	1 ~ 0.1/ 0.025 ~ 0.008	钢铁材料、硬脆材 料、非金属材料	外圆、孔、平面
		油石研磨	氧化铝油石、玛瑙油 石、电铸金刚石油石			平面
		磁性研磨	磁性磨料		钢铁材料	外圆、去毛刺
		滚动研磨	固结磨料、游离磨料、 化学或电解作用液体	10 ~ 1/0.01	钢铁材料等	型腔
	抛光	精密、超精密抛光	抛光器 氧化铝、氧化铬等磨 料	1 ~ 0.1/ 0.025 ~ 0.008	钢铁材料、铝合金	外圆、孔、平面
		弹性发射加工	聚氨酯球抛光器、高 压抛光液	0.1 ~ 0.001/ 0.025 ~ 0.008	钢铁材料、非金属 材料	平面、型面
		液体动力抛光	带有楔槽工件表面的 抛光器、抛光液	0.1 ~ 0.001/ 0.025 ~ 0.008	钢铁材料、非金属 材料、非铁金属材料	平面、圆柱面
		水合抛光	聚氨酯抛光器、抛光 液	1 ~ 0.1/0.01	钢铁材料、非金属 材料	平面
		磁流体抛光	非磁性磨料、磁流体	1 ~ 0.1/0.01	钢铁材料、非金属 材料、非铁金属材料	平面
		挤压抛光	粘弹性物质、磨料	5/0.01	钢铁材料等	型面、型腔去毛刺、倒 棱
		喷射加工	磨料、液体	5/0.01 ~ 0.02	钢铁材料等	孔、型腔
		砂带研抛	砂带、接触轮	1 ~ 0.1/ 0.01 ~ 0.008	钢铁材料、非金属 材料、非铁金属材料	外圆、孔、型面、平面
		超精研抛	研具（脱脂木材、细毛 毡）、磨料、纯水	1 ~ 0.1/ 0.01 ~ 0.008	钢铁材料、非金属 材料、非铁金属材料	平面
	超精加工	精密超精加工	磨条、磨削液	1 ~ 0.1/ 0.025 ~ 0.01	钢铁材料等	外圆
	珩磨	精密珩磨	磨条、磨削液	1 ~ 0.1/ 0.025 ~ 0.01	钢铁材料等	孔

表 8-4　常用精密加工和超精密加工方法 III （特种加工）

分类		加工方法	加工工具	精度（μm）/表面 粗糙度值 Ra（μm）	被加工材料	应　用
特种加工	电火花加工	电火花成形加工	成形电极、脉冲电源、 煤油、去离子水	50 ~ 1/ 2.5 ~ 0.02	导电金属	型腔模
		电火花线切割加工	钼丝、铜丝、脉冲电 源、煤油、去离子水	20 ~ 3/ 2.5 ~ 0.16		冲模、样板（切断、开 槽）

（续）

分类		加工方法	加工工具	精度（μm）/表面粗糙度值 Ra（μm）	被加工材料	应　用
特种加工	电化学加工	电解加工	工具极（铜、不锈钢）、电解液	100～3/1.25～0.06	导电金属	型孔、型面、型腔
		电铸	导电原模电铸溶液	1/0.02～0.012	金属	成形小零件
	化学加工	蚀刻	掩模板、光敏抗蚀剂、粒子束装置、电子束装置	0.1/2.5～0.2	金属、非金属、半导体	刻线、图形
		化学铣削	刻形、光学腐蚀溶液、耐腐蚀涂料	20～10/2.5～0.2	钢铁材料、非铁金属材料	下料、成形加工（如印刷电路板）
		超声加工	超声波发生器、换能器、变幅杆、工具	30～5/2.5～0.04	任何硬脆金属和非金属	型孔、型腔
		微波加工	针状电极（钢丝、铱丝）、波导管	10/6.3～0.12	绝缘材料、半导体	打孔
		红外光加工	红外光发生器	10/6.3～0.12	任何材料	打孔、切割
		电子束加工	电子枪、真空系统、加工装置（工作台）	10～1/6.3～0.12	任何材料	微孔、镀模、焊接、蚀刻
	离子束加工	离子束去除加工	离子枪、真空系统、加工装置（工作台）	0.01～0.001/0.02～0.01	任何材料	成形表面、刃磨、蚀刻
		离子束附着加工		1～0.1/0.02～0.01		镀膜
		离子束结合加工				注入、掺杂
		激光束加工	激光器、加工装置（工作台）	10～1/6.3～0.12	任何材料	打孔、切割、焊接、热处理

表 8-5　常用精密加工和超精密加工方法Ⅳ（复合加工）

分类		加工方法	加工工具	精度（μm）/表面粗糙度值 Ra（μm）	被加工材料	应　用
复合加工	电解	精密电解磨削	工具极、电解液、砂轮	20～1/0.08～0.01	导电钢铁材料、硬质合金	轧辊、刀具刃磨
		精密电解研磨	工具极、电解液、磨料	1～0.1/0.025～0.008		平面、外圆、孔
		精密电解抛光	工具极、电解液、磨料	10～1/0.05～0.008	导电金属	平面、外圆、孔、型面
	超声	精密超声车削	超声波发生器、换能器、变幅杆、车刀	5～1/0.1～0.01	难加工材料	外圆、孔、端面、型面
		精密超声磨削	超声波发生器、换能器、变幅杆、砂轮	3～1/0.1～0.01		外圆、孔、端面
		精密超声研磨	超声波发生器、换能器、变幅杆、研磨剂研具	1～0.1/0.025～0.008	钢铁等硬脆材料	外圆、孔、平面
	化学	机械化学研磨	研具、磨料、化学活化研磨剂	0.1～0.01/0.025～0.008	钢铁材料、非金属材料	平面、外圆、孔、型面
		机械化学抛光	激光器、增压活化抛光液	0.01/0.01	各种材料	
		化学机械抛光	抛光器、化学活化抛光液	0.01/0.01		

8.1.2 金刚石刀具超精密切削加工

金刚石刀具超精密切削是 20 世纪 60 年代出现的超精密加工技术，是最典型也是最有成效的超精密加工方法之一。

1. 金刚石刀具超精密切削机理

（1）金刚石刀具超精密切削的切屑形成　金刚石刀具超精密切削能够切除的切屑厚度标志其加工水平，当前最小的背吃刀量可达 $0.1\mu m$ 以下，其最主要的影响因素是刀具锋利程度，一般以刀具的切削钝圆半径 r_n 来表示。金刚石刀具的切削刃钝圆半径一般小于 $0.5\mu m$。在一定的切削刃钝圆半径下，切屑能否形成主要决定于切削刃钝圆圆弧处每个质点的受力情况，在自由切削条件下，切削刃钝圆圆弧上某一质点 A 的受力情况如图 8-1 所示，该点有切向分力 F_c 和法向分力 F_p，合力为 F_{cp}。切向分力 F_c 使质点向前移动，形成切屑，法向分力 F_p 使质点压向被加工表面，形成挤压而无切屑。所以切屑的形成决定于切向分力 F_c 和法向分力 F_p 的比值，当 $F_c > F_p$ 时，有

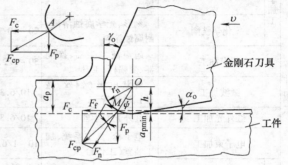

图 8-1 金刚石刀具切削刃钝圆圆弧受力分析

切削过程，形成切屑；当 $F_c < F_p$ 时，有挤压过程，无切屑形成。由此可找出的分界质点 M，M 点以上的金属可切离为切屑，M 点以下的金属则被压入工件而不能切离。

金刚石刀具超精密切削时，刀具切削刃钝圆半径小，切薄能力强，形成流动切屑，因此切削作用是主要的。但由于实际切削时切削刃钝圆半径不可能为零，又有修光切削刃等作用，因此总会伴随着挤压作用。所以金刚石刀具超精密切削表面由微切削和微挤压作用而形成，以微切削为主。

（2）加工表面的形成及其加工质量　影响金刚石刀具超精密切削形成表面的主要因素有几何原因、塑性变形和机械加工振动等。

几何原因主要是指刀具的几何形状、几何角度、切削刃表面的粗糙度和进给量等，它主要影响与切削运动方向相垂直的横向表面粗糙度。

塑性变形不仅影响横向表面粗糙度，而且影响与切削运动方向相平行的纵向表面粗糙度。在超精密切削中，振动一般是不允许的。

（3）表面破坏层及应力状态　金刚石刀具超精密切削时，虽然背吃刀量和进给量都非常小，但在切削软金属时也会在被加工表面上留下较深的破坏层和较高的应力。这时，工件表层产生塑性变形，内层产生弹性变形。切削后，内层弹性恢复，受到表层阻碍，从而使表层产生残余压应力。另一方面，由于微挤压作用，也使得表层有残余压应力。

2. 金刚石刀具设计

（1）金刚石刀具的结构形式　金刚石刀具有焊接式、机械夹固式、粘接式和粉末冶金式等类型。

焊接式刀具是在刀体的刀头处先铣出一个与金刚石大小形状相应的凹槽，焊接时将金刚石置于槽中，用铜焊直接焊住后再刃磨。

机械夹固式刀具是先将金刚石钎焊在硬质合金上形成刀头，这种金刚石刀头多为一次性使用，不重磨，由专门厂家出售。机械夹固式刀具是在刀体上加工一个能容纳金刚石刀头 2/3 以上、大小形状相应的凹槽，槽内放置金刚石刀头后，用压板压住，为避免压坏金刚石刀头，可在刀头上下各垫一层 0.1mm 厚的退火纯铜皮。

粘接式刀具多采用环氧树脂等无机粘接剂进行粘接，用于焊接和机械夹固有困难的情况下，通常粘接力不够大。

粉末冶金式是目前最好的结构，它是将金刚石和铜粉等在真空中加热加压，使金刚石固装在刀杆或刀体的凹槽中。

（2）金刚石刀具的几何形状与角度　金刚石刀具切削刃的几何形状通常有尖刃、直刃、圆弧刃和多棱刃几种，如图 8-2 所示。

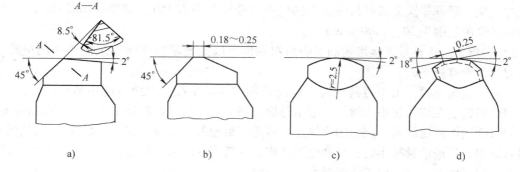

图 8-2　金刚石刀具切削刃的几何形状

a）尖刃　b）直刃　c）圆弧刃　d）多棱刃

金刚石材料硬脆，为保证切削刃强度，前角和后角都取值较小，前角 γ_o 一般取 0°，可根据被切材料选定；后角 α_o 取 5°~10°，后角增加可减小后刀面与工件被加工表面之间的摩擦力，减小表面粗糙度值。主偏角 κ_r 取 30°~90°，通常多取 45°。金刚石刀具切削刃钝圆半径 r_n 一般为 0.2~0.6μm。

金刚石刀具前刀面的表面粗糙度值 Ra 应研磨到 0.008μm，后刀面的表面粗糙度值 Ra 应达到 0.012μm 或更低一些。

3. 金刚石刀具超精密切削的工艺规律

（1）影响金刚石刀具超精密切削的因素　影响加工质量的因素很多，可从机床、刀具、工件和夹具四方面进行分析。

超精密加工机床应具有较高的系统刚度，特别是工作台与进给机构的连接刚度。对于数控超精密加工机床，除一般精度外，尚有随动精度，它包括速度误差、加速度误差和位置误差（反向间隙、或称死区、失动等静态误差），这些误差均会影响尺寸精度和形状精度。特别是主轴热变形影响更大，因此应有良好的冷却系统来控制温度，并应在恒温室中进行加工。

对表面粗糙度影响最大的因素有主轴回转精度、运动平稳性和振动等，振动对加工表面质量极其有害，通常不允许有振动，因此工艺系统应有较高的刚度，同时电动机和外界的振源应严格隔离，电动机和主轴的回转频率应远离共振区。

工件材料的种类、化学成分、性质、质量对加工质量有直接影响。金刚石刀具的材质、几何形状、工作角度、刃磨质量和安装调试对加工质量均有直接影响。

（2）金刚石刀具超精密切削工艺

1）切削速度。积屑瘤的生成对加工质量的影响很大，实验表明，当金刚石刀具车削硬铝LY12时，在所有的切削速度范围内，如果没有切削液，均会在刀尖处产生积屑瘤。但切削速度的大小会影响积屑瘤的高度。低速时，切削温度比较低，比较适于积屑瘤的生长，积屑瘤高度较高，且比较稳定；而高速时，积屑瘤高度较低，且不稳定；在切削黄铜和纯铜时，积屑瘤不稳定，且其高度较小（0.1～0.75mm）。在精密和超精密切削时，应使用切削液。

切削速度对表面粗糙度的影响也可以认为是由于积屑瘤的生成使表面粗糙度值增加。在精密切削和超精密切削时，如果有切削液，则积屑瘤不易生成，因此在所选用的切削速度范围内，对表面粗糙度的影响很小。

加工铜、铝等非铁金属材料时，切削速度的选用范围为150～4000m/min；加工非金属材料时，选用范围为30～1500m/min。

2）进给量。进给量直接影响加工表面粗糙度，因此超精密切削时采用很小的进给量，同时刀具多带有修光刃。

当进给量很小时，由于刀具总有一定的切削刃钝圆半径，因此可能不易切削，产生啃挤，表面粗糙度变坏，切削力增加；进给量增加到一定值后，切屑易于形成，表面粗糙度变好，如果继续增加进给量，则表面粗糙度值将随进给量的增加而增加。进给量对积屑瘤的生成也有影响，当进给量很小时，易产生积屑瘤，且其高度较大，随着进给量的增加有一最小值，以后稍有增加，这是由于切削温度增加所致。

加工铜、铝等非铁金属材料时，进给量的选用范围为0.01～0.04mm/r；加工非金属材料时，选用范围为0.05～0.2mm/r。

3）背吃刀量。背吃刀量主要影响切削变形，背吃刀量大，切削力大，切削变形大，表面层残留变形大；但背吃刀量太小时，由于刀具总有切削刃钝圆半径，因此不易产生切屑，切削力反而增加，使表面残余应力增加，如图8-3所示。背吃刀量对加工表面粗糙度的影响一般较小，但如果背吃刀量太小，不易产生切屑，会加大表面粗糙度值。随着背吃刀量的增加，积屑瘤的高度略有减小，到最小值后增加较快，这主要是因为当

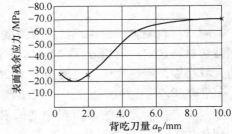

图8-3　超精密切削时背吃刀量对表面残余应力的影响

加工材料：硬铝LY12　$v=314$m/min，$f=2.5\mu$m/r

背吃刀量较小时不易产生切屑，到一定值后，切屑易形成，而背吃刀量较大时，切削温度升高使得积屑瘤高度增加。

加工铜、铝等非铁金属材料时，背吃刀量的选用范围为0.002～0.005mm；加工非金属材料时，选用范围为0.1～0.5mm。

4. 金刚石刀具超精密切削的应用和发展

金刚石刀具超精密切削主要用于加工非铁金属材料和一些非金属材料，取得了良好的效果，因此应用逐渐广泛。在非铁金属材料方面主要有铝、铜、锡、铂、银、金等及其合金。在非金属材料方面主要有聚丙烯、聚碳酸酯、聚苯乙烯等，以及一些结晶体，如锗、硅、硫化锌等。

金刚石刀具超精密切削最初用于加工各种镜面零件，如射电望远镜的球面天线等。

近年来，金刚石刀具超精密切削钢、铁等金属材料的需求有所增长，其方法主要有气体保护法和低温切削法等。

8.1.3　精密光整加工

工件的表面质量对工件的使用性能、寿命和可靠性都有很大的影响。如何获得高质量的表面质量一直是机械加工关注的重要问题。作为机械加工的最终加工工序，表面光整加工技术以获得高质量的表面为目的，在制造业得到了日益广泛的应用。

1. 研磨与抛光加工

（1）研磨和抛光的机理

1）研磨的机理。研磨是将研磨工具（简称研具）表面嵌入磨料或敷涂磨料并添加润滑剂，在一定的压力作用下，使工件和研具接触并作相对运动，通过磨料作用，从工件表面切去一层极薄的切屑，使工件具有精确的尺寸、准确的几何形状和很小的表面粗糙度值。这种对工件表面进行最终精密加工的方法，称为研磨。其加工模型如图 8-4 所示。

研磨的实质是用游离的磨粒通过研具对工件表面进行包括物理和化学综合作用的微量切削，其速度很低，压力很小，经过研磨的工件可获得 0.001mm 以内的尺寸误差，表面粗糙度值 Ra 一般能达到 0.4～0.1μm，最小可达 0.012μm，表面几何形状精度和一些位置精度也可进一步提高。

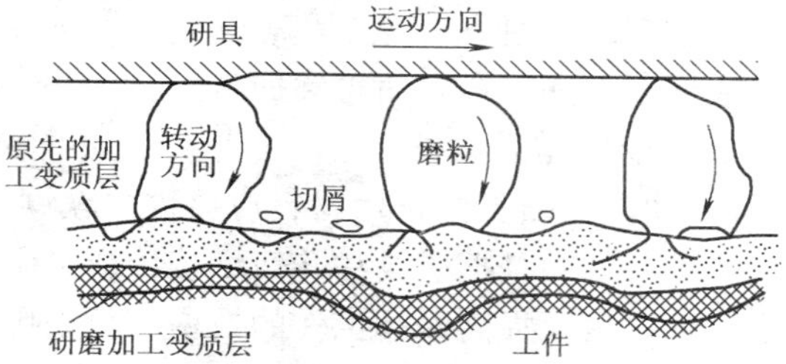

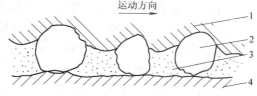

图 8-4　研磨加工模型

关于研磨加工的机理有多种观点，如"纯切削说""塑性变形说""化学作用说"等。但研究表明，研磨过程不可能由一种观点来解释。事实上，研磨是磨粒对工件表面的切削、活性物质的化学作用及工件表面挤压变形等综合作用的结果。某一作用的主次程度取决于加工性质及加工过程的进展阶段。

2）研磨加工的特点。研磨可以使工件获得极高的尺寸精度和形状精度，能够保证工件有良好的几何形状精度和相互位置精度，研磨时工件运动的平稳性好，加工后的表面有一定的耐蚀性和耐磨性，可获得很小的表面粗糙度值，操作简单，适应性好。

3）抛光机理。抛光过程与研磨加工基本相同，如图 8-5 所示。

图 8-5　抛光加工过程示意图

1—软质抛光器具　2—细磨粒　3—微小切屑　4—工件

抛光是一种比研磨更微磨削的精密加工。研磨时研具较硬，其微切削和挤压塑性变形作用较强，在尺寸精度和表面粗糙度两方面都有明显的加工效果。在抛光过程中也存在着微切削作用和化学作用。由于抛光所用的研具较软以及抛光过程中的摩擦现象，使抛光接触点稳定上升，所以抛光过程中还存在塑性流动。因此，抛光可进一步降低表面粗糙度值，并获得光滑表面，但不提高表面的形状精度和位置精度。

抛光加工是在研磨之后进行的，经抛光加工后的表面粗糙度值 Ra 可达 0.4μm 以下。模具成形表面的最终加工，大部分都需要进行研磨和抛光。

（2）研磨抛光分类

1）按操作方法不同分类。研磨抛光加工可分为手工研磨抛光和机械研磨抛光。手工研磨抛光主要用于单件小批量生产和修理工作中，但也用于性质比较复杂、不便于采用机械研磨抛光的工件。在手工研磨抛光作业中，操作者的劳动强度很大，并要求技术熟练，特别是某些高精度的工件，如量块、多面棱体、角度量块等。机械研磨抛光主要应用于大批量生产中，特别是几何形状不太复杂的工件，经常采用这种研磨方法。

2）按研磨抛光剂使用的条件分类。可分为湿研、干研和半干研三种。湿研又称敷料研磨。它是将研磨剂连续涂敷在研具表面，磨料在工件与磨具间不停地滚动和滑动，形成对工件的切削运动。湿研金属切除率高，多用于粗研和半精研。

干研又称嵌砂（或压砂）研磨。它是在一定压力下，将磨粒均匀地压嵌在研具的表层中进行研磨。此法可获得很高的加工精度和很小的表面粗糙度值，故在加工表面几何形状和尺寸精度方面优于湿磨，但效率较低。

半干研磨类似于湿研。它所使用的研磨剂是糊状的，粗、精研均可采用。

3）按加工表面的形状特点分类。研磨抛光加工可分为平面、外圆、内孔、球面、螺纹、成形表面和啮合表面轮廓加工。

（3）研磨抛光设备

1）研具。研具的常用材料有铸铁、软钢、青铜、黄铜、铝、玻璃和沥青等。研具的主要作用，一方面是把研具的几何形状传递给研磨工件，另一方面是涂敷或嵌入磨料。为了保证研磨的质量，提高研磨工作的效率，所采用的研磨工具应满足如下要求：研具应具有较高的尺寸精度和形状精度、足够的刚度、良好的耐磨性和精度保持性；硬度要均匀，且低于工件的硬度；组织均匀致密，无夹杂物，有适当的被嵌入性；表面应光整，无裂纹、斑点等缺陷；并应考虑排屑、储存多余磨粒及散热等问题。

通用的研具有研磨砖、研磨棒、研磨平板等。新型研具有含固定磨料的烧结研磨平板、电铸金刚石油石及粉末冶金研具等。

图8-6所示为可调式外圆研磨环，它可在车床或磨床上对外圆表面进行研磨，其研磨内径可在一定范围内调节，以适应研磨外圆不同或外圆变化的需要。一般研磨环内径尺寸可比被加工零件外径大0.025~0.05mm，研磨环长度取被研磨件长度的25%~50%为宜。

图8-7所示为可调式内圆研磨芯棒。根据研磨零件的外形和结构不同，分别在钻床、车床或磨床上进行内圆表面加工。它借助锥形芯轴的锥面进行外圆直径的微量调节。研磨芯棒外径尺寸比研磨内孔小0.01~0.025mm，芯棒长度为研磨零件长度的2~3倍。

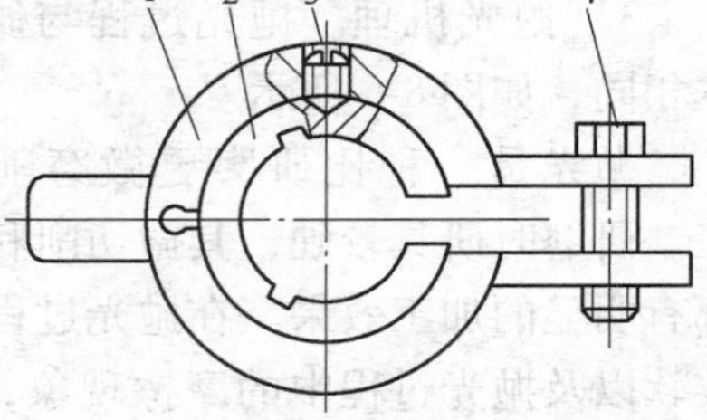

2）研磨剂。研磨剂是很细（小于W28）的磨料、研磨液（或称润滑剂）和辅助材料的混合剂。

磨料一般是按照硬度来分类的。硬度最高的金刚石，主要用于研磨硬质合金等高硬材料；其次是碳化物类，如碳化硼、黑碳化硅、绿碳化硅等，主要用于研磨铸铁、非铁金属等；再次是硬度较高的刚玉类（Al_2O_3），如棕刚玉、白刚玉等，主要用于研磨碳钢、合金钢和不锈钢

图8-6 可调式外圆研磨环

1—研磨套 2—研磨环
3—限位螺钉 4—调节螺钉

等；硬度最低的氧化物类（又称软质化学磨料），有氧化铬、氧化铁和氧化镁等，主要用于精研和抛光。

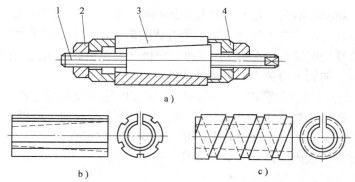

图 8-7　可调式内圆研磨芯棒

a）可调式内圆研磨芯棒　b）轴向直槽研磨套　c）螺旋槽研磨套

1—芯棒　2—螺母　3—研磨套　4—套

　　研磨液在研具加工中，不仅能起调合磨料的均匀载荷、粘吸磨料、稀释磨料和冷却润滑作用，而且可以起到防止工件表面产生划痕及促进氧化等化学作用。常用的研磨液有全损耗系统用油 L-AN15、煤油、动植物油、航空油、酒精、氨水和水等。

　　辅助材料是一种混合脂，在研磨中起吸附、润滑和化学作用。最常用的有硬脂酸、油酸、蜂蜡、硫化油和工业甘油等。

2. 珩磨

　　（1）珩磨加工的原理　珩磨是在低切削速度下，以精镗、铰削或内孔磨削后的预加工表面为导向，对工件进行精整加工的一种定压磨削方法。它利用可胀缩的磨头使磨粒颗粒很细（#280～W20）的珩磨条压向工作表面以产生一定的接触面积和相应的压力（20～50N/cm²），同时珩磨条在适当的切削液作用下对被加工表面作旋转和往复进给的综合运动（使磨削纹路交叉角为 30°～60°），从而达到改善表面质量（使被加工工件表面粗糙度值 Ra 减

小至 0.1～0.012μm），改善表面应力状况（产生残余压应力）和基本不产生表面变质层（变质层只有 0.002mm 深），以提高工件加工精度的目的。

　　珩磨是利用"误差平均法"的原理来提高加工表面精度的。因此，对珩磨头本身的精度要求并不很高。但珩磨条必须以原有的加工表面为导向（因此对珩磨表面的前道工序有一定的加工要求），并要使珩磨条在加工表面上每一次往复运动的轨迹不重复，这样才能使珩磨达到理想的效果。

　　珩磨的工作原理如图 8-8 所示，珩磨加工时工件固定不动，珩磨头与机床主轴

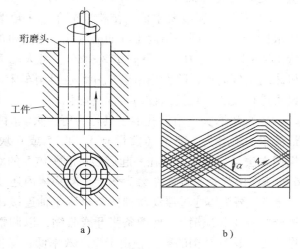

图 8-8　珩磨加工的工作原理

浮动连接，在一定压力下通过珩磨头与工件表面的相对运动，从被加工表面切去一层极薄的金属。

珩磨加工时，珩磨头有三个运动，即旋转运动、往复运动和垂直于被加工表面的径向加压运动。前两种运动是珩磨的主运动，它们的合成使珩磨油石上的磨粒在孔的表面上的切削轨迹呈交叉而不重复的网纹（图8-8b），因而易获得低表面粗糙度值的表面。径向加压运动是油石的进给运动，加的压力越大，进给量就越大。

（2）珩磨加工的特点 珩磨加工是一种使工件表面达到高精度、高表面质量、高寿命的高效加工方法。在孔珩磨加工中，是以原加工孔中心进行导向。珩磨加工孔径最小可达5mm，最大可达1200mm以上，而加工孔长可达 $L/D = 10$ 或更高，这是一般磨床所不能相比的。珩磨加工用的珩磨机床，在珩磨头和夹具浮动的情况下，其机床精度和其他机床相比，加工同样精度的工件时，珩磨机床的精度可比其他机床低得多。

珩磨加工一般具有以下特点：

1）加工表面质量好。①表面粗糙度值 Ra 可达 $0.1 \sim 0.012\mu m$；②工件表面形成有规则的交叉网纹，有利于润滑油的储存和油膜保持，故珩磨表面能承受较大的载荷和具有较高的耐磨性；③加工热量小，工件表面不易产生烧伤、变质、裂纹、嵌砂和工件变性等缺陷，故特别适用于精密工件的加工。

2）加工精度高。①加工小直径孔时，孔的圆柱度可达 $0.5 \sim 1\mu m$；直线度可达 $1\mu m$；②加工中等直径孔时，孔的圆柱度可达 $5\mu m$；③加工外圆柱面时，圆柱度最高可达 $0.04\mu m$；④尺寸的分散性误差为 $1 \sim 3\mu m$。

3）加工范围广。①可加工除铅以外的所有金属材料；②可加工各类圆柱及圆锥孔，也可加工各类外圆；③在极限情况下，可加工孔径 $1 \sim 2000mm$、孔深 $1 \sim 2400mm$ 的孔。

4）切削效率高。①在单位时间内，珩磨参加切削的磨粒数为磨削的 $100 \sim 1000$ 倍，故具有较高的金属切除率；②珩磨阀套类工件孔时，金属切除率可达 $80 \sim 90 mm^3/s$，其切削效率比研磨高 $3 \sim 8$ 倍；③珩磨时以工件孔壁导向，进给力由中心均匀压向孔壁，故只需切除较少的余量，便可完成精加工。

5）机床的精度要求低，结构较简单。①珩磨对机床的精度要求低，与加工同等精度工件的磨床比，珩磨机的主要精度可降低 $1/2 \sim 1/7$，动力消耗下降 $1/2 \sim 1/4$，可大幅度降低成本；②机床结构较简单，除专用珩磨机外，也可用车床、钻床或镗床等设备进行改装，且机床较易实现自动化。

（3）珩磨头 珩磨孔的工具称为珩磨头。图8-9所示是一种最简单的珩磨头。磨条（数量有3、4、5或6块）用粘合剂或机械方法与垫块6固结在一起后装进磨头体5的对应槽中，垫块6的两端由弹簧8箍住在磨头体上，磨头体内还装有顶销7和调整锥3，磨头体通过浮动联轴器与机床主轴连接，转动螺母1通过调整锥3和顶销7，使磨条张开或收缩，以调整工作尺寸和工作压力。这种结构的磨头，由于生产效率低，操作不方便，而且不易保证对孔壁压力恒定，在单件小批生产中采用。在大批大量

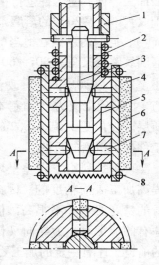

图8-9 珩磨头
1—螺母 2、8—弹簧 3—调整锥 4—磨条 5—磨头体 6—垫块 7—顶销

生产中广泛采用自动调节压力的气动、液压珩磨头。

3. 超精加工

（1）超精加工的原理、特点及其应用范围

1）超精加工的原理。超精加工又称超精研加工，是采用由细粒度磨条和弹性元件所形成的超精加工头，在一定压力下工件作轴向振动，对工件表面进行浮动研磨的一种传统光整加工方法，通常多用于加工外圆表面，图 8-10 所示为超精加工工件外圆表面的情况。

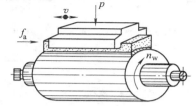

图 8-10　超精加工工件外圆表面

超精加工时，工件低速旋转，超精加工头作一定频率的振动和进给运动，磨粒在被加工表面上形成复杂而不重复的运动轨迹。若不考虑超精加工头的工件轴向进给运动，则磨粒在工件表面的运动轨迹是一条余弦曲线，如图 8-11 所示。超精加工头的振动通常由电动机带动偏心轮转动而产生，当其转动某一角度 φ 时，其轴向分速度 $v\cos\varphi$ 与工件的圆周旋转线速度 v_w 构成切削角 β，这是一个重要的加工参数，可根据切削网纹的要求来选择。

超精加工由于是在一定压力下，磨条在浮动状态下磨削，是一种浮动研磨机理，其切削过程可分为强烈切削、正常切削、微弱切削和自动停止切削四个阶段，而自动停止切削阶段是超精加工所特有的。

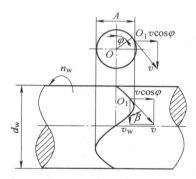

图 8-11　超精加工运动轨迹

2）超精加工的特点。

①切削速度低（0.5 ~ 1.67m/s），磨条压力小（0.05 ~ 0.5MPa），加工运动轨迹复杂，加工表面上无痕迹，切削发热少，无烧伤现象，表面变形层一般不大于 0.0025mm，因此加工精度高，加工表面粗糙度值低，可达 $Ra0.025 ~ 0.01\mu m$。

②由于有磨条的高速振动，加工效率高。

③超精加工设备简单、操作方便。

④超精加工应用范围广泛，可加工钢、铁、铜、铝等金属材料和陶瓷、硅、石材等非金属材料。不仅多用于外圆加工，而且可加工平面、内孔、锥面和曲面等，还可进行外圆表面的无心超精加工。

（2）超精加工头　超精加工头由若干个磨条、弹性元件和振动装置所构成。磨条装于磨条座上，磨条座通过弹性元件装于头架上。磨条通常为 1 ~ 2 条。弹性元件多用弹簧，通过弹簧来调节加工压力。超精加工头的振动有机械式和气动式，机械式超精加工头多用偏心轮机构实现振动，结构比较简单，但振动频率不高；气动式超精加工头的振动频率较高，但结构复杂、噪声大。

（3）超精加工工艺要素选择

1）工艺参数选择。超精加工可分为粗加工和精加工，其工艺参数有切削角、工件圆周旋转线速度、超精加工头振动频率和振幅、工作压力、工件轴向进给量、磨条的磨粒种类、结合剂和粒度等，可参考表 8-6 选择。磨条的磨粒种类、结合剂和粒度等选择与砂轮、砂带、油石等相同，也可参考之。

表 8-6　超精加工工艺参数选择

项　目		加工阶段		说　明
		粗加工	精加工	
最大切削角 $\beta_{max}/(°)$		30~45	10~20	切削角越大,切削作用越强,生产率越高,但表面粗糙度值较大
工件圆周速度 $v_m/(m/s)$		0.07~0.25	0.25~0.5	工件的圆周速度 v_w 越大,则最大切削角 β_{max} 越小,切削作用减弱,生产率下降,但对表面粗糙度有利,而 v_w 过高会引起工艺系统振动,使表面粗糙度值增大
振动频率 $f/($次$/min)$		1500~3000	500~1500	振动频率越大,切削作用越强,生产率也越高。但振动频率受工艺系统刚度的限制。频率过高可能使工件表面很快出现振纹,使表面粗糙度值增大
振幅 A/mm		3~6	1~3	振幅越大,切削作用越强,磨粒形成的轨迹越深,对降低表面粗糙度值不利
油石压力 p/MPa		0.15~0.3	0.05~0.15	油石的压力增大,则切削作用增强。但压力过大,磨粒易划伤加工表面,表面粗糙度值加大。若压力过低,由于磨粒的自励性差,不仅影响生产率,而其磨粒易于钝化,对降低表面粗糙度值也不利
纵向进给 f_a $/(mm/r)$	油石长度 $/mm$ 10~25	0.1~0.3	0.07~0.15	纵向进给量应根据油石的长度和加工要求选择。其值越大,生产率越高,但对降低表面粗糙度值不利 当工件转速较高时,应使进给速度 $v_f < 300mm/min$
	25~50	0.3~0.7	0.1~0.3	
	50~80	0.7~1.2	0.3~0.5	
	80~120	1.2~2.0	0.5~0.8	

2) 切削液的选择。切削液的主要作用是冷却、润滑和冲洗切屑和脱落磨粒,对表面质量的影响较大,常用的有煤油和锭子油的混合液,加入锭子油主要取其冷润性,其混合比例视被加工材料而定,锭子油所占比例为 10%~30%,如加工铸铁时占 10%,加工钢料时占 30%。

(4) 超精研抛　超精研抛同时具有超精加工、研磨和抛光加工的特点。

1) 超精研抛加工原理。如图 8-12 所示,超精研抛头为圆环状木块,装于立式机床的主轴上,由分离传动并有隔振装置的电动机带动作高速旋转。工件装于工作台上,工作台由两个作同向同步旋转运动的立式偏心轴带动纵向直线往复运动,这两种运动的合成为旋摆运动。

研抛时,工件浸泡在超精研抛液池中,主轴受主轴箱内的压力弹簧作用对工件施加一定的工作压力。

超精研抛头采用脱脂木材,其组织疏松均匀,研抛性能好。磨料采用细粒度的 Cr_2O_3。研抛液的主要成分是水,磨料在研抛液中呈游离状态,加入适当的聚乙烯醇和重铬酸钾以增加磨料的分散程度。

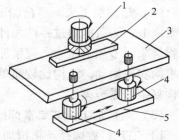

图 8-12　超精研抛加工运动
1—超精研抛头　2—工件　3—工作台
4—偏心轴　5—移动溜板

2）特点及应用。由于超精研抛头和工作台的旋摆运动造成复杂均密的运动轨迹，加工压力轻微，又有液中研抛的特色，因此可以获得极高的加工精度和表面质量，表面粗糙度值 Ra 可达 $0.008\mu m$，效率也比较高。应用超精研抛加工精密线纹尺的工作表面，精度和表面质量都非常好。

8.2　纳米加工

8.2.1　概述

纳米技术通常是指纳米级 $0.1\sim100nm$ 的材料、产品设计、加工、检测、控制等一系列技术。主要包括纳米材料、纳米级精度制造技术、纳米级精度和表面质量检测、纳米级微传感器和控制技术、微型机电系统和纳米生物学等。

纳米技术的特点可归纳为以下几点：

1）加工精度达到纳米级。纳米加工的范畴有超精密加工、超微细加工、扫描探针显微加工和纳米生物加工等。

2）从宏观走向微观。纳米技术不是简单的"精度提高"和"尺寸缩小"，而是从物理的宏观领域进入到微观领域，一些宏观的几何学、力学、热力学、电磁学等不能正常描述纳米级的工程现象与规律，如常用的欧几米德几何、牛顿力学等已不适应，同时量子效应、物质的波动特性和微观涨落已不可忽略，可能成为主要因素。在分析纳米加工时要应用一些纳米力学、纳米摩擦学、纳米电子学等理论。

3）综合系统技术。纳米技术包括材料、产品设计、加工、装配、检测等综合系统技术。在进行纳米加工时要考虑纳米材料的一般物理、力学和化学性能及特异性能，同时要考虑应有相应的检测方法。

4）纳米级范畴。当前，纳米技术的范畴不完全是纳米，而是提出 $0.1\sim100nm$ 范畴，其主要原因是纳米本身的范围太窄，当前的应用范围尚不够广泛。

纳米材料具有许多与普通材料不同的特异性能，其变化可归结为表 8-7 所列的效应。

表 8-7　纳米材料的性能变化

效应名称	效 应 内 容	举 例
小尺寸效应	纳米微粒由于尺寸很小，晶体纳米微粒的周期性边界条件会被破坏，非晶体纳米微粒表面层的原子密度会减小，从而造成声、光、电、力、磁、热等物理性能上的变化	无论原来是什么颜色的金属和非金属、有机材料和无机材料，其纳米微粒均为黑色 纳米微粒制成的金属材料，其强度可达到原来的 2～4 倍，硬度也高很多 纳米陶瓷微粒烧结成的陶瓷制品具有良好的韧性 纳米微粒的熔点和烧结温度会随着微粒粒径的减小而下降
表面效应	纳米微粒随着粒径的减小，表面积急剧变大，表面原子数与总原子数之比急剧增大，表面原子数迅速使表面能增高，因此表面具有高活性，很不稳定，化学反应速度快，易于与其他原子结合	金属纳米微粒在空气中会燃烧 纳米微粒可用作触媒材料

（续）

效应名称	效 应 内 容	举　　例
量子尺寸效应	当纳米微粒小于一定尺寸时，金属微粒的电子能级由连续变为准连续，甚至变为离散能级，半导体微粒的能隙将变宽，会产生声、光、电、热、磁以及超导电性能的变化，具有特殊的电荷分布特性	金属导体变为半导体或绝缘体
宏观量子隧道效应	纳米微粒具有穿越宏观系统壁垒的能力而使自身的性能发生变化，称为宏观量子隧道效应	铁磁性的材料会由铁磁性变为顺磁性或软磁性

　　纳米加工技术是纳米技术的重要组成部分，可分为纳米加工方式和纳米加工方法两部分。

1. 纳米加工方式

　　纳米加工方式可以分为逐渐去除和逐渐堆积两种方式。

　　逐渐去除主要是制造存储器和处理器等半导体器件，是一种"从上至下"（Bottom up）的方式；而逐渐堆积主要用于制造新晶体结构、新物质、新器件，是一种"从下至上"（Up down）的方式。

2. 纳米加工方法

　　纳米加工方法的概念理论上与传统加工有很大不同，其主要加工方法有：

　　（1）传统加工的精密化　包括超精密加工和超精密特种加工等，如超精密车削、超精密磨削、超精密研磨和超精密抛光等。

　　（2）传统加工的微细化　包括微细加工和超微细加工等，如高能束加工（电子束、离子束、激光束加工）、光刻和光刻-电铸-模铸复合成形加工（LI-GA）等。

　　（3）扫描探针显微加工　包括扫描隧道显微加工和原子力显微加工等，如原子搬迁移动、原子提取去除和放置增添、原子吸附和脱附、探针雕刻等。

　　（4）纳米生物加工　纳米生物加工是用微生物加工金属等材料，有去除、约束和生长三种形式。

　　1）生物去除成形加工。利用细菌生理特性对生物去除成形，如用氧化亚铁硫杆菌进行生物加工纯铁、纯铜和铜镍合金，加工出微型齿轨。

　　2）生物约束成形加工。利用形状规则、结构强度较高、无危害性和利于人工培养的微生物，控制其生长过程，用化学镀实现其约束成形，可制备出具用一定几何形状的金属化微生物细胞，用于构造微结构，也可作为功能颗粒来制备功能材料。

　　3）生物生长成形加工。有微生物细胞的生长成形和活性组织或物质生长成形。

　　微生物细胞的生长成形：如微生物细胞在分裂过程中可形成不同的微结构。

　　活性组织生长成形：如人工生物活性骨骼的生长。

　　活性物质生长成形：如某些原核生物的细胞表层的一种组分（Surface-layer）可自组装成有序二维序列，在硅基体上，可以通过光刻使其图形化，作为纳米颗粒阵列的模板；某些原核生物膜中的纸质（Lipid）可通过改变纸质分子的结构使其自组装出不同的微结构。

8.2.2　扫描探针显微加工技术

1981 年，IBM 瑞士苏黎士实验室的两位科学家 G. Binnig 和 H. Rohrer 利用电子隧道效应，发明了扫描探针显微镜（Scacning Tunneling Microscope，STM），此后 G. Binnig 又于 1986 年发明了原子力显微镜（Atomic Force Microscope，AFM），从而开创了利用扫描探针显微镜进行测量和加工的先河，此后出现了多种扫描探针显微镜，可统称为扫描探针显微镜（STM）。

1. 扫描探针显微加工原理

扫描隧道显微镜是基于量子力学的隧道效应来进行工作的，原子力显微镜是利用原子间的作用力来进行工作的，这些扫描探针显微镜原来是用于精密检测的，但在其检测技术实用中，发现可以利用探针来搬迁、去除、增添和排列重组单个原子和分子，实现原子级精密加工，形成了扫描显微加工技术，它是原子级的极限加工技术。

（1）原子搬迁和排列重组　当显微镜的探针对准工件上的某个原子，且距离非常近时，该原子受到了探针尖端原子对它的原子间作用力，同时还受到了工件上相邻原子对它的原子间结合力。当探针与该原子的距离小到一定程度时，原子间的作用力将大于原子间的结合力，从而使该原子跟随探针尖端移动而又不脱离工件表面，实现工件表面的原子搬迁和排列重组。

（2）原子去除和增添　当显微镜的探针对准工件上的某个原子时，如果这时加电偏压或脉冲电压，该原子将能电离成为离子而被电场蒸发，实现原子去除而形成空位。在加脉冲电压的情况下，也可以从探针尖端发射原子，填补空位，实现原子增添。

近年来，扫描显微加工技术发展很快。1990 年美国 IBM 阿尔马登研究所最先实现了在 4K 和超真空环境下，用扫描隧道显微镜 Ni（110）表面吸附的 35 个氙（Xe）原子逐一搬迁排成 IBM 三个字母，每个字母高 5nm，原子间最短距离约为 1nm，如图 8-13 所示。

图 8-13　原子搬迁形成 IBM 字母形状

扫描探针显微镜的发展大大地促进了纳米加工技术的实用化进程。常用的有扫描隧道显微镜方法和原子力显微镜方法。继原子力显微镜后，又出现了许多利用扫描力测量的显微镜，如光子扫描隧道显微镜（PSTM）、摩擦力显微镜（FFM）、磁力显微镜（MFM）、静电力显微镜（EFM）、化学力显微镜（CFM）以及多探针显微镜和多功能扫描探针显微镜等。

2. 扫描探针显微加工技术方法

利用扫描显微镜加工技术可进行雕刻加工、光刻加工、局部阳极氧化、纳米点沉积和三维立体纳米微结构的自组装等。

（1）雕刻加工　在原子力显微镜上，使用高硬度的金刚石或 Si_3N_4 探针，在工件表面直接进行刻划加工，可通过改变针尖作用力大小来控制刻划深度，进行扫描获得所要求的图形结构。

（2）光刻加工　扫描隧道显微镜加工可用于纳米级光刻，具有原子级的极细光斑直径，使加工精度与工具处于同一尺度，且其产生的二次电子对线宽的影响很小，可在大气甚至液体介质中工作，成本低。美国 IBM 公司在 Si 片上均匀覆盖一层厚 20nm 的聚甲基丙烯甲脂（PMMA），用扫描隧道显微镜进行光刻，得到线宽为 10nm 的图案。

（3）局部阳极氧化　在扫描隧道显微镜和原子力显微镜上，探针针尖可对工件表面产生电化学反应，当工件偏压为正时，针尖为阴极，工件表面为阳极，吸附在工件表面的水分子起到了电解液作用，由于针尖极细，可使工件表面数个原子层出现氧化。

（4）纳米点沉积　在一定频率的脉冲电压作用下，针尖材料的原子可以迁移沉积到工件表面，形成纳米点（量子点）。改变脉冲电压和次数即可控制纳米点的尺寸大小。

（5）三维立体纳米微架构的自组装　在扫描隧道显微镜和原子力显微镜上，通过改变工作环境条件（针尖与工件之间的距离、外加偏压和环境温度），可以自组装生成三维纳米微结构，如可生成纳米尺度的六边形金字塔。

8.2.3　纳米级典型产品

1. 纳米级器件

纳米级器件是指原子开关、原子继电器、单电子晶体管和量子点等原子级器件和量子级器件，主要是电子器件。

（1）原子级器件

1）原子开关。它是一个原子级的电子开关，可实现单个电子通过隧道的控件，从而可使原子通过或去除。

2）原子继电器。在一维原子链中嵌入开关原子，形成栅栏，即可通过电场使开关原子进入或退出原子链，使被控制的原子链呈导通或截止状态。

3）单电子晶体管。在 100nm 厚的金膜上生长 $0.5 \sim 1nm$ 厚的 ZrO_2 层，在其上再形成直径为 $4 \sim 5nm$ 的金粒，将扫描隧道显微镜探针对准金粒上方，就构成了不对称双隧道结构体系。由于库仑阻塞效应，不对称双隧道结构的伏安特性呈台阶状。在双隧道结构器件的岛区接一普通电容，并用栅压通过此电容来控制岛区的电动势，即构成了单电子晶体管。这种器件的电导随栅压作周期性振荡，每振荡一周期相当于岛区增加一个电子。

（2）量子级器件　典型的原子级器件有量子点，它是把电子限制在点状结构中的一种器件，是用分子束外延方法制造出厚度为纳米级半导体薄层，使电子束在量子域中的一个平面上运动，使其仅有一维自由度，产生出几乎一个原子接一个原子排列起来的新结构。运用复杂的电子束光刻-金属镀膜-蚀刻工艺，能制出边长为 10nm 的方形量子点和量子点阵列，可作为功能极强的计算机芯片和半导体激光器基片材料。

2. 微型机械

考虑到当前的技术水平，微型机械的特征尺寸范围可以认为是 $1 \sim 10 \mu m$，在其尺度范围尺寸里按其特征尺寸可分为 $1 \sim 10mm$ 小型机械、$1 \mu m \sim 1mm$ 微型机械和利用生物工程和分子组装可实现的 $1nm \sim 1 \mu m$ 纳米机械三个等级。

微型机械的范畴很广，可以分为微型零件、微型元器件、微型装置和系统以及微型产品等。

（1）微型零件　如微型膜、微型梁、微型针、微型齿轮、微型凸轮、微型弹簧、微型沟道、微型椎体、微型连杆等。

（2）微型元器件　如微型轴承、微型阀、微型泵、微型喷嘴、微型电动机、微型探针、微开关、微扬声器、微型仪表、微型传感器等。微型传感器的敏感量有位置、速度、加速度、力、力矩、流量、温度、湿度、酸碱度、磁场、离子浓度、气体成分等。

（3）微型装置和系统 如微型电主轴、微型工作台、微型液压系统、微型惯导装置和微型控制系统等。

（4）微型产品 如微型机床、微型汽车、微型汽轮机、微型飞机、微型坦克、微型舰船和微型人造卫星等。

3. 微型机电系统（Micro Electro Mechanical Systems，MEMS）

微型机电系统是指集微型机构、微型传感器、微型执行器、信号处理、控制电路、接口、通信、电源等于一体的微型机电器件或综合体，它是美国惯用词，日本仍习惯地称为微型机械（Micromachine），欧洲称之为微型系统（Microsystems），现在大多称为微型机电系统。

微型机电系统可分为输入、传感器、信号处理、执行器等独立的功能单位，其输入是力、光、声、湿度、化学等物化信号，通过传感器转换为电信号，经过模拟或数字信号处理后，由执行器与外界作用。各个微型机电系统可以采用光、磁等物理量的数字或模拟信号、通过接口与其他微型机电系统进行通信，如图 8-14 所示。

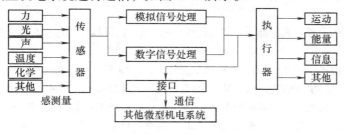

图 8-14 微型机电系统

典型的微型机电系统有齿轮运动、电动机传动、气动元件或液压元件和微动钳等。

微型机电系统在生物医学、航空航天、国防、工业、农业、交通和信息等多个部门均有广泛的应用前景。

习 题

8-1 金刚石刀具超精密切削时切屑的形成特点是什么？

8-2 金刚石刀具有哪些结构特点？

8-3 扫描探针显微加工的原理是什么？

8-4 研磨加工如何提高加工表面的表面质量？

8-5 珩磨头必须具备哪些基本条件？

8-6 珩磨加工能否提高被加工表面的位置精度？

8-7 纳米材料与普通材料相比有哪些奇特的性能变化？

8-8 典型的微型机电系统有哪些？

8-9 微型机电系统的应用范围及应用前景如何？

8-10 超精加工的具体应用领域有哪些？举例说明。

8-11 有哪些主要的纳米加工方法？

8-12 金刚石刀具的磨损和破损机理是什么？

参 考 文 献

[1] 王先逵. 机械加工工艺手册 [M]. 2版. 北京：机械工业出版社, 2007.

[2] 国家自然科学基金委员会工程与材料科学部. 学科发展战略研究报告（2006年~2010年）：机械与制造科学 [R]. 北京：科学出版社, 2006.

[3] 机械工业工艺工装标准化技术委员会, 中国标准出版社第三编辑室. 机械工艺工装标准汇编：上 [S]. 北京：中国标准出版社, 2007.

[4] 机械工业工艺工装标准化技术委员会, 中国标准出版社第三编辑室. 机械工艺工装标准汇编：中 [S]. 北京：中国标准出版社, 2007.

[5] 王先逵. 机械制造工艺学 [M]. 2版. 北京：机械工业出版社, 2007.

[6] 王伟麟. 机械制造技术 [M]. 南京：东南大学出版社, 2001.

[7] 刘越. 机械制造技术 [M]. 北京：化学工业出版社, 2003.

[8] 赵长明, 刘万菊. 数控加工工艺及设备 [M]. 北京：高等教育出版社, 2006.

[9] 韩鸿鸾. 数控铣工加工中心操作工 [M]. 北京：机械工业出版社, 2006.

[10] 中国劳动社会保障部教材办公室. 车削工艺与技能训练 [M]. 北京：中国劳动社会保障出版社, 2006.

[11] 中国大百科全书出版社编辑部. 中国大百科全书：机械工程篇 [M]. 北京：中国大百科全书出版社, 2004.

[12] 戴署. 金属切削机床 [M]. 北京：机械工业出版社, 2005.

[13] 黄鹤汀, 吴善元. 机械制造技术 [M]. 北京：机械工业出版社, 2004.

[14] 邓建新, 赵军. 数控刀具材料选用手册 [M]. 北京：机械工业出版社, 2005.

[15] 胡黄卿, 陈金霞. 金属切削原理与机床 [M]. 北京：化学工业出版社, 2004.

[16] 孙风勤. 模具制造工艺与设备 [M]. 北京：机械工业出版社, 2007.

[17] 刘杰华, 任昭蓉. 金属切削与刀具实用技术 [M]. 北京：国防工业出版社, 2006.

[18] 王峻. 现代深孔加工技术 [M]. 哈尔滨：哈尔滨工业大学出版社, 2005.

[19] 肖继德, 陈宇平. 机床夹具设计 [M]. 2版. 北京：机械工业出版社, 2000.

[20] 吴慧媛. 机械制造技术 [M]. 西安：西安电子科技大学出版社, 2006.

[21] 华茂发, 谢骐. 机械制造技术 [M]. 北京：机械工业出版社, 2004.

[22] 荆长生. 机械制造工艺学 [M]. 西安：西北工业大学出版社, 1991.

[23] 张之敬, 焦振学. 先进制造技术 [M]. 北京：北京理工大学出版社, 2007.

[24] 赵长旭. 数控加工工艺 [M]. 西安：西安电子科技大学出版社, 2005.

[25] 于爱武, 赵菲菲, 杨雪青. 机械加工工艺编制 [M]. 北京：北京大学出版社, 2010.

[26] 王先逵. 车削、镗削加工 [M]. 北京：机械工业出版社, 2008.

[27] 王先逵. 钻削、扩削、铰削加工 [M]. 北京：机械工业出版社, 2008.

[28] 王先逵. 铣削、锯削加工 [M]. 北京：机械工业出版社, 2008.

[29] 王先逵. 精密加工和纳米加工、高速切削、难加工材料的切削加工 [M]. 北京：机械工业出版社, 2008.

[30] 王先逵. 拉削、刨削、插削加工 [M]. 北京：机械工业出版社, 2008.

[31] 卢玲, 杨继宏, 孙景南. 铣削工艺分析及操作案例 [M]. 北京：化学工业出版社, 2009.

[32] 刘庆生, 王生云, 姜翰照. 质量管理务实 [M]. 北京：电子工业出版社, 2012.

[33] 陈旭东, 吴静, 马敏莉, 等. 机床夹具设计 [M]. 北京：清华大学出版社, 2010.

[34] 徐鸿本，姜全新，曹甜东. 铣削工艺手册 [M]. 北京：机械工业出版社，2012.
[35] 范崇洛. 机械加工工艺学 [M]. 南京：东南大学出版社，2009.
[36] 李艳霞. 数控机床及应用技术 [M]. 北京：人民邮电出版社，2009.
[37] 熊军. 数控机床原理与结构 [M]. 北京：人民邮电出版社，2007.
[38] 张柱银，熊显文. 数控原理与数控机床 [M]. 2 版. 北京：化学工业出版社. 2008.
[39] 邓奕. 现代数控机床及应用 [M]. 北京：国防工业出版社. 2008.
[40] 魏杰. 数控机床结构 [M]. 北京：化学工业出版社. 2009.
[41] 王爱玲. 现代数控机床 [M]. 2 版. 北京：国防工业出版社. 2009.
[42] 杨贺来. 数控机床 [M]. 北京：北京交通大学出版社，清华大学出版社. 2009.
[43] 周文. 机械制造工艺 [M]. 北京：北京师范大学出版社，2008.
[44] 郭艳玲，李彦蓉. 机械制造工艺学 [M]. 北京：北京大学出版社，2008.
[45] 郭彩芬，王伟麟. 机械制造技术 [M]. 北京：机械工业出版社，2009.